ISBN 978-0-267-59306-4
PIBN 10525154

Beiträge

zur

Naturgeschichte

von

Brasilien,

von

Maximilian, Prinzen

zu Wied.

II. Band.

Mit 5 Kupfertafeln.

Weimar,

im Verlage des Gr. H. S. priv. Landes-Industrie-Comptoirs.

1 8 2 6.

Verzeichnifs

der

Amphibien, Säugthiere und Vögel,

welche

auf einer Reise zwischen dem 13ten und dem 23sten
Grade südlicher Breite

im östlichen Brasilien

beobachtet wurden.

Avertissement.

Nach dem Verzeichniſs meiner Insecten-Sammlung, 1796, habe ich meinen Freunden im In- und Auslande kein neueres, was denselben über den Bestand und Fortgang meiner Sammlung Kunde gegeben hätte, vorgelegt, sondern mich nur damit begnugt, von Zeit zu Zeit Tauschverzeichnisse zu vertheilen, um die schon langer angeknupften Verbindungen meiner Freunde im Fortgang zu erhalten, die fur meine Sammlung meist von dem besten Erfolg waren, und meine Bemuhungen um Vermehrung meiner Sammlung lange reichlich lohnten. Daſs diese Quellen aber endlich mehr und mehr, besonders wie näher sie liegen, sich erschöpfen muſsten, liegt schon in der Natur der Sache selbst. Ich habe daher seit langerer Zeit nur aus entferntern Quellen, besonders des Auslandes, noch bedeutenden Zuwachs zu meiner Sammlung erhalten können, da hingegen die nahen und einheimischen mir nur noch Doubletten, und hin und wieder eine neue Art fur meine Sammlung lieferten.

Ich sahe mich daher veranlaſst ein neues vollständiges Verzeichniſs uber den dermaligen Bestand meiner Insecten-Sammlung zu veranstalten, wovon so eben der erste Theil, welcher die Käfer enthalt, unter dem Titel

Catalog meiner Insecten-Sammlung

mit 13½ Bogen Text und 4 ausgemalten Kupfertafeln, in gr. 8. Preis 3 fl. 36 kr. rhein. oder 2 Rthlr. sächs. erschienen ist.

Zur bequemern Uebersicht habe ich die alphabetische Ordnung nach Gattungen und Arten gewählt, und wo ich es nöthig fand, zu den letztern die Synonyme beigefügt, und das Vaterland beigesetzt. Um diesen Catalog aber uberhaupt fur Sammler und Liebhaber brauchbarer zu machen, habe ich auch in einer besondern Abtheilung die 531 Gattungen (Genera) von Käfern, welche sich bis jetzt in meiner. Sammlung befinden, nach dem Latreille'schen System, mit den nöthigen Synonymen, aufgeführt, und jeder Gattung auch den deutschen Gattungsnamen beigefugt. Da der gröfste Theil derselben neu gebildet werden mufste, so ist auch die Ableitung bei solchen erklart. Die sämmtlichen bis jetzt bekannten Käfer sind nach diesem System in 40 Familien vertheilt, und um den Typus derselben anschaulich zu machen, habe ich von jeder Familie eine Art aus meiner Sammlung ausgehoben und ausführlich beschrieben, und auf den beigegebenen 4 Kupfertafeln getreu und vollständig abgebildet. Bis auf etliche, sind diese, wie ich glaube, vorhin noch nicht beschrieben oder abgebildet gewesen.

Aus diesem Catalog werden nun sowohl meine Freunde, mit denen ich schon die Ehre habe in näherer Verbindung zu stehen, als alle diejenigen, welche mich noch mit gütigen Zuträgen zu meiner Sammlung erfreuen wollen, ersehen, was derselben noch abgeht; alles, was darin noch fehlt, soll mir sehr willkommen seyn, und ich werde mich bestreben, den Werth solcher Beiträge durch ein Aequivalent aus meinem Vorrathe, nach dem Wunsche des Herrn Mittheilers, nach Kräften auszugleichen.

Zu diesem Zwecke habe ich auch ein besonderes Verzeichnifs meiner dermalen vorräthigen Insecten dem Catalog beigelegt, in welchem die Bedingnisse, unter welchen ich ferner zu tauschen geneigt bin, näher bestimmt sind. Alle in diesem Verzeichnisse bemerkte Insecten, unter welchen auch mehrere ausländische und seltene sind, stehen Liebhabern, die keine Gelegenheit zum tauschen haben, auch gegen baare Zahlung um die beigesetzten Preise zu Diensten.

Alle Anfragen und Anerbietungen mufs ich mir jedoch, so weit es seyn kann, portofrei erbitten.

Nürnberg, 1826.

Jacob Sturm,

in der Tucherstrafse No. 1158.

II. Abtheilung.

Mammalia.
Säugthiere.

Verzeichnifs

der

Säugthiere.

Einleitung.

Der Beitrag zur Naturgeschichte der Säugethiere *), welcher in den nachfolgenden Zeilen enthalten, ist als ein Nachtrag zu *Azara's* Werk, *Essais sur les quadrupèdes du Paraguay*, anzusehen. — Ich werde hier die Thierarten aufzählen, welche ich bei einem beinahe zweijährigen Aufenthalte in Brasilien beobach-

---

*) Der zweite Band meiner Beiträge würde, wenn man der natürlichen Verwandtschaft der Thiere gefolgt ware, die Aufzahlung der Vogel haben geben mussen, allein ich lasse diese Classe später folgen, da ihre Bearbeitung vieler Vergleichungen bedarf.

tete, und die, wie schon oben gesagt, gröfstentheils in jenem Werke aufgeführt sind. Die
von dem spanischen und anderen Schriftstellern
richtig und hinlänglich beschriebenen Arten
werde ich nur nennen und hier und da einige
Bemerkungen hinzufügen. Zur genaueren Ver-
sinnlichung der von mir erwähnten Thierarten
werde ich in meinen Abbildungen zur Naturgeschichte Brasilien's, Zeichnungen von vielen derselben bekannt machen. Manche von ihnen
waren schon abgebildet, eine solche Vervielfäl-
tigung der Figuren kann aber nie schaden, sie
führt immer zur genaueren Kenntnifs des Thieres, auch ist es interessant, Abbildungen ein
und derselben Thierart aus verschiedenen Gegenden der Länder zu vergleichen. — Der
Reisende im östlichen Brasilien, in gleicher
Höhe mit *Paraguay*, konnte füglich *Azara's*
Werk zum Grunde seiner Beobachtungen legen,
da eine ziemliche Anzahl von Thierarten beiden
Gegenden von Südamerica gemein sind. Wenn
dieses Werk auch nicht frei von Tadel ist, so
stützt es sich dennoch auf genaue, richtige
Beobachtungen, diese sind zuverlässig, allein
hier und da ohne gewisse Hauptzüge, ohne die
nöthige Critik und Synonymie, woher denn,
besonders bei den Vögeln, der oft gegründete

Widerspruch und Tadel des Herrn *Sonnini*
entsteht. —

Azara hatte die nöthige Muſse, alle seine
Beobachtungen gehörig zu verfolgen und zu ver-
vielfältigen, dagegen ist es dem reisenden Beobachter oft unmöglich, alle nöthigen Bemerkungen aufzuzeichnen, welche zu der vollständigen Beschreibung eines Gegenstandes gehören.
Es scheint aber jener Schriftsteller die Thiere
nicht hinlänglich in der freien Natur beobachtet
zu haben, sonst würde er mehr Verwandtschaft
gefunden, und viele Arten nicht unnöthiger
Weise getrennt haben.

Die erste und interessanteste Betrachtung,
welche sich dem Beobachter bei einer allgemeinen Uebersicht der Thiere aufdrängt, ist ihre
Verbreitung über unsere Erde, und es ist dieses
ein weites fruchtbares Feld, welches reichhalti-
gen Stoff zu voluminösen Werken geben könnte.
Herr Hofrath *Hellwig* hat noch unlängst aus *Illiger's* hinterlassenen Schriften, dessen Aufsatz
über die Vertheilung der Säugthiere und Vögel
bekannt gemacht, und dadurch einen interessanten Nachtrag zu den früher über diesen Gegenstand erschienenen Werken geliefert. Noch
fehlt es uns an Materialien, um ein solches all

gemeines Gemälde recht vollständig entwerfen zu können; allein es wird dieses mit der Zeit möglich werden, wenn die Reisenden genau auf die Vertheilung der Thierarten und die Gränzen, in welche ihr Wohnort eingeschlossen ist, Acht haben; ein Endzweck, den auch ich mir vorgesetzt hatte. Diejenigen Reisenden, welche die horizontalen Flächen verfolgen, werden die Gränzen für die Thiere in der Länge und Breite bestimmen, andere, welche die Höhen unserer Erde besteigen, müssen die Gradationen derselben für die verschiedenen Wohnplätze der Thiere aufzeichnen. Diesen Weg hat Herr *v. Humboldt* zuerst auch für das Thierreich eröffnet. Für eine Abhandlung über die allgemeine Verbreitung aller Thierarten über unsere Erdoberfläche, ist der Raum und die Bestimmung dieser Blätter nicht geeignet; denn nur was auf Südamerica Bezug hat, und vorzugsweise die Naturgeschichte eines kleinen Theils von Brasilien, gehört zu dem Plane dieser Zeilen. Wer daher die allgemeine Vertheilung aller bekannten Säugthiere übersehen will, der suche sie in *Illiger's* Ueberblick nach ihrer Vertheilung über die Welttheile, dessen Vervollständigung und Fortsetzung den Zoologen zu empfehlen ist, so wie in andern Werken.

Es herrscht unter den Säugthieren von Süd-
america zum Theil eine ziemlich weite Verbreitung. Wir finden die meisten Arten über die
ganze südliche Hälfte der neuen Welt ausgedehnt. *Guiana, Paraguay* und *Brasilien* haben sehr viele Arten mit einander gemein, nach
Nordamerica hingegen finden wir nur wenige
dieser Thierarten verbreitet. Nur den Cuguar
(*Felis concolor Linn.*) kann ich hierher rechnen; denn wenn gleich der *Aguarachay* des
Azara (*Canis Azarae* *)) viel Aehnlichkeit mit
dem *Canis cinereo-argenteus* von Nordamerica zeigt, so muſs man beide Thiere doch als
verschiedene Arten betrachten. Eben so ist es
mit dem nördlichen Waschbären (*Procyon Lotor*); auch dieser gleicht dem südlichen (*Procyon cancrivorus*) sehr, bildet aber dennoch
gewiſs eine, von demselben verschiedene Art. —

Die Vögel erhielten, in Hinsicht ihrer Verbreitung, von der Natur weit mehr Freiheit,
daher finden wir mehrere der brasilianischen
Arten auch über Nordamerica verbreitet, ja einige derselben kommen selbst in Europa und in

---

*) In meinen Abbildungen zur Naturgeschichte Brasilien's,
hat man unter die Figur dieses Fuchses aus Versehen
Canis brasiliensis gesetzt; welches abgeändert werden wird.

Africa vor, welches aber doch meistens Wasser-
oder Sumpfvögel sind.

Die nördliche Küste von Südamerica,
Guiana, hat mit den südlichen Provinzen am
La Plata und *Uruguay*, mit *Paraguay* und
Chili manche Thierarten gemein: hierhin gehören manche, Gürtelthiere, die Hirsche des
Azara, der Capybára, Aguti, die Unze (*Yaua-
rété*), die rothe Unze (*Felis concolor*), der Tapeti (*Lepus brasiliensis*), der brasilianische
Fuchs (*Aguarachay Az.*), die Cuatís (*Nasua*),
der Tapir (*Tapirus*), die Fischotter (*Lutra brasiliensis*) und vielleicht mehrere Fledermäuse.

Die Abwechslung und Zunahme thierischer
Formen in Südamerica, ist in der Breite gröfser
als in der Länge, wenn wir diese Ausdrücke in
geographischer Bedeutung nehmen. Man wird
in der Folge die Uebereinstimmung der von
Azara und der von mir aufgezählten Thierarten einsehen; von Süden nach Norden fort-
schreitend, fand ich hingegen an den von grofsen Flüssen gemachten Abschnitten gewöhnlich
neue Thierarten. So findet man z. B. in den
gebirgigen Waldungen der Gegend von *Rio de
Janeiro* den rothen Sahuï (*Hapale Rosalia*),
der aber *Cabo Frio* nicht zu übersteigen scheint,
eben so den Mico mit getheiltem Haarbusche

auf der Stirn (*Cebus fatuellus*), der mir nicht
weiter nördlich als bis zum Flusse *Itabapuana*
vorgekommen ist; der Sauassu (*Callithrix personatus*) zeigte sich uns vom *Itabapuana* bis
zum *Rio Doçe*, kommt aber, nach Herrn v.
Spix, auch bei *Rio del Janeiro* vor; am *Rio
Doçe* ward er sogleich von einem anderen, demselben sehr ähnlichen und verwandten Affen,
dem Gigó (*Callithrix melanochir*), abgelös't;
der Sahuï mit weifsem Gesichte (*Hapale leucocephalus*) lebt blofs in der Gegend des Flusses
Espirito Santo; der Sahuï mit weifsem Ohrbüschel (*Hapale Jacchus*) geht nicht weiter südlich, als bis über die *Bahia de todos os Santos*
hinab, und der von mir bekannt gemachte und
jetzt näher zu beschreibende schwarze Sahuï
(*Hapale chrysomelas*) scheint im Sertong des
Rio Pardo und des *Ilhéos* zu leben u. s. w. —
Es scheinen überhaupt die meisten Affenärten,
besonders die kleineren, nicht besonders weit
verbreitet, sondern der Zartheit ihres Naturells
halber, nur auf sehr enge Gränzen eingeschlossen zu seyn.

Die Fledermäuse glaube ich zum Theil
ebenfalls nur auf gewisse Gränzen eingeschränkt
gefunden zu haben; jedoch ist die Beobachtung
des Aufenthalts dieser lichtscheuen, fliegenden

Thierarten, welche sich so leicht dem Auge des
Beobachters entziehen, weniger zuverlässig.

Die Raubthiere sind weit verbreitet, die
Affen aber, wie gesagt, am regelmäſsigsten in
gewisse Gränzen eingeschlossen.

Das gemeine Faulthier (*Bradypus tridactylus*) habe ich nur nördlich von den Flüssen *Belmonte* und *Alcobaca* gefunden, dagegen südlich
überall das mit dem schwarzen Nacken (*Bradypus torquatus*).

Weit verbreitete Thierarten erleiden gewöhnlich verschiedene Abänderungen durch
Clima und Aufenthalt. — Vom *Yaguareté*
sagt man, wiewohl vielleicht ungegründet, er
sey unter dem Aequator gröſser und schöner
gefärbt, als in den südlichen Provinzen; so der
rothe *Guariba*, den ich bei *Cabo Frio* scheinbar
dunkler gefärbt gefunden habe, als mehr nördlich, wo er recht rostroth ist. —

Die weit verbreiteten Thierarten sind ferner
mannichfaltigen Benennungen unterworfen, auf
welche der Reisende ebenfalls aufmerksam seyn
muſs. Die Aufnahme solcher Provinzialbenennungen in die Systeme, hat schon manche Irrthümer und Miſsverständnisse veranlaſst, man
sollte sie daher nie wählen. *Linné* nahm einige jener Benennungen in sein System auf,

welche nach *Marcgrave* die Thierarten in der Provinz *Pernambuco* trugen. Sie sind sämmtlich aus der *Lingoa Geral* oder der Sprache derjenigen Urbewohner entlehnt, welche die ganze östliche Küste von *S. Paulo* bis *Maranhâo* bewohnten. Sie zeigte aber dennoch mancherlei Abweichungen; auch galten diese Namen gewöhnlich in allen inneren Gegenden des Landes nicht, wo mancherlei andere Sprachen der *Tapuyas* herrschten. Von oben erwähnter Art sind die Worte *Tamanduá*, *Tangara*, *Anacan*, *Tirica*, *Maracaná*, *Aracanga*, *Sayaca*, *Guira*, *Taiaçú* und viele andere, welche nicht gewählt werden dürfen, da sie zwar in den meisten Gegenden bekannt sind, aber in den verschiedenen Provinzen oft sehr verschiedenen Thierarten beigelegt werden. — *Azara* giebt seinen Thieren die Namen, welche sie in der *Guarani*-Sprache tragen, die oft mit den brasilianischen übereinstimmen, oft aber barbarisch genug klingen. Solche sonderbare Wörter hat man in neueren französischen Systemen zum Theil häufig gefunden, und obgleich *Buffon* schon sehr geübt in Verdrehung der brasilianischen Wörter war, so hat man in neueren Zeiten doch weit mehr gefehlt, Provinzialbenennungen aufzunehmen, wozu aber die unendliche Menge der Ge-

schlechter zwang, die man bildete, und für
welche passende Benennungen zu finden, allerdings oft schwierig seyn mufste *). Dafs übrigens, wie schon gesagt, dergleichen Benennungen auf einem so ausgedehnten Raume, wie
der der *Lingoa Geral* an der Ostküste von Brasilien **), sehr vielen Abänderungen unterworfen seyn müssen, ist natürlich, und ich will
davon nur einige wenige Beispiele anführen.
Der rothe Brüllaffe (*Mycetes ursinus*) heifst,
nördlich *Guariba*, südlicher *Barbado*, und noch
weiter hinabwärts in der Gegend von *S. Paulo*:
Bugio; die Gürtelthiere *Pichi*, *Muletto*, *Peloso* und *Bola*- des *Molina* sind andere als das
Pichiy, *Muleto*, *Peloso* und *Bolita* des *Azara;*
der Madenfresser (*Crotophaga Ani, Linn.*) nach
Marcgrave Ani, in der von mir bereis'ten Gegend *Annú;* *Tanagra brasilia* südlich *Tisé*,
mehr nördlich *Tapiranga*, in *Pernambuco*
Tijé-piranga; unter dem Namen *Jabirú* be-

---

*) So findet man z. B. in *Vieillot's* Naturgeschichte der nörd-
americanischen Vögel eine *Tanagra*, unter der Benennung
Piranga, von den übrigen Arten getrennt, und dieses
Wort bedeutet in der *Lingoa Geral roth*.

**) Die *Lingoa Geral* ward, mit einigen Ausnahmen, bei-
nahe vom südlichen Wendekreise bis zum Aequator ver-
standen.

greift man bald *Ciconia americana*, bald *Tantalus Loculator*, bald *Mycteria americana*; *Marcgrave's Ibiyau* ist der *Bacurau* des mehr südlich gelegenen Theils der Ostküste, sein *Anaca* ist ein kleiner Papagey, während mehr südlich *Psittacus severus* diesen Namen trägt, sein *Andira - açú* ist vielleicht das *Guandirá* oder *Jandirá* der mehr südlichern Küste u. s. w.

Ich kehre nach dieser kleinen Abschweifung zu dem Satze zurück: je mehr nach dem Aequator hin, desto mehr neue Thierarten findet man. Welche Menge von Quadrumanen fanden *v. Humboldt* und *Spix* in den unter dem Aequator gelegenen Provinzen des spanischen und portugiesischen America! in den Urwäldern an den Ufern des *Rio das Almazonas*, des *Madaleina*, des *Orenoco* und des *Rio Negro!* *Sieber* fand zu *Cametá*, obgleich er durchaus nicht in das Innere des Landes eindrang, und nur an der Mündung des *Tocantins* bei *Pará* sich aufhielt, mancherlei neue Thierarten, welche jetzt eine Zierde des zoologischen Museums zu Berlin sind. — Weit weniger Quadrumanen bemerkte ich in dem östlichen Brasilien in den Capitanías von *Rio de Janeiro*, *Espirito Santo* und von *Bahia*, und nach *Azara* ist *Paraguay* noch weit ärmer an solchen; nur

für die gröfseste Wärme bestimmten Thieren,
da er in seinem obengenannten Werke nur drei
Arten von ihnen aufzählt. —

Ich werde 82 Arten von Säugthieren in
dem nachfolgenden Verzeichnisse aufführen, wovon bei weitem die gröfsere Zahl Quadrumanen,
Raubthiere und Insectenfresser, die weit kleinere aber Grasfresser oder Wiederkauer sind.
Ich brauche nicht darauf aufmerksam zu machen, dafs dieses Verhältnifs der natürlichen
Beschaffenheit des Landes ganz angemessen ist;
denn in dem offenen waldlosen Afrika, und
selbst in Indien, leben eine Menge von Antilo-
pen und Wiederkauern; in dem von unermefslichen Urwäldern beschatteten Brasilien aber
würden diese keine angemessene Stätte finden,
hier müssen besonders zahlreiche Affen die
Bäume nach ihren Früchten besteigen, und wir
finden sie gröfstentheils, so wie noch manche
andere Thierarten, mit dem merkwürdigen, ganz
zu der Lebensart auf Bäumen eingerichteten Organe, dem Wickel- und Greifschwanze versehen, der nur für die Wälder von Südamerica
geschaffen scheint. Raubthiere finden ihre fin-
steren Schlupfwinkel in allen Welttheilen, in
Wäldern, Haiden, Felsenklüften oder dornigen
wilden Einöden, daher sind auch diese in Bra-

silien häufig. Manche Arten sind zahlreich an
Individuen, besonders die Fledermäuse, mehrere Nager und Quadrumanen. Den ersteren
ist eine reichhaltige Nahrung in den unzähligen Insecten dieser warmen Länder eröffnet, sie
haben dabei zum Theil das Auszeichnende, Blut=
sauger zu seyn, wodurch sich besonders ihre
zahlreichste Familie, die Blattnasen (*Phyllostoma*) auszeichnet. *Azara* hat diese Thiere zum
Theil etwas unvollkommen beschrieben, dennoch sind seine Arten aufzufinden. Ich habe
aber wenige der seinigen in Brasilien beobachtet, ein Beweis für die grofse Mannichfaltigkeit
dieser Thiere in Südamerica. Sie sind zum
Theil höchst originell gebildet, wie z. B. die
neue Art, welche ich in der Isis vorläufig bekannt gemacht habe; eine andere Species scheint
durch die Bildung der Nase mit *Rhinolophus*
verwandt, ist aber ungeschwänzt. Sie bewohnen die Felder, die Wälder und Steinklüfte, alte
Urwaldstämme, so wie die offenen Gegenden
und die menschlichen Wohnungen, ihrer hab-
haft zu werden, ist oft schwierig. Manche von
ihnen sind mir gewifs entgangen, doch können
im Allgemeinen nur wenige Arten von Quadrupeden und unter diesen vorzüglich nur kleine
uns unbekannt geblieben seyn, da alle übrigen

von den Eingebornen gejagt werden und deßhalb
gekannt sind. —

Ich fand in den von mir bereis'ten Gegenden 6 bis 7 Arten von Katzen. Zahlreicher an
Individuen als die Raubthiere, sind die Geschlechter der Gürtelthiere und Cavien (*Dasypus*, *Tolypeutes*, *Cavia*, *Dasyprocta*, *Coelogenys* und *Hydrochoerus*), sie stehen aber in
dieser Hinsicht auch den Quadrumanen vielleicht
noch nach. — Die Capybaras (*Hydrochoerus
Capibara*) fand *v. Humboldt* am *Orenoco* und
Apure in unglaublicher Menge, so häufig wurden diese Thiere in den von mir besuchten Flüssen des östlichen Brasilien's nicht angetroffen.
Das Aguti (*Dasyprocta Aguti*) und der Paca
(*Coelogenys Paca*) leben in Menge in den brasilianischen Wäldern. Von den Gürtelthieren
habe ich nicht so viele Arten kennen gelernt,
als *Azara*, der uns zuerst mit Recht belehrte,
daß die Zahl der beweglichen Gürtel kein sicheres Merkmal für die Unterscheidung der Arten abgebe. Diese Thiere bewohnen die ebenen wie die gebirgigen Gegenden, besonders
den sandigen Boden.

Affen, Katzen und kleine Raubthiere durchstreifen die Wälder; die Brüllaffen und andere
Arten lassen ihre lauten Stimmen weit durch die

einsame endlose Wildnifs der Urwälder erschallen, und das rauhe abgebrochene Brüllen des Yaguar, setzt bei nächtlicher Stille den einsamen Wanderer in Schrecken. *Cavia* - Arten bewohnen die Wälder, die Gebüsche und die Ufer der Flüsse, während diese selbst von Fischottern (*Lontras*) bevölkert werden. Hirsche und der Tapir bewohnen die Dickichte der Wälder, treten in der Dämmerung und an ruhigen Stellen selbst am Tage hervor, und nehmen in Waiden und grasreichen Plätzen ihre Nahrung. In den grofsen Wäldern ziehen ferner zahlreiche Heerden von wilden Nabelschweinen umher, und gewähren dem reisenden Jäger eine angenehme, oft reichliche Nahrung. — Endlich die grofsen *Campos Geraës* sind von den Rehen des *Campo* (*Cervus campestris*) oder dem *Guazuti* des *Azara*, von einer Menge von Ameisenfressern (*Myrmecophaga iubata, Linn.*) bewohnt, welche den zahllosen Termiten nachstellen. Der grofse furchtsame *Guará* oder der rothe wilde Hund (*Aguara - guazu, Az.*) bellt oder heult in den langen Nächten. In diesen Gegenden ist es nicht wohl möglich, ein Gemälde von den Gradationen der Höhe zu geben, in welcher die Säugthiere leben, wie uns *v Humboldt* ein solches höchst interessantes Bild

von den Cordilleren entworfen hat, wo sich,
der grofsen Höhe der, Gebirge wegen, verschiedene Grade der thierischen und vegetabilischen
Schöpfung festsetzen lassen. Die Jahreszeiten
scheinen auf die Vögel einen gröfseren Einflufs
zu äufsern, als auf die Säugthiere. Der Stand
und Aufenthaltsort der letzteren bleibt sich mehr
gleich, jedoch nöthigen in der heifsen Zeit des
Jahres unzählige Stechfliegen (*Mutucas*) die Arten der Hirsche, die Waldungen zu fliehen.
Diefs ist die Zeit des hohen Standes der Gewässer, alsdann soll man jene gepeinigten Thiere
in grofser Menge im übergetretenen Wasser *)
sich verbergen sehen, wo blofs der Kopf ihren
Aufenthalt verräth. Diese traurige Zeit der
Stechfliegen magert die Thiere ab, dazu kommt
alsdann die Zeit des Abhaarens, welche zwei-
mal im Jahre einzutreten scheint, nämlich am
Ende der heifsen und am Ende der kalten Zeit.
Andere Ursachen, welche in Brasilien die Wanderungen der Säugthiere herbeiführen können,

---

*) Diese Zeit der hohen Gewässer ist dem Menschen am
wenigsten zuträglich. Es entstehen bei ihrem Hinwegfal-
len epidemische Fieber, von welchen am *Rio S. Francisco* und in anderen Gegenden oft viele Menschen, besonders Auslander, hinweggerafft werden.

entspringen aus der Nahrung. Gewisse Früchte
reifen zu bestimmten Zeiten, entweder der
Küste näher, im Sandboden, mehr an den Fluss-
ufern, in den Sümpfen oder im Inneren der
Wälder, und diese Localverschiedenheiten können kleine Bewegungen unter diesen Thieren
hervorbringen; allein dieses Umherschweifen ist
nicht mit dem Wandern der Vögel, selbst nicht
mit dem Striche derselben in heissen Ländern zu
vergleichen, man kann daher im Allgemeinen
annehmen, dass sie ihren Standort nicht verlassen.

Wärme des ganzen Jahres und Gleichheit
der Jahreszeiten, scheinen in allen heissen Ländern eine geringere Regelmäsigkeit in der thierischen Oeconomie hervorzubringen, als in unseren gemäsigten und kalten Erdstrichen. Die
meisten Thierarten bringen ihre Jungen mit der
warmen Zeit zur Welt, oder wenn diese heran-
naht, in den Monaten September, October, November, December und Januar. Die Jungen
finden alsdann mehr Nahrung und angemessene
Temperatur, sie sind dann in der Regenzeit
schon stark genug, jenen Einwirkungen der
Witterung zu widerstehen. —

Ueber die Kronen der hohen Waldstämme hin zieht in flüchtigen Sprüngen eine Bande von Affen, wo jede Mutter ihr Junges sicher mit sich fortträgt, welches sich fest anklammert und hier Wärme und Schutz findet. —

Auf ähnliche Art, jedoch höchst verschieden durch seine Langsamkeit, zeigt sich auch das Faulthier mit seinen Jungen beladen. Beutelthiere verbergen die zarten Jungen in ihrem Beutel, dem sonderbaren, von der Natur ihnen zugetheilten Organe. Rattenarten bringen dieselben in die Erde, in hohle Bäume, alte Vogelnester; die Fledermäuse in hohle Stämme; Felsenklüfte und selbst in die menschlichen Wohnungen; die Cavien und Gürtelthiere in Gebüsche oder Erdhöhlen, wo sie nur zu oft der Raub grofser gefräfsiger Schlangen, so wie der Katzen und anderer Raubthiere werden. Oft stürzt bei den Affen und Faulthieren der Schufs des Jägers Mutter und Kind zugleich von einem Baume herab, der Pfeil des sicher zielenden Wilden durchbohrt oft beide zugleich. Ueberall erblicken wir unter allen Climaten und Zonen der Erde die bewundernswürdige Vollkommenheit der Natur, deren Erforschung die gröfsten, lebendigsten Genüsse gewährt. Sie

mußte so viel Anziehendes haben, damit die
Beobachtung, besonders der lebenden Wesen,
bis in's Unendliche vervielfältiget, und damit
sie, besonders bei der Entfernung und Un-
zugänglichkeit der übrigen Welttheile, auch
in diesen, aller Beschwerden ungeachtet, von
uns Europäern unternommen werde. —

Mammalia.

Ord I. Pollicata.

Daumenfüſser.

Fam. I. Quadrumana.

Vierhänder.

Nach dem neuen, von dem leider zu frühe
verstorbenen Dr. *Kuhl* in seinen Beiträgen zur
Zoologie und vergleichenden Anatomie aufgestellten Verzeichnisse der bis jetzt bekannten
Quadrumanen oder affenartigen Thiere, deren
Arten man in neueren Zeiten durch Reisen in
die heiſsen Zonen unserer Erde bedeutend vermehrt hat, finden wir in der alten Welt eine gröſsere Anzahl derselben als in der neuen, und

beide Welttheile gewähren diesen Thieren nur einen beschränkten Wohnort, der in America zwischen den beiden Wendekreisen eingeschlossen, in Africa und Asien aber noch etwas weiter ausgedehnt ist, da er dieselben nördlich und südlich etwas überschreitet. Beide Welttheile, der alte sowohl als der neue, haben für diese Thiere gewisse, scharf unterscheidende Characterzüge, von welchen die Natur nicht abgewichen ist. Hierhin gehört die eigene Bildung der Nase, welche mehr von der Seite geöffnet ist, der Mangel der Backentaschen und Gesäfsschwielen in der neuen, und der Mangel der Wickel- und Greifschwänze in der alten Welt. Die ungeschwänzten Affen, so wie die Paviane mit hundeartig vortretender Schnautze und furchtbarem Gebisse, sind ausschliefslich der alten Welt eigen. Eben daselbst befinden sich einige Affen, welche kaum eine Stimme von sich geben, wie der Pompo des Wurmb.*), die meisten übrigen haben Kehlsäcke. Die der neuen Welt zeigen zum Theil sehr ausgebildete Stimmorgane, welche denen der Vögel gleichen, und die Brüllaffen (*Mycetes, Stentor*) besitzen

---

*) Der neuesten Beobachtung zufolge höchst wahrscheinlich S. *Satyrus* ult.

eine ganz eigene, höchst merkwürdige Stimmkapsel als Anhang des Zungenbeins, wodurch
ihre Stimme bis zu einem seltenen Grade verstärkt wird. Diese sonderbaren Thiere ·sind
aber auch noch ohnehin durch einen höchst
kräftigen Greifschwanz und einen ganz besonders geformten pyramidalen Schädel ausgezeichnet.

Alle affenartigen Thiere der alten Welt haben vier vollkommene Hände, da hingegen in
der neuen eine zahlreiche, übrigens den Affen
sehr verwandte Familie kleiner Thiere, die Sahuïs (*Hapale, Jacchus, Midas*), gefunden wird,
deren Vorderhand unvollkommen ist, wodurch
sie sich, wie auch überhaupt durch ihre ganze
Lebensart, den Eichhörnchen (*Sciurus*) nähern.
Ein anderes Geschlecht (*Ateles*) ist durch einen
unvollkommenen Daumen an der Vorderhand
ausgezeichnet, eine Bildung, von der übrigens
auch die alte Welt eine Probe aufzuweisen hat,
·indem der Daumen dem *Colobus polycomos* und
ferrugineus *) fehlt. —

---

*) Das Museum zu Leiden besitzt *Colobus polycomos* und
ferrugineus, der letztere ist identisch mit *Colobus Tem-
minckii K.* Ich verdanke diese, so wie viele andere interessante Bemerkungen, der Gute des Herrn Dr. *Boie* zu
Leiden.

Ueberall 'in beiden 'Welten erkennt der
Mensch in diesen merkwürdigen Thieren eine
gewisse, seinem eigenen Geschlechte unangenehme Aehnlichkeit, die von einer verwandten
Organisation erzeugt wird. Selbst in den äufseren Gesichtszügen und der Bildung des Kopfes
findet man bei vielen Völkern der heifsen Erdtheile beider Welten, sowohl bei Botocuden als
andern Südamericanern, desgleichen bei Busch-
männern und andern Negern u. s. w. eine auffallende Verwandtschaft mit den Affen, welche
unmöglich verkannt werden kann. Die Natur
scheint hier von dem Menschen zu den niederen
Ordnungen der Mammalien, durch die Affen
sehr deutliche Uebergänge gebildet zu haben,
deren nähere Beobachtung und Bestimmung den
vergleichenden Anatomen gewifs ein interessantes Feld des Nachforschens darbieten würde. —
Diese unangenehme Aehnlichkeit ist es,
die in den Systemen der Naturforscher den Affen gewöhnlich den ersten Platz nach dem Menschen, oder die höchste Stufe in der Reihe der
niedriger organisirten Wesen anweis't. Die Benennungen, welche die Quadrumanen in beiden
Welttheilen tragen, sind der Beweis dieser über-
einstimmenden Aehnlichkeit; denn in Indien
kennt der Malaie seinen *Orang - Utang* (Wald-

mensch), und in America schwärmen *Capuchi-
nos* (Capuciner), *Viuditas* (Wittwen), *Barba-
dos* (alte bärtige Männer) und dergleichen umher. — So übereinstimmend aber solche Benennungen allen Welttheilen eine gewisse Aehnlichkeit dieser Thiere mit dem Menschen anzei-
gen, so erleiden sie doch in verschiedenen Gegenden große Abänderungen und werden ganz
verschiedenen Thieren beigelegt, man muß daher in Anwendung derselben vorsichtig seyn.
Ich werde zwei Arten von *Micos* erwähnen,
den *Cebus fatuellus* und *Cebus robustus*, welche zu den größeren Affen der neuen Welt gehören, während auch *Simia argentata Linn.*
diesen Namen trägt. Die Benennung *Titi* wird,
nach *v. Humboldt* und *Azara*, verschiedenen
Arten beigelegt; am *Orenoco* trägt *Simia sciurea Linn.*, zu *Carthagena de las Indias*, *Simia Oedipus Linn.* und in *Paraguay Simia
Jacchus Linn.* diesen Namen. —

Die Quadrumanen der neuen Welt sind uns
jetzt schon in bedeutender Anzahl bekannt und
noch manche andere, besonders der kleineren,
wenig verbreiteten Arten, werden wir durch
spätere Reisende kennen lernen. — Um die
Kenntniß der bis jetzt beschriebenen Specien
machte sich besonders Herr Professor *Geoffroy*

in Paris; Herr *v. Humboldt*, der Graf von *Hoff-
mannsegg* und neuerdings Herr Dr. *v. Spix*
verdient. Der letztere vermehrte unsere Kenntnisse von ihnen durch eine bedeutende Anzahl
neuer Arten, und Herr *v. Humboldt* hat uns in
seinen herrlichen Schilderungen des südlichen
America's, einen in der That seltenen Schatz
neuer Nachrichten über diese Familie mitgetheilt. Diese Thierarten machen in den süd-
americanischen Wäldern ohne Zweifel den gröfsten Theil der Säugthierbevölkerung aus; denn
eine jede der mannichfaltigen Specien ist gewöhnlich zahlreich an Individuen. Manche Arten sind weit verbreitet, besonders die Brüllaffen (*Mycetes*), die kleineren aber nur auf en-
gere Gränzen von oft sehr geringer Ausdehnung
eingeschlossen.

Für diese zahlreichen Thierarten scheinen
gröfstentheils die mannichfaltigen Früchte bestimmt zu seyn, womit jene Urwälder im
ewigen Wechsel der immer-thätigen Natur
wuchern, und die der rohe Naturmensch bei
seiner geringen Anzahl in jenen weiten Wildnissen nicht hinlänglich zu benutzen vermag.
Ihre ganze Organisation deutet auf den Aufenthalt in einem Lande von unermefslichen Urwäldern; denn die an Bäumen und Wäldern ärme-

ren heifsen Länder der alten Welt, erhielten ungeschwänzte. Affen in Menge, deren Arme oft sehr lang sind, und defshalb mehr auf einen Aufenthalt an der Erde schliefsen lassen; sie haben nackte harthäutige Gesäfsschwielen, welche ein häufiges Sitzen an der rauhen Erde bezeugen; ihre Backentaschen'sind geeignet, einmal gefundene Früchte in denen von Wald entblöfsten Gegenden mit umher zu tragen; da hingegen die americanischen Affen höchst selten die Erde berühren, und defshalb mehr zum Klettern und zu der beständigen Lebensart auf Bäumen eingerichtet sind. Sie haben kürzere Arme, starke, inwendig beständig feuchte Hände, einen schlanken dünnen Körper mit muskulösen Gliedern, und viele einen hochst kräftigen, dick muskulösen, zum Festhalten ganz besonders geschickten Greif- oder Rollschwanz; sie sind sämmtlich äufserst geschickt im Klettern, und nur der höchste Nothfall kann sie zwingen, die Erde zu berühren. Den Mangel des Daumens bei einigen von ihnen, hat die Natur reichlich durch Länge und Stärke der übrigen Finger, so wie durch Länge der Glieder und den um desto kräftigeren Greifschwanz zu ersetzen gewufst.

Die innere Organisation der Quadrumanen ist den Naturforschern ziemlich bekannt; denn aus allen Geschlechtern hat man Beispiele von ihnen, ja selbst die meisten der bekannten Arten untersucht. *Von Humboldt* beschrieb den merkwürdigen Stimmapparat der Brüllaffen (*Mycetes*) und anderer kleinerer Arten; andere vielfältige anatomische Untersuchungen sind in den Schriften der Naturforscher zerstreut, doch gehört ihre Zusammenstellung nicht zu dem Zwecke, den ich mir hier vorgesetzt habe.

In der Nahrung und Fortpflanzung scheinen sich die Quadrumanen von America nicht von denen der alten Welt zu unterscheiden; denn sie sind sämmtlich Omnivoren wie der Mensch, indem sie vegetabilische und animalische Nahrung, besonders viele Insecten verzehren. Sie werfen, mit Ausnahme der kleinen Sahuïs (*Hapale*, *Jacchus*, *Midas*); sämmtlich nur ein Junges, welches sie mit sich auf den Bäumen umhertragen. Gewöhnlich gleichen diese jungen Aeffchen ihren Eltern in Bildung und Färbung; auch muſs ich bemerken, daſs ich im Allgemeinen unter den Quadrumanen sehr wenige Abweichungen oder Varietäten beobachtet habe und daſs ich daher die meisten, in den Cabinetten als solche angesehenen Individuen, für besondere Specien halte. Ein Beispiel hiervon geben die vielen Arten des Geschlechts

Jacchus, welche *Geoffroy* im dem zoologischen
Museo zu *Lisboa* fand, die beiden Arten der
Micos, die ich beschreiben werde u. s. w. —
Besonders die ersteren haben im Allgemeinen
eine gewisse, ihnen allen eigene Bildung und
Färbung, und unterscheiden sich nur durch
kleine Abweichungen; sie sind aber durch die
Gränzen ihres Aufenthalts sehr genau von einander getrennt. Viele Zoologen stimmen ohne
Zweifel in dieser Hinsicht meiner Ansicht nicht
bei, auch ist es gewifs, dafs wir bis jetzt über
diesen Gegenstand noch kein allgemeines Ge-
setz aufstellen können Die meisten Reisenden
sind nicht selbst Jäger und Beobachter der Natur, sie verlassen sich auf oft trügerische Nachrichten; auch ist es nöthig, ohne Unterschied
eine grofse Menge von Thieren zu erlegen,
wenn man über die Beständigkeit der Arten urtheilen will, und von den meisten Ländern der
heifsen Erdtheile fehlt es uns bis jetzt noch gänzlich an solchen Beobachtungen. Einige Arten
des Geschlechts *Cebus* mögen allerdings eine
Ausnahme von der, von mir beobachteten Regel machen, hierhin gehören z. B. *Cebus apellà*
und *capucina*, allein ich kann über diese beiden Arten nicht reden, da sie mir in Brasilien
nicht vorgekommen sind, und darf daher, meiner

Erfahrung zufolge, diesen Satz nur auf die, von mir wirklich beobachteten und in den nachfolgenden Blättern erwähnten Arten anwenden. Herr *v. Humboldt* bestätigt meinen Satz; denn nach dem Zeugnisse dieses ausgezeichneten Reisenden, sind die Arten der Affen auch im spanischen America sehr deutlich getrennt und variiren wenig.

Dr. *Kuhl* hat in seiner Monographie der Quadrumanen 64 Arten für die neue Welt aufgezählt. Ich habe ihm einige wenige derselben mitgetheilt, die bis jetzt noch nicht bekannt waren, und in den nachfolgenden Blättern werde ich diese genannten Specien ausführlicher beschreiben. Zu dem eben genannten Verzeichnisse muss man nun noch die sehr beträchtlichen neuen Entdeckungen des Herrn *v. Spix* hinzufügen; denn von den 34, in dessen Werk über die Affen beschriebenen Arten, sind 21 den Naturforschern noch unbekannt gewesen. Die Eintheilung der Quadrumanen des gelehrten Reisenden in *Trichuri* und *Gymnuri* scheint sehr zweckmäfsig, doch kann man sie auch noch auf folgende Art eintheilen. —

Sect. 1. Affen mit greifendem Schwanze.

A. Mit 6 Backenzähnen und unter der Spitze nacktem Schwanze,

G. 1. *A t e l e s.* Geoffr.

Klammeraffe *).

Die Affen, welche *Geoffroy* mit der Benennung *Ateles* belegt hat, bevölkern einen grofsen Theil der undurchdringlichen Wälder von Brasilien. Schon kennen wir mehrere Arten von ihnen, deren nähere Bestimmung und Auseinandersetzung wir zuerst jenem ausgezeichneten Zoologen verdanken. — Dr. *Kuhl* hat in seinem neuen Verzeichnisse der Quadrumanen acht Arten von Klammeraffen unterschieden, von denen ich aber in den von mir bereis'ten

---

*) Um eine unnöthige Wiederholung zu vermeiden, werden bei bekannten Geschlechtern die Kennzeichen derselben nie wiederholt werden.

Gegenden nur eine Art zu beobachten, Gelegenheit hatte. Sie alle zeichnen sich durch einen kleinen Kopf, sehr lange dünne Glieder und einen besonders kräftigen, langen und muskulösen Greifschwanz aus. Ihr Kopf ist wenig erhaben und die Schnautze etwas vortretend, der Gesichtswinkel etwa von 60°. — Ihr Daumen der Vorderhand ist äußerlich zum Theil nicht sichtbar, zum Theil nur als kleines Rudiment. Das Gebiß dieser Affen ist schwach, d. h. ihre Eckzähne sind kurz, auch ist ihr Naturell höchst sanft, da hingegen die Arten des Geschlechts *Cebus Geoffr.* mit langen kegelförmigen Eckzähnen versehen, und oft höchst zorniger und beißiger Natur sind.

1. *A t e l e s h y p o x a n t h u s.*

D e r M i r i k í.

K. *Haar graugelblich, an der Schwanzwurzel und in der Aftergegend oft röthlich rostgelb; Gesicht fleischfärbig, dunkelgrau punctirt.*

Meine Reise nach Brasilien. B I. pag. 92.
Kuhl, Beitr. zur Zool., pag. 25.
Schinz, das Thierreich u. s w., B. I. pag. 126.
Brachyteles macrotarsus Spix. pag. 36 Tab. 27.
Abbildungen zur Naturgeschichte Brasilien's
Mono, *Miriki* oder *Muriki* der Portugiesen im östlichen Brasilien
Kupó, botocudisch.

, ⸗ Dieser Affe ist die größte Art der Quadrumanen, welche in den von mir bereis'ten Ge-

genden von Brasilien gefunden werden. Er
scheint bis jetzt noch nicht gekannt gewesen
zu seyn, hat aber grofse Aehnlichkeit mit
Geoffroy's Ateles arachnoides, dessen sehr gute
Abbildung sich in den *Annales du Muséum
d'hist. nat. de Paris* befindet, von dem er sich
aber durch das Vorhandenseyn eines äufseren
Daumenrudiments unterscheidet, welches jenem
gänzlich fehlt.

Beschreibung: Der schwere Körper ist
dick und stark, der Bauch ziemlich dick, der
Kopf klein, der Hals kurz, Arme und Beine,
besonders die ersteren, sehr lang und dünn, der
Greifschwanz länger als der Körper, sehr stark
und muskulös.

Der Kopf ist klein, hinten abgerundet, die
Stirn ein wenig erhaben, die kurze Schnautze
tritt etwas vor, daher ist das Gesicht unter den
Augen stark concav; Queerrunzeln machen dasselbe häfslich, und geben dem Thiere das An-
sehn eines alten grämlichen Mannes; sie stehen
besonders um die Augen herum und an den Seiten des Gesichts.

Gebifs: Schn. $\frac{4}{4}$; Eckz. $\frac{1.1}{1.1}$; Backenz $\frac{6.6.}{6.6.}$
Im Oberkiefer stehen vier breite kurze Schneide-
zähne, wovon die mittleren ein wenig stärker
sind; im Unterkiefer vier, die mittleren ein we-

nig kleiner; Eckzähne sämmtlich von den Schneidezähnen getrennt; die oberen durch eine grofse
Lücke, in welche der untere Eckzahn pafst;
sie sind breit, kurz, an der inneren Seite mit
einem starken Ausschnitte und Rande versehen.
Auf jeder Seite stehen in jedem Kiefer sechs
Backenzähne; die drei ersteren im Oberkiefer
haben an der äufseren Seite eine Kegelspitze,
die zwei nachfolgenden haben daselbst zwei
stumpfe Spitzen, und der letzte Zahn nur wieder eine; alle diese oberen Zähne haben an der
inneren Seite einen doppelten erhöhten Rand
oder zwei parallele erhöhte Leisten. Im Unterkiefer haben die beiden ersten auf den Eckzahn
folgenden Backenzähne an der äufseren Seite
eine einfache Spitze, an der inneren Seite aber
einige Höcker; die drei letzten Zähne zeigen
sowohl an der inneren als äufseren Seite zwei
seichte stumpfe Spitzen oder Höcker. — Bei
alten Thieren verschwinden die Spitzen der
Zähne gänzlich, die Eckzähne sind abgeschliffen
wie die Schneidezähne und nur an der Gröfse
zu unterscheiden; alle Mahlflächen sind schwarzbraun mit erhöhten weifsen Schmelzleisten.

Das Auge ist rund, die Iris an jungen Thieren graubraun, bei alten gelbbraun gefärbt.
Die beiden Nasenlöcher bestehen, beinahe ohne

alle Erhöhung, bloſs in ein Paar eingedrückten Ritzen, welche auf der Oberseite der Schnautze in einem spitzigen Winkel gegen einander gestellt sind; daher erscheint die Nase wie eingedrückt. Das äuſsere Ohr ist klein, rund, menschenähnlich und mit Haaren dicht bewachsen.

Der Hals ist kurz, daher scheint der Kopf in den Schultern zu stecken.

Die Hände der sehr langen dünnen Arme haben vier dünne, schlanke Finger, mit gewölbten schwarzbraunen Kuppennägeln. Der Daumen besteht äuſserlich nur aus einem sehr kurzen Gliede, von etwas weniger, als $\frac{1}{6}$ der ganzen Handlänge ohne Nagel. Die Hinterhände sind stark und lang, mit einem vollkommenen langen Daumen. Der Schwanz ist sehr dick und stark, an der Spitze auf der Unterseite über $\frac{1}{3}$ der Länge nackt, und daselbst mit feuchter schwarzbrauner Haut bedeckt; auch an seiner Wurzel befindet sich auf der Unterseite eine nackte Stelle, die jedoch in der Mitte durch einen Längsstreif von Haaren getheilt wird.

Der Rumpf dieses Affen ist nicht schlank und angenehm gebildet; denn sein Bauch ist dick, etwas hängend, und der Rücken gewöhnlich ein wenig gewölbt; an der Brust befinden sich zwei Zitzen, welche an alten weiblichen Thieren oft über anderthalb Zoll lang sind.

Die Geschlechtstheile des Männchens sind grofs; die Ruthe ist zum Theil verborgen und durch einen Knochen unterstützt, in der Erection gleicht sie der des Pferdes, mit breiter Eichel. Das Weibchen hat am unteren Rande der Vulva eine Verlängerung (*Clitoris*), welche mit harten schwarzen Borsten bewachsen ist *). —

Der Miriki ist am ganzen Körper behaart, selbst am Bauche; das Gesicht ist etwas herz-förmig nackt, bei jungen Thieren schwarzbraun, bei alten in der Mitte fleischröthlich, am Rande dunkelgrau, und an der Gränze beider Farben dunkelgrau punctirt. Ueber dem Auge bemerkt man eine Reihe von einzelnen schwarzen auf-rechtstehenden Borstenhaaren, gleich Augen-braunen. Die Gegend um eine jede Brust ist ebenfalls nackt, von schwärzlicher Farbe, aber die lange Brustwarze und ein kleiner, dieselbe umgebender Fleck, sind fleischfarben; selbst am männlichen Thiere ist die Gegend der Brüste unbehaart. Die Geschlechtstheile des Männ-

---

*) Dieser Theil stimmt ziemlich überein mit der Abbildung, welche *Daubenton* von den weiblichen Geschlechtstheilen des *Ateles paniscus* gegeben hat.

chens sind nackt, selbst die Testikel, weifsröthlich, fleischroth durchschimmernd, und von
ihnen zieht sich eine unbehaarte Stelle nach dem
After bis zum Schwanze hinauf. —

An allen seinen oberen Theilen trägt der
Miriki ein dichtes, etwas wolliges Haar, an
den unteren ist es kürzer. Die Farbe dieses
Affen wechselt etwas ab; gewöhnlich ist sie
ein fahles gelbliches Grau, oft weifslich graugelb, am Schwanze und an den inneren Schenkeln mehr gelblich, besonders an der Schwanzwurzel und am After oft stark in's Gelbrothe
oder Rostgelbe fallend; eine Färbung dieser
Theile, die vielleicht durch die Excremente erzeugt wird. — Am Rücken zieht die Farbe
gewöhnlich mehr in's Graue. Manche Individuen sind mehr fahl aschgrau gefärbt, andere
mehr weifslich oder graugelblich. — Einige
von ihnen haben einen blafs gelblichen, beinahe in's Vergoldete fallenden Schwanz.

Beide Geschlechter, so wie die neugebor-
nen Jungen, zeigen in der Färbung keinen bedeutenden Unterschied, doch scheint es mir,
dafs der Pelz der weiblichen Thiere weniger
gelblich fahl und dagegen mehr graulich gefärbt ist.

Ausmessung eines starken männlichen Affen:

Ganze Länge . . . . 43" 8'''.

Länge des Körpers . . . 19" 10'''.

Länge des Schwanzes (auf seiner Ober-

    seite gemessen) . . . 25" 7'''.

Länge des Arms vom Schultergelenk

    bis zur Fingerspitze . . 22"

Länge des Beins von dem Hüftgelenke 19" 10'''.

Länge der Vorderhand . . . 6" 1'''.

Länge der Hinterhand . . . 6" 1'''.

Länge des Vorderdaumens . . . 11'''.

Länge von der Nasenspitze bis zum

    oberen vorderen Ohrwinkel . 3" 9'''.

Ganze Höhe des äußeren Ohres . 1" 5'''.

Länge des oberen Eckzahns. . . 5'''.

Länge des unteren Eckzahns . . 4'''.

Ausmessung eines weiblichen Affen:

Ganze Länge . . . . . 47"

Länge des Körpers . . . 20" 5'''.

Länge des Schwanzes (oben gemessen) 28"

Länge des Arms vom Schultergelenk 21" 5'''.

Länge des Beins von der Hüfte . 20" 2'''.

Länge der Vorderhand . . . 6" 1'''.

Länge der Hinterhand . . . 6" 9'''.

Länge von der Nasenspitze bis zum

    oberen Ohrwinkel . . . 3" 4½'''.

Ganze Höhe des äußeren Ohres . $11\frac{1}{3}'''$.

Länge des Vorderdaumens . . . $11\frac{1}{3}'''$.

Länge des oberen Eckzahnes . . $3'''$.

Länge des unteren Eckzahnes . . $3'''$.

Der verstümmelte Daumen der Vorderhände besteht aus zwei Knochengelenken, wovon das vordere nur halb so lang als das hintere,
und dabei vorn an seinem Ende mit einer kleinen Biegung versehen ist.

Der Miriki durchstreift in Banden von sechs
bis zwölf Stücken die großen hohen Urwälder der
niedrigen, ebenen und daher feuchten Gegenden von Brasilien, in den höheren trockenen
Regionen haben wir ihn wenigstens nie beobachtet, auch haben mir die Einwohner diese Bemerkung bestätiget. So lebt er z. B. nicht in den
niederen Waldungen oder Catingas, die man
in den höheren inneren Gegenden der *Capitanias
da Bahia* und von *Minas Geraës* findet, dagegen in den dunkeln Küstenwäldern, die sich
bis zu den hohen inneren Gegenden ausdehnen,
und zwar daselbst an manchen Stellen sehr häufig. Ich fand ihn zuerst in der Nachbarschaft
des *Cabo Frio* etwas landeinwärts in der Gegend von *Campos Novos,* ferner am *Parahyba*
im Inneren, am nördlichen Ufer des *Rio Doçe*
und am Flusse *Belmonte* ebenfalls auf dem

nördlichen Ufer. Sonderbar ist es, daſs man
diese Thiere nicht überall, sondern nur an gewissen Stellen findet. So sucht man sie z. B.
am *Belmonte* vergebens, wenn man nicht eine
gewisse Gegend des nördlichen Ufers betritt,
die der sogenannten *Ilha grande* (oder groſsen
Insel) nahe gelegen ist und *as Barreiras* genannt wird. Hier sind diese Affen alsdann nicht
selten, und streifen landeinwärts zuweilen in
ziemlich zahlreichen Banden. Sehr häufig leben sie in den groſsen Wäldern der niederen
Gegenden der *Capitania da Bahia*, z. B. an den
Quellen und Ufern des Flusses *Ilhéos*, des *Rio
Pardo*, wo sie indessen die *Serra do Mundo
Novo* nicht überschreiten sollen. *Spix* fand
diesen Affen südlich in der Capitania von *St.
Paul*, ich kann daher seinen Aufenthalt, meinen Erfahrungen zufolge, zwischen den 25sten
oder 24sten und etwa den 14ten Grad südlicher Breite setzen. — Sie sind harmlose
Thiere, die in Gesellschaft ihrer Nahrung
nachziehen, immer über die hohen Baumkronen hinwegeilen und die Früchte und Insecten
aufsuchen, welche ihnen zur Nahrung angewiesen sind. Der groſse Körper dieser Affen
ist schwer, seine Bewegungen mäſsig schnell,
dennoch aber rascher als die der Brüllaffen

(*Mycetes*); die Natur ersetzte ihm aber diesen
Mangel an Behendigkeit durch die Länge der
Glieder; denn mit seinen langen Armen greift
der Miriki aufserordentlich weit, befestigt stets
zuerst den starken langen Schweif und eilt auf
diese Art so schnell durch die Gipfel der höchsten Urwaldstämme hinweg, dafs der Jäger
durchaus keine Zeit verlieren darf, wenn er
einen Schufs anbringen will. Gesund kommen
diese Thiere nie auf die Erde, es müfste denn
der Durst sie zu einem nahen Wasser treiben,
welches aber gewifs selten geschieht. Sie suchen die Gipfel der Bäume nach Früchten ab,
und sitzen auf hohen starken Aesten, um sich
zu sonnen, wo sie sich auch wohl der Länge
nach ausgestreckt hiederlegen. Um ihren schweren Körper sicher auf den hohen schwankenden
Zweigen zu befestigen, gebrauchen sie, wie
gesagt, beständig den starken Schweif, und
selbst tödtlich verwundet, bleiben sie oft noch
lange an dieser fünften Hand hängen, bis der
Tod siegt, die schwere Last sausend die Luft
durchschneidet und unter heftigem Geräusche
den Boden erreicht.

Zur Nahrung liebt der Miriki mancherlei
Arten von Früchten, man sagt besonders die
Beeren des *Tararanga*, eines hohen Baumes,

welcher Früchte wie Weintrauben trägt, aus
deren Saft man ebenfalls ein angenehmes Ge-
tränk bereitet; ferner die Früchte des *Jiquitibá*,
Maçaranduba, der *Issara* - Palme u. s. w. —
Die Jäger der brasilianischen Wälder behaupten,
dieser Affe liebe sehr den Palmkohl (*Palmito*),
und verberge, wenn er sich gesättigt habe, immer ein Stück dieser Substanz in der Ruthe.
Da man mir diese Sache wiederholt versicherte,
so ward ich aufmerksam, und fand nun wirklich in der Vorhaut eine bläulich weifse, etwas
riechende, knorpelartige Masse, von fettiger,
trockener, etwas talgartiger Substanz, welche
eine Vorlage vor der Eichel bildete und mit einer Spitze in die Harnröhre eindrang, aus der
sie ausgeflossen zu seyn schien; sie ist wahrscheinlich die Folge einer besonders starken Ab-
sonderung der Coronaldrüsen. Der Zufall hat
mich verhindert, diese Substanz zu conserviren,
es ist indefs gewifs, dafs man diese Beobachtung an allen männlichen Affen dieser Art machen kann. — Diese Thiere fressen viel, man
findet den Magen mit zerbissenen Früchten aller
Art dicht ausgestopft, und der Bauch ist oft
sehr dick davon aufgetrieben; auch fressen sie
mancherlei Arten von Insecten, Spinnen und
dergleichen Thiere. —

Im August und September haben wir Junge
unter ihnen gefunden, welche schon ziemlich
stark waren. Die Mütter tragen dieselben unter dem Arme oder auf dem Rücken. — Zieht
man diese Thierchen auf, so werden sie sehr
zahm, allein sie sind sehr zärtlich und sterben gewöhnlich bald.

Der Jäger, wenn er den Miriki sucht, durch-
späht aufmerksam die Baumgipfel und hört auch
auf seine Stimme, die ziemlich laut, dennoch
aber weit unbedeutender ist, als die der Brüllaffen, Gigós, Sauassus und anderer Arten. Bemerken sie den Feind, so geht es schnell über
die Zweige fort; sie werfen die langen Glieder,
besonders die Arme und den Schwanz vorwärts,
befestigen sich schnell sehr sicher, und schleu-
dern alsdann den grofsen schweren Körper
vorwärts; auch springen sie zuweilen, jedoch
weniger als die anderen Affenarten. — Angeschossen lassen sie ihren Urin sogleich und
schreien zuweilen wie ein Schwein. — Die
Botocuden, welche sie mit ihren langen kräftigen Pfeilen erlegen, lieben ihr Fleisch sehr,
welches man für etwas schwer und hitzig
hält. — Sie sengen dieses Thier, so wie alle
andern Quadrupeden, im Feuer, wo es alsdann
eine klägliche Aehnlichkeit mit einem Kinde er-

hält. — Das Fell gebrauchen die Wilden als
Zierrath, sie binden die Haut des Schwanzes
um die Stirn, wo die blaſsgelbliche Farbe von
der Schwärze der Haare gehoben wird. Die
Portugiesen machen davon Regenkappen für
die Schlösser ihrer Gewehre. —

Ich habe in meinen Abbildungen zur Naturgeschichte Brasilien's eine, von mir selbst
in den brasilianischen Wäldern nach der Natur
entworfene Skizze dieses Affen mitgetheilt, welche ein solches männliches Thier in der helleren Farbenvarietät darstellt, viele von ihnen sind
etwas dunkler grau gefärbt. — Die Figur,
welche Herr Professor *Geoffroy* in den Annalen
des Pariser Museums von dem *Ateles arachnoides* gab, paſst sehr treu in Gestalt und Farbe
auf den hier von mir berührten Affen. — Die
*Spix*ische Figur scheint von der Gestalt der Ate-
len gänzlich abzuweichen, sie ist unter allen,
in jenem schönen Werke gegebenen Abbildungen, wohl die mangelhafteste.

G. 2. *Mycetes.* Illig.
Brullaffe.

Die Brüllaffen, Aluaten, oder Guaribas
scheinen unter allen Geschlechtern der Quadrumanen am bestimmtesten von der Natur unter-

schieden und am auffallendsten characterisirt zu
seyn. Sie sind ausschliefslich Südamerica eigen,
und sowohl durch ihre von andern Geschlechtern abweichende Körperbildung, als auch
durch ihr langsames träges Naturell von den
übrigen Gliedern dieser grofsen Familie und
allen andern Säugthieren unterschieden. Der
Kopf dieser Affen allein reicht hin, sie zu unterscheiden; denn nirgends zeigt sich ein so
sonderbar gebildeter Schädel, dessen pyramidale
Figur mit dem breiten grofsen Unterkiefer so
auffallend contrastirt. Ihr Gesichtswinkel ist
etwa von 60°; es ist aber besonders das merkwürdige Stimmorgan in der Kehle, welches
diese Affen auszeichnet, und seinen Haupt-
schutz durch die vorhin genannte sonderbar
breite Bildung des Unterkiefers erhält. Herr
v. Humboldt hat in seinen Abhandlungen aus
der Zoologie und vergleichenden Anatomie eine
Beschreibung des Kehlapparats für die Art des
Simia Seniculus gegeben, welche mit einigen
Abweichungen auf alle Arten dieses sonderbaren Geschlechtes pafst. — Der Kehlkopf (Larynx) dieser Thiere ist eine grofse, weite, knöcherne Kapsel, und das darüber befestigte Zungenbein (os hyoideum) ist eine grofse rundliche
oder längliche, mit Scheidungen versehene

Knochenblase, durch deren vereinte Wirkung die ungeheuer laute, weit schallende Stimme hervorgebracht wird. —

Zu der langsamen sicheren Art, mit welcher sie die Bäume besteigen, hat ihnen die Natur noch einen kräftigen Greifschwanz gegeben, den sie beständig gebrauchen.

Unter allen Arten der Quadrumanen in Brasilien, scheinen die Brüllaffen die gemeinsten und am weitesten verbreitet zu seyn; denn sie leben so gut in den hohen, trockenen Gegenden und Catingas, als auch in den niederen, feuchten Küstenwäldern. — *Geoffroy* hat zuerst ihre bekannten Arten etwas vollständig aufgeführt, dennoch scheinen seine, im 19ten Bande der *Annales du Muséum d'hist. natur.* aufgestellten Arten vielleicht etwas vermindert werden zu müssen. Herr *v. Humboldt* hat auf seinen Reisen interessante Beiträge zu der Geschichte dieses Genus geliefert, und ein jeder Reisende, der jene großen Wälder durchstreift, wird einige Zusätze zu der Zahl der Kenntnisse machen, die wir davon besitzen, wenn er nur treu die von ihm beobachteten Thatsachen berichtet. — Dr. *Kuhl* endlich hat in seinem neuen Verzeichnisse der Quadrumanen sieben Arten von diesen Thieren angenom-

men, indem er die von Herrn Geoffroy aufgestellten beibehielt und noch eine neue hin-
zufügte.

1. M. ursinus Humb.

Der rothe Guariba, Barbado.

B. *Bart stark und dicht; Gesicht nackt und schwärzlich; Unterleib dünn behaart; Greifschwanz
stark, unter der Spitze nackt; Pelz einfarbig
rothbräunlich. —*

> Simia ursina, *Alex. v. Humb.* recueil etc. T. I. p. 329.
> Stentor ursinus *Geoff.*
> Mycetes ursinus, *Kuhl,* Beitr. z. Zool. p. 29.
> ? Mycetes fuscus *Spixu.*
> Abbildungen zur Naturgeschichte Brasilien's.
> Barbado südlich in der Gegend von *Cabo Frio, Rio
> de Janeiro* und am *Parahyba.*
> Guariba am *Mucuri, Belmonte* u. a. O.
> Ruiva im Sertam von *Bahia.*
> Bujio barbado in S. Paulo.
> Cupilick bei den Botocuden.

Die Gestalt dieses Affen kommt im Allgemeinen mit der aller Brüllaffen überein; sie
sind gestreckt, vorn stark, in der Dünnung
schlank; ihre Glieder sind mäßig lang, und so
wie der lange, unten an der Spitze nackte Greifschwanz proportionirt und muskulös. — Der
Kopf ist dick, steckt in den Schultern, wird
tief getragen und die Kehle ist von dem Stimmapparate dick aufgetrieben. —

Der hier zu beschreibende Affe scheint, nach genauer Vergleichung, identisch mit *v. Humboldt's Simia ursina,* obgleich die Abbildung, welche dieser ausgezeichnete Naturforscher und Reisende davon gegeben hat, nicht ganz mit den von mir in Brasilien beobachteten Thieren übereinstimmt. Ich will den rothen brasilianischen Guaribá beschreiben, beide Geschlechter, wie ich sie bei *Cabo Frio* und am *Parahyba* fand, und nachher einige critische Bemerkungen folgen lassen. ——

Beschreibung: Der rothe Guariba oder Barbado gleicht in seiner Gestalt den übrigen Arten dieser Familie. Sein Kopf ist ziemlich dick, pyramidal, das Gesicht mäſsig vortretend, mit einer nackten schwärzlichen Haut bedeckt; die Augen mit ihrer gelbbräunlichen Iris stehen auf der Vorderfläche desselben und sind rundlich; über ihnen stehen hoch oben, an der Gränze der Stirn, lange schwarze Augenwimpern. — Die Nasenlöcher sind weit geöffnet und rund; an der Oberlippe befinden sich lange schwarze Bartborsten; Ohren menschlich, schwarzbraun, ziemlich nackt, inwendig mit dünnen, gelbbräunlichen Haaren besetzt. —

Gebiſs: Schn. $\frac{4}{4}$; Eckz. $\frac{1 \cdot 1}{1 \cdot 1}$; Backenz. $\frac{6 \cdot 6}{6 \cdot 6}$. Mäſsig stark; die Zähne sind schwarzbraun ge-

.färbt und nur ihre Kanten sind weifs abgeschliffen.' — '.'Eckzähne im Oberkiefer mäfsig stark, kegelförmig, breit, etwas über den Unterkiefer heraustretend, auf ihrer vorderen Seite mit einer Längsfurche bezeichnet, von dem ersten Bakkenzahne des Unterkiefers auf der inneren Seite ausgeschliffen; untere Eckzähne kleiner als die oberen; Schneidezähne im Oberkiefer vier, sie sind klein, stehen weit von den Eckzähnen entfernt, streben vorwärts; im Unterkiefer vier etwas cylinderförmige, kleine, ziemlich getrennte Schneidezähne, wovon der äufserste den Eckzahn beinahe berührt *). — Backenzähne sechs auf jeder Seite jedes Kiefers; im Oberkiefer sind die drei ersten einspitzig an der äufseren Seite, die zwei folgenden mit mehreren Spitzen, der letzte ist klein; im Unterkiefer haben die drei ersten an der äufseren Seite eine Spitze, die nachfolgenden aber mehrere. —

Die Zunge ist schwarzbraun gefärbt. — Der Hals ist kurz, daher steckt der Kopf in den Schultern. — Arme und Beine sind stark und proportionirt, eben so die vier Hände; sie ha-

---

*) Ein jüngeres Individuum hatte fünf Schneidezähne, wovon also einer ein Milchzahn war.

ben an ihrer innern Fläche eine immer kalte, feuchte, nackte, schwärzliche Haut, und auch die etwas zusammengedrückten Nägel haben diese Farbe; sie reichen etwa um $1\frac{1}{2}$ Linie über die Fingerspitze hinaus, der Nagel des Däumens aber ist kurz, abgerundet und nicht länger als der Finger selbst. Die Nägel der Hinterhände sind mehr vortretend als die der vorderen. Der Schwanz ist etwas länger als der Körper, dick und stark, mit beinahe einen Zoll langen Haaren dicht bekleidet, sehr stark greifend und an der Spitzenhälfte auf der untern Seite mit einer nackten, feuchten, kalten, schwarzbraunen Greiffläche versehen. —

Testikel und übrige Geschlechtstheile nackt und schwarzbraun gefärbt. — Zwei Brustzizzen! — Das Haar der Stirn ist ziemlich kurz, sehr dicht, gleich lang wie eine Bürste, oder als wenn es geschoren wäre, nahe über die Augen herabsteigend; an den Seiten des Kopfs wird es zu einem langen Backenbart und dehnt sich unter dem Kinne in einen drei bis vier Zoll und darüber langen, dichten Bart aus, der dem Thier das Ansehen eines alten Capuziners giebt; das Haar auf dem Kopfe vom Wirbel an strebt vorwärts, das des Halses und des Körpers rückwärts. — Haar auf dem Rücken etwa 1½ Zoll lang, dicht und an der Wurzel ein wenig wollig; in den Seiten ist es länger und alle untern Theile sind dünn behaart, auch zeigt sich hier die graulich-fleischrothe Haut beinahe nackt, doch sind manche Individuen mehr behaart. — Alle oberen Theile des Körpers sind mit schwarzbraunen Haaren bedeckt, welche in der Mitte mit einer blassen, gelblichen Binde bezeichnet und mit gelbbraunen Spitzen versehen sind, wodurch die gelbbraune Farbe auf den oberen Theilen zu herrschen scheint, doch sticht das Dunkle durch. Die Arme und Beine fallen mehr in das Dunkelbraune, doch haben die Haare auch gelbliche Spitzen; Bart- und Backenhaare sind schwarzbraun, der erstere wird nach der Spitze hin immer schwärzer; der Schwanz, mit einer stark rothbraunen Mischung, erscheint mehr rostbraun oder roströthlich. — Je älter das männliche Thier ist, desto mehr fällt seine Farbe in's Rothbraune oder Rostrothe. — Jüngere Thiere sind immer mehr schwarzbraun und mit kürzerem Barte versehen; Scheitel und Mittelrücken gelbroth gemischt, da die Haare dergleichen Spitzen haben; Seiten des Leibes, Kopf, Bart, Glieder und Schwanz glänzend schwarzbraun, indem hier die Haare an der Wurzel

von dieser Farbe sind und nur dunklere Spitzen
haben. —

Ein erwachsenes trächtiges Weibchen glich
dem jungen Männchen, da es nur einen kurzen Bart hatte, und auch dieselben Farbenmi-
schungen zeigte; nur ist der Rücken durch die
Haarspitzen mehr gelbbraun, und der Schwanz
völlig schwarzbraun bis zur Spitze, da er bei
dem alten männlichen Thiere völlig röthlich-
braun ist. — Der Kopf ist bei dem weiblichen
Geschlechte weit kleiner, auch besonders die
Stimmkapsel in der Kehle. —

Dieses ist die Beschreibung des *Barbado*
von *Cabo Frio* und anderer südlicher Gegenden
der Ostküste, der *Serra dos Orgãos* bei *Rio
de Janeiro*, der Wälder am *Parahyba*, u. s. w.;
weiter nördlich, in den Gegenden von *Porto
Seguro*, *Belmonte*, *Ilhéos* und dem Sertam von
Bahia habe ich die Männchen mehr rostroth
oder fuchsroth gefunden, ob ich gleich übrigens
keine specifischen Unterschiede habe entdecken
können, und alle Uebergänge in den Farben
da sind *).

---

*) Es ist möglich, daſs zufällig nur ältere Thiere uns in
die Hände fielen.

Der alte rothe Guariba aus dem Sertam von *Bahía* ist durchaus glänzend rothbraun oder rostroth, Arme und Hände oft kaum merklich dunkler, der Bart aber mehr schwärzlich braun gefärbt; das Haar der Stirn strebt rückwärts, das des Scheitels vorwärts, vom Hinterkopf an fällt es rückwärts hinab, es zeigen sich daher am Kopfe zwei Wirbel; am Ober- und Unterkiefer stehen schwarze, mäfsig lange Borstenhaare; der Bauch ist dünn behaart, auch die Glieder an ihrer inneren Seite mit sehr hell glänzend rostrothen Haaren dünn besetzt. Betrachtet man die Haare der oberen Theile genau, so zeigen sie in ihrer Mitte eine dunklere Stelle, ihre Spitze ist aber, so wie die Wurzel, wieder mehr gelbrothbraun; Stirn und Kopf sind besonders glänzend rothbraun, und das Haar des ganzen Körpers hat einen vorzüglich schönen Goldglanz.

Diese Thiere variiren nach dem Alter aus dem Kastanienbraunen oder schwärzlich Braunen mit gelblich fahlen Haarspitzen in's Rostrothe, doch sind, wie gesagt, jüngere Thiere und Weibchen immer mehr schwärzlich oder dunkelbraun gefärbt. —

Die jungen Männchen kann man sogleich in früher Jugend von den jungen Weibchen un-

terscheiden; denn ihr Kopf und Gesicht sind
viel gröfser und länger, bei dem Weibchen
mehr rund; der Bart des letzteren steht vorwärts gerichtet und ist dünner und kleiner;
beide sind in der frühesten Jugend dunkelbraun,
allein die Haarspitzen des Männchens sind, besonders an Stirn und Scheitel, gelbroth, am
Weibchen blafsgelblich. —

Ausmessung eines alten männlichen Guariba
von Cabo Frio:

Ganze Länge von der Nasen - bis zur
    Schwanzspitze . . . . . 41" 8".
Länge des Körpers bis zu der unteren
    Schwanzwurzel über dem After   20" 3'".
Länge des Schwanzes . . . .   21" 8'".
Länge des Arms von dem Schulterge-
    lenke bis zur Spitze des Mittel-
    fingers . . . . . .   13" 6'".
Länge des Hinterbeins, auf dieselbe
    Art gemessen . . . .   14" 9'".
Länge vom Scheitel zwischen den Oh-
    ren bis zu der Nasenspitze .   3" $3\frac{1}{3}$'".
Höhe des äufseren Ohres . .   1" 5'".
Breite des Kopfs von einem Ohre zu
    dem anderen . . . .   3" $3\frac{1}{3}$'".
Länge des Bartes . . . .   2" 9'".

Länge des oberen Eckzahnes · . . 5⅔‴.

Länge des unteren Eckzahnes beinahe 5⅔‴.

Peripherie des gefüllten Bauches an
    der dicksten Stelle . . . 16″ 8‴.

Peripherie des Oberschenkels . . 6″ 6‴.

Peripherie des Schwanzes (zwei Zoll
    vom Leibe entfernt) . . 4″ 2‴.

Peripherie des Schwanzes in seiner
    Mitte . . . . . . 2″ 9½‴.

Peripherie des Leibes vor den Hüften 10″ 7½‴.

Peripherie der Oberbrust unter den
    Armen . . . . . 11″ 5‴.

Länge der Vorderhand längs des Mit-
    telfingers gemessen . . . 3″ 5½‴.

Länge der Hinterhand . . . 3″ 10‴.

Der Schädel des rothen Guariba zeigt mit denen der übrigen Brüllaffen die größte Aehnlichkeit. Ein Hauptkennzeichen, wodurch das männliche Thier sich von dem weiblichen auszeichnet, ist die Größe der Stimmkapsel, die sich durch ihre Figur etwas von des Aluaten (*Mycetes seniculus*) unterscheidet, welche wir in Herrn *v. Humboldt*'s zoologischen Abhandlungen abgebildet finden. Die Luftröhre des *Mycetes ursinus* ist an ihrem oberen Ende auf der vorderen Seite durch einen colossalen Schildknorpel umgeben, welcher an seiner hinteren und oberen Seite'nur durch Häute verschlossen wird; in dieser grofsen, etwas zusammengedrück- ten', 3 Zoll 3 Linien langen und etwa 2 Zoll breiten knöchernen Kapsel beschreibt die Luft- röhre einen kleinen Bogen, und an dem'genann- ten Schildknorpel ist-durch eine starke Muskel- haut das knöcherne, hohle, nach vorn rundlich aufgeblasene Zungenbein befestiget, welches 2 Zoll 5 Linien lang und durch die beiden dün- nen knöchernen Schenkel an den Häuten des Schildknorpels befestiget ist. — Ich würde die- ses Organs weitläuftiger gedacht haben, wenn wir nicht von einem ausgezeichneten Anatomen, Hrn. Dr. v. *Spix*, eine weitläuftige Beschrei- bung desselben zu erwarten hätten. — Bei *Mycetes seniculus* sind diese Theile in der Hauptsache eben so gebildet, doch weicht nach der Abbildung des Hrn. v. *Humboldt* die Gestalt der beiden Knochenkapseln ein wenig ab. —

Die Länge des Darmkanals vom Magen ab- wärts, beträgt bei einem alten männlichen Affen der von mir hier beschriebenen Species $10\frac{1}{2}$ Fufs; der Zwölffingerdarm ist so weit ausge- dehnt, dafs er einem zweiten Magen ähnlich wird *). — Diese Erweiterung war mit harten

---

*) Eine ähnliche Bildung hat Herr Dr. *Boie* zu Leiden an dem Magen des *Semnopithecus entellus* gefunden: „Der

unverdaulichen Ueberresten von Cocos - und
Palmnüssen, Fruchtsteinen und dergleichen angefüllt, auch fand man den Magen mit ähnlichen
zerbissenen Früchten vollgepfropft. Die Leber
ist in sechs Lappen getheilt, mit einer grofsen,
schmalen, langen Gallenblase, von recht hell-
grüner Farbe; das Herz ist klein und kurz. —
Dieser Affe scheint über den gröfsten Theil
von Südamerica verbreitet zu seyn, wenn man
die kleinen Abweichungen, welchen seine Färbung hier und da unterworfen scheint, mit Recht
für Abartungen erklärt. Alsdann ist *v. Humboldt's Araguato* der *Barbado* oder *Bujio barbado* des südlichen Brasilien's, denn *Mycetes
fuscus Spixii* scheint mir mit meinem *ursinus*
ganz identisch, und also diese Affenart sehr, ja
wohl am weitesten verbreitet. In Brasilien lebt
er in mehr oder minder zahlreichen Gesellschaf-

Magen wird daselbst durch eine Einschnürung in zwei Säk-
ke getheilt, von denen der untere sehr langlich ist und
sich als unförmliche Erweiterung des *duodenum* darstellt;
in der That aber findet sich trotz der Länge dieser darm-
förmigen Erweiterung der *pylorus* erst am Ende desselben,
worauf ein gewöhnliches sehr dünnes *duodenum* folgt."
Herr Dr. *Boie* macht ferner noch auf die Aehnlichkeit
aufmerksam, welche diese durch den Bau ihrer Verdauungs-
werkzeuge verwandten Thiere, auch durch ihre Langsamkeit haben.

ten, doch selten von mehr als fünf bis sechs
Individuen, in allen grofsen aneinander hängenden. Wäldern. An der Ostküste bewohnt er die
weiten hohen Urwälder und mehr im Innern die
von der Hitze des Sommers ausgetrockneten *Catingas* oder Niederwaldungen. Man findet ihn
schon südlich in der Capitanía von *S. Paulo*,
in der *Serra dos Orgãos* bei *Rio de Janeiro*
und bei *Cabo Frio*; hier erlegten die *Puris* viele
von ihnen in den grofsen Wäldern, welche die
Ufer des *Parahyba* decken, am *Belmonte*, *Ilhéos* u. s. w.,— In allen bewaldeten, von uns
besuchten Gegenden lieferte uns das Fleisch
dieser Thiere eine kräftige Nahrung. — Schon
in der Gegend des *Mucuri* trägt er den Namen
Guariba und ich habe von hier an nördlich besonders recht alte männliche Thiere erhalten. —
Man hat in den Schriften, besonders der früheren Naturforscher und mancher älterer Reisenden, die abentheuerlichsten, abgeschmacktesten
Nachrichten von diesen Thieren gegeben, deren
Wiederholung und Widerlegung gleich unnütz
seyn würde; *Azara* hat das Verdienst, die
meisten dieser albernen Nachrichten schon ge-
rügt zu haben, ich gehe also ohne Aufenthalt
über alle diese Gegenstände hinweg.

Der Guariba hat ein träges Naturell, klettert langsam, oft beinahe kriechend von Ast zu
Ast, sitzt gewöhnlich gebückt mit auf die Brust
gestütztem Kopfe wie ein altes Männchen da und
legt sich auch der Länge nach auf einen starken Ast nieder, um sich zu sonnen. — Gewöhnlich suchen diese Thiere die obersten dürren Gi-
pfelzweige der höchsten Waldbäume zu ihrer
Warte aus und man gewahrt sie alsdann oft schon
aus weiter Ferne über der Laubmasse der Rie-
senstämme des Urwaldes hoch erhaben, wie ihr
rostrothes Haar in der Sonne glänzt. — Die
Männchen lassen alsdann ihre röchelnde oder
mehr trommelnde, weit durch die einsame Wild-
niſs schallende Stimme hören, welche bald länger, bald kürzer gerade hin ausgehalten und zuweilen von Pausen und kurzen rauhen Tönen
unterbrochen wird, etwa wie sie unser europäischer Edelhirsch in der Brunstzeit hören läſst,
wenn er auf den Kampf schreit. — Nur das
erwachsene männliche Thier brüllt so heftig,
doch müssen auch die weiblichen eine starke
Stimme haben, da ihr Kehlkopf ebenfalls eine
ähnliche, obgleich weit geringer ausgedehnte
Bildung hat. Der Jäger hört diese Stimme gern;
denn er weiſs, daſs ihm das Thier nicht leicht
entgehen kann, sobald es seinen Aufenthaltsort

verrathen hat. Wir haben dieses Brüllen der Guariba's zu allen Zeiten des Jahres und des Tages vernommen, doch hört man dasselbe allerdings häufiger in der heißen Zeit, wo die heftigen Gewitter von ihren Regenströmen begleitet, die ganze tropische Natur zu erneutem Leben erfrischen. *v. Humboldt* giebt die Entfernung, in der das Brüllen der Araguatos gehört wird, auf 800 Toisen an (*Voyage au nouv. cont. Vol. II, p. 134*), doch soll man dasselbe in der stillen Nacht weiter hören können; ich habe in Brasilien bei Nacht nie eine Stimme von diesen Thieren vernommen. — Nach dem Zeugnisse jenes ausgezeichneten Gelehrten sollen die Araguatos zu brüllen aufhören, wenn ein Weibchen sein Junges werfen wolle; jedoch dieses ist ohne Zweifel eine Fabel der Missionärien und Indier, welche überall den Reisenden wunderbare und nicht in der Natur begründete Dinge erzählen; daß diese Affen indessen zu brüllen aufhören, wenn man sich ihnen nähert, einen Schuß in ihre Gesellschaft thut und wohl gar einen von ihnen tödtet oder verwundet, diefs liegt in der Natur der Sache. — Da gewöhnlich nur die alten Männchen brüllen, so ist es leicht zu erklären, wenn man sagte, es befinde sich bei einer jeden ihrer

Gesellschaften ein' Vorsänger, der auch gewöhnlich seinen Posten zu oberst gewählt habe. —

Die Guariba's kommen nicht leicht auf die Erde und nur zuweilen sollen sie von derselben Gebrauch machen, um während der gröfsten Tageshitze zu trinken; Indianer haben mir indessen versichert, dafs sie dieselben über Flüsse haben schwimmen sehen.

Die Nahrung der verschiedenen Affen dieses Geschlechts ist so mannichfaltig als die Zahl der Früchte selbst, welche in diesen Wäldern wachsen, daher haben wir, wie gesagt, ihre Mägen mit einem Brei von zerbissenen Früchten und Fruchtkernen mancherlei Art, besonders von verschiedenen kleinen Cocosnüssen angefüllt gefunden. Im Februar und März sind diese Thiere besonders fett, die Männchen hatten alsdann über der Stimmkapsel und selbst im Leibe eine grofse Menge sehr feinen gelben Fettes, welches meine Jäger mit Vortheil zum Einschmieren der Schlösser ihrer Jagdgewehre benutzten.

Die meisten Jungen unter diesen Affen habe ich im Januar, Februar und März gefunden. Das Weibchen trägt seine Nachkommenschaft auf dem Rücken oder unter dem Arme, und das Junge schlingt sich mit seinem Wickelschwanze sehr fest an die Mutter an, so klettert sie mit

ihrer Bürde über die höchsten Aeste dahin. —
Man sagt, die Araguatos verliefsen zuweilen
ihre Jungen; wenn sie verfolgt würden, welches
aber v. Humboldt schon widerlegt; denn im
Gegentheile, Gefahr erhöht die Sorge der Mutter und selbst tödtlich angeschossen, verläfst sie
ihr Junges nicht. Man zieht diese jungen Thierchen auf, allein in einem gewissen Alter sterben
sie gewöhnlich; denn dem Zustande der Freiheit entrissen, erreichen nur wenige ihr volles
Wachsthum. Ich fand, dafs diese jungen Affen
gewöhnlich viel Wasser tranken, welches übrigens die Indier als ihnen sehr nachtheilig ansahen. Ob die erwachsenen Thiere dieser Art
ebenfalls so viel Wasser trinken, kann ich nicht
beantworten; doch scheint es unwahrscheinlich
und es ist mit ziemlicher Gewifsheit anzunehmen, dafs dieser heftige Durst der jungen Thiere durch die ihrer Natur nicht angemessene Nahrung entstand; da sie in ihrer zarten Jugend die
Muttermilch gänzlich entbehren mufsten. Erreicht der Guáriba im gezähmten Zustande sein
vollkommnes Wachsthum, so wird er äufserst zutraulich, da diese Thiere ein überaus sanftes Naturell besitzen, wovon ich im Sertam von Bahía
ein Beispiel gefunden habe. — Ich besafs am Mucuri einen solchen noch sehr jungen Affen, der

sogleich kläglich schrie, wenn ich mich nur einen Augenblick von ihm entfernte. Gezähmt sind diese Thiere unangenehm, sehr träge, traurig, grämlich, lästig durch ihre knarrend röchelnde Stimme, welche die Jungen auf eine unangenehme Art beständig hören lassen, und durch ihre große belästigende Zutraulichkeit. Ihre Hauptkunstfertigkeit ist das Klettern; denn wenn dieses gleich nicht besonders schnell von stätten geht, so geschieht es desto sicherer; dabei spielt der starke Greifschwanz die Hauptrolle. — *Ulloa* erzählt und giebt sogar die Abbildung einer komischen Fabel, daß nämlich die Affen, wenn sie von dem einen Ufer eines Flusses das andere erreichen wollen, einer an den andern sich anhaltend eine Kette bilden und sich schaukelnd auf diese Art hinüber zu werfen suchen. Solche Erzählungen passen jetzt schon nicht mehr in unsere aufgeklärte, besser mit der Natur der Thiere vertraute Zeit. — *v. Humboldt* selbst sagt, daß der *Araguato*, um nach einem anderen Baume hinüber zu gelangen, sich an seinem Schwanze schaukele, es ist mir und meinen Jägern bei häufiger Beobachtung dieser Thiere nie etwas Aehnliches vorgekommen. — Von einem hohen Baume herab geschossen, befestigt sich der Guariba oft im Vor-

beistreifen mit dieser fünften Hand, und mit
dem Tode ringend bleibt er oft noch Stunden
lang an diesem Schwanze befestiget hängen.
Die Jäger müssen bei der grofsen Höhe der tropischen Bäume oft eine bedeutende Anzahl von
Schüssen thun, ehe sie einen solchen Affen erlegen; denn bei den ersteren derselben kriechen
sie in die höchste Spitze des Baumes, auf welchem sie sich befinden, und nur die langen *Taguaris* oder brasilianischen Röhre, in welche
man eine starke Ladung von schweren Schroten
wirft, erreichen sie alsdann, unsere europäischen
Doppelflinten verschwenden bei dergleichen Af-
fenjagden gewöhnlich sehr viel Pulver und
Blei. — Die Wilden schiefsen die Guariba's
mit ihren langen Pfeilen und klettern oft auf einen nahen Baum, um sie besser erreichen zu
können. — Verwundet lassen die Affen gewöhnlich ihren Urin oder ihre Excremente fallen. *Dobrizhofer* erzählt in seiner Geschichte
der Abiponer, dafs die angeschossenen Affen
ihre Hand auf die Wunde drückten, allein man
wird nun wohl davon zurückgekommen seyn,
diesen Thieren mehr als thierischen Verstand
zuzutrauen.

Das Fleisch der Brüllaffen ist ziemlich wohlschmeckend und giebt besonders kräftige Brü-

hen, welche man denen der übrigen Affen vorzieht. — Nach *v. Humboldt* bereitet man im spanischen America aus den Därmen des *Araguato* oder *Guariba* Saiten für die Guitarren oder Violas. —

2. *M. niger Kuhl.*

Der schwarze Guariba, oder schwarze Brüllaffe.

B. *Bart stark; Gesicht nackt und schwärzlich; Unterleib nackt oder dünn behaart; Haar etwas lang und schlicht, bei dem Männchen am ganzen Oberkorper glänzend kohlschwarz, bei dem alten Weibchen fahl graugelblich gefärbt. —*

> *Caraya, Azara* Essais etc. Vol II. pag. 208.
> *Stento niger, Geoffr.* Ann. d. Mus. T. XIX. p 10.
> *Simia Caraya, Humb.* Rec. d'obs. d. Zool. et d'anat.
>   comp. T. I. p. 355.
> Kuhl Beiträge zur Zool S. 30.
> *Mycetes barbatus* Spix.
> Abbildungen zur Naturgeschichte Brasilien's.
> *Guariba preto* der Brasilianer.

Die Gestalt im Allgemeinen ist die des vorhin beschriebenen rothen Guariba, das Gesicht scheint ein wenig kürzer und an der Nase mehr aufgestülpt.

Beschreibung eines weiblichen Thieres.

Die Ohren sind menschlich, ziemlich klein, nackt, von der Farbe des Gesichts; nur am Rande an der hinteren Seite und in den innern Ver-

tiefangen ein wenig mit dünnen gelblichen Woll-
haaren besetzt; die Iris des Auges ist gelbbräunlich; das Gesicht nackt, matt schwärzlich gefärbt wie an der vorigen Art; nur in der Höh-
lung der Backen und um die Augen herum mit
einzelnen blafsgelben, dünnen, kurzen Härchen
besetzt; an beiden Lippen befinden sich Bart-
haare, sie sind dünn, schwarz, etwas gekräuselt
und etwa $\frac{1}{2}$ bis $\frac{2}{3}$ Zoll lang; Augenwimpern
gelblich mit schwarzen Spitzen; innerer Mund
gebildet wie an der vorhergehenden Art; Eckzähne kegelförmig, stark, mäfsig lang, die obern
etwas rückwärts strebend. — Vorder - und
Hinterhände an der innern Fläche mit nackter,
feuchter, kalter, matt schwärzlicher Haut bedeckt; Nägel sämmtlich schmale, etwas zusammengedrückte Kuppennägel; Daumen der Vorderhände etwas lang, da er über das Wurzelge-
lenk des Zeigefingers etwas hinausreicht; Daumen der Hinterhände stärker als der der vorderen, eben so verhält es sich mit dem übrigen
Theile der Hand. Schwanz länger als der Kör-
per, stark, dick, sehr stark greifend, etwa $\frac{1}{3}$ seiner Länge unter der Spitze ist er nackt, mit
matt schwarzer Haut, und einzelnen Querfalten
in den Gelenken. An der Brust befinden sich,
zwei Zitzen dicht unter den Armen, mit lang aus-

5 *

gedehnten·Warzen, wie an der vorhergehenden
Art. — Der weibliche Geschlechtstheil ist in
beiden Arten ähnlich, ein hängender Beutel von.
fleischröthlicher Haut, in welchem an der hinteren Seite die Oeffnung sich befindet.

Das Haar der Stirn ist dicht und gedrängt
wie an der vorhergehenden Art, kurz über den
Augen vorstrebend; das Gesicht ist rundum dicht
und gleichartig von den Haaren des Pelzes eingeschlossen, unter dem Kinne in einen Bart verlängert, der bei dem Weibchen etwa 1 bis $1\frac{1}{2}$
Zoll lang und etwas zugespitzt ist. — Haar
am ganzen Leibe sanft, zart, lang und seidenartig, in den Seiten hinter dem Schulterblatte 3
Zoll lang, am Kopf ist es seidenartig dicht, an
der Einfassung des Gesichts, den Backen, Oberarmen und Bart lang und schön hell fahl seidenartig gelb; eben so sind die Glieder angenehm
blaſs glänzend gelblich, besonders rein ist die
Einfassung des Gesichts, der Bart und die vier
Glieder gefärbt; auf der Stirn befindet sich ein
kleiner schwärzlicher Haarwirbel; Scheitel blässer weiſsgelblich gefärbt; am Hinterkopf fängt
ein blasses Gelbgrau an, welches sich über den
ganzen Rücken erstreckt, und zuweilen etwas
graubräunlich überlaufen ist. — Der Schwanz
ist, mit Ausnahme der nackten Greifstelle, dicht

und gleichartig behaart, graugelblich mit einer
kleinen Mischung von Röthlich überlaufen. —
Bauch behaart wie an dem rothen Guariba, von
Farbe blaſs graulichgelb, aber mehr gelblich als
der Rücken. —

Das männliche Thier, wovon ich kein
recht vollständiges Exemplar zurückbrachte und
deſshalb meine entworfene Beschreibung auch
nicht hinlänglich vervollständigen kann, gleicht
dem weiblichen in der Hauptbildung vollkommen, mit dem Unterschiede, daſs hier alle Abweichungen vorkommen, welche die beiden Geschlechter des früher beschriebenen rothen Guariba von einander unterscheiden, nämlich daſs
der Körperbau des Männchens stärker, sein Kopf
dicker, die Kehle weit mehr ausgedehnt, der
Bart weit länger und stärker, und die Farbe des
ganzen Thiers nicht gelblichfahl, sondern, was
merkwürdig ist, gänzlich glänzend kohlschwarz
erscheint. — Das Gesicht ist schwärzlich. —
Ich gebe in meinen Abbildungen zur Naturgeschichte Brasilien's das männliche und das weibliche Thier, das erstere nach einer von mir ent-
worfenen Zeichnung, das letztere nach einem
recht alten, in meiner zoologischen Sammlung
sich befindenden Exemplare. —

Wir haben nun auch von Herrn Dr. *v.*
Spix die Beschreibung dieser Affenart erhalten,
der sie für neu hält und *Mycetes barbatus*
nennt, worin ich aber nicht mit diesem gelehrten Reisenden übereinstimmen kann. Wenn
ich die Art beobachte, wie *Azara* seine Thier-
beschreibungen behandelte, so glaube ich unbedingt annehmen zu können, daſs dieser Schriftsteller in seinem *Caraya* den *Mycetes barbatus
Spixii* beschrieb. —. Die Figur, welche Herr
Dr *v. Spix* von seinem groſsbärtigen Aluaten
gab, ist des Steindruckes wegen in den Farben
verfehlt, da sie nicht grau gefärbt, sondern kohlschwarz wie die Natur seyn sollte. —

*Ausmessung des beschriebenen weiblichen
Affen.*

Ganze Länge	40″ 2⅔‴.
Länge des Schwanzes . .	20″ 9½‴.
Länge des Kopfes . . .	4″ 1‴.
Länge des Arms bis zu dem Schulter- gelenke	14″ 6‴.
Länge des Beins bis zu der Hüfte	14″ 6½‴.
Länge von der Nasenspitze bis zu dem oberen vorderen Ohrwinkel	2″ 5½‴.
Höhe des äuſseren Ohres . .	1″ 3‴.
Länge der Vorderhand . .	3″ 8‴.

Länge des oberen Eckzahnes . . 5'''.
Länge des unteren Eckzahnes . . . . ; 4'''.

Ich halte, wie gesagt, die hier erwähnte
Affenart für den *Caraya* des *Azara*, da die Beschreibung dieses Schriftstellers ziemlich mit der
meinigen übereinstimmt. Die Thiere von *Pa-*
raguay sind gröfstentheils über das innere Brasilien verbreitet, indem beide Länder etwa unter
denselben Graden der Breite liegen und die Verschiedenheit der Thierarten hauptsächlich von
Süden nach Norden in der Zunahme ist. — Das
Weibchen, welches *Azara* mafs, war 1½ Zoll
kürzer als das von mir beschriebene, er sagt,
dafs die Länge des Schwanzes die Hälfte der Körperlänge ausmache, da hingegen bei dem von
mir gemessenen Thiere der Schwanz beinahe um
zwei Zoll länger war als der Körper, welches
man, wie ich vermuthe, bei allen diesen Affen
übereinstimmend finden wird, indem ein so kurzer Schwanz zum Festhalten an den Zweigen
nicht geeignet seyn würde. — Uebrigens hat
das von mir beschriebene weibliche Thier die
Färbung derjenigen Individuen, welche *Azara*
Albinos nennt; dieses sind aber wahrscheinlich
recht alte Weibchen, die nichts mit den wahren
Albinos gemein haben als den hellen fahlgrau-
gelblichen Pelz. —

Von dem *Mycetes Beelzebul* des Berliner
Museums, oder *Mycetes discolor Spixii*, unterscheidet sich diese Art vollkommen, wie man
in dem so eben erschienenen Werke dieses gelehrten Reisenden finden kann. Denn bei jenem
ist auch das Weibchen schwarzbraun, aller der
übrigen bedeutenden Verschiedenheiten und besonders der rothen Hände nicht zu gedenken.

Der schwarze Guariba lebt nicht an der Ostküste in den hohen feuchten Küstenwäldern, sondern in den höhern trockenen Gegenden, in *Minas Geraës*, am *Rio S. Francisco*, im Sertam
der *Capitanía da Bahía* u. s. w., besonders in jenen trockenen niederen Waldungen, die man
Catingas nennt. — Ihre Lebensart kommt mit
der der rothen Guariba's überein, auch ähneln
ihre Stimmen, die man besonders in warmen Re-
genperioden hören soll. — Sie leben in kleinen
Gesellschaften und sonnen sich auf den höchsten
Baumzweigen. Ihr Fleisch liebt man, wie das
der rothen Art, allein ihr Fell wird besonders
gesucht, zu Satteldecken, Mützen und dergleichen. — Im Sertam von *Bahía* kaufte man ein
solches männliches Fell etwa für einen Gulden
(*Pataca*). — Man stellt defshalb den männlichen Thieren sehr stark nach und es ist zuverlässig, dafs sie an vielen Orten im Sertam

von *Bahia* defshalb jetzt schon selten geworden sind: —

B. *Affen mit 6 Backenzähnen und einem unter der Spitze behaarten Rollschwanze.*

G. 3. C e b u s.

R o l l s c h w a n z - A f. f e.

Die Affen dieses Geschlechts haben einen ziemlich runden Kopf, wenig vortretendes Untergesicht, lebhafte runde Augen, welche nahe bei einander stehen, menschenähnlich gebildete Ohren, proportionirte starke Glieder, einen schlanken Leib, muskulösen, dicken, durchaus stark behaarten und am Ende zum Festhalten geschickten Schwanz, welcher so lang oder länger ist als der Körper. —

Sie gehören in Brasilien zu den zahlreichsten Arten und ihre Gesellschaften machen einen grofsen Theil der Bevölkerung jener Wälder aus. — Sie sind nicht, wie die Klammeraffen und Aluaten, phlegmatisch und schwerfällig, sondern äufserst lebhaft, stets in Bewegung, gewandt, flüchtig und wenn sie entfliehen, so geschieht es unter den geschicktesten, weitesten Sprüngen. — Alle tragen ihren starken, muskulösen, völlig behaarten Schwanz, wenn er nicht

gerade zum ·Festhalten gebraucht wird, in ge-
wölbter Stellung und mit unterwärts eingeroll-
ter Spitze. — Die mit champignonförmiger Eichel versehene Ruthe des Männchens ist in beständiger Erection, welches bei den vorhergehenden Geschlechtern nicht der Fall ist. —

Ihre Stimme ist ein sanftes vogelartiges Pfei-
fen, worin die verschiedenen Arten sich beinahe
sämmtlich gleichen. Es besteht aus einem sanften, etwas tiefen, oft hintereinander wiederhol-
ten Pfiffe, auch geben sie in der Ruhe abwechselnd Töne von sich, die dem Gezwitscher kleiner Vögel gleichen, im Affecte schreien sie sehr
gellend, laut und unangenehm. — Bei den
ruhigen sanften Locktönen spitzen sie, wie *Azara* sehr richtig bemerkt, ·den Mund, im Affecte
aber zieht sich ihr Gesicht· in mancherlei Falten.
Im Zorne zerren sie den ʼMund in die Länge
und entblößen etwas das Gebiß. Ihre Nahrung
besteht in Früchten aller Art und in Insecten,
auch suchen sie während des ganzen Tages nach
diesen Gegenständen umher. — Das Weibchen
wirft ein Junges, welches ihm ähnlich ist *), auf

---

*) Daſs die jungen Affen aus dieser Familie schon bei der
    Geburt ihren Aeltern gleichen, hat mir auch Herr Dr.
    Bote zu Leiden, durch seine an *Cebus apella* und *capucina*

dem Rücken oder unter dem Arme umher getragen und dabei sehr sorgsam behandelt, auch
oft selbst gestraft und gezüchtigt wird. —

Da die Arten dieser Familie mehr oder weniger immer etwas Aehnlichkeit in ihrer Färbung, bei ganz ähnlicher Gestalt zeigen, so hat
man viele von einander nur wenig abweichende
Abänderungen beobachtet und war ungewiſs, ob
sie bloſs Abarten oder Specien seyen. — Besonders ein Paar dieser Affen, *Cebus capucina* und
apella, waren immer etwas unbestimmt, und es
bleibt den Reisenden aufbehalten, in dem Vater-
lande dieser Thiere selbst Nachrichten über diesen Gegenstand einzusammeln. — Die beiden
genannten Specien sind mir auf meiner Reise
nie zu Gesicht gekommen, sie müssen also mehr
im nördlichen und westlichen Brasilien, im spanischen America, oder in Guiana zu Hause seyn.
Daſs die Affenarten in dem von mir bereis'ten
Theile von Brasilien in der Regel wenig in der
Färbung abändern, habe ich schon angemerkt,

---

gemachten Beobachtungen bestätiget. — Die besten der
Natur entsprechenden, leider etwas zu kleinen Abbildungen der Affen, wo wenigstens die Gestalt und Stellung des
Korpers sehr treu dargestellt ist, findet man in der schönen, von den Herren *Geoffroy* und *Fr. Cuvier* herausgege-
benen Naturgeschichte der Säugthiere.

daher sind die von mir beschriebenen' oder aufgezählten Arten recht wohl unterschieden, und
gar nicht zu verwechseln. — Ich denke deſshalb, daſs die hier nachfolgenden Bemerkungen
zur Kenntniſs und Aufklärung dieser bisher zum
Theil so verwickelten und unbestimmten Familie etwas beitragen mögen.

a. Rollschwanz - Affen
mit groſsen kegelformigen Eckzahnen, welche alle
übrigen Zähne an Länge weit übertreffen.

1. C. fatuellus, Geoffr.

Der gehörnte Mico *).

Ann. d. Mus. T. 19. pag. 109.
Kuhl Beiträge u. s. w. pag. 32.
Sajou cornu, Audeb. fam. 5. sect. 2. fig. 3.
Abbildungen zur Naturgeschichte Brasilien's.
Mico auch *Kaité* an der Ostküste von Brasilien.

Beschreibung nach einem frischen Exemplare:
Gröſse eines starken Katers, mit starken
muskulösen Gliedern, rundem Kopfe und Ge-

---

*) Bei bekannten und hinlänglich festgestellten Thierarten
habe ich die Diagnose weggelassen, um das Volum dieser
Blätter nicht unnöthig zu vermehren.

sicht, starken kegelförmigen Eckzähnen, welche
indessen von den Lippen bedeckt werden; die
unteren stehen weiter heraus als die oberen.
Gesicht um Augen und Nase herum nackt,
dunkel schmutzig fleischbraun; Hände inwendig glatt und dunkel bräunlich, Nägel ziemlich
menschenähnlich, der des Daumens abgerundet, die der übrigen Finger etwas mehr zugespitzt. Männliche Geschlechtstheile gebildet
wie an dieser ganzen Familie, nackt, mit breiter, vorne abgeplatteter, champignonförmiger
Eichel, dunkel bräunlich oder schwärzlich
fleischroth, dabei in beständiger Erection.

Backen und Seiten der Schläfe sind mit etwas
dünnen weißgelblichen feinen Haaren besetzt;
Unterlippe dünn und kurz behaart; um das
ganze Gesicht herum bilden glänzend schwarzbraune Haare einen Kranz; sie treten über der
Nase tief herab, und bilden auf dem Scheitel
einen getheilten Schopf, dessen beide Büschel
1½ Zoll lang sind. — In der Mitte zwischen
beiden Theilen dieses Toupets ist das Haar kurz,
aber auf dem ganzen Kopfe glänzend schwarz,
auf dem Halse fängt es schon an bräunlich zu
werden; Haar unter dem Kinn schwarzbraun;
Kehle, Brust, Seiten des Halses, Bauch und
Vordertheil der Oberarme gelbbräunlich, bloß

mit dunkler braunen Haarspitzen; Haar des
ganzen übrigen Körpers schwarzbraun, auf
den oberen Theilen beinahe schwarz, überall
mit hellgelblichen Haarspitzen. — Oberhände
rein schwarzbraun, an den Fingern mit hell-
bräunlichen Haaren untermischt. — Schwanz
länger als der Körper, stark, ziemlich dick, dabei sehr dicht behaart, selbst unter der Spitze,
beinahe völlig schwarz; bei einigen Individuen
sind die Haare unter der Schwanzspitze etwas
abgenutzt, doch fehlte dieses bei jüngeren Thieren immer. — Innere Seite der Arme und
Beine schwarzbraun, wie die äußere. Haar
am Rücken beinahe 3 Zoll lang und sehr dicht,
am Bauche in der Mitte kurz und dünn. — Die
Iris ist gelbbraun gefärbt. —

Weiblicher Affe: Gesicht nackt und dunkelgraubraun; die nackten inneren Hände hell-
graubraun; die Vulva hat an ihrem vorderen
oder unteren Theile eine drei bis vier Linien
lange Verlängerung (*Clitoris*); die beiden
Brustzitzen sind schwärzlich und lang ausgedehnt; Scheitel und Nacken schwärzlich braun;
Schopf getheilt wie am männlichen Thier. —
Haar des Körpers etwas lang, struppig, hell
gelblich graubraun, längs des Rückens hinab
dunkler graubraun, eben so sind die Oberarme

gefärbt; Schwanz an seiner Oberseite etwas schwärzlich braun, an den Seiten mehr röthlich und goldglänzend, besonders an der Wurzel; Unterarme schwärzlich braun; Hinterbeine dunkler gefärbt als die vorderen. — Der dunkle Scheitel und Hinterhals giebt diesem weiblichen Affen das Ansehen, als habe er eine Mütze auf; Seiten des Kopfs und Kinn sind gelbbräunlich; Bauch sparsam mit wenigen rostgelben Haaren bedeckt.

Abänderungen in der Farbe habe ich unter diesen Affen nicht bemerkt, daher kann ich der Vermuthung des Herrn v. *Humboldt* nicht beistimmen (*Recueil de Zool.* etc. T. I. pag. 324.), dafs *Simia fatuellus* und *apella* vielleicht nur Abarten von einander seyen. — Auch Dr. *v. Spix* glaubt dasselbe, dafs nämlich *apella* ein *fatuellus* mit abgenutzten Stirnzöpfen sey; auch dieses kann ich nicht zugeben, da wir sehr viele Individuen der letzteren Species erlegt haben, wo sich aber beide Geschlechter immer mit starken Zöpfen am Kopfe zeigten.

Ausmessung eines männlichen Affen:

Länge von der Nasen- bis zur Schwanzspitze . . . . 31″ 11‴.
Länge des Körpers . . . . 15″ 3‴.

Länge des Schwanzes . : . 16″ 8‴.

Länge des Arms vom Schultergelenk

gemessen . . . . 10″ 8‴.

Länge des Beins von der Hüfte bis zu

der Spitze des Mittelfingers . 13″ 6½‴.

Länge von der Nasenspitze bis zu der

unteren Ohröffnung . . . 2″ 7‴.

Höhe des äußeren Ohres . . . 1″ 5‴.

Länge der Vorderhand längs des Mit-

telfingers . . . . 2″ 7‴.

Länge der Hinterhand . . . . 3″ 6½‴.

Länge des oberen, etwas rückwärts

geneigten Eckzahnes . . . 7‴.

Länge des unteren, starken Eckzahnes. 6‴.

Ausmessung eines weiblichen Affen:

Ganze Länge des Thiers . . 28″ 2‴.

Länge des Körpers . . . 12″ 8‴.

Länge des Schwanzes . . : 15″ 6‴.

Der gehörnte Affe wird an der Ostküste
von Brasilien, in der Gegend von *Rio de Janeiro,* in der *Serra dos Orgãos* u. a. großen
Waldungen, bei *Cabo Frio* und bis zu den Flüssen *Itabapuana* und *Itapemirim* gefunden, also
zwischen dem 23sten und dem 21sten Grade
südlicher Breite; hier haben wir ihn häufig bemerkt, weiter nördlich aber keine Spur mehr

von ihm gehabt, ich muſs indessen vermuthen, daſs er noch weiter südlich hinab gefunden werde. — In den groſsen Wäldern um *Cabo Frio* und an den mit Urwald bedeckten Ufern des *Itabapuana*, wurde er von unseren Jägern häufig erlegt. —

Diese Thiere leben zuweilen einzeln, oder paarweise, gewöhnlich aber in kleinen Gesellschaften, steigen auf den Bäumen nach den Früchten umher und sind in beständiger Bewegung. — Ueberhaupt sind diese Affen höchst lebhaft, gewandt und schnell, in der Jugend besonders sehr komisch und gewöhnen sich leicht an ihren Herrn. — Ihre Stimme ist ein sanfter, oft wiederholter Pfiff und zuweilen ein kleines, den Vogelstimmen ähnliches Gezwitscher.

Bei der beständigen Aufmerksamkeit dieser Thiere ist es den Jägern oft nicht leicht, sie zu beschleichen, sie bewerkstelligen diefs gewöhnlich, indem sie mit dem Munde den Pfiff der Affen nachahmen. — Bemerkt die Gesellschaft den Feind, so entfliehen sie in weiten Sprüngen, selbst über die biegsamsten Zweige hinweg mit seltener Geschwindigkeit, und selbst mit der Flinte sind sie alsdann leicht zu fehlen. — Das Fleisch, welches in der kalten Jahreszeit sehr fett ist, wird gern gegessen. In der Gegend von *Cabo Frio* trägt dieser Affe den Namen *Mico*, in anderen Gegenden *Kaité*, auch belegt man ihn mit der allgemeinen Benennung *Macaco* (Affe). —

Die beste Abbildung eines männlichen Affen dieser Art befindet sich in *Geoffroy's* und *Fr. Cuvier's* Naturgeschichte der Säugthiere, doch ist sie auch nicht vollkommen, alle andern bis jetzt bekannten, besonders die des *Audebert*, sind sehr schlecht. —

2. C. r o b u s t u s.
D e r   b r a u n e   M i c o.

R.: *Kopf beinahe schwarz; Hände, Vorderarme und Glieder an der inneren Seite, so wie Schienbeine und Schwanz schwarzbraun; übrige Theile röthlich kastanienbraun.*

> *Kuhl* Beitr. z. Zool. u. s. w. pag. 35. *)
> *Schinz* Thierreich u. s. w. pag. 131.
> Abbildungen zur Naturgeschichte Brasilien's.
> *Mico* an der Ostküste von Brasilien, auch *Macaco*.
> *Hieräng* bei den Botocuden.

Dieser Affe scheint bis zu meiner Bekanntmachung mit dem *fatuellus* und einigen ande-

---

*) Es ist möglich, dafs die 7te Figur des *Vosmaer* den Affen dieser Beschreibung vorstellen soll, sie ist aber alsdann ziemlich unkenntlich. — Ganz wahrscheinlich ist es mir

ren Arten verwechselt worden, oder vielleicht gänzlich unbekannt gewesen zu seyn. — Er gleicht dem vorhin beschriebenen in vielen Stücken, so dafs man ihn bei dem ersten Anblicke für mit demselben verwandt halten könnte, genauere Ansicht aber zeigt, dafs er etwas kleiner, von muskulöserem Gliederbaue, dickerem Kopfe und mehr breitem flachem Gesichte ist. Auf seinem Scheitel findet man gewöhnlich die Haare auch in einen oder ein Paar kleine Zöpfe verlängert, allein diese erscheinen mehr als Haarwirbel, sind auch beständig unregelmäfsiger und kleiner, dabei findet sich gewöhnlich auch nur einer derselben und sie haben ohnehin bei dem *fatuellus* gewöhnlich eine gröfsere Ausdehnung, indem dort ein jeder derselben oft die ganze Seite des Vorderkopfs einnimmt, hier aber oft nur auf dem Scheitel steht. Der Schwanz des *robustus* ist im Verhältnisse zu der Länge des Körpers kürzer, als der des *fatuellus*, der erstere Affe ist im Allgemeinen mehr röthlich braun, der letztere mehr schwärzlich braun gefärbt. —

---

hingegen, dafs ihn Herr Dr. *v. Spix* unter der Benennung des *Cebus macrocephalus* aufgeführt hat, allein nur die eigene Ansicht und Vergleichung der Exemplare kann bei Thieren entscheiden, die ohnehin in den verschiedenen Specien so viel Aehnlichkeit zeigen.

Beschreibung eines alten männlichen 'Thiers':

Das Gesicht um Nase und Augen herum ist ziemlich nackt, auf Backen und Stirn treten die Haare weit hinein. — Ohren mittelmäſsig groſs, zugerundet, menschlich, ganzrandig, ziemlich nackt, inwendig mit etwas langen Haaren bewachsen. Die Zunge ist dick und fleischig, an ihrem oberen hinteren Ende stehen drei harte weiſse, abgeplattete Warzen (*papillae truncatae*), an ihrer übrigen Oberfläche eine Menge kleinerer Wärzchen oder Papillen von verschiedener Gröſse, sämmtlich aber sehr flach. — Unter der Zunge befindet sich ein kleiner Fleischfortsatz, der im Kleinen die äuſsere Gestalt einer Zunge hat *) —

Gebiſs: Schn. $\frac{4}{4}$; Eckz. $\frac{1.1.}{1.1.}$; Backenz. $\frac{6.6.}{6.6.}$.
Der Oberkiefer hat auf jeder Seite 6 ziemlich flache Backenzähne, welche nur an der äuſseren Seite eine stumpfe Erhöhung tragen, die hinteren sind kleiner; die 3 hinteren haben

---

*) Aehnliche Bildungen hat Herr Dr. *Boie* bei *Stenops gracilis*, den Tarsern und dem *Galago Demidoff* gefunden, wo gleichsam drei gleichgeformte Zungen mit freier Spitze, die eine immer kleiner als die andere, unter einander vorkommen. An den eben genannten Kennzeichen würde man vielleicht die Identität oder Verschiedenheit des *Cebus robustus* und *macrocephalus Spixii* erkennen können.

ziemlich gleichartig eine schwache Erhöhung an
jeder Seite und in ihrer Mitte einen seichten
Ausschnitt. Im Unterkiefer sind die Backenzähne mehr flach, blofs mit einigen wenig erhöhten Leisten und Vertiefungen; der erste auf
den Eckzahn folgende trägt eine etwas kegelförmige Erhöhung. — Die vier Schneidezähne
sind vorwärts geneigt, ziemlich gleich, stumpf
und nahe an einander gereiht; Eckzähne sehr
lang und kegelförmig.

Auf dem dicken Kopfe befanden sich zwei
Büschel von Haaren, ein unvollkommen ge-
theiltes Toupet, welches aber bei den meisten
Individuen nur eine kleine Haarspitze in der
Mitte des Scheitels ist. Das Gesicht ist graulich-fleischbraun, die Iris gelbbraun gefärbt.
Backenbart, Stirn und ganzer Kopf sind schwarzbraun; die vier Hände, Unterarme, unteres
Schienbein und alle inneren Seiten der Glieder,
so wie der dicht behaarte, muskulöse, stumpfe
Schwanz glänzend schwarzbraun; alle übrigen
Theile sind mit sanftem, ziemlich langem, glänzend röthlichbraunem oder kastanienbraunem
Haare bedeckt; das Haar ist an der Wurzel
graubraun, dann rothbraun und nach der Spitze
hin in's Kastanienbraune übergehend; Bauch
nur dünn behaart. —

Die Ruthe des Männchens ist, wie an allen Affen dieses Geschlechts, mit vorn breit abgeplatteter, champignonartiger Eichel; sämmtliche äußere Geschlechtstheile sind schwarzbraun und nackt.

Weibchen: Am Leibe - stets heller, oft gelbröthlich gefärbt. Ein solches Thier, welches ich erhielt, hatte auf beiden Seiten die schwarzbraune Halsfarbe, gelblichweiß eingefaßt, indem ein weißgelblicher Strich vom Halse über beide Schulterblätter bis zu dem Achselgelenke herabzog, wo er sich verlor; diese Zeichnung scheint bei den weiblichen Affen dieses Geschlechts überhaupt häufig vorzukommen. —

Junges Thier: Völlig junge, neugeborne Thiere dieser Art, haben schon vollkommen die Zeichnung der Erwachsenen; der Kopf, an welchem die drei vorderen Hauptscheitelstücke noch sehr beweglich waren, hatte eine bedeutende Größe. — Alt und Jung, besitzen die beiden Schilddrüsen vorzüglich groß. —

Der Schädel zeigt folgende Eigenheiten: Die Augenhöhle ist groß, nicht so rund als am Miriki (*Ateles hypoxanthus*), die Oeffnung im Jochbogen, welche sich bei dem letzteren findet, fehlt, auch fällt der Schädel über den Augenhöhlen ziemlich flach ab, und der Jochbogen ist mäfsig heraustretend, wahrscheinlich mehr als am *fatuellus,* von dem ich den Schädel zur Vergleichung nicht besafs. — Die *crista* war nicht so stark ausgedrückt, als an *Cebus macrocephalus Spixii.*

Ausmessung eines alten männlichen Affen:

Ganze Länge	31″ 10‴.
Länge des Körpers	15″ 11‴.
Länge des Schwanzes	15″ 11‴.
Länge der Vorderhand auf der Oberfläche gemessen	3″ 1½‴.
Länge der Hinterhand auf der Sohle gemessen	3″ 3½‴.
Länge des oberen Eckzahnes	7‴.
Länge des unteren Eckzahnes	6⅓‴.

Diese Affenart scheint, wie schon gesagt, mit dem *fatuellus* und andern bis jetzt verwechselt worden zu seyn, oder sie ist noch gar nicht bekannt gewesen. Wenn man vom Flusse *Itapemirim* der Ostküste von Brasilien weiter nördlich folgt und wegen der Gefahr vor feindseligen Wildenstämmen, am *Rio Doce* die Producte der Wälder nicht gehörig kennen gelernt hat, so wird man am *Mucuri* und *S. Matthaeus* sich zu entschädigen suchen und daselbst diesen Affen finden, der dem vorhin beschriebenen in

vielen Stücken gleicht, den man auch anfäng'ich
für eine Abart desselben aufnehmen, bald' aber
unterscheiden lernen wird. —

ın. Von 'den 'Urwäldern an, welche die Ufer
des *Mucuri* beschatten, bis in die Wildnisse am
Flusse *Belmonte*, habe ich diese Art beobachtet. Dort südlich erlegten wir ihrer viele in
den die *Lagoa d'Arara* einschliefsenden bergi-
gen Wäldern, 'am *Alcobaça* wurde er von meinen
Jägern in der Nähe der Fazenda von *Ponte do
Gentio* erlegt und am *Belmonte* belebten seine
Gesellschaften, in Verbindung mit' der nachfolgenden Art, die schattenreichen Dickichte.
Ich kann dem Gesagten zufolge annehmen, dafs
diese Affenart den 'Strich der Ostküste zwischen
13° und 19½° südlicher Breite bewohne, doch
kann sie vielleicht noch etwas mehr nördlich
hinaufgehen. In Lebensart und Manieren hat
der 'hier beschriebene 'Affe grofse Aehnlichkeit
mit' dem vorhergehenden, daher gilt das dort
Gesagte auch für ihn. — Die Stimme ist in
der Hauptsache dieselbe, wenigstens klingt der
Pfiff bei' beiden Arten sehr ähnlich, doch ist
der eigentliche Lockton verschieden. — Diese
Affen sind muntere Thiere, werden sehr zutraulich und unterhalten, besonders 'so lange'sie
jung 'sind, durch tausend Possen und'Sprünge,

dabei sind sie unruhig und in beständiger Bewegung,) tragen die Schwanzspitze abwärts eingerollt und lassen häufig ihren sanften Pfiff, oder ihr vogelartiges Gezwitscher hören. — Junge Affen besitzen schon die Stimme der Alten. Haben sie gezähmt einmal die zarte Jugend überstanden, so sind sie nachher sehr leicht zu erhalten und nehmen mit allen Nahrungsmitteln fürlieb. — Die Indier, Neger und selbst die Portugiesen, besonders die Weiber, verstehen sie recht gut aufzuziehen, welches uns Reisenden nie glücken wollte. —

Im Monat März fanden wir diese Affen schon sehr fett, überhaupt ist die kalte Jahreszeit der Zeitpunct, wo dort alle Thiere fett werden. — Bei dem Mangel des Oels in jenen grofsen, feuchten Wäldern, bedienten sich meine Jäger mit Vortheil dieses gelben Fettes, um unsere Gewehrschlösser damit einzuschmieren, weil es nicht leicht gerinnt. — Einige Indier am *Mucuri* und *Belmonte* haben mir versichert, dafs es von dieser Affenart eine stets gröfsere Abart gebe, allein es ist wahrscheinlich, dafs sie damit den vorhin beschriebenen Mico oder *Kaité* meinten. Jagd und Benutzung ist bei dieser Art wie bei der vorhergehenden, sie machen die Lieblingsnahrung der Wilden aus,

welche ihnen eifrig nachstellen, und sie mit ihren langen Pfeilen und kräftigen Bogen recht sicher aus den höchsten Bäumen herab zu schiefsen wissen. —

3. C. xanthosternos.
Der gelbbrüstige Affe.

R. *Scheitel, Nacken, Backenbart und Schwanz schwarz; Arme und Beine mit schwarzbraunen gelblich bespitzten Haaren; Brust und Oberarme rothlichgelb; Rucken braun; Vorderhals und Bauch gelbrothbraun.*

Abbildungen zur Naturgeschichte Brasilien's.
Kuhl Beitr. z. Zool. p. 35.
Schinz Thierreich, B. I, p. 130.
Macaco de bando oder *Macaco branco* am Flusse Bel-
monte.
Macaco de bando oder *verdadeiro* im Sertam von Il-
heos.
Hierang bei den Botocuden.

Diese Art hat nun wieder viel Aehnlichkeit mit der vorhergehenden, ist aber dennoch gewifs verschieden. In der Gestalt gleichen sich beide und manche Individuen selbst in ihrer Färbung; allein man findet bleibende Unterscheidungskenn-
zeichen. — Der Schwanz ist an dieser Art län-
ger als an den beiden vorhergehenden, die Stirn scheint höher, das Gesicht ist breiter und der Kopf im Allgemeinen weniger hoch und mehr

breit; die Glieder sind stark und muskulös, dick behaart, der Schwanz des gelbbrüstigen Affen aber ist länger als der Körper. —

Beschreibung eines erwachsenen männlichen Affen.

Der Kopf ist dick, breit, die Schnauze wenig vortretend, mit weit von einander entfernten Nasenlöchern, hoch erhabener Stirn, oben auf dem Scheitel mit dichtem ziemlich kurzem und weichem Haare, welches in der Mitte durch eine Scheidung ein wenig getheilt ist und daher zwei etwas erhabene Toupets bildet. — Gesicht sehr breit, nackt, an Nase und Lippen ein wenig mit sehr kleinen grauen Härchen sparsam bewachsen; Ohren menschenähnlich, mit gelben Haaren dünn bewachsen. —

$\frac{1}{0}$ 1. *Gebiss:* Schn. $\frac{4}{4}$; Eckz. $\frac{1.1}{1.1}$; Backenz. $\frac{6.6}{6.6}$. Sehr starke kegelförmige Eckzähne; die vier oberen Schneidezähne sind stumpf, breit, die äusseren kleiner; im Unterkiefer befinden sich vier Schneidezähne, wovon die beiden mittleren etwas schmäler sind. — Backenzähne gebildet wie an der vorhergehenden Art. — Die Glieder sind sämmtlich muskulös und stark, wie bei der vorhergehenden Art, vorzüglich die Schenkel; der Schwanz ist etwas dünner

und weniger muskulös als an den beiden vorhergehenden Arten, im Verhältnisse zu dem Körper ist er länger und sehr dicht behaart. —

Männliche Geschlechtstheile gebildet wie
an den vorhergehenden Arten, und mit schwarzen Haaren bedeckt, nur unten an den Testikeln
etwas nackt.

Die Iris des Auges ist gelbbraun gefärbt,
das nackte Gesicht grauröthlich-fleischbraun;
nahe über den Augen fängt das Kopfhaar an;
das Gesicht ist an Schläfen, Backen, Stirn und
ganzen Seiten von einem Streifen silbergrauer
Haare eingefaßt; hinter welchem zu beiden
Seiten des Kopfs von den Ohren herab, über
die Backen bis unter das Kinn, ein dichter
schwarzbrauner Backenbart oder Backenstreif
von etwas langen Haaren sich befindet, von
welchem sich oben nach dem Scheitel hinauf oft
graugelblich fahle Haare zeigen, welche
schwärzliche Spitzen haben. — Auf diesen
Backenbart folgt an Brust und Oberarmen bis
an die Seiten des Halses hinauf, eine angenehm
röthlichgelbe Zeichnung, ohne alle Beimischung anderer Haare. — Am ganzen Bauche
herrscht ebenfalls diese Farbe, sie fällt aber
hier mehr in's Röthlichbraune oder Rostgelbe. —
Alle oberen Theile sind mehr oder weniger ka-

stanienbraun, und von dieser Farbe des Ober-
halses läuft über den Kopf ein Streifen nach
der Stirn herab; die Seiten des Hinterkörpers
sind röthlich-gelbbraun; oft ist der Rücken
dunkelbraun, mit kastanienbraunen Haarspitzen;
Hinterschenkel und Schwanzwurzel sind kastanienbraun mit langen schwarzbraunen Haarspitzen; Schwanz, Vorderarme, Hände und
untere Hälfte der Beine sind glänzend schwarzbraun. — Diese Farben variiren öfters etwas,
indem man manche Individuen findet, wo die
gelbe Brust weniger reih und deutlich und alle
Farben mehr verloschen sind. —

+ Bei jungen Thieren sind die Farben regelmäfsig abgesetzt; Stirn und Scheitel blafs graugelblich; Kehle, Seiten - und Unterhals, Brust,
Schultern und Oberarme an ihrer Wurzel hell
schmutzig gelblich, der ganze übrige Körper
schwarzbraun und nur der hell röthlichbraune
Fleck in den Seiten ist angedeutet; Bauch röthlichbraun; das Toupet auf dem Kopfe fehlt
noch. — Andere junge Thiere haben die gelbe
Brustfarbe mehr weifslich, selbst der Kopf ist bei
ihnen sehr in's Weifsliche fallend, das Gesicht
hell schmutzig fleischbraun. Eine ähnliche Varietät scheint mir der *Cebus xanthocephalus
Spixii* zu seyn. —

Der Schädel des gelbbrüstigen Rollaffen ist breiter und niedriger als der des *robustus*, auf dem Oberkopfe ein wenig mehr eingedrückt; die Nasenöffnung ist weiter, der Jochbogen ohne Oeffnung, dabei schmäler, aber weiter nach den Seiten hinaustretend, daher das Gesicht auch breiter als am *robustus*, und die Vorderzähne sind mehr vorwärts geneigt; ein Längskamm (*crista*) befindet sich auf seiner Höhe.

Ausmessung eines erwachsenen männlichen Thiers:

Ganze Länge	$33''\ 4\frac{1}{2}'''$.
Länge des Körpers . . .	$15''\ 7'''$.
Länge des Schwanzes . . .	$17''\ 9\frac{1}{2}'''$.
Länge von dem Rande der Oberlippe bis an den vorderen oberen Ohrwinkel	$3''\ 6\frac{1}{2}'''$.
Höhe des äußeren Ohres . .	$1''\ 4'''$.
Breite des Gesichts bei den Augen	$3''\ 4\frac{1}{2}'''$.
Länge vom Rande der Oberlippe bis zu dem Stirnwinkel über der Nase	$2''\ \frac{1}{2}'''$.
Länge des Arms	$11''\ 6\frac{1}{2}'''$.
Länge des Beins (beide von ihrem oberen Gelenke an gemessen) .	$14''\ 6'''$.
Länge der Vorderhand . . .	$2''\ 7'''$.

Länge der Hinterhand . . . . . . 3″ 9‴.

Länge des oberen Eckzahnes . . . 7½‴.

Länge des unteren Eckzahnes . . 7‴.

Der gelbbrüstige Rollaffe ward von meinen Jägern zuerst am Flusse *Belmonte* in den Wäldern erlegt, welche den Botocuden zum Aufenthaltsorte dienen, und welche letztere ihn mit der Benennung *Hieräng* bezeichnen. — Er zieht daselbst in Gesellschaften von sechs bis acht in den hohen Bäumen nach Früchten umher und soll, wie mir alle Jäger versicherten, auf dem südlichen Ufer des Flusses nicht vorkommen, wo hingegen die vorhin beschriebene Art umherzieht. — Vom *Belmonte* an nördlich kommt dieser Affe überall in den von mir betretenen Wäldern vor, so erlegten wir ihn z. B. am *Tahype* und *Ilhéos*, in den grofsen hohen Waldungen am *Rio da Cachoeira* im *Sertam* von *Ilhéos* und ich bezweifle nicht, dafs er weiter nördlich gefunden werde. In den Niederwaldungen des offenen *Sertam* der *Capitania* von *Bahía*, in den *Catinga* - und *Carasco*-Gebüschen haben wir ihn nicht zu Gesicht bekommen. Ich kann, dem Gesagten zufolge, den Wohnort dieser Affenart an der Ostküste, so weit ich ihn kenne, nur zwischen dem 14ten und 16ten Grade südlicher Breite festsetzen;

sollte er aber identisch mit *Cebus xanthocepha-*
lus Spixii seyn, welches ich vermuthe, so geht
er südlich bis zu dem 25sten Grade hinab.

Die Lebensart dieser Affen kommt mit der
der übrigen Arten dieses Geschlechts überein;
sie sind schnell, lebhaft, gewandt, beißig und
furchtsam, gewöhnen sich aber sehr an ihren
Herrn, dem sie äußerst zugethan sind. Am
Ilhéos und *Tahype* fand ich sie öfters gezähmt
in den Wohnungen, man nannte sie daselbst
Macaco de bando, weil sie öfters in zahlreichen Gesellschaften umherstreifen. Ihre Stimme gleicht der des *robustus*, ist aber ein tiefe-
rer und stärkerer, oft wiederholter Kehllaut,
und nicht der sanfte Pfiff des *Mico* und *Kayté*. —
Man schießt und jagt sie wie die übrigen Arten
und liebt ebenfalls ihr Fleisch. —

Wir besitzen jetzt ziemlich gute Abbildungen von diesem Affen; denn nachdem ich ihn
in dem ersten Theile meiner brasilianischen
Reisebeschreibung (pag 371.) in der Kürze beschrieben hatte, wurde ein wahrscheinlich junges Thier von den Herren *Geoffroy* und *Fr. Cu-*
vier in ihrem schönen Säugthier-Werke unter
der Benennung des *Saï à grosse tête* abgebildet. Wahrscheinlich haben diese Herren die Beschreibung meiner Reise nicht gekannt, sonst

würden sie sich über das ihnen bis jetzt unbekannt gebliebene Vaterland dieser schönen Affenart haben unterrichten können. —

---

b. _Rollschwanz - Affen_
mit kurzen schwachen Eckzähnen *).

---

4. _C. cirrifer_, Geoffr.

Der Rollschwanz - Affe mit weißlichem Gesichtskreise.

> _Variété du Sajou cornu_ Geoffr. et Fr. Cuvier _mammi-feres._
> Abbildungen zur Naturgeschichte Brasilien's.
> _Macaco_ in der Gegend von _Bahia._

Diese von _Geoffroy_ zuerst aufgeführte Species ist, soviel mir bekannt ist, noch nicht umständlich beschrieben worden, ich will daher ein von mir während mehrerer Jahre lebend besessenes Thier dieser Art etwas genauer beschreiben, ob ich gleich auch verhindert wurde, alle seine Theile in ihrem frischen Zustande zu untersuchen. —

In den Hauptzügen seiner Gestalt kommt dieser Affe mit den verwandten Arten dieses

---

*) Ich habe diese Eintheilung versucht, da bei den von mir beobachteten Thieren dieser Abtheilung der Bau der Eckzähne auch im Alter nicht auf eine größere Stärke schließen ließ. —

Geschlechts überein. Sein Kopf ist kleiner und
mehr schmal als an den früher von mir beschriebenen Arten. — Das Gebiß war schwach,
die Schneidezähne etwas vorwärts geneigt und
vorn etwas abgerundet, die Eckzähne kurz und
schwach. — Das Haar des ganzen Körpers ist
lang, dicht und ziemlich sanft, besonders war
der Schwanz, sehr dicht und stark behaart, etwas länger als der Körper. —

Die männlichen Geschlechtstheile sind gebildet wie an den früher beschriebenen Arten,
dabei von dunkelgrauröthlicher Farbe. —

Das Gesicht ist an seinen mittleren Theilen nackt, von schwärzlicher Farbe, die Iris
der Augen lebhaft gelbbraun; die Ohren sind
menschenähnlich, mit flachem nicht eingerolltem Rande und mit weißlichen Haaren dünn besetzt. Die Lippen sind mit feinen weißlichen
Haaren bedeckt. Farbe des ganzen Körpers
schwärzlichbraun, an den Seiten des Halses und
an allen unteren Theilen fahlgelblich, etwas
wollig und mit schwarzbraunen Haarspitzen;
an dem Rücken und den Gliedern ist die Farbe
ein wenig dunkler als am übrigen Leibe, auf
dem Oberhalse aber, dem ganzen Kopf, der
Stirn und den Schläfen geht sie in ein sehr dunkles Schwarzbraun über; von welchem vor den

Ohren, nach. dem Kinne Lein schwarzbrauner
Streif· von ,Haaren· gleich' einem Backenbarte
herabläuft. —. Zwischen..diesem. Backenbarte
und den nackten Theilen ldes Gesichts befindet
sich eine, dasselbe· gänzlich umgebende Einfassung von schmutzig weifsgelblichen Haaren; die
Backen sind ·gänzlich· mit· solchen· weifslichen
Haaren bewachsen, auch läuft an einem jeden
der beiden oberen äufseren Winkel· der Stirn die
weifsgelbliche Farbe mit einer Spitze· in die
schwarzbraune ·Scheitelfarbe hinauf, und diese
dagegen ,zieht· mit einer ähnlichen Spitze· etwas
nach der Mitte der Stirn herab; über,den Augen
stehen einige lange schwarzbraune Haare, welche
eine · Art. von Augenbraunen· bilden. — Die
Hände sind dünner behaart als· der Körper, aber
die Haare sind lang und zum·Theil von einer
etwas· blässer· braunen Farbe, eben so ist es an
der inneren Seite der Glieder beschaffen. —

Ungefähre Ausmessung eines männlichen
Thiers.

Länge des Körpers bis zu der Schwanz-
    wurzel etwa · · · · · · 16".
Länge des Schwanzes etwa · · · 17".

Dieser Affe ist mir in den von mir bereis'ten
Gegenden im wilden Zustande nicht zu Gesicht

gekommen, ich fand ihn in *Bahía* in verschiedenen Häusern gezähmt, und kaufte ein junges
Thier, welches ich mit nach Europa nahm und
dort einige Jahre erhielt, bis ich es endlich
durch einen Zufall verlor. — Ich vermuthe,
wenn ich die Worte des Herrn Professor *Lichtenstein* in seiner Erläuterung der Werke von
Marcgrave und *Piso* durch die wieder aufge-
fundenen Originalzeichnungen, vergleiche, daſs
der braune, daselbst pag. 12 erwähnte und für
den *capucina* gehaltene Affe, der hier von mir
aufgeführte sey; denn da er in *Bahía* häufig zu
Kaufe war, so stammte er ohne Zweifel aus
dieser oder aus der Gegend von *Pernambuco*
her, wie man in *Bahía* auch selbst vermuthete. — Die Abbildung der Herren *Geoffroy* und
Fr. Cuvier gleicht in der Hauptsache dem von
mir besessenen Thiere sehr, doch hat sie eine
andere Gesichtsfarbe; denn unter allen, von
mir in Brasilien beobachteten Affenarten, befindet sich keine mit hellfleischfarbenem Gesichte. —

Diese Thiere sind von furchtsamem, leb-
haftem Temperamente und gewöhnen sich
höchst leicht an ihren Herrn. Sie nehmen mit
jeder Nahrung fürlieb, auch schien das von mir
mitgebrachte Individuum unser Clima ziemlich

gut zu ertragen. — Seine Stimme war der
sanfte, oft wiederholte, allmälig von der Höhe
zur Tiefe herabsinkende Pfiff, zuweilen in der
Ruhe eine dem Vogelgezwitscher ähnliche kleine
Stimme und im Zorn ein lautes gellendes Ge-
schrei, wobei die Zähne entblöſst und das Gesichtchen in Falten gezogen wurde. Gestalt
und Körperbau zeigt, daſs auch diese Art in der
Freiheit dieselbe Lebensart und Eigenschaften
besitzen müsse, als die vorhin erwähnten, von
welchen sie sich besonders durch schlankeren
zarteren Bau der Glieder und durch etwas geringere Gröſse unterscheidet. —

5. C. *f l a v u s*, Geoffr.
Der gelbe Rollschwanz-Affe, oder *Caitaia*
des Marcgrave.

Cebus flavus, Geoffr. S. Hil. *Ann. d. Mus.* T. 19.
pag. 112.

Kuhl, Beiträge u. s. w. pag. 33.

Caitaia, Marcgr. pag. 227.

Dieser, bisher zum Theil verkannte Affe ist
von *Marcgrave* mit wenigen Worten sehr richtig characterisirt worden. — Herr Professor
Lichtenstein sagt in seiner Erläuterung der
Werke von *Marcgrave* und *Piso* (pag. 12), daſs
der Name *Ma Çai Juba*, dem *Simia capucina*
zukomme, daſs aber *Menzel* den *Caitaia* mit

diesem für identisch gehalten habe. — Der
Cai - taia des *Marcgrave* ist eine wohlgetrennte
Species, der *Cebus flavus* des *Geoffroy*, welchen ich genau kennen zu lernen Gelegenheit
hatte. —

Diese und die vorhergehende Species
scheinen in denjenigen Gegenden von Brasilien
zu leben, welche *Marcgrave* besucht hat, und
ich habe sie beide lebend in *Bahia* gekauft, wo
man mehrere derselben bemerkte, ohne jedoch
genau die Gegend angeben zu können, welcher
sie vorzüglich eigen sind. Ob sie mir gleich
beide im wilden Zustande auf meiner Reise nicht
vorgekommen sind, so nehme ich dennoch unbedingt die Gegend von *Bahia* und *Pernambuco*
für ihren Wohnort an. Der gelbliche Rollschwanz - Affe, dessen genauere Beschreibung
ich nicht geben kann, da mein lebendiges Exemplar in meiner Abwesenheit starb und nicht con-
servirt wurde, hat etwa die Größe und Gestalt
des vorhin beschriebenen, einen runden Kopf,
mit völlig ähnlich gebildetem Gesichte und Ohren, einen starken dicht behaarten Rollschwanz,
kurze Eckzähne und selbst alle Manieren und
Bewegungen des *Cebus cirrifer*, Geoffr. — Sein
Unterschied liegt hauptsächlich in der Farbe,
welche ein blasses fahles Gelbröthlich ist; die

Augen haben eine gelblichbraune Iris, wie an
allen brasilianischen Affen und die nackte Haut
des Gesichts ist dunkel gefärbt. —

Es ist dieses ein sehr lebhaftes Thier, beständig in Bewegung, auf den vier Händen mit
gewölbtem Rücken und gebogenem, abwärts
eingerolltem Schwanze hin und her springend,
dabei äußerst behende im Klettern und Springen, aber, wie *Marcgrave* ebenfalls bemerkt,
nicht sanft und schmeichelnd, wie der Affe der
vorhergehenden Beschreibung, sondern höchst
falsch und beißig; so war das Individuum, welches ich selbst lebend besaß.

Herr Professor *Geoffroy* ist nach *Marcgrave* der erste Zoologe, welcher diesen Affen
nach einem, im zoologischen Museum zu Paris
befindlichen Exemplare erwähnte. —

Sect. 2. Affen mit schlaffem Schwanze.

A. Mit vollkommenen Handen.

G. 4. *Callithrix*, Geoffr.

Sapaju.

Die Thiere dieses von *Geoffroy* aufgestellten Geschlechtes sind von den übrigen Affenarten der brasilianischen Urwälder hinlänglich unterschieden, und haben besonders durch ihren schlaffen, nicht greifenden und daher zu diesem Endzwecke nie benutzten Schwanz ein characteristisches Kennzeichen. Dennoch scheinen verschiedene Specien, z. B. *Callithrix sciurea*, nicht ganz zu den von mir hier aufgeführten Arten zu passen, und mit der Zeit, wenn man alle hierhin gerechneten Affen noch genauer kennen wird, dürfte wohl noch eine Zerspaltung stattfinden, bis dahin aber wird es zweckmäſsig seyn, sich an die Hauptkennzeichen zu halten, in welchen diese Thiere übereinkommen. ——

Die beiden, von mir beobachteten Arten, welche ich in den nachfolgenden Blättern zu beschreiben gedenke, haben einen weit kleineren Kopf, als die Arten des Geschlechts *Cebus*, ihr Schädel hat weit weniger heraustretende Jochbögen und einen höheren, mit breiteren Flügeln versehenen Unterkiefer; welcher wie bei den Brüllaffen, den gröſseren Stimmapparat zu beschützen bestimmt scheint; es haben jedoch nicht alle Arten dieser Affen die innere Scheidung der Augenhöhlen häutig, sondern bei der zweiten von mir beschriebenen Art, dem Gigo, ist sie knöchern; ihre Glieder sind schlanker und weniger muskulös als bei den Rollschwanzaffen, ihr Körper ist mit längeren sanfteren Haaren dichte bedeckt, der Schwanz dünn, schlank und wenig muskulös, weder Roll- noch Greifschwanz. Die Eichel des Männchens ist nicht champignonförmig, sondern klein und etwa gebildet wie an den Eichhörnchen, auch bemerkt man bei diesen Thieren nicht die beständige Erection, welche den *Cebus*-Arten eigen ist. Ihr Kehlkopf ist dick und von besonderer Bildung *).

---

*) Ich muſs bedauern, daſs ich die in Branntwein conservirten Stimmapparate der beiden hier erwähnten Arten des Geschlechts *Callithrix* nicht glücklich mit nach Europa gebracht habe.

Sie leben in kleinen Gesellschaften von einer oder ein paar Familien, sind nicht so schnell als die Arten des vorhergehenden Geschlechtes und bewegen sich auf den Zweigen mit kurz zusammengezogenem Körper. Diese Stellung und ihr langes Haar geben ihnen ein bärenartiges Ansehen, der lange Schwanz hängt dabei gewöhnlich gerade herab, oder wird auch wohl in aufrechter Stellung getragen. — Sie entfliehen sogleich, wenn man sich ihnen nähert, welches häufig geschieht, da ihre Stimme unter allen Affen der Ostküste, nach der des Guariba oder Brüllaffen die stärkste und weitschallendste ist, auch deshalb von den Jägern benutzt wird, um heran zu schleichen. —

In den Gegenden, welche ihnen die Natur zum Aufenthalte angewiesen hat, sind diese Affen zahlreich und verschaffen den Bewohnern ein beliebtes Essen; man sucht sie aber besonders jung zu bekommen, um sie zu erziehen, da sie ein höchst sanftes Naturell besitzen und im höchsten Grade zahm und zutraulich werden. —

1. *C. personatus.* Geoffr.

Der *Sauassu* (*).

Geoffr. S. *Hil.* in den *Ann. d. Mus.* T. XIX. p. 113.

Simia personata Humb. Rec. d'obs. d. Zool. etc. T. I. p. 357.

Kuhl Beiträge u. s. w. p. 40.

Abbildungen zur Naturgeschichte Brasiliens.

Callithrix personata, Spix.

Sahuassú an der Ostküste von Brasilien.

Der Sauassu ist eine von Herrn Professor *Geoffroy* zuerst bekannt gemachte Species, welche er in dem Museo zu Lisboa fand. — Die Gegend von Brasilien, wo diese schöne Affenart sich findet, kannte man nicht genau, auch besafs man von ihr noch keine umständliche Beschreibung nach dem Leben, ich will defshalb diese Lücke nach Kräften auszufüllen suchen. —

Beschreibung eines erwachsenen männlichen Thiers.

Der Kopf ist klein und rund, mit wenig vortretendem Gesicht, mäfsig grofsen, lebhaften, mit einer gelbbraunen Iris versehenen Augen; die Physiognomie ist der des Sahuí (*Jacchus*) ähnlich, nur fehlt bei ersterem der nackte Stirnabsatz des letzteren; die Nasenlöcher stehen

*) Bei diesem Namen ist zu bemerken, dafs die Buchstaben *a* und *u* getrennt ausgesprochen werden.

weit von einander entfernt, ihr Zwischenraum
ist breiter als die Reihe der oberen Schneidezähne (nach *Geoffroy* schmäler, „da dieser nach
einem ausgestopften, vertrockneten Exemplare
beschrieb); die Ohren sind ziemlich grofs, eiförmig abgerundet, von aufsen nur sparsam, von
innen aber mehr behaart; Gesicht mit einer
nackten, schwärzlichen Haut bedeckt, an den
Backen dünn mit schwarzen, an der Nase
auf eben die Art mit weifslichen sehr kurzen
Härchen bedeckt und mit ⅓ Zoll langen, schwarzen Bartborsten besetzt, auch in den Augenbrau-
nen stehen einige dergleichen.

Gebifs wie bei der nachfolgenden Art, auch
schon von *Geoffroy* erwähnt. —

Die Hände sind lang und schmal, das Na-
gelglied der Finger mit einem dicken Ballen versehen, die Finger selbst sind lang und schlank,
die Nägel kurz, am Zeigefinger der Hinterhände
ein wenig aufgerichtet, an den übrigen weniger; der Daumennagel ist kürzer; Hinterhände länger als die vorderen; dabei stärker behaart. — Die männlichen Geschlechtstheile
liegen weit nach hinten dicht am After und nahe am Schwanz; sie haben eine etwas andere
Bildung als bei dem vorhergehenden Geschlech-

te, indem die Eichel nicht breit oder tellerför-
mig gebildet ist. — Schwanz viel länger als
der Körper, schlaff, schlank, mit ziemlich anliegenden Haaren bedeckt; Haare des ganzen
Körpers lang, am Rücken 3 Zoll lang, etwas
wollig; Bauch und innere Schenkel dünn behaart. —

Der ganze Kopf von der Brust an (da der
Hals seiner Kürze wegen kaum bemerkbar ist)
ist bis auf die Mitte des Scheitels bräunlich-
schwarz; die vier Hände sind schwarz; innere
Seite des Vorderarms und des Schienbeins
schwarzbraun; Hinterkopf und Oberhals gelblichweiß, das ganze übrige Thier ist fahl blaß
graubräunlich, mit helleren, sehr blaß gelblichen Haarspitzen; an den Vorderarmen sind die
Haare dunkler und haben abstehende blaßgelbli-
che Spitzen; Bauch graubraun mit röthlichen
Haarspitzen; Vorderseite der Hinterschenkel fahl
hell gelblich-grauweiß; Schwanz röthlich-graubraun, auf der Unterseite und an der Wurzel
rostroth. —

Weibchen: Diese sind durchgehends mehr
hell fahl gefärbt, oder weißlich-gelbgrau, da hingegen die Männchen mehr graubräunlich erscheinen; die Weibchen sind an ihren Vordertheilen

mehr weifslich gefärbt und es fehlt ihnen der
weifse Hals'- oder Hinterhauptfleck, woraus es
wahrscheinlich wird, dafs Herr Professor *Geoffroy, S. Hilaire* seine Beschreibung nach einem
weiblichen Thiere, entwarf. Die Vorderarme
und Hinterbeine sind bei diesen etwas gelblich,
besonders da, wo die weifsgraulichen Haare dieser Theile an die schwärzen der Hände gränzen; Hinterbeine an ihrer inneren Seite dunkel
graubraun; Vorderarme bis zu den Ellenbogen
schwarzbraun. — Diese niedlichen Affen variiren etwas Weniges in ihrer Farbe; denn einige
haben den weifsen Nacken deutlicher und bei
den Weibchen fehlt er, wie gesagt, gänzlich;
der Schwanz ist bei einigen rostroth, bei andern, besonders den Weibchen röthlichgelb, bei
andern auf der Oberseite graubraun und an der
Wurzel und Unterseite gelbroth oder rostroth. —
Das dichte, lange, an der Wurzel wollige Haar
giebt diesen Affen weit mehr Umfang, als ihr
Körper wirklich hat, die Männchen sind jedoch
immer etwas mehr schlank. — Ganz junge
Thiere haben die Finger der Hinterhände stark
mit weifslichen Haaren gemischt und ihre breite
Iris ist nicht gelbbraun, sondern graubraun, welches ich bei den meisten brasilianischen Affen
gefunden habe.

Ausmessung eines erwachsenen männlichen

Sauassu:

Ganze Länge	31″ 2‴.
Länge des Körpers	12″ 4½‴.
Länge des Schwanzes . . .	18″ 11‴.
Länge von der Nase bis zum Anfange	
des Ohrs	2″ 1½‴.
Höhe des äußeren Ohres . .	8½‴.
Breite des Kopfs zwischen den Ohren	2″ 1½‴.
Länge des Arms von dem Schulterge-	
lenk gemessen	7″ 11‴.
Länge des Beins von der Hüfte . .	10″ 9‴.
Länge der Vorderhand . . .	2″ 2‴.
Länge des Vorder-Mittelfingers .	1″ 5‴.
Länge der Hinterhand . . .	3″ 3½‴.
Länge des Hinter-Mittelfingers .	1″ 5‴.

Ausmessung eines sehr großen weiblichen

Sauassu:

Ganze Länge	33″ 10‴.
Länge des Körpers . . .	13″ 9‴.
Länge des Schwanzes . . .	20″ 1‴.

Man findet Männchen, welche so groß sind, als das hier gemessene Weibchen.

Der Sauassu wurde von uns zuerst in den großen Urwäldern gefunden, welche die Ufer des *Itabapuana* und des *Itapemirim* (*Itapemiri*) beschatten, wir fanden ihn ferner am *Iritiba* oder

Reritigba, am *Espirito Santo* und nördlich bis
über den *Rio Doçe* hinaus. — Da ich ihn am
nördlichen Ufer dieses Stromes noch fand, am
Mucuri aber keine Spur mehr von ihm hatte, so
setze ich seinen Wohnort an der Ostküste, meinen Erfahrungen zufolge, zwischen den *S. Mat-*
thaeus und den *Parahyba*, also zwischen $18\frac{1}{2}$
und $21\frac{1}{2}°$ südlicher Breite, allein Herr Dr. *v.*
Spix erhielt ihn auch bei *Rio de Janeiro*. Hier
leben diese harmlosen angenehmen Geschöpfe in
den großen ununterbrochenen Wäldern, wo sie
nur selten beunruhigt werden. Ihre durch die
stille einsame Wildniß weit schallende Stimme
wird häufig gehört, sie klingt wie ein Röcheln,
welches man hervorbringen kann, indem man
den Athem abwechselnd schnell hinter einander
einzieht und wieder ausstoßt. — Männchen
und Weibchen geben diese Stimme von sich.
Diese Affen leben in kleinen Gesellschaften von
einer oder einigen wenigen Familien beisammen
und klettern äußerst geschickt. — Man sagt,
daß sie, so wie die meisten Quadrumanen, nach
den verschiedenen reifenden Früchten etwas
umherziehen; denn sie verlassen z. B. die Gegend von *Muribeca* am *Itabapuana* zu einer gewissen Zeit und kehren plötzlich wieder nach
dem gewohnten Standorte zurück.

Diese Thiere sitzen etwas zusammenge-
bückt auf den Zweigen, der Schwanz hängt herab; bemerken sie alsdann etwas Fremdartiges,
so geht es ziemlich schnell über die Aeste fort,
gewöhnlich auf den dicken Hauptästen. — Man
hört alsdann ihre Stimme nie, welche nur in
vollkommener Ruhe, besonders bei schönem
warmem Wetter Morgens und Abends erschallt.
Sie werfen nur ein Junges, nach Art aller Affen, welches die Mutter so lange mit sich
umher trägt, bis es stark genug ist, den Alten
selbst überall folgen zu können. — Im Monat
October fanden wir schon starke Junge, auch erlegte man in dieser Zeit stark trächtige Weibchen. Schießt man die Mutter von einem Baume
herab, so erhält man gewöhnlich das Junge lebend, welches sie auf dem Rücken oder unter
dem Arme zu tragen pflegte. Dieses junge
Thierchen kann man alsdann leicht erziehen und
zähmen, es lernt bald fressen und wird äußerst
zahm und sanft. Alle Affen dieser Art sind nicht
zornig und beißig, wenn man sie verwundet,
sondern zeigen unter allen mir bekannten Thieren dieser zahlreichen Familie das sanfteste Naturell. Wenn dem Sauassu behaglich zu Muthe
ist, so schnurrt er wie eine Katze. — Sowohl
die eingebornen Portugiesen oder Brasilianer,

als die Neger und Indianer stellen diesen Thieren ihres 'Fleisches wegen nach. — Hat ein Indianer einen solchen Affen verwundet, welcher auf dem Baume· hängen geblieben, oder eine kleine eſsbare Frucht entdeckt, so scheut er die Dicke und Höhe des·colossalen Baumes nicht, um ihn zu ersteigen·, wo in andern Fällen oft die besten Versprechungen nicht vermögen, ihn aus seiner gewohnten Ruhe zu bringen, dann bindet sich der *Puri,* der die Wälder der Sauassus beherrscht, die Füſse mit einer Schlingpflanze zusammen und klettert, von dieser Erfindung kräftig unterstützt, in eine schwindelnde Höhe hinauf, indem ihm alsdann eine jede noch so kleine Unebenheit der Rinde zum Stützpuncte dient. —

2· *C. m e l a n o c h i r.*
D e r G i g ó.

S. Behaarung sehr lang, dicht, aschgrau; Mittel und Unterrücken rothlich kastanienbraun; Hände schwarz; Schwanz weiſsgelblich.

Abbildungen zur Naturgeschichte Brasilien's.
Callithrix incanescens Lichtensteinii.
Kuhl Beiträge u. s. w. p. 40.
Schinz, Thierreich u. s. w. B. I. p. 133.
Callithrix Gigot, Spix.
Gigó am *Mucuri.*
Macaco branco am *Alcobaça.*
Gigó im *Sertam* von *Ilhéos* und in *Minas.*
Brukack bei den Botocuden.

Gestalt und Gesicht völlig vom Sauassú; Haar des Körpers sehr dicht, weich und lang, mittlerer Theil des Gesichts und innere Hände unbehaart.

Beschreibung eines männlichen Thieres: Der Kopf ist klein und rund, die Augen mäßig groß und lebhaft, das Gesicht wenig vortretend; die Ohren sind im Pelze versteckt, d. h. die innere und äußere Fläche sind behaart.

Gebiß: Schn. $\frac{4}{4}$; Eckz. $\frac{1\ 1}{1\ 1}$; Backenz. $\frac{6\ 6}{6\ 6}$; Schneidezähne in jedem Kiefer vier; die oberen haben eine etwas breite, mäßig scharfe Schneide und die beiden mittleren sind bedeutend größer als die äußeren, alle sind nach hinten durch die unteren Schneidezähne ein wenig ausgeschliffen; untere Schneidezähne gleich lang, oben stumpf abgeschliffen und dichte aneinander gereiht; Eckzähne im Oberkiefer durch eine Lücke von den Schneidezähnen getrennt, etwa um $\frac{1}{3}$ länger als die mittleren Schneidezähne des Oberkiefers, ziemlich breit und schwach, nach innen ein wenig ausgeschliffen; untere Eckzähne nur wenig länger als die Schneidezähne und von diesen nur durch eine kleine Lücke getrennt. Backenzähne sechs in jedem Kiefer an jeder Seite, sie haben mehrere schwache Höckererhöhungen und nehmen bis zu dem fünften Zahn an Größe zu, der sechste ist wieder kleiner; die drei ersten Zähne im Oberkiefer haben an dem aufseren Rande eine etwas stärkere Erhöhung, der vierte und fünfte aber zwei. * Im Unterkiefer haben die beiden ersten Backenzähne nur eine kleine schwache Spitze, die nachfolgenden zeigen nur sehr abgeflächte Höcker. — Alle Zähne sind schwarzbraun, nur an den Rändern und Kanten weifs abgeschliffen. —

Der Hals ist kurz; der Nagel des Daumens ist ebenfalls kurz, und abgerundet, die der Finger sind etwas scharf zusammengedrückt, ein wenig zugespitzt und aufgerichtet, besonders an den Hinterhänden, wo der des Zeigefingers überdiefs am längsten ist.

Geschlechtstheile wie am Sauassu; der Schwanz ist im Verhältnifs zu der Länge des Körpers länger als am Sauassu. —

Die Stirn ist wie abgeschoren mit dichtem, sehr sanftem, völlig gleichem, etwa vier Linien langem Haar besetzt, welches sich auf diese Art bis zu den Ohren erstreckt; von hier an wird die Behaarung plötzlich noch einmal so lang, unter der Kehle und den Ohren ist sie am längsten; auf dem Halse und dem Oberrücken wird das Haar immer dichter und länger, so dafs man es auf dem Mittelrücken zwei Zoll lang findet;

unter dem Bauche ist es am kürzesten, dünnsten und dabei wollig, so dafs man die Haut hindurch schimmern sieht. —

b. Das Gesicht ist schwärzlich gefärbt, oft nur dunkelgrau, zuweilen aber auch völlig schwarz; die Iris ist gelbbraun; Haare des Kopfs an der Wurzel aschgrau, an den Spitzen weifslich; da wo das hohe Scheitelhaar anfängt, sind die Haare auf der Scheidung völlig schwarz; unter dem Bauche ist es dunkel schwärzlich-graubraun, am ganzen Körper aber mit vielen schwärzlichen und weifslichen Queerringen abwechselnd, wodurch alle diese Theile ein gemischt aschgraues Ansehen erhalten; auf dem Oberrücken fängt es an gelbröthlich überlaufen zu seyn und diese Farbe nimmt zu; so dafs der Unter - und Mittelrücken, so wie die Seiten, röthlich kastanienbraun erscheinen, indem hier, genauer betrachtet, die dunklen Stellen der Haare schwärzlichbraun, und die hellen gelbroth gefärbt sind; dieser rothbraune Theil des Rückens enthält die längsten Haare des ganzen Körpers, locker und an der Wurzel wollig; Brust, der kurze Hals, Arme und Beine, After und Schwanzwurzel haben die schwärzliche und weifsliche Mischung. — Die vier Hände sind an der äufseren behaarten, so wie an der inneren unbehaarten Fläche

schwarz; die innere Seite der Hinterbeine ist
bräunlich-schwarz, einzeln mit weißlichen Härchen gemischt; Schwanz bei einigen Individuen
beinahe völlig weiß, bei andern aschgrau und
stark weiß, oder weißgelblich gemischt, indem
die Haare an der Wurzel und Spitze weißgelblich, in der Mitte aber schwärzlich gefärbt sind,
auch ist oft die Schwanzspitze mehr weißlich;
andere Gigós haben den Schwanz durchaus gelbröthlich gefärbt; welches wohl am häufigsten
vorzukommen pflegt. —

Das Weibchen ist von dem Männchen wenig verschieden, doch habe ich gefunden, daß
die mit weißem Schwanze gewöhnlich weiblichen Geschlechtes waren. —

Der Schädel des Gigó unterscheidet sich
wenig von dem des Sauassu; er ist über den
Augen ein wenig mehr flach gedrückt, in allen
seinen Theilen aber demselben ganz ähnlich;
Gebiß bei beiden Thieren völlig gleich gebildet,
auch sind die Zähne bei beiden schwarzbraun
gefärbt. — Die Scheidung der beiden Augenhöhlen ist knöchern und nicht häutig. — Gestalt des Schädels der des Kopfs der Hapalen
sehr ähnlich. — Der Unterkiefer ist, wie gesagt, sehr hoch und breit, beinahe wie bei den
Brüllaffen, um den Stimmapparat aufzunehmen.

An den inneren Theilen dieser Affen ist mir
nichts auffallend gewesen, aufser dafs die Schilddrüsen sehr grofs sind. —

Ausmessung eines weiblichen Thieres:

Ganze Länge . . . . 36″
Körperlänge . . . . 14″
Schwanzlänge . . . . 22″
Länge von der Nasenspitze bis zu dem
oberen vorderen Ohrrande . 1″ 10½‴.
Länge der Vorderhand auf der Ober-
seite . . . . 2″ 4‴.
Länge der Hinterhand . . . . . 3″ 4‴.

Der Gigó hat in der Bildung und Lebensart
die gröfste Aehnlichkeit mit dem Sauassu, auch
haben selbst einige Theile seines Körpers dieselbe Farbenvertheilung; beide bilden daher ein
recht natürlich von den übrigen von mir beobachteten Quadrumanen getrenntes Geschlecht.
Das lange Haar des Gigó, welches noch weicher
und zarter ist als am Sauassu, verbunden mit seiner meistens kurz zusammengezogenen Stellung,
wenn er auf einem Aste geht, geben ihm besonders das Ansehen eines kleinen Bären. — Da
wo der Sauassu aufhörte, das Ziel der Röhre
unserer Jäger zu seyn, fand sich sogleich der
Gigó ein, wir bemerkten ihn zuerst am *Mucuri,*
in den die *Logoa d'Arara* umgebenden Wäldern

und fanden ihn weiter nördlich überall, am *Alcobaça*, *Belmonte*, *Rio Pardo*, *Ilhéos*, *Itahy-
pe*, und im *Sertam* von *Bàhía*, so weit die hohen fruchtreichen Urwälder sich erstrecken,
Herr Dr. *v Spix* hat ihn in der Gegend von
Ilhéos erhalten. . Die südliche Gränze seines
Aufenthaltes kann ich an der Ostküste, meinen
Erfahrungen zufolge, an den Fluß *S. Matthaeus*,
den *Cricaré* der jetzt civilisirten Küstenindianer,
also bis zu $18\frac{1}{2}°$ südlicher Breite setzen, aber
nicht bestimmen, wie weit diese Art nördlich
hinauf gefunden werde. —

In den großen Urwäldern der genannten
Gegenden, besonders der *Lagoa d'Arara* ver-
nahmen wir täglich die laut röchelnde Stimme
dieses Affen, und waren zu Anfange überzeugt,
den Sauassu zu hören; denn diese beiden Arten
gleichen sich in ihrer Stimme und selbst Lebensart und Manieren vollkommen; daher überführ-
te uns nur die genauere Untersuchung der Sache
von unserem Irrthume. — Nirgends fand ich
den Sauassu in den Gegenden, welche der Gigó
bewohnt, übrigens zieht der letztere wie der
erstere in kleinen Gesellschaften von vier bis
sechs Individuen umher, nährt sich von ähnlichen Früchten, deren zerbissene Ueberreste man
in seinem Magen findet, pflanzt sich fort wie

jener, und wird auch auf eben diese Art benutzt und gejagt. Man würde das schöne Fell zu mancherlei Arbeiten benutzen können, da das Haar so zart und dichte ist. — Gezähmt sollen diese Thiere dieselben Eigenschaften zeigen, als die Sauassu's. —

B. *Affenartige Thiere mit unvollkommener Vorder-hand (Sahuis).*

G. 5. H a p a l c, Illig.

S a h u i.

Die Brasilianer, belegen mit dem Namen *Sahuim* (Sahuï) alle, die kleinen affenartigen Thiere, welche Herr Professor *Geoffroy S. Hilaire* in seine beiden Geschlechter *Jacchus* und *Midas* gebracht hat, oder *Illiger's* Hapalen. Diese Thiere bilden eine sehr natürliche Familie und ich glaube, dafs es wohl zweckmäfsiger seyn dürfte, die beiden Geschlechter des Herrn *Geoffroy* zu vereinigen, da die Unterschiede derselben nur höchst unbedeutend und, wie es mir scheint, selbst nicht recht gewifs sind. — Ich war selbst anfänglich entschlossen, die Midas-Arten von den eigentlichen Hapalen zu trennen, werde sie aber nun in den nachfol-

genden Blättern nur als Unterabtheilungen betrachten.

Die Sahuïs sind kleine Thiere, welche, ihrer Gestalt und Lebensart zufolge, schon ein Bin-
deglied zwischen Affen und Eichhörnchen bilden. Ihr Gebiſs ist dem der übrigen Affen ähnlich, eben so die Bildung des Kopfes und Körpers, aber ihre Vorderhände haben keinen deutlich getrennten Daumen, welcher bei den eigentlichen Affen aller übrigen Geschlechter den
andern Fingern der Hand entgegen gestellt ist.
Ihr Schwanz ist länger als der Körper und völlig schlaff, und ihr Stimmapparat ist wenig ausgebildet. Sie bevölkern in zahlreichen Banden
jene weiten Urwälder, welche das Continent von
Süd-America beschatten, und sind so zahlreich
an Individuen als an Specien. Es ist mir sehr
wahrscheinlich, daſs man in den inneren Provinzen von Süd-America noch viele Arten dieser angenehmen Thierchen entdecken wird, da ich gefunden habe, daſs der Wohnort einer jeden Species an der Ostküste auf wenig ausgedehnte
Gränzen beschränkt ist. Groſse Flüsse machen
hier oft die Gränze, und es ist sehr interessant
für den reisenden Beobachter, wenn er plötzlich
die eine Art durch eine andere ersetzt findet,
welche nur durch geringe Unterschiede von ihr

getrennt und dennoch gewiſs specifisch verschieden ist. Die Sahuïs haben in mancher Hinsicht Aehnlichkeit mit den Eichhörnchen, und
scheinen in Brasilien diese Thiere zu ersetzen,
wovon man nur eine Art, *Sciurus aestuans*,
kennt *). Sie leben bloſs auf den Bäumen,
springen sehr behende von Ast zu Ast, und sitzen gewöhnlich nicht aufgerichtet, sondern mit
dem Bauche platt auf den Ast gestützt, wobei
der lange dick behaarte Schweif gerade schlaff
herabhängt. — Sie sollen keine Nester bauen,
wie die Eichhörnchen, und sind nicht an einen
gewissen Aufenthaltsort gebunden, sondern ziehen gesellschaftlich umher, sind bald hier bald
dort, kündigen sich in gewisser, doch nicht weiter Entfernung durch ihre vereinten Stimmen
an, und ziehen auf diese Art ihrer Nahrung

---

*) Herr Dr. *Boie* bemerkt in dieser Hinsicht sehr richtig,
daſs die abgehende Zahl der *Sciurus* Arten in Brasilien
durch die Hapalen ersetzt werde, daſs aber in anderen
mit ersteren Thieren reichlicher versehenen Gegenden von
America die letzteren selten, und daſs auf den Sunda-In-
seln die Zahl der kleinen *Sciurus*-Arten nicht minder reich-
haltig sey, als die der Sahuis in Brasilien, aber kleinere
Affenarten zu fehlen scheinen, während ein neues Geschlecht eichhornartiger Insectivoren (*Tupaja, Raffl.*) in
einer Reihe von Specien, die Unfähigkeit der Eichhörnchen,
auch mit von Insecten zu leben, wie die Hapalen, zu ersetzen scheine. —

nach. — Ihre Stimme, die sie beständig hören
lassen, ist ein kurzer Lockton, wie der mancher
kleinen Vögel. — Sie nähren sich von mancherlei Früchten, auch den kleinen Nüssen mancher
Cocosarten, so wie von vielerlei Insecten und
Spinnen. — Sie werfen zuweilen mehrere, oft
aber nur ein Junges. Die Mutter trägt ihrer
zuweilen zwei, wovon das eine auf dem Rücken,
das andere an der Brust sich befestiget hält. —
Gewöhnlich sollen sie nur ein Junges werfen,
auch habe ich bei den weiblichen Thieren immer nur eine Zitze im Gebrauche gefunden. —
Die jungen Thierchen sind außerordentlich
klein, oft von der Größe einer Maus, und es
ist höchst komisch anzusehen, wenn die Mutter
mit ihnen davon springt.

Die lebhaften Bewegungen dieser Thiere
zeugen von einem munteren Naturell, auch ist
ihr Köpfchen beständig in Bewegung. Hat eine
Bande von Sahuïs bei der Annäherung eines
Feindes nicht Zeit zu entfliehen, so verbergen
sie sich hinter die dicken Baumzweige und blik-
ken zuweilen mit dem Köpfchen hervor. So
unbedeutend diese Aeffchen als Nahrungsmittel
sind, so werden sie dennoch geschossen und gegessen, es ist aber ein solcher Braten nicht bedeutender als der eines Eichhörnchens. — Ge-

zähmt gewöhnen sie sich an ihren Pfleger, sind aber äufserst furchtsam und daher gegen Frem‑ de beifsig; sie geben in der Angst ein Vogelge‑ zwitscher von sich. — Schlafend rollen sie sich zusammen und bedecken sich mit dem langen, dicht behaarten Schwanze.' Man bringt sie nicht selten nach Europa, sie sind aber äufserst em‑ pfindlich gegen die Kälte, und die meisten von ihnen sterben bei der Ueberfahrt. Hr. *v. Hum‑ boldt* erzählt uns, dafs in den unter dem Aequa‑ tor gelegenen Gegenden von Süd‑America, am *Orenoco* und in den übrigen Provinzen des spa‑ nischen *Guiana* die kleineren Arten der Quadru‑ manen die kältere Zeit des Jahres lebhaft em‑ pfinden und sich alsdann haufenweise zusammen‑ ballen, um einander zu erwärmen; in dem glücklichen, zu allen Zeiten des Jahres ziemlich gleichen Klima der von mir in Brasilien bereis’‑ ten Gegenden habe ich eine solche Empfindlich‑ keit dieser Thierchen nicht wahrgenommen. — Man kannte anfänglich nur wenige Arten dieses Geschlechts, bis Herr Professor *Geoffroy S. Hilaire* in dem zoologischen Museo zu *Lis‑ boa* noch mehrere Brasilianische Arten desselben kennen lernte und eine kurze Notiz davon im 19ten Bande der *Annales du Muséum* (p. 119) mittheilte, noch mehrere andere hat man seit‑

dem entdeckt. — Man kann diese niedlichen
Thiere in folgende drei Unterabtheilungen
bringen :

a. Sahuïs mit verlängertem Haarbüschel vor
dem Ohre und einem dunkel und heller geringelten Schwanze, Haar am Körper meistens
dreifarbig. — *Eigentliche Sahuïs* (*Jacchus*).

b. Sahuïs mit langen mähnenartig das Gesicht
umgebenden Haaren, welche gleich einem
Kragen aufgerichtet werden. *Löwen-Sahuïs.*

c. Sahuïs mit glattem Kopfe; sie haben weder
Ohrbüschel noch Gesichtskragen. *Eichhorn-
Sahuïs.*

Die von mir in den nachfolgenden Blättern
zu erwähnenden Arten gehören in die beiden
ersteren dieser Abtheilungen.

Manche Naturforscher haben die verschiedenen, im Allgemeinen oft geringen Abweichungen der Arten der ersten Abtheilung, oder der
Jacchus-Arten wohl nur für Varietäten gehalten, und ich gestehe, daß ich selbst dieser
Meinung war; allein ich habe mich durch den
Augenschein überzeugt, daß sie wirklich verschiedene Specien sind, und daß ihnen sämmtlich von der Natur verschiedene, wenn gleich
nur wenig ausgedehnte Wohnplätze angewiesen
sind, wie dieß die Fortsetzung meines Thierver-

zeichnisses deutlicher erklären wird. Ich habe
unter jenen affenartigen Thieren nur sehr wenige,Varietäten gefunden und bin jetzt durch die
Erfahrung belehrt, dafs man in diesem Geschlechte ,die Abweichungen der Färbung·und
Zeichnung nur. zu oft für unwesentlich zu Bestimmung der Specien gehalten habe. — Die,
Sahuïs mit verlängertem Haarbüschel vor dem
Ohre (*Jacchus Geoffr.*) geben einen auffallen-
den Beweis für den Satz ab, dafs die Wiederholung der Thierformen in Brasilien häufig vorkomme; denn alle diese kleinen Thierarten haben die gröfste Aehnlichkeit unter einander: sie
tragen nicht allein den verlängerten Ohrbüschel,
sondern gleichen sich auch in der Hauptmi-
schung und Vertheilung ihrer Farben. Ihr Körperhaar ist meistens dreifarbig, röthlich, schwärzlich und weifslich, und der lange Schwanz zwei-
farbig geringelt. — Es ist aus diesem Grunde
manchen Naturforschern, welche nicht Gelegenheit hatten, diese Thierchen an Ort und Stelle
zu beobachten, nicht zu verargen, wenn sie
den Sahuï mit weifsem Ohrbüschel für das
Weibchen, und einen andern mit schwarzen
Ohrhaaren für das Männchen hielten *), bei-

*) Siehe *Fischer* in dem *Mus. Mosq.* pag. 57, und *v. Olfers*
in *v. Eschwege.* Journal von Brasilien, Heft 2. pag. 203.

de aber kommen in ganz verschiedenen Gegenden vor.

Die Brasilianer bezeichnen, wie gesagt,
diese Thiere mit dem allgemeinen Namen *Sahuim* *), belegen aber eine jede Art von ihnen
wieder mit einer näher bestimmenden Benennung. —

*a. Sahuïs mit verlängertem Haarbüschel vor dem
Ohre und einem dunkel und heller geringelten
Schwanze.*

1. *H. Jacchus*, Illig.

Der Sahui mit weifsem Ohrbüschel.

> *Simia Jacchus, Linn, Schreber.*
> *Jacchus vulgaris, Geoffr. Ann. d. Mus. T. XIX.* p. 119.
> *Titi, Azara.*
> *Cagui minor, Marcgr.* p. 227.
> *Kuhl* Beitrage zur Zool. p. 46.
> Abbildungen zur Naturgeschichte Brasilien's.
> *Sahuim* (Sahuï) in der Gegend von *Bahia.*

Der Sahuï mit weifsem Ohrbüschel ist in
Europa die bekannteste Art dieser Familie. Man
besitzt verschiedene Beschreibungen dieses Thier-

---

*) Dieses Wort (zu deutsch auszusprechen Sahuï) ist bisjetzt
in allen Sprachen unrichtig geschrieben worden. — Im
Französischen soll man sagen *Saouï,* und nicht *Sagouin*
oder *Cagui,* da dieses sämmtlich Verdrehungen der brasilianischen Benennung sind. —

chens, welche zum Theil etwas unbestimmt sind,
und von einem schwärzlichen Körper reden, ich
will deſshalb die Färbung dieses Sahuï's beschreiben, wie man sie in der Gegend der Stadt *Bahia* findet. —

Das Gesicht um Augen und Nase ist etwas
nackt, die Oberlippe mit kurzen weiſslichen Härchen besetzt, wie an einem alten bärtigen Gre-
nadier; Gesicht dunkel graulich-fleischbraun;
Iris im Auge bräunlichgelb; Kopf und Hals sind
matt-schwarzbräunlich, oft auch nur fahl blaſs
graubraun; an der Stirn über der Nase befindet
sich ein rundlicher schmutzigweiſser Fleck;
Backen, Kinn und Kehle sind verloschen fahl
graubräunlich, daher etwas blässer gefärbt als
der Oberkopf; das Ohr ist nackt, unberandet,
schwärzlich-graubraun, bloſs am äuſseren Rande mit einzelnen Haaren besetzt. — Vor, über
und hinter dem oberen Theile des Ohrs entspringt ein Büschel von weiſsen glänzenden, etwa einen Zoll langen Haaren, welche das Ohr
verdecken und seitwärts horizontal in Gestalt eines Fächers ausgebreitet hinausstehen, solche
Ohrbüschel characterisiren die Arten der Familie
Jacchus. — Der Körper ist bräunlich-grau
und weiſslich gemischt, indem die zarten, weichen, dichten, unten wolligen Haare an der

Wurzel schwärzlichgrau, alsdann breit rostgelb oder hell rostroth, dann wieder schwärzlich und an der Spitze weifslich gefärbt sind, die röthliche Farbe blickt nur wenig hindurch, wenn die Haare in der Ruhe sind, erscheint aber mehr, wenn das Thierchen in Bewegung ist; auf dem Hinterrücken bis zu dem Schwanze hin erscheinen regelmäfsig parallel laufende weifsliche Queerlinien; an den Armen sind die weifslichen Haarspitzen weniger bemerkbar, daher herrscht hier mehr die dunkelgraue Farbe vor. — Hände stark mit weifslichen Haarspitzen bedeckt, dennoch hat sie die Tafel des *Audebert* zu weifs dargestellt, es giebt aber einzelne Individuen mit mehr weifslich gefärbten Händen; diese Abbildung ist nicht naturgetreu, sie giebt besonders eine unrichtige Vorstellung von dem Gesichte des Thiers, auch ist der Schwanz viel zu dick. —, Die innere Seite der Glieder dieses Sahuï's ist dünn bräunlich-grau behaart, die Haut ist sichtbar. — An dem langen, etwas länger behaarten, aber auf den Abbildungen dennoch gewöhnlich zu dick abgebildeten Schwanze haben die Haare in der Hauptsache dieselbe Farbenabwechslung, doch ist das Rostgelbe weniger stark, und es herrscht hier die schwärzliche Farbe, auch ist der Schwanz im Allgemeinen et-

was, dunkler schwärzlich gefärbt als das Körperhaar, er hat etwa 22 weifsliche Ringe und eine
weifsliche Spitze, eine Zeichnung, welche allen
den verschiedenen Arten der Familie *Jacchus*
eigen ist. Betrachtet man den Schwanz genau,
so findet man, dafs die weifsen Ringe immer einen kleinen quirlförmig vortretenden Absatz bilden. —

Dieser kleine Sahuï ist sehr gut nach der
Natur in dem vortrefflichen Säugthierwerke der
Herren *Geoffroy* und *Fr. Cuvier* beschrieben,
daher bedurfte es von meiner Seite auch keiner
vollständigen Beschreibung. — Weniger deutlich ist die daselbst gegebene Abbildung; denn
man erkennt daraus nicht vollkommen die seitwärts hinaustretenden Ohrbüschel, dabei scheint
die Farbe des Thierchens im Allgemeinen etwas
zu sehr in's Grünliche fallend. Alle übrigen
Abbildungen in den verschiedenen naturhistóri-
schen Werken, diejenige etwa ausgenommen,
welche sich in *Buffon* (*edit. de Sonnini vol.* 36.
pl. 76) findet, sind zu schlecht, um einer Erwähnung zu verdienen. — Es scheint übrigens,
dafs das von den Herren *Geoffroy* und *Fr. Cuvier* abgebildete Thierchen durch die Versetzung
in ein kälteres Klima seine völlige Gröfse nicht
erreicht hatte; denn ein in *Bahia* von mir ge-

messenes hielt in der Länge des Körpers etwa
8″ 7‴, die des Schwanzes betrug 13″, ganze
Länge 21″ 7‴. —

Den Nachrichten der verschiedenen Schriftsteller zufolge findet sich der Sahuï mit weißem
Ohrbusche in verschiedenen Theilen von Süd-
America. — Im holländischen *Guiana* soll er
nicht vorkommen *), obgleich ihn *Stedmann*
dahin versetzt hat, und ob er in *Cayenne* gefunden werde, bezweifle ich. — Er scheint demnach bloſs auf Brasilien eingeschränkt zu seyn. —
Marcgrave fand ihn in *Pernambuco*, ob aber
die Stelle des Pater *Abbeville*, die man auf diese
Species deutete, auch wirklich hierhin gehöre,
bezweifle ich, da man jetzt schon viele ähnliche
Thiere kennt, es ist mir demnach noch ungewiſs, oder vielmehr unwahrscheinlich, daſs dieser Sahuï auch am Amazonenstrome vorkommen
soll. An der Ostküste habe ich diese Thierart
nicht weiter südlich, als in der Gegend der *Bahía de todos os Santos* gefunden, ich kann also
die südlichste Gränze ihres Aufenthalts höchstens
bis zu dem 14ten Grade südlicher Breite annehmen, da ich glaube, daſs sie nur bis zu dem
13ten Grade hinabgeht. —

---

*) Siehe *v. Sack* Reise nach Surinam, 2te Abtheilung, p. 208.

Diese kleinen Sahuïs finden sich in den un-
mittelbaren Umgebungen der Stadt *S. Salvador*
(*Bahía*) und kommen daselbst in die Pflanzungen der äuseren Wohnungen, welche am Rande
der benachbarten niederen Gebüsche gelegen
sind. — Ihre Lebensart ist die aller nachfolgenden Specien. — Sie ziehen in kleinen Gesellschaften von einer oder ein paar Familien,
also 3, 4, 5 bis 8 Individuen umher und geben
beständig einen kleinen fein pfeifenden oder zischenden Ton von sich, wie kleine Vögel. —
Buffon sagt, ihre Stimme klinge *uistiti!* wonach
er das Thierchen benannt habe, jedoch gehört
wohl eine etwas lebhafte Einbildungskraft dazu,
wenn man dieses Wort in der einsylbigen Stimme des Sahuï erkennen will. Ihre Nahrung besteht in mancherlei Früchten, besonders in den
Pflanzungen in Bananen, aber sie fressen auch
viele Insecten, Spinnen und dergleichen, dafs
man jedoch diese Thierchen sogar Fische verzehren lassen will, ist gewifs ein Irrthum; denn
wenn auch im gezähmten Zustande ein solcher
Fall sich ereignet, so möchte von der unnatür-
lichen Lage, in welcher das Thier sich befindet,
wohl nicht auf den freien Zustand zu schliefsen
seyn; gewöhnt sich doch das Reh im gezähmten Zustande das Fleisch seiner eigenen Art zu

verzehren. Am Tage sind diese Thierchen in
beständiger Bewegung, bei Nacht sitzen sie stille,
beugen sich zusammen, wenn sie schlafen, und
bedecken den Kopf mit dem Schwanze. Das
Weibchen wirft mehrere Junge, öfters soll aber
nur eins aufkommen, und diese werden von der
Mutter umher getragen, wie bei allen Quadrumanen. Eine höchst interessante Beschreibung
der Fortpflanzung dieser Thiere in unserem Klima, so wie aller ihrer Manieren und Eigenheiten haben wir in dem schönen Säugthierwerke
der Herren *Geoffroy* und *Fr. Cuvier* erhalten,
sie muſs uns höchst interessant bleiben, da in
den groſsen Wäldern, welche das Vaterland jener Thiere sind, eine nähere Beobachtung sehr
schwierig ist — Höchst interessant ist die Bemerkung, daſs Männchen und Weibchen einander die Last des Tragens der Jungen abnahmen,
wovon ich nie bei den Affen gehört habe, da wir
auch nur weibliche mit ihren Jungen beladene
Affen erlegt haben. Ich selbst habe nie Gelegenheit gehabt, weibliche Individuen des Sahuı's
mit weiſsem Ohrbusche zu untersuchen, habe
aber gehört, das sie eins bis zwei Junge erziehen — Erlegt man die Mutter und bekommt
das Junge lebend, so heftet sich dasselbe sogleich fest an den Pfleger an und bleibt ihm

auch sehr zugethan, wenn es erwachsen ist. —
Gegen die kühle Seeluft oder die Temperatur
der gemäfsigten Zone sind diese Thierchen sehr
empfindlich, und selbst in einem warmen Käst-
chen geschützt, sterben die meisten von ihnen
während der Seereise. Sie haben in ihrer Lebensart viel von den Eichhörnchen, sind besonders im Springen und Klettern geschickt. —
Azara hat dieses Thier unter der Benennung
Titè beschrieben, ein Name, welchen man in
Brasilien nicht zu kennen scheint; dagegen belegt man es in der Gegend von *Bahia* mit der
Benennung *Sahuim* (Sahuï).

Herr Dr. *v. Spix* hat uns in seinem neuen
interessanten Werke über die brasilianischen Affen die Beschreibung und Abbildung eines weifs-
halsigen Sahuï's (*Jacchus albicollis Sp.*) gegeben, welche ich für eine Varietät des gemeinen
Uistiti halte, da dieser ebenfalls den weifsen Ohrbusch und gänzlich denselben Aufenthalt hat,
mir selbst auch mit sehr fahl graubraunem Halse
vorgekommen ist.

2. *H. leucocephalus* Kuhlii.

Der Sahuï mit weifsem Kopfe.

Kuhl Beitr. pag. 47.

Jacchus leucocephalus, Geoffr. Ann. d. Mus. T. XIX.
pag. 119.

Simia Geoffroii, *Humb. Zool. Abhandl.* T. I. p. 360.
Abbildungen zur Naturgeschichte Brasilien's.
Sahuim de caia branca bei den Brasilianern.

Eine sehr schöne, von *Geoffroy*. zuerst bekannt gemachte Art, welche noch nirgends weitläuftig beschrieben worden ist.

Beschreibung eines recht vollkommenen männchen Thierchens:

Gesicht, Körper, Füſse und ganze Gestalt gebildet wie an der vorhin erwähnten Art. — Der Kopf ist klein, rund, die Schnauze sehr wenig vortretend, bis über die Augen sehr steil aufsteigend, wo ein sehr stark vortretender Stirnwinkel sich befindet, von welchem alsdann die Stirn sehr flachgedrückt nach hinten abfällt, welches bei allen *Jacchus*-Arten mehr oder weniger der Fall ist. — Die lebhaften Augen sind rund, mit gelbbrauner Iris; oberes Augenlied nackt und gelbröthlich gefärbt; Scheidung der Nasenlöcher breit, eine Nath von feinen graubräunlichen Härchen bildet hier eine Kante; Ohren sehr groſs, muschelförmig, mit wenig umgerolltem, völlig dünnem scharfen Rande.

Gebiſs: Schn. $\frac{4}{4}$; Eckz. $\frac{1.1.}{1.1.}$; Backenz. $\frac{5.5}{5.5}$. Obere Eckzähne groſs, kegelförmig, etwas nach auſsen gekrümmt und von den Schneidezähnen getrennt; die unteren sind kürzer, dicht an die

Schneidezähne, gereiht, von deren äufserstem
sie sich durch nichts unterscheiden; vier Schneidezähne, oben und unten; die oberen beiden
mittleren sind vereinigt mit breiter Schneide,
daneben steht auf jeder Seite ein etwas getrennter, eben so langer, etwas kegelförmiger, und
kleinerer Schneidezahn; die vier unteren sind
nahe aneinander gereihet, die beiden mittleren
etwas kürzer; Backenzähne fünf oben und unten an jeder Seite; die drei vorderen im Oberkiefer haben nach aufsen eine Spitze und nach
innen einen Höcker; der vierte und fünfte nach
aufsen zwei Spitzen; im Unterkiefer ist es eben
so, nur sind die beiden hinteren Zähne mit vier
ziemlich gleichen Spitzen versehen. —

Der Hals ist kurz; der Schwanz etwa doppelt so lang als der Körper, dabei schlaff; die
Vorderhände haben fünf zusammengedrückte,
starke, gekrümmte Krallennägel; an den Hinterhänden sind sie eben so, nur hat der Daumen
einen kurzen, platten, menschlichen Kuppennagel. — Männliche Geschlechtstheile gebildet wie am Sahuï mit weifsem Ohrbusche, dabei nackt wie der After. —

Stirn, Backen und Kehle mit weifsen, dichten, etwas glänzenden kurzen Haaren bedeckt;
sie schliefsen das kleine, nackte, graubräunliche

Gesichtchen enge ein, und laufen auf dem Bak-
ken unter dem Auge mit einer Spitze in dasselbe hinein. — Vor dem oberen Theile des Ohrs
steht ein langer schwarzer Haarbüschel; Rand
der Oberlippe, Nase und Nasenrücken mit sehr
kleinen, feinen, blaſs graubräunlichen Härchen
besetzt; Hände und Finger von auſsen stark behaart, von innen mit einer nackten, dunkel
graubraunen Haut bedeckt, kalt und feucht wie
an allen Quadrumanen. — Haare vor und um
die Ohren herum, Scheitel, Hals, Schultern und
Oberrücken sind schwarz; Unterhals blaſs graubräunlich; Mittel- und Unterrücken, Seiten,
Schwanz, Arme und äuſsere Seite der Beine
schwarz mit langen weiſslichen Haarspitzen, aber
überall stark rostroth durchschimmernd; denn
die über einen Zoll langen Haare des Rückens
und der Seiten sind an der Wurzel dunkelgrau,
dann breit rostroth, nachher schwarz, und mit
einer weiſslichen Spitze versehen. — Die vier
Hände sind völlig schwärzlich, ohne weiſsliche
Beimischung; am Schwanze bemerkt man auſser
den überall verbreiteten weiſslichen Haarspitzen,
auch etwas undeutliche, ziemlich verloschene
weiſsliche Ringe, welche in der Mitte desselben
am weitesten von einander entfernt und am
deutlichsten sind; die Spitze des Schwanzes ist

weifslich; der Bauch ist dünne braunschwärzlich behaart. — Die Nägel der Hände sind schwarz-braun gefärbt. —

Ausmessung des vorhin beschriebenen männlichen Thierchens:

Ganze Länge	20″ 10$\frac{1}{2}$‴.
Länge des Körpers . . .	7″ 9‴.
Länge des Schwanzes . .	13″ 1$\frac{1}{2}$‴.
Länge des Arms vom Schultergelenk	5″ $\frac{1}{2}$‴.
Länge des Beins von der Hüfte .	6″ 5‴.
Länge der Vorderhand . . .	11‴.
Länge der Hinterhand . . .	2″ 7‴.
Länge von der Nasenspitze bis zu dem hinteren Ohrrande . . .	2″ 3‴.
Länge von dem Oberlippenrande bis zu dem vorspringenden Stirnwinkel etwa	9‴.
Höhe des äufseren Ohres . .	1″ 1‴.

Der Schädel dieser Art ist stark verlängert, auf dem Scheitel ziemlich erhaben, die Nasen-knochen sind etwas gewolbt, die Vorderzähne stark vorstrebend, die Eckzähne im Verhältnifs grofs und sehr zugespitzt. — Die Augenhöh-len sind weit, der Jochbogen sehr zart und dünn. —

Der Sahuï mit weifsem Kopf scheint unter den *Jacchus* -Arten der Ostküste diejenige, wel-

che am weitesten südlich hinabgeht. Ich fand
ihn am *Espirito Santo*, kann aber nicht genau
angeben, ob er nördlich den *Rio Doçe* erreicht
oder überschreitet, da ich in den diesen Strom
beschattenden Wäldern, wegen der Unsicherheit
durch die Botocuden, nur sehr wenig habe ja.
gen können. Ich kann dem zufolge den Aufenthalt dieser Thierart nur zwischen den 20. und
21sten Grad südlicher Breite setzen. In den
Wäldern des *Espirito Santo*, besonders in den
Vorgebüschen derselben und den die Flußufer
einfassenden *Mangue* - Gebüschen *), so wie in
den mit niederen Palmengesträuchen **) angefüllten sandigen Gegenden am Meere, unfern
der Mündung des *Espirito Santo*, bei *Çidade
de Victoria*, *Villa Velha do Espirito Santo*,
und in den dem Flusse *Jucú*, den *Fazendas*
von *Araçatiba*, *Coroaba* u. s. w. nahe gelegenen Wäldern waren diese niedlichen, angenehmen Thierchen nicht selten. — Sie durchzie-
hen familienweise oder einige wenige Familien
vereinigt, von Ast zu Ast springend die Gebüsche, besonders die niederen dicht verflochte-

---

*) *Conocarpus* - und *Avicennia* - Gebüsche.

**) Die Gebüsche der *Allagoptera pumila* und einiger andern
Arten.

nen mit *Cocos* und der *Allagoptera pumila* ver-
mischten, deren Nüsse sie aufsuchen sollen;
mancherlei Früchte und Insecten sind ihre Nahrung, besonders lieben sie auch die Bananen,
und kommen defshalb in die Pflanzungen. Ihre
kleine zischende Stimme lassen sie beständig hören. — Sie sollen eins bis zwei Junge werfen
und an der Brust und auf dem Rücken mit sich
umher tragen, welches meine Jäger öfters zu sehen Gelegenheit hatten.

Man sucht diese Thierchen sehr, um sie
gezähmt in den Wohnungen zu halten, zu diesem Zwecke erhält man die Jungen, wenn man
die Alten schiefst, oder man fängt sie auch auf
den Bäumen mit einem Fischkorbe, in welchen
man Bananen legt, sie kriechen hinein und können, wegen der einwärts trichterförmig ange-
brachten spitzigen Stöcke, sich nicht wieder hin-
ausfinden; oft soll man auf diese Art mehrere zugleichfangen. —

Diese schöne Art ist in Brasilien so wie in
Europa wenig bekannt, auch in den Cabinetten
ist sie selten; eine natürliche Folge von der geringen Kenntnifs, welche man bisher von der
Ostküste zwischen *Rio de Janeiro* und der *Bahia de todos os Santos* hatte. — Der Engländer *Henderson* erwähnt ihrer in seiner *History*

of the Brazils (pag. 291.), einem Buche, welches grofsentheils nach der *Corografia brasilica*
gemacht ist. —

3. *H. penicillatus Kuhlii.*

Sahuï mit schwarzem Ohrpinsel.

Kuhl, Beiträge u. s. w., pag. 47.
Jacchus penicillatus, Geoffr. *Ann. d. Mus.* T. 19·
pag. 119.
Simia penicillata, Humb. Abhandl. aus der Zool. etc.
T. 1. pag. 360.
Jacchus penicillatus, Sp.
Abbildungen zur Naturgeschichte Brasilien's.
Sahuim in der Gegend von *Belmonte*, am *Rio Pardo*
und *Ilhéos.*
Gnick - Gnick (wie franz. ausgespr.) bei den Boto-
cuden.

Dieser Sahuï gleicht dem vorhergehenden
sehr, nur ist sein Haar etwas anders gefärbt,
und der Ohrbusch weniger ausgebreitet in einen
dünnen Büschel oder Pinsel vereinigt. Der Körper hat dieselbe Bildung als bei dem vorhergehenden, auch haben beide einerlei Gebifs. Die
Vorderhände haben fünf gleiche Krallennägel,
und die innere Zehe, welche den Daumen vor-
stellt, ist etwas kürzer als die übrigen.
Schwanz $1\frac{1}{2}$mal so lang als der Körper.

Beschreibung eines männlichen Thierchens:

Die Iris des Auges ist gelbbräunlich; das
Gesicht nackt und bräunlich; Scheitel weifslich

graubraun; Stirn über den Augen mit einem
rundlichen weifsen Fleckchen bezeichnet; Bak-
ken, Kinn und Kehle sind schmutzig weifslich,
an den Backen am weifsesten; der Unterkiefer
und die Einfassung des Mundes sind weifslich,
die Kehle dunkelgraubraun; das Ohr ist nackt
und schwärzlichbraun gefärbt, vor demselben
steht ein langer glänzend schwarzer Haarbüschel; Nacken, Seiten - und Untertheil des Häl-
ses schwarzbraun, so wie Schultern und Brust.
Haar am Leibe sanft und etwas lang, an der
Wurzel schwärzlichgrau, dann breit rothbraun,
nachher schwarz und an der Spitze weifslich;
auf dem Rücken bemerkt man die rothbraune
Farbe wenig; in den Seiten und an den Hinterbeinen mehr; an den vier Beinen sind die weifsen Haarspitzen kleiner und sparsamer, und an
den Vorderbeinen sind sie kaum bemerkbar. Bei
manchen Individuen erscheinen die Hinterbeine
dunkelröthlich - braun mit schwarzen Haarspitzen, die Vorderbeine sind alsdann beinahe
schwarzbraun und die Hände völlig schwärzlich;
Bauch schwärzlichbraun; Schwanz mäfsig dick
behaart, schwärzlich mit langen weifslichen
Haarspitzen, welche etwas stufenförmig weifsli-
liche Ringe bilden.

Der Schädel unterscheidet sich von dem der vorhergehenden Art wenig, er scheint auf dem Scheitel etwas mehr abgeflächt, auch streben die Vorderzähne nicht so stark vorwärts. —

Ausmessung des beschriebenen männlichen Thierchens:

Ganze Länge	20″ 11‴.
Länge des Körpers	8″ 5‴.
Länge des Schwanzes . . .	13″ 7‴.
Länge des Arms vom Schultergelenk gemessen	6″ 4‴.
Länge des Beins von der Hüfte	7″ —
Länge der Vorderhand . . .	1″ 7½‴.
Länge der Hinterhand . . .	2″ 8‴.
Länge des Vorderdaumen beinahe .	8‴.
Länge von der Nasenspitze bis zu dem oberen Ohrwinkel beinahe . . .	9‴.
Höhe des äußeren Ohres . . .	9½‴.
Länge des oberen Eckzahnes . .	2‴.
Länge des unteren Eckzahnes . .	2‴.

Ausmessung eines weiblichen Thierchens:

Ganze Länge	20″ 6½‴.
Länge des Körpers . . .	8″ 4½‴.
Länge des Schwanzes . . .	12″ 2‴.
Länge des Arms vom Schultergelenk	5″ 11‴.
Länge des Beins von der Hüftkugel .	7″ 2‴.
Länge der Vorderhand . . .	1″ 8‴.

Länge der Hinterhand . . . . . 2″ 6‴.

Länge des Vorderdaumens . . . . 8½‴.

Länge von der Nasenspitze bis zu dem
    oberen Ohrwinkel . . . 1″ 8‴.

Höhe des äußeren Ohres . . . 9½‴.

Dieser kleine Sahuï lebt an der Mündung des Flusses *Belmonte* in Gesellschaften von 8 bis 10 Stück in den die Flüsse einfassenden *Mangue*-Gebüschen, findet sich aber ebenfalls in den großen inneren Urwaldungen am *Belmonte, Rio Pardo, Ilhéos*, bis in die Gegend der *Serra do Mundo Novo* hin, wo wir ihn an der verwilderten Waldstraße des *Tenente-Coronel Filisberto* erlegten. — Da er an der Ostküste südlich bis an den Sahuï mit weißem Kopfe gränzt, so kann ich seinen Wohnort für diese Gegend etwa zwischen den 14ten und 17ten Grad südlicher Breite setzen, ob ich ihn gleich südlich nur am *Belmonte*, und nördlich bis in den *Sertam* von *Ilhéos* oder des *Rio da Cachoeira* gefunden habe, er lebt aber, nach *Spix*, auch in der Provinz *Minas Geraës*, und soll von da bis *Rio de Janeiro* hinabgehen.

Diese Thierchen springen geschickt und geben einen kurzen zischenden Pfiff von sich, doch ist ihre Stimme schwächer als die der vorhergehenden Art, sie haben auch völlig die Lebens-

art der früher erwähnten Specien. Ich muſs
hier noch anmerken, daſs die Sahuïs der hier
beschriebenen Art, welche ich in den inneren
Waldungen von *Ilhéos* fand, zwar mit denen
vom Flusse *Belmonte* ganz identisch scheinen,
dennoch aber kleine Verschiedenheiten zeigen. —

Der Sahuï mit schwarzem Ohrpinsel aus den
Waldungen *am Flusse Ilhéos* hat die Backen und
Seiten des Gesichts nicht weiſslich, sondern gelb-
lich-blaſs, auch fällt das weiſse Stirnfleckchen
in's Gelbe, und von ihm läuft über den Rücken
der Nase herab ein Strich von kleinen weiſslichen Haaren; der schwarze Haarbusch vor dem
Ohre reicht kaum über dasselbe hinaus. — Die
Iris des Auges fällt mehr in's Citronengelbe als
bei allen andern von mir beobachteten Affen. —
Das Haar oben auf dem Scheitel ist weich, zart,
beinahe vier Linien lang, aber platt aufliegend;
von der weiſslichen Blässe oder dem Stirnfleck
aus läuft über die Mitte des Kopfes hinauf in einer Längsgrube eine undeutliche weiſsliche Linie. Das Gesichtchen ist rundum mit dichten,
weichen, kurzen Haaren eingefaſst, nur vor dem
Ohre in dem schwarzen Büschel sind sie ein wenig länger. — Ein älteres Individuum als das

vorhin gemessene Exemplar gab folgende Ausmessung:

Ganze Länge . . . . 21" 11'".
Länge des Körpers . . . . 8" 2'".
Länge des Schwanzes . . . 13" 9'".

Der Hauptunterschied, welcher diese zuletzt angegebene Varietät aus dem *Sertam* von
Ilhéos von der des *Rio Grande de Belmonte*
unterscheidet, ist der mehr kurz behaarte Kopf,
welcher oft sehr glatt ist, und der scheinbar
mehr fleischige Obertheil desselben, indem man
an jeder Seite des Scheitels eine durch den
Schläfenmuskel verursachte Erhöhung, und auf
der Mitte des Kopfs eine Längsfurche wahrnimmt. Diese kleinen Abweichungen sind jedoch nicht hinreichend, um beide, übrigens
vollkommen übereinstimmende Thierchen zu
trennen, besonders da die Kürze der Kopfhaare
den fleischigen Theil des Scheitels mehr in die
Augen fallen läfst, und man sich defshalb in dieser Hinsicht leicht irren kann. —

b. Sahuïs mit langen mahnenartig das Gesichtchen
umgebenden Haaren, welche gleich einem Kra-
gen aufgerichtet werden. — Löwen-Sahuïs.

Herr Professor *Geoffroy* hat einige Arten
dieser Abtheilung in sein Geschlecht *Midas* ge-

bracht, da ihr Gebifs durch mehr gleichgebil-
dete, einander mehr genäherte Vorderzähne eine kleine Verschiedenheit zeigt. — Dieser Unterschied hat mir oft sehr unbedeutend geschienen, und ich bin defshalb hier der *Illiger*schen
Eintheilung gefolgt. —

Die Thierchen dieser Abtheilung zeichnen
sich durch ihr Aufrichten der langen Haare des
Gesichtskreises aus, welches ihnen das zierliche
Ansehen eines kleinen Löwen giebt. — Ihr
Schwanz ist gewöhnlich etwas dünner als der
der *Jacchus* - Arten.

4. *H. Rosalia*, Illig.

Der rothe Sahuï.

Simia Rosalia Linn.
Midas rosalia, Geoffr. Ann. d. Mus. T. XIX. p. 121.
— — *Humb. zool. Abhandl.* T. I. p. 361.
— — *Kuhl* Beitrage u. s. w. p. 51.
Abbildungen zur Naturgeschichte Brasilien's.
Sahuim vermelho der Brasilianer.

Der rothe Sahuï oder *Marikina* des *Buffon* *) ist bekannt und vielfältig von den Naturforschern erwähnt worden, auch hat man mehrere Abbildungen von ihm, welche indessen

---

*) Die Benennung *Marikina* hat *Buffon* dieser Art beigelegt,
sie soll vom *Maranhão* stammen, scheint aber dort einer
ganz anderen Thierart beigelegt zu werden.

sämmtlich nicht völlig naturgetreu sind. — Die beste bisjetzt bekannte Beschreibung ist die, welche die Herren *Geoffroy* und *Fr. Cuvier* in ihrem schönen Säugthierwerke von einem noch nicht völlig ausgewachsenen Thierchen dieser Art gegeben haben. Da man aufser der genannten, wenig genaue Beschreibungen von ihm hat, so werde ich einen kleinen Beitrag zu der Ausfüllung dieser Lücke, nach den von uns in den Wäldern der Gegend von *Cabo Frio* erlegten Exemplaren geben.

Beschreibung, als Zusatz zu der der Herren Geoffroy und Fr. Cuvier:

Dieser Sahuï hat ein nacktes graubraunes Gesicht, und eine gelbröthlich-braune Iris im Auge; die Ohren sind grofs, auf ihrem Rande mit schwarzbraunen Haaren besetzt, wodurch ein schwarzbrauner Haarzopf in den gelbrothen Haaren des Kopfes entsteht. Der Stirnwinkel ist sehr vortretend und der Kopf darüber abgeplattet; Stirn und Seiten der Backen sind mit feinen, kurzen gelbbräunlichen Haaren besetzt; diese kurz und fein behaarte Stirn tritt mit einem spitzigen Winkel gegen das Kopfhaar hinauf; Haar auf dem Scheitel ziemlich lang, in zwei Toupets getheilt, welche die Farbe des Körpers haben; zwischen diesen beiden Haar-

büscheln befindet sich eine Scheidung oder ein
Längsstreif von kürzeren schwarzbraunen Haaren; die langen das Gesicht an den Seiten ein-
schließenden Haare sind dunkelbraun; übriger
Kopf, Kehle, Brust und Arme sind dunkel gold-
farben - orangenbraun, das übrige Thier röthlich gelb, mit vortrefflichem Goldglanze; die
vier Hände, besonders die vorderen sind außen
und innen schwärzlich-braun, die hinteren aber
sehr stark gelb gemischt; Schwanz an der Wurzel zuweilen gelbrothlich wie der Leib, dann
schwarz gefleckt und endlich ganz schwärzlich
mit einzelnen Goldhaaren, die Spitze aber ist
wieder gelb, bei andern Individuen ist er gänzlich ungefleckt. —

Das Weibchen soll sich vom Männchen
nicht unterscheiden; die Exemplare, welche
meine Jäger erlegten, waren zufällig sämmtlich
männlichen Geschlechts. —

Ausmessung:

Ganze Länge	23″ 4‴.
Länge des Körpers	9″ 4‴.
Länge des Schwanzes . . .	14″ —

Es giebt aber noch größere Individuen. —
Dieses niedliche Thier findet sich in den
großen Wäldern der Gegend von *Rio de Janeiro, Cabo Frio, S. João* u. s. w., geht aber

nicht weit nördlich, da ich es am *Parahyba*
schon nicht mehr beobachtet habe. — Dem
Gesagten zufolge kann ich seinen Aufenthalt in
den Waldungen der Ostküste nur zwischen den
22sten und 23sten Grad südlicher Breite setzen;
sollte es wirklich in. *Guiana* vorkommen, wie
man sagt, so mag es seinen Zusammenhang mit
dem Süden durch die inneren Provinzen von
Brasilien haben, welches ich indessen sehr bezweifle, da ich diese Thierart dem südlichen
Brasilien allein eigen glaube. — Herr *v. Sack*
sagt in seiner Reise nach Surinam (1ste Abth.
pag. 208), dafs sie daselbst nicht vorkomme.
Ob sie von *Rio de Janeiro* noch weiter südlich
nach *S Paulo* hinabgeht, werden die daselbst
gewesenen Naturforscher bestimmen können. —
Der rothe Sahuí ist nirgends zahlreich, wir
haben ihn nur einzeln oder familienweise angetroffen, besonders in der *Serra de Inuá*, im
Walde von *S. João* und in den gebirgigen Waldungen, welche die Gegend von *Ponta Negra*
und *Gurapina* umgeben. Er scheint eben.so-
wohl die Gebüsche der sandigen Ebenen als die
hohen gebirgigen Wälder zu bewohnen und
vorzüglich gern in belaubten Baumkronen sich
zu verbergen, sobald er einen fremdartigen Gegenstand bemerkt. Seine Nahrung besteht in

Früchten und Insecten. Er wirft wahrscheinlich ein oder ein Paar Junge, welche das Weibchen auf dem Rücken und an der Brust umherträgt, bis sie stark genug sind ihr zu folgen. —
Im gezähmten Zustande sollen diese Thierchen
nicht so zärtlich für den Transport auf dem
Meere seyn, als die vorhergehenden. — Man
liebt sie sehr wegen ihrer Schönheit, indem sie
einem kleinen Löwen gleichen. Bei einem jeden Affecte richten sie den das Gesichtchen umgebenden Haarkreis auf und nehmen sich alsdann höchst niedlich aus. — Die Lebensart
dieser Thiere kommt übrigens vollkommen mit
der der übrigen Sahuıs überein. —

In den von mir besuchten Gegenden kennt
man dieses Thier allgemein unter dem Namen
des rothen Sahuï's (*Sahuim vermelho*), auch findet man, wie gesagt, daselbst die beiden Varietäten mit geflecktem und mit ungeflecktem
Schwanze, wovon man die erstere für die guia-
nische, die letztere aber für die brasilianische
hielt, welches also nun als ungegründet zu ver-
werfen ist. —

Man hat in den naturhistorischen Werken
mehrere Abbildungen dieses Thiers. *Audebert's*
Tafel hat wenig Werth; diese Figur ist zu
plump, das Gesicht in seinen Zügen verfehlt,

so wie die herrliche Goldfarbe nur sehr matt ausgedrückt ist. — Die Abbildung der Herren *Geoffroy* und *Fr. Cuvier* stellt ein noch junges Thier vor; sie ist, obgleich nicht ganz ähnlich, dennoch immer die beste bisjetzt bekannte, allein sie hat einen zu kleinen Maaſsstab und zeigt den Schwanz scheinbar zweizeilig, wie bei den Eichhörnchen, welches in der Natur nicht der Fall ist. —

5. *H. chrysomelas.*

Schwarz und rostfarbener Lowen - Sahuï.

L. Körper schwarz; Gesichtskreis und Vorderarme rostroth; Stirn hellgelb, ein ähnlicher Streif auf der Oberseite des Schwanzes von der Wurzel bis zu der Mitte desselben. —

> Meine Reise nach Brasilien, B. II. p. 137.
> *Kuhl*, Beitrage u. s. w. pag 51.
> *Schinz* Thierreich, B. I. p. 140.
> Abbildungen zur Naturgeschichte Brasilien's.
> *Sahuim preto* oder *do Sertam* im *Sertam* von *Ilhéos* und des *Rio Pardo.*
> *Pakakang* bei den Botocuden.

Gestalt im Allgemeinen die des rothen Sahuï oder Marikina, mit einem hohen aufgerichteten Haarkragen, welcher das Gesichtchen umgiebt, und einem schlaffen Schwanze, welcher länger ist als der Körper.

Beschreibung eines recht vollkommenen männlichen Thierchens:

Gesichtchen klein, wenig vortretend, mit lebhaften runden Augen; Nasenlöcher nach den Seiten geöffnet, mit breiter Scheidung; Ohr glatt, feinhäutig, glänzend, menschenähnlich und wenig behaart, mit glattem nicht umgerolltem Rande, in den langen Haaren des Kopfes verborgen; Gesicht von langen Haaren umgeben, welche im Affecte zu einem strahlenartig ausgebreiteten Kragen aufgerichtet werden; von der Seite gesehen, bemerkt man in dieser Stellung des Kragens das Gesichtchen kaum, da diese Haare oft weit vor die perpendiculäre Fläche des Gesichts vortreten. Die Stirn ist bis zwischen die Augen herab behaart, bildet also nicht das nackte aufwärts zugespitzte Dreieck der Stirn des *Rosalia*. — Bildung des Gesichts völlig wie an der eben erwähnten Art, auch ist das Gebifs dasselbe. —

Gebifs: Schn. $\frac{4}{4}$; Eckz. $\frac{1 \cdot 1}{1 \cdot 1}$; Backenz. $\frac{5 \cdot 5}{5 \cdot 5}$. Die vier oberen Schneidezähne stehen nahe aneinander, die beiden mittleren sind breiter als die äufseren; von den vier unteren sind die beiden mittleren etwas schmäler, gerade wie am *Rosalia*, ihre Kronen sind ziemlich gleich abgeschnitten; obere Eckzähne kegelförmig, stark,

ein wenig auswärts gerichtet, durch einen Raum
von den Schneidezähnen getrennt und an ihrer
Vorderseite mit einer Längsfurche bezeichnet;
untere Eckzähne an die Schneidezähne ansto-
fsend, kleiner als die oberen, und ebenfalls ein
wenig mit der Spitze auswärts gerichtet; Bakkenzähne oben und unten 10 in jedem Kiefer,
die drei vorderen an jeder Seite oben haben an
der äufseren Seite eine kleine Kegelspitze, die
beiden hinteren jeder zwei Spitzen, allein an ihrer inneren Seite sind sie abgeflächt und ein wenig höckerig; im Unterkiefer hat nur der erste
Backenzahn eine äufsere Kegelspitze, die übrigen sind abgeflächt und mit mehreren Höckern
versehen. —

Vorderhände schmal, mit fünf gleicharti-
gen, zusammengedrückten Krallennägeln; der
kurze Daumen ist den Fingern nicht entgegen
gestellt und hat einen ähnlichen Krallennagel;
Finger dünn und schlank, auf ihrer Oberfläche
behaart, der Zeigefinger etwa dreimal so lang
als der Daumen, der Mittelfinger ist vier Linien
länger als der Zeigefinger, der vierte Finger ist
um einige Linien kürzer als der Mittelfinger,
und der kleine ist etwas über vier Linien kürzer als der vorhergehende. Die Hinterhand ist
vollkommen, lang und schmal, sie ist breiter

und länger als die Vorderhand; ihr Daumen ist kurz, aber mit einem platten menschlichen Kuppennagel versehen; — Zeigefinger $3\frac{1}{2}$ Linien kürzer als der Mittelfinger, dieser um $\frac{1}{2}$ Linie kürzer als der vierte Finger, welcher wieder um $3\frac{1}{2}$ Linien länger ist als der kleine. Alle diese vier Finger der Hinterhände haben zusammen gedrückte Krallennägel wie die Vorderfinger. — Schwanz länger als der Körper, glatt, rund, mäfsig lang behaart, unter der Wurzel ein wenig nackt, an der Spitze mit einem dünnen verlängerten Haarpinsel.

Geschlechtstheile etwa wie am Eichhörnchen gebildet; die Eichel ist wie an diesen, und nicht breit und champignonförmig wie am Geschlechte *Cebus;* sie stehen weit nach hinten und sind nackt.

Die Nase, die Ober- und Unterlippe sind mit feinen gelblichen Härchen besetzt; Haar des ganzen Körpers sanft, zart, dicht, zwei Zoll lang, am Leibe etwas vorwärts gekrümmt, an den Schenkeln und dem Schwanze kürzer und glatt; rund um das Gesicht fangen sogleich lange, hoch goldrothbraune oder glänzend orangenfarbene Haare an, welche $2\frac{1}{2}$ Zoll lang sind, sie bilden im Affecte den originellen, das Thierchen ausnehmend zierenden Kragen. Ueber der Stirn,

welche mit einem starken Winkel vortritt, fällt
der Scheitel plötzlich flach zurück, die Stirn ist
der blasseste, mehr röthlich-gelbe Theil der Ge-
sichtseinfassung, deren übrige Theile glänzend
feurig rothbraun mit einem Goldglanze erscheinen; am dunkelsten sind diese schönen Haare
an Backen und Kinn. — Dieselbe goldrothbraune Farbe haben die ganzen Vorderarme vom
Ellenbogen abwärts mit den Händen. — Der
ganze übrige Körper, selbst die Haare vor und
um das Ohr von der Mitte des Scheitels an, sind
alle glänzend dunkel bräunlich-schwarz, am Hintertheil des Leibes etwas mehr in's Bräunliche
ziehend, so wie sie überhaupt im Lichte einen
etwas röthlichen Schimmer zeigen; — Bauch
lang aber ein wenig dünner behaart als der
übrige Körper, eben so die innere Seite der
Schenkel in der oberen Gegend; innere Seite
der Arme oder Vorderbeine grofsentheils
schwarzbraun behaart; Hinterhände schwarzbraun, aber mit einzelnen rothbraunen Haaren
gemischt. — Ein angenehm hell röthlich-gelber, beinahe goldfarbener Streif, etwa von der
Farbe der Stirn, entspringt auf der Schwanzwurzel und läuft auf der Oberseite desselben bis zu
dessen Mitte fort, wo er sich in eine Spitze en-
digt. — Der Glanz aller der gelben und oran-

genfarbenen Theile dieses schönen Thierchens läfst sich am besten mit dem der sogenannten Flockseide vergleichen. — Fufssohlen und innere Seite der Hände sind nackt, feucht, kalt und röthlich - schwarzbraun gefärbt. — Die nackten Theile des Gesichts sind dunkelgrau, mit einer schwachen Mischung von röthlichbraun. Die Iris des Auges ist dunkel graubraun; Geschlechtstheile weifsröthlich. —

Weibliches Thier: Die Brüste sind etwas nackt und die linke Brustwarze ist verlängert, welches vermuthen läfst, dafs diese Thiere gewöhnlich nur ein Junges aufbringen. —

Die Jungen sind weder in Gestalt noch Färbung von den Alten verschieden, nur fand ich auf dem Schwanze nicht einen langen gelben Streif, sondern einen kürzeren, fahlgelben und rothbraun gemischten Fleck, der an seinem Ende rund um den Schwanz herumläuft; die Hinterhände waren an diesen jungen, überaus niedlichen Thierchen ebenfalls rothbraun; das Gesichtchen war dunkel grauröthlich, aber blässer gefärbt als an den Alten.

Ausmessung des beschriebenen männlichen Thierchens.

Ganze Länge . . . . 20″ 7‴.
Länge des Körpers . . . . 8″ 8‴.

Länge des Schwanzes . . . 11″ 11‴.

Länge des dünnen Haarbüschels am
 Ende desselben . . . . 1″ 4‴.

Höhe des äußeren Ohres . . 11‴.

Länge von der Nasenspitze bis zu dem
 oberen vorderen Ohrrande . 1″ 7½‴.

Länge vom Oberlippenrande bis zu
 dem Stirnwinkel . . . . 1″ —

Länge des Arms vom Schultergelenke
 gemessen . . . . . . 6″ 6‴.

Länge des Beins von der Hüfte . 8″ —

Länge der Vorderhand . . 2″ —

Länge eines Vordernagels beinahe . 3⅔‴.

Länge eines Hinternagels . . . 3¾‴.

Lange des oberen Eckzahnes über . 3‴.

Länge des unteren Eckzahnes . . 3‴.

Der Schädel hat im Allgemeinen die größte Aehnlichkeit mit dem der *Jacchus*-Arten, von dem des *penicillatus* unterscheidet er sich durch geringeren Eindruck der Stirnknochen, so wie durch etwas stärkere Concavität der Nasenknochen. —

Dieser niedliche Sahuï lebt bloß in den inneren großen Waldungen des *Sertam* von *Ilhéos*, vier bis fünf Tagereisen von der Seeküste entfernt, und nach der Versicherung der Botocuden ebenfalls in den großen inneren Waldern am *Rio Pardo,* bis wohin diese ihre Streifzüge ausdehnen. Der Raum, in welchem ich diese Thierart, meinen Erfahrungen zufolge, sehen muſs, ist also zwischen 14 und 15½ Grade südlicher Breite eingeschlossen. — Ich habe diesen Sahuï am *Belmonte* zwar nicht beobachtet, man kann sich jedoch auf die Aussage der Wilden in Hinsicht der Jagd vollkommen verlassen, und sie versicherten, daſs dieses von ihnen *Pakakang* genannte Thierchen in den inneren Waldungen nordlich vom Flusse *Belmonte* vorkomme, auch habe ich im 2ten Theile der Beschreibung meiner Reise gesagt, daſs diese Wilden den *Rio Pardo* nicht überschreiten, da dort ihre Feinde, die *Camacan* *) wohnen. — In den der Seeküste nahe gelegenen Gegenden würde es diesen kleinen Thieren unmöglich gewesen seyn, ein starkes schnell flieſsendes Wasser zu überschreiten, daher findet man sie mehr

---

*) Die Herren *von Spix* und *Martius* schreiben diesen Namen etwas verschieden von mir, ich schreibe ihn nach der Aussprache der Leute selbst, ubrigens ist dieses willkührlich, auch nennt die *Corografia brasilica* diesen Namen gar nicht, sondern belegt dieses Volk immer mit der Benennung *Mongoyós.* Herr Dr. *v. Spix* hat in seinem interessanten Werke uber die von ihm in Brasilien beobachteten Quadrumanen und Chiropteren den Schadel eines solchen Brasilianers abbilden lassen. —

um die Quellen des *Rio da Cachoeira,* wo die kleinen, den Flufs bildenden Bäche ihren Streifzügen weniger Hindernisse in den Weg legen. — Meine Jäger erlegten die ersten dieser Sahuis etwa vier Tagereisen am *Ilhéos* aufwärts in den grofsen Waldungen, und von hier an trafen wir sie ziemlich häufig in Gesellschaften von vier bis zwölf Stück, oft auch nur einzeln oder gepaart. —. Sie klettern, wie alle diese Thiere, sehr schnell, springen geschickt, sind neugierig und nicht besonders scheu. — Bemerken sie einen fremdartigen Gegenstand, so verbergen sie sich hinter den dicken Aesten oder dem Stamme des Baumes, auf welchem sie sich befinden, und blicken blofs mit dem kleinen Gesichtchen hervor, auch ist, wenn sie sitzen, ihr Köpfchen beständig in Bewegung. — Ihre Nahrung besteht in Früchten und Insecten, wovon man die zerbissenen Ueberreste in ihren Mägen findet. — Sie werfen ein oder ein Paar Junge, welche die Mütter auf dem Rücken und an der Brust mit umherträgt. Oft will man auf dem Rücken der Mutter ein älteres, und an ihrer Brust gleichzeitig ein kleineres Junges gefunden haben; ob aber, wie man diefs bei den in Europa geworfenen jungen Uistiti's beobachtete, der Vater der Mutter zuweilen diese Last ab-

nimmt, davon habe ich kein Beispiel beobachtet. — Oft ziehen diese Thierchen in Gesellschaft des weifsstirnigen Sahui mit dem Ohrpinsel (*Hapale penicillatus*) umher. Sie sind al-
lerliebste kleine Thiere, deren merkwürdig auf-
gerichteter, das Gesicht umgebender Kragen ihnen ein originelles Ansehen giebt. Dieser Haarkragen scheint noch mehr vorwärts zu streben,
als an dem rothen Sahuï, und giebt ihnen das
Ansehen eines kleinen Löwen. Besonders interessant ist es anzusehen, wenn diese Thierchen
zu entfliehen suchen, und eins hinter dem anderen dahin springend von Baum zu Baum ei-
len. — Hat man einmal eine Bande von ihnen
erreicht, so ist es nicht schwer, mehrere herab-
zuschiefsen, auch fallen sie leicht und wenn sie
nicht sogleich todt sind, so findet man, dafs sie
alsdann ihren Gesichtkragen beständig aufgerichtet tragen. In den inneren Waldungen am *Rio*
dos Ilhéos, oder *da Cachoeira* waren wir aus
Mangel an Nahrungsmitteln genöthiget, einige
Tage von diesen Thierchen zu leben, obgleich
ihr Körper höchst klein und etwa von dem Umfange eines Eichhörnchens ist. —

Das schöne schwarze Fellchen hat man zuweilen zu Mützen verarbeitet. — In der Gegend des Flusses *Ilhéos* und zu *Barra da Va-*

reda nennt man sie *Sahuim preto* (schwarzer Sahuï) oder *Sahuim do Sertam*, es darf aber dieser Name nicht mit dem *Sahuim preto* von *Minas Geraës* verwechselt werden. Gezähmt soll die hier beschriebene Art eine wahre Zierde der menschlichen Wohnungen seyn. —

Herr Dr. *Kuhl*, dem ich diese neue, von mir in Brasilien entdeckte Affenart, mittheilte, hat sich sehr deutlich über diesen Gegenstand ausgedrückt (Beiträge zur Zool. und vergl. Anat. pag 151) und dennoch scheint ihn *Desmarest* gänzlich mißverstanden zu haben, denn er setzt das Vaterland des Thiers nach *Pará*, da es doch blofs im Sertong des *Rio Pardo*, *Belmonte* und *Ilhéos* vorkommt. — *Kuhl* stellte übrigens diese Species in das Geschlecht *Midas*, welches er beibehielt, und das man, meiner Ansicht zufolge, kaum von den *Jacchus*-Arten trennen kann, auch habe ich defshalb die Geschlechter *Jacchus* und *Midas* nur als Unterabtheilungen für *Illiger's* grofses *Genus Hapale* angenommen.

ORD. II. *Carnivora.*

Fleischfresser.

———

Wenn ich das Wort Fleischfresser in seinem ausgedehntesten Sinne nehme, also alle diejenigen Thiere dahin rechne, welche die drei verschiedenen Arten der Zähne besitzen und sich vorzüglich von lebenden Thieren ernähren, so ist diese Ordnung unstreitig in den meisten Welttheilen eine der zahlreichsten an Arten und Individuen. Ein Blick auf die Vertheilung dieser mannichfaltigen Wesen wird auch hier interessant seyn.

Illiger hat in seinen hinterlassenen Schriften (herausgegeben von Herrn Hofrath *Hellwig*) die Aufzählung der Säugthierarten für die verschiedenen Welttheile unternommen, und wenn auch zu seinem jetzt schon mangelhaften Verzeichnisse noch manche Arten hinzugefügt und andere darin ausgestrichen werden müssen, so zeigen diese Tabellen dennoch das Verhältniſs der verschiedenen Thierarten in den Welttheilen unserer Erde, und geben Stoff zu interessanten Untersuchungen. Bei einer solchen Vergleichung würde es indessen nöthig seyn, die Fledermäuse, auszuschliefsen; denn für sie kann noch kein richtiges Verhältnifs festgesetzt werden, bevor nicht die entfernteren Welttheile in dieser Hinsicht besser untersucht sind. —

' Australien oder der fünfte Welttheil ist so arm an Säugthieren, dafs für die Ordnung der Raubthiere nur eine ganz unbedeutende Anzahl übrig bleibt, und selbst diese, *Canis-Dingo* ausgenommen, sind Beutelthiere. — Weit reicher ist schon Africa, obgleich wir in diesem Welttheile noch nicht so viele Raubthiere kennen, als in unserem vollkommen durchsuchten Europa, dessen geringe Ausdehnung im Verhältnisse zu dem ungeheueren Räume von Africa, noch auf interressante Entdeckungen in dem letzteren schliefsen läfst. Wirklich haben auch die neueren Reisenden, *Burchell*, *Lalandes* u. a , so viele neue Entdeckungen für dieses Feld in Africa gemacht, dafs wir ihre Bekanntmachungen erwarten müssen, um richtig urtheilen zu können. — Weit mehrere Raubthierärten als in Africa, kennen wir in Asien; die neueren Reisenden, *Raffles*, *Horsfield*, *Diard*, *Duvaucel*, *Reinwardt*, *Kuhl* u. a., bringen ihre Zahl wenigstens eben so hoch als für America, für welches die *Illiger*'schen Tabellen die gröfste Anzahl ange-

ben. — .Diese großse Menge von Raubthieren
in America läfst sich leicht aus dem weit gröfseren, für diese Thiere Nahrung gewährenden
Raume in diesem Welttheile, und durch unsere
noch sehr mangelhafte Kenntnifs des inneren
Africa erklären; denn in der neuen Welt fallen
die von lebenden, und besonders auf animalische Nahrung angewiesenen Thieren entblöfsten
Steppen gänzlich weg, indem die *Llanos* und
Pampas von mancherlei Raubthieren bewohnt
werden.

America ernährt Raubthiere in allen seinen
Zonen und Regionen. Der Polarbär [*Nenok*
der Eskimaux *)] bewohnt die beeis'te Zone des
Nordens. — Die grofsen Nadelwälder von *Labrador* ernähren den schwarzen Bären (*Akelak*),
den schwarzen Bären mit weifsem Halsring
(*Akelak - Kagodalik*) und den grauen Bären, so
wie die Wolverene (*Kapwik*); aufser dem Wolf
(*Amerok*) fünf Arten von Füchsen (deren allgemeiner Name *Terigeniak* ist), den gemeinen
rothen Fuchs (*Kaiok*), den Isatis (*Kagotásuk*),

---

*) Ich habe hier zu den in *Labrador* einheimischen Thierarten die Benennungen gesetzt, welche sie bei den Eskimaux tragen, da diese Namen den Zoologen wohl nicht
allgemein bekannt sind. —

den schwarzen Fuchs (*Kernertak*), den blauen Fuchs (*Kernertásuk*) und den Kreuzfuchs (*Sunatuiñak*), ferner den Marder (*Kapwiaitsiak*), das Wiesel (*Teriak*) und die Fischotter (*Pamioktok*). — Jene Füchse sind noch 'nicht hinlänglich bestimmt, sollen aber wirklich verschiedene Arten bilden. — 'Weiter nach Süden hinab nimmt die Zahl der Raubthiere zu. In Canada·und der Gegend der grofsen Seen treten der Luchs, der Kuguar, der Raton, die Stinkthiere u. a. hinzu. — Noch weiter hinab in den wärmeren Regionen, bewohnen Bären die höheren, gemäfsigten Gegenden, indem sie nicht blofs im Norden, sondern selbst in·den Ketten der Anden gefunden werden. Katzenarten beherrschen in gröfserer Menge die mehr warmen Länder unter dem Aequator, wo sie zu einer gefährlichen Gröfse heranwachsen, und ein prächtig geflecktes Fell zeigen. Sie sind auch auf die gemäfsigten Länder ausgedehnt, in der Kälte aber haben sie nur einen Repräsentanten mit abgekürztem Schweife. — Hunde-arten sind über alle Zonen dieses Continents ausgedehnt, sie haben in den kalten Ländern den kostbarsten Pelz; in den heifsen Regionen hingegen nur ein schlichtes gröberes Haar. — Kleine Raubthiere, *Mustela*, *Mephitis*, *Gulo*,

Meles, giebt es überall, doch vorzüglich in den kalten und gemäfsigten Ländern. —

America hat mehrere, ihm ganz eigenthümliche Thierformen dieser Ordnung, hierhin gehören die Geschlechter *Procyon, Mephitis, Nasua, Cercoleptes,* wovon die ersteren über beide Theile dieses Welttheils, die letzteren nur über Süd-America verbreitet sind. — Wir finden in America, besonders in der nördlichen Hälfte, eine Menge von Plantigraden. Das Geschlecht der Bären ist daselbst besonders zahlreich, auch ersetzt die Raubgier der grofsen Bären in den Grasfluren des Missuri für Nord-America, was die grofsen Katzen für die südliche Hälfte dieses Continents sind. — Manche andere kleinere Sohlengänger leben in Nord America, als *Procyon, Meles, Gulo, Mephitis,* während die warmen Gegenden von Süd-America die Geschlechter *Procyon, Gulo, Mephitis, Nasua, Cercoleptes* besitzen, auch leben dort, wie schon gesagt, einige Bären in den höheren, kühleren Gebirgsketten und den gemäfsigten Provinzen. In dieser südlichen Hälfte des americanischen Continents sind die Katzen und Beutelthiere an Arten und Individuen am zahlreichsten, auch einige wenige Hundearten leben hier. — Die Cuatis (*Nasua*) und der Kinkaju

(*Cercoleptes*) sind die Süd-America eigenthümlichen Raubthierformen. —

Die von mir im östlichen Brasilien beobachteten Raubthierarten sollen in den nachfolgenden Blättern genannt werden. —

Fam. 1. Chiroptera.

Handflügler. — Flederthiere.

Die Thiere dieser Ordnung sind von der Natur durch sehr characteristische Kennzeichen von allen übrigen Säugthieren geschieden, indem ihr Körper an seinem äußeren Umfange von einer Menge von Hautfortsätzen umgeben ist, welche die Glieder, besonders die sehr verlängerten Arme und Finger vereinigen und zu Organen des Fluges umschaffen. —

Ihr Gebiß ist das der Raubthiere, und ihre Backenzähne sind mit vielen Spitzen versehen, womit sie die härteren Theile der, vorzüglich ihre Nahrung ausmachenden Insecten zerbrechen. Diese Thiere sind über den größten Theil der Erde verbreitet, und ihre Arten jetzt schon höchst zahlreich, obgleich wir gewiß erst nur einen kleinen Theil von ihnen kennen.

Im Norden finden wir, den Nachrichten der Reisenden zufolge, in America Fledermäuse bis nach Canada und der Hudsonsbai hinauf *); im Süden scheinen sie ebenfalls weit hinab zu gehen, da *Molina* für Chili zwei Arten derselben angiebt. *Azara* beschrieb eine ziemliche Anzahl von Flederthieren für Paraguay, sehr viele andere kennt man nun in den heifsen Ländern, es geht daher aus dieser Betrachtung hervor, dafs diese Thiere für die gemäfsigten und warmen Länder bestimmt sind und den langen Winter der kalten Zonen scheuen. —

Die heifsen Climate unserer Erde sind die günstigsten für die Vermehrung der Flederthiere, daher finden wir hier eine grofse Menge von Geschlechtern, Arten und Individuen, von oft höchst merkwürdiger, abweichender Bildung, welche bestimmt scheinen, die zahllose Vermehrung der Insecten jener Länder im Zaume zu halten. Zwar haben auch die gemäfsigten Erdstriche viele Fledermäuse, und erst in neueren Zeiten haben aufmerksame Beobachter, von dem rastlos thätigen Forschungsblicke der neueren

---

*) Den von den Brüdermissionarien zu *Labrador* erhaltenen Nachrichten zufolge, soll man dort keine Fledermäuse bemerkt haben.

Periode geleitet, diese Anzahl um vieles vermehrt — Gerade diese Entdeckungen, welche man in dem genannten Felde in unserem
überall durchsuchten Europa machte, lassen
noch unendlich mehr für die heißen Länder
unserer Erde erwarten, wenn man dereinst mit
derselben Aufmerksamkeit dort nachsuchen wird.

Wie in allen warmen Ländern leben in Brasilien Fledermäuse überall, und sind daselbst
eben so zahlreich an Arten als an Individuen.
Sie bevölkern die Dämmerung der Urwälder,
der Gebüsche, sie leben in hohlen Bäumen, in
Felsen, und richten unter den zahllosen Insecten Verheerungen an. Mehrere von ihnen kommen mit denen unserer gemäßigten Climate
überein, allein weit mehrere sind durch ganz
eigene Charactere ausgezeichnet.

So wie den heißen Ländern der alten Welt
die Geschlechter *Pteropus, Cephalotes, Nycti-*
nomus, Megaderma, Nycteris u. a. eigen sind,
so den heißen Ländern der neuen Welt die Geschlechter *Phyllostoma, Glossophaga, Dicli-*
durus *) u. s. w. Unter ihnen ist wohl eins der

---

*) Hierzu müssen jetzt noch die neuen von Herrn Dr. *v*
Spix entdeckten Thiere dieser Ordnung gerechnet werden,
deren Bekanntmachung kurz vor dem Abdrucke dieser Zeilen erfolgte.

ausgezeichnetsten das der Blattnasen (*Phyllosto-ma*), welchem die Natur zu dem seltsamen äu-ſseren Kennzeichen des Nasenblattes die eigene Weisung gegeben hat, sich von dem Blute der Thiere zu nähren. —

Auf die groſse Anzahl der Flederthiere in Süd-America kann man schon schlieſsen, wenn man bedenkt, daſs *Azara* zwölf beinahe sämmtlich neue Arten beschrieb, welche aber von den von mir beobachteten beinahe ohne Ausnahme verschieden sind; wie viel mehrere werden die jetzt noch in Brasilien reisenden Naturforscher kennen gelernt haben!

Reisende, welche nur schnell die Länder durchstreifen, können gerade in dieser Familie der Säugethiere am wenigsten thun, da die Auffindung der Fledermäuse schwierig ist. — Viele Arten fliegen so hoch, daſs man sie mit der Flinte kaum erreichen kann, andere streichen schnell an der Oberfläche der Flüsse dahin, manche sind erst spät in der Dämmerung sichtbar, und alle sind oft schwer zu erlegen, daher gehört ein langer Aufenthalt in jenen Wäldern dazu, um in diesem Felde zu einiger Vollständigkeit zu gelangen; dabei ist Niemand, der diese an sich wenig beliebten und beachteten

Thiere kennt; denn die Brasilianer verabscheuen sie unter der allgemeinen Benennung *Morçego*. —

Um die Aufklärung, welche heut zu Tage über die Familie dieser lichtscheuen Wesen verbreitet worden ist, haben einige ausgezeichnete Zoologen der neuern Zeit das gröfste Verdienst. Herr Professor *Geoffroy S. Hilaire* beschrieb und bildete diese so verschiedenartigen, und dennoch einander sehr ähnlichen Thiere genau ab; theilte sie nach ihrer Bildung in Geschlechter, indem er sowohl auf seinen Reisen als in den reichen zoologischen Schätzen des Pariser Museums unendlich viel Neues fand. Seine Abbildungen dieser Thiere, womit die *Annales* und *Mémoires du Muséum d'hist. naturelle de Paris* geziert sind, und von welchen er uns hoffentlich noch mehrere mittheilen wird, verdienen das gröfste Lob; schade nur, dafs sie nicht auch die Ansicht der Färbung geben. — Seit dem haben wir wieder eine Anzahl von neuen Arten durch den englischen Zoologen *Leach* kennen gelernt, die er in den *Transactions* der *Linné*'schen Gesellschaft mittheilte. Die grofse Aehnlichkeit der Flederthiere in der Hauptbildung ihres Körpers macht es nöthig, um die Uebersicht des nun schon bekannten zahlrei-

chen Heeres dieser Thiere zu erleichtern, dafs
sie in Geschlechter oder Abtheilungen gebracht
werden, welche auf die sehr abwechselnde Anzahl der Zähne und andere Hauptzüge gegründet sind. Zwar ist es nicht immer leicht, die
Zahl der Zähne bei ihnen zu erkennen, da sie
oft zerstört oder im Wechsel begriffen sind,
dennoch geben sie die sichersten Merkmale ab,
und dürfen nicht vernachlässiget werden. Auch
ich habe bei den zu beschreibenden Arten leider nur zu oft Lücken gefunden, die ich nicht
auszufüllen vermag, da die gewaltsam getödteten Thiere oft einer Anzahl ihrer Zähne beraubt
wurden. So nöthig es übrigens ist, die verschiedenen Chiropteren in gewisse Abtheilungen zu
bringen, so scheint es mir dagegen eben so wenig zweckmäfsig, wenn man zu viele Geschlechter bildet und ich dächte, dafs zu Bestimmung
derselben nur Hauptzüge, z. B. Anzahl und Bildung der Zähne, der Nase, der Zunge und Vorhandenseyn oder Mangel eines Schwanzes, so
wie ganz abweichende Bildung einzelner Theile
gewählt werden sollten. — Bildung des Schädels hingegen scheint mir nicht beständig und
daher nicht bedeutend genug, um als generi-
scher Character benutzt zu werden.

Was die Beschreibungen der von mir beobachteten Fledermäuse anbetrifft, so muſs ich bemerken, daſs sie zum Theil unvollständig sind, da sie oft in der Uebereilung und unter ungünstigen Umständen entworfen wurden und durch den Verlust der Exemplare zum Theil nicht vervollständigt werden konnten.

G. 6. *Phyllostoma.*

Die Blattnasen oder die Geschlechter *Phyllostoma, Vampirus* und *Glossophaga* des Hrn. *Geoffroy* sind auf den ersten Blick durch das aufgerichtete Hautblatt kenntlich, welches sie auf der Nasenkuppe tragen. Sie scheinen bei weitem die zahlreichste Familie des Heeres der Flederthiere in Süd-America; wenigstens in Brasilien zu seyn, und man kann wahrscheinlich von den meisten Arten derselben annehmen, daſs sie Blutsauger sind, obgleich die Brasilianer gewiſs zu weit gehen, wenn sie diese Eigenheit auf alle dortigen Chiropteren ausdehnen.

Die groſseren Arten der brasilianischen Fledermäuse gehören zu den Blattnasen, diese besonders sind es, welche wohl öfters schon in manchen Gegenden dem Viehstande fühlbaren Schaden zugefügt haben, und die Maulthiere der Reisenden; während sie bei Nacht grasen, gewöhnlich am *Widerriste* mit ihren grofsen Eckzähnen verwunden und sich in ihrem Blute sättigen.

Sie erhielten zu diesem Behufe von der Natur ein wahres Saugorgan, eine muskulose Unterlippe, deren fleischiger Rand oft nackt und mit Wärzchen besetzt ist, und vollkommen zu einer Saugrinne zusammengelegt werden kann, sobald die Verwundung bewerkstelligt ist; aus dieser Ursache kommt den Blattnasen der meistens längere Unterkiefer, sehr wohl zu statten. Die in die dicke Haut der Thiere gebissene Wunde fährt gewöhnlich lange zu bluten fort, wodurch eine bedeutende Entkräftung entsteht. — Ich habe in der von mir bereis'ten Gegend keine Bestätigung dafür gefunden, dafs auch Menschen von diesen blutdürstigen Gästen heimgesucht werden, welches übrigens viele Reisebeschreiber erzählt und eben so viele Naturforscher als Wahrheit angenommen haben. — *Von Humboldt* traf grofse langgeschwänzte Fledermäuse [unbezweifelt Blattnasen (*Phyllostoma*)], die am *Apure* seinen Hund an der Nase verwundeten, die Reisenden selbst sind indessen nie gebissen worden *). —

---

*) *V. Humboldt* Voy. au nouv. cont. T. II. pag. 228.

Die Lebensart der Blattnasen kommt übrigens mit der unserer deutschen Fledermäuse vollkommen überein. Sie fliegen in der Abend-dämmerung; nachdem sie aus hohlen Bäumen, belaubten Baumkronen, Felsklüften und selbst den Schlupfwinkeln der Gebäude hervorgekommen sind, manche Arten niedrig, schnell, andere, besonders die gröſseren, höher und langsamer u. s. w. — Das Guandira oder die gröſste von mir zu erwähnende Art, so wie alle übrigen verirren sich am Abend in die Zimmer der Wohnungen, wo man die Läden schlieſst und sie leicht tödtet, da ihre Gröſse ihnen alsdann sehr nachtheilig ist.

Ihre Nahrung besteht in mancherlei Insecten, besonders Abend- und Nachtfaltern, deren Flügel sie nicht mit verschlucken. —

Die Brasilianer hassen und tödten sie, dabei belegt man die meisten von ihnen mit der Benennung *Morçego* und giebt blofs der gröſsten Art von ihnen den besondern Namen *Guandirá*, welcher mit dem von *Marcgrave* gegebenen, *Andira-açú*, sehr verwandt ist.

Da die mit einem Nasenblatte versehenen Flederthiere mancherlei Verschiedenheiten, sowohl in ihrem Gebisse als in andern Charac-

terzügen zeigen, so hat man verschiedene Geschlechter aus ihnen gebildet, und ich zähle in
das hier erwähnte nur solche Thiere, welche im
Oberkiefer zwei bis vier, im Unterkiefer vier
Schneidezähne, dabei in jedem Kiefer zehn oder
acht Backenzähne, also folgende Kennzeichen
haben :

Schneidezähne $\frac{2}{4}$ oder $\frac{4}{4}$.

Eckzahne: $\frac{1 \cdot 1}{1 \cdot 1}$.

Backenzahne: $\frac{5-5}{5-5}$ oder $\frac{4-4}{5-5}$.

Nasenblatt einfach, auf eine Nasenscheibe aufgesetzt.

Zunge nicht uber den Mund hinaus zu verlangern,
mit kleinen Papillen besetzt.

Schwanz fehlt zum Theil, er wird zu Bildung der
Unterabtheilungen benutzt, eben so die beiden
Verschiedenheiten des Gebisses.

Die Bildung und Gestalt der Zähne ist bei
den Blattnasen sehr verschieden und ich glaube,
daſs man in dieser Hinsicht nicht zu streng seyn
darf, wenn man nicht die Zahl der Geschlechter zu sehr vermehren will; auch ist der Zug
nicht ohne Ausnahme, daſs diese Thiere immer
nur einen eingliedrigen *index* haben sollen.

A. Geschwänzte Blattnasen.

◦|| ‖ ◦ Schneidez. $\frac{2}{4}$; Eckz. $\frac{2}{2}$; Backenz $\frac{10}{10}$.

a. Mit Schneidezähnen, deren Krone nicht einge-
kerbt ist.

1. *Ph. hastatum*, Geoffr.

Das Guandirá.

Bl.: *Von ungewöhnlicher Gröfse; Ohrdeckel mäfsig*
grofs, lanzettformig zugespitzt; Nasenblatt ma-
fsig grofs, eiförmig zugespitzt; Schwanz kurz,
knorpelartig unvollkommen, kürzer als der Sporn;
Pelz einformig braun.

> *Vespertilio hastatus,* Linn.
> *Phyllostomus maximus,* meine Reise nach Bras. B. II.
> pag. 242.
> *Phyllost. maximum, Schinz* Thierreich, B. I. p. 163.
> Abbildungen zur Naturgeschichte Brasilien's.
> *Andira - aea* *), *Marcgr.* pag. 213.
> *Niangkenat* botocudisch.
> *Guandirá* an der Ostkuste von Brasilien.

Diese Art ist die gröfseste von mir im östlichen Brasilien beobachtete Fledermaus, ich
vermuthe, dafs sie oft mit dem *Linné*'schen
Vampyr (*Vespertilio Spectrum, Linn.*) verwechselt worden ist.

---

*) Das Wort *aca* ist verdruckt und soll heifsen: *açú* oder
assú. —

Beschreibung: Der Kopf ist kurz, die Stirn
hoch erhaben und dicht behaart, das Auge mäſsig groſs, mit deutlicher graubrauner Iris; der
Unterkiefer ist länger als der obere; das breite
kurze Nasenblatt steht weit rückwärts vor der
Stirn; es hat längs seiner Mitte hinauf eine erhöhte Mittelleiste, ist unten breit, an den Seiten stark gewölbt, nach oben wenig ausgeschnitten, dagegen aber zugespitzt; an seiner Basis
sitzen die Nasenlöcher auf einer halbkreisför-
migen Hautscheibe, welche horizontal aufliegt
und durch eine Kreisrinne von der Oberlippe
geschieden ist. Die Unterlippe ist an ihrer Spitze ein wenig ausgerandet, daselbst mit zwei
Reihen von Hautwärzchen besetzt, welche so
gestellt sind, daſs sie ein Dreieck bilden, dessen
Winkel nach der Kehle hin gerichtet ist. —
Die Ohren sind mäſsig groſs, ziemlich pyramidal, oben mäſsig zugespitzt, an der äuſseren
Seite unter der Spitze stark ausgeschnitten. —
Der Ohrdeckel ist beinahe vier Linien lang, unten etwas breiter, mit schmaler lanzettförmiger
Spitze.

Gebiſs: Schn. $\frac{2}{4}$; Eckz. $\frac{1\cdot 1}{1\cdot 1}$; Backenz. $\frac{5\cdot 5}{5\cdot 5}$;
im Oberkiefer stehen zwei Schneidezähne mit
breiter scharfer Schneide, etwas gegen einander
geneigt; im Unterkiefer vier gleiche, kleine,

stumpfe, dicht an einander und zwischen die Eckzähne gedrängte Schneidezähne; Eckzähne im Oberkiefer sehr grofs, kegelförmig, zugespitzt, mit vier scharfen Kanten von oben herab bezeichnet, und durch eine Lücke von den Schneidezähnen getrennt; untere Eckzähne etwas kleiner, sehr spitzig, weniger gekrümmt, und nur mit zwei Kanten versehen, sie sind an die Schneidezähne angereihet. — Backenzähne sogleich an die Eckzähne anschliefsend, in jedem Kiefer zehn; die beiden ersten sind einfache pyramidale Spitzen, die folgenden mehrspitzig; die beiden äufseren Spitzen eines jeden Zahnes sind grofs, die inneren klein. —

Die Zunge ist länglich, glatt, mit einfach abgerundeter Spitze, wie an den meisten Säugthieren, hat daher keine besonders merkwürdige Bildung.

Der Hals ist kurz, die Brust sehr breit, mit starken Muskeln versehen, der Unterleib sehr schmal; die Arme sind sehr stark, Oberarme und Obertheil des Unterarms etwas behaart, eben so ist die übrigens nackte Flughaut an der Seite des Körpers und des Arms mit feinen seidenartigen weifsgrauen Haaren besetzt; der Daumen ist mäfsig stark, der Zeigefinger ohne Gelenk, der zweite Finger hat drei Gelenke und

einen schwachen, sehr platten, drei Linien langen Nagel; dritter Finger mit zwei Gelenken
und kaum bemerkbarem Nagel; vierter Finger
mit zwei Gelenken und einem etwas gröſseren
Nagel. Die Hinterbeine sind mäſsig lang, mit
fünf gleichen Zehen und stark gekrümmten, zusammengedrückten Krallennägeln, welche an
der Unterseite etwas ausgehohlt sind. — Der
Sporn oder die Fersenstütze ist stark knorpelartig, zehn Linien lang. — Der Schwanz ist kurz,
ziemlich weich, schwach, mit zwei sichtbaren
Gelenken, erreicht etwa $\frac{1}{3}$ der Schwanzflughaut,
wo sein stumpfes Ende ein wenig aus der Haut
hervortritt, welche um 1 Zoll $1\frac{1}{2}$ Linien über
denselben hinaus spannt. —

Die Flughaut ist stark, breit, vom Arme
senkrecht hinab mit starken parallelen Adern besetzt; sie reicht an den Hinterfüſsen bis zu der
Ferse hinab, wo sie von dem Sporn ausgedehnt,
und von der Spitze des einen derselben zu der
des andern queer hinüber gerade ausgespannt
wird. —

Die Ruthe des Männchens ist ein stumpfer
kurzer Kegel, die Testikel im Leibe verborgen. —

Der Pelz des ganzen Thiers ist über und
über dicht und sanft, dunkel graubraun, an den

unteren Theilen ein wenig blässer, und am After befinden sich zuweilen etwas weißliche Haare. —

Ausmessung eines männlichen Thieres:

Ganze Länge	5″ 1‴.
Länge des Körpers	4″ 5½‴.
Länge des Schwanzes . . .	7½‴.
Breite des ausgespannten Thiers ·	22″ 10‴.
Höhe des äußeren Ohres über dem Kopfe	8‴.
Länge des Ohrdeckels beinahe . .	4‴.
Die Schwanzflughaut läßt sich vom Körper ausdehnen auf . .	2″ 2½‴.
Länge des Daumens	5½‴.
Länge des Schienbeins zwischen 13 und	14‴.
Länge des Fußes	9‴.
Länge des Sporns	11⅓‴.

Der Kopf ist oben unter der Haut mit starkem dichtem Muskelfleisch belegt; die Lunge auf der rechten Seite ein großer ganzer Flügel, der linke Flügel aber ist in drei Theile getheilt, welche unten sämmtlich wie stumpf abgeschnitten erscheinen, und das Herz vollkommen bedecken. — Der Magen ist häutig. —

Diese größte Art der von mir in Brasilien beobachteten Fledermäuse hielt ich anfänglich für verschieden von *Linné's Vespertilio hasta-*

tus, ich habe aber nun durch genauere Vergleichung gefunden, dafs mein *Phyllostomus
maximus* mit *Phyllost. hastatum Geoffr.* identisch ist, und berichtige defshalb hier diesen Irrthum. *Marcgrave's* Beschreibung seines *Andira-açú* ist zu unbestimmt, um sagen zu können, ob auch er das hier von mir erwähnte
Thier vor sich hatte; denn seine Worte passen auf viele Blattnasen. *Azara's Chauve-Souris troisième ou Ch. S. brune* hat viel Aehnlichkeit mit der meinigen, doch ist die letztere bedeutend gröfser und hat einen deutlichen
Schwanz, welcher zwar unvollkommen und nur
angedeutet ist, von dem spanischen Schriftsteller aber gewifs nicht übersehen worden wäre. —
Da man von dieser Blattnase in keinem zoologischen Werke eine genaue Beschreibung noch
eine gute Abbildung fand, so hielt ich sie, wie
gesagt, anfänglich für verschieden von dem *ha-
status*, habe aber jetzt eine genaue Beschreibung nach dem Leben mitgetheilt, und ich hoffe,
dafs meine gegebene Abbildung der Natur näher
kommt, als irgend eine der früher von diesem
Thiere bekannt gemachten   Es ist also *Phyllostoma hastatum* das *Guandirá* des östlichen
Brasilien's und wahrscheinlich das *Andira-açú*
des *Marcgrave.* —

Das Guandirá lebt wahrscheinlich in allen
von mir besuchten Theilen des östlichen Brasilien's, doch habe ich dieses·Thier erst am *Mucurí* und zu·*Villa Viçoza* am *Peruhype*, *Caravellas* u. s. w. näher kennen gelernt.. — Sie
fliegen in der·dämmernden Abendluft hoch und
kräftig umher, obgleich nicht sehr schnell, und
gleichen alsdann den Eulen an Gröfse. — Oefters kommen sie bei geöffneten Fenstern in die
Zimmer, und besonders zu *Villa Viçoza* haben
wir auf diese Art mehrere von ihnen gefangen,
sie verursachen alsdann ein lautes Geräusch an
den Wänden. — Am Tage verbergen sich diese
Thiere in der Nähe der Wohnungen zwischen
den Blattstielen der Cocospalmen, in den Wäldern aber in hohlen Bäumen und belaubten
Baumkronen.

In ihren Mägen fand ich Ueberreste verschiedener Arten von Insecten, aber nie Spuren
von genossenem Blute; dennoch aber ist es gewifs, dafs die hier beschriebene und manche
andere Art· der Blattnasen das Blut der Thiere
saugen. Ich habe nie eine solche Fledermaus
in dem Momente des Saugens überrascht, wohl
aber bei Mondenschein und in der Dämmerung
beobachtet, wie diese grofsen Thiere in Menge
unsere grasenden Lastthiere mit starkem Flü-

gelgeräusche umflatterten; welche diese Umgebung ruhig ertrugen, am folgenden Morgen aber
an den Schultern von oben herab bis auf die
Hufe mit Blut bedeckt waren. — Am *Rio das
Contas* *) fanden wir die Lastthiere von dem
Blutverluste abgemattet. — Die Oeffnung, welche der starke Eckzahn macht, ist hinlänglich
um ein grofses Blutgefäfs zu verwunden, auch
hört das Blut lange nach der Verwundung noch
nicht zu fliefsen auf. — Es scheint, dafs ·die
nackte, vortretende und mit Wärzchen besetzte
Unterlippe, diesen Thieren bei dem Saugen des
Blutes sehr nützlich ist; denn wenn der Rand
der Unterlippe von beiden Seiten zusammenge-
bracht wird, so greifen die Wärzchen in einander, und es entsteht alsdann gleichsam eine
Saugrinne. — Dafs übrigens die Verwundung,
welche diese Thiere verursachen, so ganz leise
und schmerzlos nicht abgehen könne, wie manche Schriftsteller behauptet haben, zeigt die
Oeffnung, welche der grofse Zahn verursacht,
und die Menge des verlornen Blutes. Man be-

---

*) Die Benennung dieses Flusses wird auf verschiedene Art
geschrieben, man sagt sowohl *Rio de Contas*, als *Rio das
Contas;* die *Corografia brasilica* gebraucht erstere Schreib-
art, ich wähle die letztere, weil die Landesbewohner in
jener Gegend allgemein *Rio das Contas* sprechen.

hauptete sogar, dafs ,diese Thiere· schlafende
Menschen· auf diese Art verwundeten, ohne sie
zu erwecken, allein in der von mir bereis'ten
Gegend habe ich nichts· Aehnliches beobachtet
und gehört. — *Dobrizhofer*, der das eben
Gesagte bestätigt, sagt (B. I. p. 304), dafs die
von den Fledermäusen verursachte 'Wunde
schwäre, wenn man sie nicht mit Asche be-
streue; allein meinen Erfahrungen zufolge, bedarf es dieses Mittels nicht und unsere *Tropei-
ros* oder Maulthiertreiber überliefsen die Hei-
lung blofs der Natur. — Da ich übrigens, wie
gesagt, nie Blut in den Mägen der Blattnasen
fand, so kann diese Nahrung doch nur selten
ihnen zu Theil werden, und ich wage es auch
defshalb nicht zu bestimmen, ob einige oder alle,
und welche Arten derselben diese Nahrung lieben; von der hier beschriebenen *gröfsesten* Art
indessen braucht es keiner weitern Bestätigung,
und ich glaube, dafs sie unter allen von mir beschriebenen Blattnasen beinahe die einzige ist,
welche Blut saugt. —

Ueber die Art der Fortpflanzung kann ich
nichts Bestimmtes angeben, da ich nur männliche Thiere untersucht habe, doch sollen sie
mehrere Junge werfen. —

Die Stimme dieser Thiere, welche man besonders 'in der Paarzeit hört, soll' ein Zischen
seyn, doch kann ich nicht aus Erfahrung reden.

Um uns dieser Thiere zu bemächtigen, öff-
neten wir am Abend die Fenster und sahen gewöhnlich bald unsere Absicht erreicht. Im
Walde kann man sie in der Abenddämmerung
mit Vogeldunst, und wenn sie hoch fliegen mit
Schnepfenschrot schiefsen. —

Die Portugiesen, welche alle Fledermäuse
mit der Benennung *Morçego* belegen, geben dieser Art den Namen *Guandirá*, welcher aus der
Lingoa Geral herstammt, und aus den Worten
Andirá und *guaçú* (grofs) zusammengezogen
ist, also dieselbe Bedeutung hat als *Marcgrave's* Benennung *Andira-açú*. Die Botocuden
kennen alle Fledermäuse unter dem Namen *Ni-
angkenat* *). —

2. *Ph. macrophyllum.*
Das Grofsblatt.

*Bl.: Schwanz beinahe so lang als der Körper; Ohr-
deckel schmal lanzettformig zugespitzt; Nasenblatt lang speerformig zugespitzt, etwa ¼ der
Schwanzlange haltend; Sporn halb so lang als
der Schwanz; auf der Schwanzflughaut stehen*

---

*) *Kenat* durch die Nase, das *e* sehr kurz auszusprechen.

*, halbkreisförmig concentrische Linien; Pelz, ein-
farbig rufsbraun. —

Abbildungen zur Naturgeschichte Brasilien's.
Schinz Thierreich u. s. w. B. I. pag. 163.

Beschreibung eines männlichen Thieres:
Das Auge ist klein, cirkelrund und schwarz; die
Ohren ziemlich grofs, sehr breit, am äufseren
Rande unter der Spitze ausgeschnitten, der innere Rand stark abgerundet; Ohrdeckel schmal
lanzettförmig und sehr zugespitzt; das Nasenblatt sitzt auf einer scheibenförmigen Hautbasis,
welche einfach und in der Mitte zwischen den
Nasenlöchern in der Verlängerung des Blattes
mit einer erhabenen Leiste, an jeder Seite aber
mit einem kleinen Ausschnitte versehen ist.
Das Blatt selbst ist länglich speerförmig, unter
der sehr verlängerten Spitze an jeder Seite mit
einem Ausschnitte und in seiner Mitte mit einer
erhabenen Längsleiste versehen. —

Gebifs: Schn. $\frac{2}{4}$; Eckz. $\frac{1.1}{1.1}$; Backenz. $\frac{6.5}{5.5}$.
Im Oberkiefer befinden sich zwei grofse stum-
pfe Schneidezähne, in der Mitte nahe an einander gestellt; ein leerer Raum trennt sie von
den grofsen gekrümmten Eckzähnen. — Im
Unterkiefer befinden sich vier gleiche, kleine
Schneidezähne, und unmittelbar daran gereihet
folgen die mäfsig grofsen unteren Eckzähne;

unten und oben befinden sich an jeder Seite
fünf Backenzähne; sie tragen sämmtlich an der
inneren Seite kleine, an der äufseren aber grofse sehr spitzige Zacken oder Kegelspitzen; der
erste oben und unten hinter dem Eckzahne sind
kleine einfache Spitzzähne.

Die Zunge ist rundlich, walzenförmig, mäfsig lang, mit einfachen sanften Querleisten oder
Quererhöhungen versehen. —

Der Hals ist kurz, der Oberarm schlank,
der Unterarm sanft gebogen; der Daumen ist
schlank, sein vorderes Glied stark zusammengedrückt, so wie der hakenförmige Nagel; Zeigefinger mit zwei Gelenken, Mittelfinger mit
vier und einem feinen spitzigen Nagel, der dritte
Finger mit drei, der vierte ebenfalls mit drei
Gliedern. Die Hinterbeine sind lang, mit fünf
starken Zehen und grofsen bogenförmigen zusammengedrückten Nägeln, welche von innen
nach aufsen an Gröfse zunehmen, so dafs der
äufsere Nagel $1\frac{2}{3}$ Linien in der Länge mifst. Der
Fufs ist kürzer als der Sporn. — Der Schwanz
ist lang und reicht über die Ferse hinaus, er
endet mit seiner Spitze in dem Rande der langen, schmalen Schwanzflughaut, und hat sieben
bis acht äufserlich sichtbare Gelenke. Die
Schwanzflughaut bietet ein sehr gutes Kennzei-

chen; denn dehnt man sie mit dem Schwanze
und den Hinterbeinen aus, so erscheint sie von
dem einen Sporn zu dem andern hinüber gespannt, man bemerkt aber zu beiden Seiten der
Schwanzspitze mit einander parallel laufende
concentrische Bogenlinien, welche von erhöhten
Reihen kleiner Knötchen, vielleicht Drüsen, gebildet werden, und auf diese Art nur bei wenigen Fledermäusen vorkommen. Die grofse
Flughaut der Arme ist am halben Schienbeine
befestiget. —

Die Flughäute sind nackt, dunkel graubraun gefärbt; der Körper ist mit einem dichten, zarten, etwas langen rufsbraunen Haare
bewachsen, oben wie unten.

Ausmessung:

Ganze Länge . . . . ÷	3″ 2‴.
Ganze Breite	10″ 2‴.
Länge des Körpers . .	1″ 10‴.
Länge des Schwanzes . . .	1″ 4‴.
Höhe des äufseren Ohres . .	7‴.
Höhe des Nasenblattes beinahe .	5‴.
Länge des Daumens etwas über .	2‴.
Länge des Fufses etwas über . .	5‴.
Länge des Sporns	8⅓‴
Länge des Schienbeins beinahe . ÷	7‴.

Diese Fledermaus, welche ich in keinem zoo·
logischen Werke beschrieben finde, bildet eine
sehr characteristisch ausgezeichnete Species.
Ich erhielt sie am Flusse *Mucuri*, wo sie an
Felsen und alten Stämmen des Waldes am Tage sitzend zubringt und in der Abenddämmerung umher schwärmt; ich habe sie aber nicht
häufig beobachtet. — In ihrem Magen fand
ich Ueberreste von Insecten.

? 3. *Ph. brevicaudum.*

K u r z g e s c h.w ä n z t e B l a t t n a s e.

Bl.: Schwanz sehr kurz, wenig langer als das Na·
senblatt; Sporn so lang als der Schwanz; Ohr
breit; Ohrdeckel kurz, schmal lanzettförmig;
Pelz an den Obertheilen grauröthlich-braun, an
den Untertheilen etwas blässer.

Abbildungen zur Naturgeschichte Brasilien's.
Schinz Thierreich, B. I. pag. 164.

Beschreibung: Diese Fledermaus hat eine
dicke, stumpfe, gerade vortretende, etwas kurz
behaarte Schnauze, und ihr Unterkiefer ist länger als der obere; der Kopf ist zwischen den
Ohren erhaben; die Augen sind klein und liegen in der Mitte zwischen dem Nasenblatte und
dem Ohre. — Das Nasenblatt ist schmal, etwas speerförmig, unter der Spitze sanft ausge·

geschnitten, an der Basis ein wenig breiter; die Nasenscheibe ist rundlich und in ihrer Mitte ein wenig erhöhet, das Blatt selbst mißt in der Höhe etwas über $2\frac{1}{2}$ Linien. Das äußere Ohr ist breit, mäßig hoch, oben mäßig zugespitzt, und an der äußeren Seite mit einem seichten Ausschnitte versehen; Ohrdeckel klein, kurz, sehr in das innere Ohr zurückgezogen, schmal lanzettförmig, an ausgestopften Exemplaren (wenn er vertrocknet ist) oft kaum bemerkbar.

Gebiß: Schn. $\frac{2}{4}$; Eckz. $\frac{1}{1}\frac{1}{1}$; Backenz. $\frac{5 \cdot 5}{5 \cdot 5}$. Im Oberkiefer stehen zwei Schneidezähne nahe zusammen, welche von den Eckzähnen durch einen leeren Raum getrennt sind; im Unterkiefer vier breite und kurze, glatt abgeschnittene Schneidezähne, von welchen die äußeren schmäler sind, als die mittleren, die unteren Eckzähne schließen sich unmittelbar an sie an; die vier Eckzähne sind kegelförmig und stark, die beiden unteren an ihrer Basis etwas breiter als die oberen. — Backenzähne im Oberkiefer fünf auf jeder Seite; die beiden ersten mit einer Kegelspitze an ihrer vorderen Seite, die beiden darauf folgenden mit drei abgestumpften Spitzen, zuletzt ein kleiner breiter zweihöckeriger Zahn; im Unterkiefer befinden sich auf jeder Seite fünf Backenzähne, sämmtlich etwas

schmal zusammengedrückt; die beiden ersteren
sind einfach mit einer Kegelspitze, die drei darauf folgenden jeder mit zwei hinter einander
gestellten Spitzen, die beiden zuerst genannten
haben an jeder Seite eine erhohte Kante.

Die *Zunge* habe ich nicht untersuchen
können, sie ist aber ohne Zweifel gebildet wie
an den übrigen Blattnasen. —

Der Hals ist kurz; der Körper breit in der
Brust; Arme oben und unten behaart; Daumen
lang, sehr fein und dünn, mit zusammenge-
krümmtem bogenförmigem Nagel; Zeigefinger
mit zwei Gliedern, Mittelfinger mit drei Gelenken, der dritte Finger mit zwei und der vierte
ebenfalls oder mit drei Gliedern. — Hinterbeine mäßig lang; der Sporn ist sehr kurz und
schwach; Klauen der fünf Zehen stark und
ziemlich gleich groß. — Schwanz sehr klein
und schwach; man bemerkt auf seiner ganzen
Länge von drei Linien zwei Gelenke, und seine
Spitze erhebt sich ein wenig über die Flughaut;
die Schwanzflughaut spannt von einer Ferse zu
der anderen in einem eingehenden Bogen queer
über, und ihr Rand reicht alsdann $3\frac{1}{2}$ Linien
über die Schwanzspitze hinaus. Die Flügel des
Thiers sind im Allgemeinen kurz und breit; die
Flughaut ist nackt und in den Seiten des Kör-

pers mit parallelen Linien feiner Pünctchen bezeichnet, sie ist gerade im Gelenke des Hinterfußes, dem Sporn gegenüber befestiget.

Das Haar dieser Fledermaus ist sanft und
dicht, am Grunde etwas wollig; die Wurzeln
desselben sind weißgraulich, die Spitzen röthlich
graubraun, wodurch eine grauröthlich - braune
Farbe entsteht, welche an den unteren Theilen
des Körpers etwas blässer ist. —

Ausmessung:

Ganze Länge	2″ 10‴.
Ganze Breite	11″ —
Länge des Körpers . .	2″ 7‴.
Länge des Schwanzes . .	3‴.
Länge des Nasenblattes etwas über .	2½‴.
Länge des Daumens . . .	3‴.
Länge, auf welche der Schenkel ent-	
blößt aus dem Pelze hervortritt .	5‴.
Länge des Schienbeins 6½ bis . .	7‴.
Länge des Fußes	5‴.
Länge des Sporns	3‴.
Höhe des äußeren Ohres auf der obe-	
ren Seite	5‴.

Diese Blattnase scheint nicht überall in
Brasilien vorzukommen; wir erhielten eine Anzahl dieser Thiere, welche man vereinigt in einem alten Gebäude der *Fazenda* von *Coroaba*

13 *

in den grofsen Wäldern an den Ufern des kleinen Flusses *Jucú* unweit des *Rio do Espirito
Santo* gefunden hatte. Sie hat viel Aehnlichkeit mit *Phyllostoma elongatum* (*Ann. d. Mus.
XV. pl.* 9.), da ich aber bei der Kürze der französischen Beschreibung nicht zuverlässig über
die Identität beider Arten entscheiden kann, so
habe ich diese von mir aufgestellte Species mit
einem ? versehen. — Auch mit *Vampyrus so-
ricinus Spixii* scheint sie Aehnlichkeit zu haben, ihr Gebifs zeigt aber einen Backenzahn
weniger, anderer Verschiedenheiten nicht zu
gedenken. —

B. *Ungeschwänzte Blattnasen, Vampyre
(Vampyrus).*

a, *Mit eingekerbter Krone der Schneidezähne.*

Schneidez. $\frac{2}{4}$; Eckz. $\frac{1 \cdot 1}{1 \cdot 1}$; Backenz. $\frac{5 \cdot 5}{5 \cdot 5}$.

4. *Ph. brachyötum.*

Der breitöhrige Vampyr.

V.: *Körper breit; Ohren kurz und breit; Ohrdeckel
sehr klein und stark abgerundet; Nasenblatt
schlank und schmal zugespitzt; Sporn kurz; Pelz
an den Spitzen der Haare rufsfarben; an den
Untertheilen heller.*

Abbildungen zur Naturgeschichte Brasilien's
Schinz Thierreich u. s. w., B. I. p. 164.

Der Vampyr, welcher in den nachfolgenden Zeilen beschrieben wird, ist ein breites, dickes, kurzes Thier. Der Kopf ist dick und kurz, mit schmälerer kurzer Schnauze; das Ohr ist breit, mäſsig hoch, oben und an dem inneren Rande abgerundet, auf der äuſseren Seite ziemlich senkrecht, abgeschnitten; der Ohrdekkel ist sehr klein, nach oben stark zugerundet, etwa so hoch als breit; auf der Nase befinden sich einige Kreisfalten, auf welchen ein $2\frac{1}{2}$ bis 3 Linien hohes schlankes Blatt steht, welches auf jeder Seite abgerundet und oben unter der Spitze seicht ausgeschnitten ist. — Unterkiefer länger als der obere. —

Gebiſs: Schn. $\frac{4}{4}$; Eckz. $\frac{1.1.}{1.1.}$; Backenz. $\frac{5.5.}{5.5}$, Im Oberkiefer befinden sich zwei breite gegen einander geneigte Schneidezähne, im Unterkiefer vier kleinere, zwischen die Eckzähne gekeilt; die beiden mittleren sind gröſser, alle haben eine in der Mitte eingekerbte Schneide oder Krone; Eckzähne breit, grofs, kegelförmig in beiden Kiefern; Backenzähne im Oberkiefer fünf an jeder Seite; die beiden vordersten sind einfache starke Spitzzähne, ihre Kegelspitze steht am vorderen Ende des Zahns; auf sie folgen zwei breitere Zähne mit drei Spitzen, wovon zwei gröſsere auſsen und ein kleinerer Höcker an der

inneren Seite steht, alsdann folgt ein kleiner
ziemlich abgeflächter Zahn; im Unterkiefer befinden sich auf jeder Seite fünf Backenzähne;
die beiden vorderen sind einfache grofse Kegelspitzen und haben an 'der äufseren Seite eine
erhöhte Kante, die' drei nachfolgenden haben
zwei Spitzen, wovon die vordere immer die
längste ist, sie nehmen nach hinten zu an Gröfse ab, und an ihrer inneren Seite bemerkt man
mehrere kleine Höcker. —

Arm, Hand und Flughaut sind stark und
breit, der Daumen lang, schlank, mit nur mäfsig gekrümmtem und nicht besonders starkem
Nagel; der Zeigefinger scheint zwei Glieder,
der Mittelfinger vier, der dritte Finger drei,
und der vierte wieder vier Glieder zu haben. —
Hinterbeine mäfsig lang, das Schienbein $7\frac{1}{2}$ Linien hoch, der Fufs mit fünf gleich langen Zehen, deren mäfsig starke Nägel nicht besonders
gekrümmt sind, der äufsere ist der kleinste.
Sporn nicht über drei Linien lang; die Schwanzflughaut ist queer über von einem Fufse zu dem
andern ziemlich gerade ausgespannt; die Seitenflughaut ist nur eine Linie hoch über der
Ferse befestiget. Diese Flughaut ist nackt,
Ober - und Unterarme aber ein wenig behaart. —

Pelz des ganzen Thiers sanft, mäfsig lang, aber dicht behaart, überall dunkel rufsfarben, die Haare an der Wurzel graubräunlich, an den Spitzen dunkel; untere Theile heller, mehr in's Graubräunliche fallend. —

Ausmessung nach einem ausgestopften Exemplare:

Länge des Körpers. etwa . . . . 2″. 4‴.
Höhe des, äufseren Ohres . . . 4‴.
Hohe des Nasenblattes . . 2½ bis 3‴.
Höhe des Schienbeins . . . 7½‴.
Länge des Fufses . . . . 5‴.
Länge des Sporns . . . . 3‴.

Dieser Vampyr hat viel Aehnlichkeit mit dem vorhergehenden, nur scheint bei ihm das Schienbein kürzer und der Sporn länger, auch ist bei ihm die Flughaut am Schienbeine mehr vom Fufse entfernt befestiget, als bei jenem, und die Ohren sind bei dem vorhergehenden etwas höher und schmäler, auch das Gebifs scheint verschieden. —

Diese Art fliegt in den dämmernden Waldungen bei Annäherung der Nacht umher, und zu *Morro d'Arara* am *Mucuri* kam sie in unsere Wohnungen, wo wir sie tödteten. —

*b. Unbestimmte Arten, deren Gebiſs nicht untersucht
werden konnte, welches aber wahrscheinlich mit
dem der vorhergehenden Abtheilung übereinstimmt.*

? 5. Ph. superciliatum.

D e r V a m p y r m i t w e i ſ s e m A u g e n s t r e i ſ.

*Bl.: Ohrdeckel kurz, zugespitzt, weiſs gefärbt;
Daumen stark; Haar dunkelbraun; ein weiſser
Streif von dem Nasenblatte bis zu dem Ohre. —*

Schinz Thierreich u. s. w. B. I. pag. 163.
? Chauve-Souris première ou Ch. S. obscure et rayée.
Az. Ess. T. II. pag. 269.

Diese Art hat einen dicken, breiten, stumpfen Kopf; die Ohren sind an der äuſseren Seite ausgeschnitten; der Ohrdeckel ist kurz, spiz-
zig, tief in das Ohr zurückgezogen und weiſs
gefärbt. — Auf der Nase befindet sich ein beinahe vier Linien langes lanzenförmiges Blatt;
Daumen sehr stark; Flughaut nackt und schwärzlich, an der Spitze weiſslich gefärbt; der
Schwanz fehlt gänzlich. Die Schwanzflughaut
ist 9⅔ Linien weit vom Körper entfernt queer
über gespannt und etwas behaart. Haar des
ganzen Thiers dicht und dunkel graubraun,
aber von dem Nasenblatte läuft bis zu dem
Ohre ein netter reinweiſser Streif über den Augen hin. —

Ausmessung, so viel die Umstände diese zu-
liefsen:

Länge des Thiers bis zu dem Ende der

  n. Flughaut etwa . . . 4″ 5‴.

Die Schwanzflughaut läfst sich vom

  Körper abziehen auf . . . 9⅔‴.

Länge des Nasenblattes beinahe . . 4‴.

Die übrigen Maafse konnten wegen der Fäulnifs des Thiers nicht genommen werden.

Diese schöne Blattnase, deren Beschreibung ich nicht vollständig geben kann, besonders da ich verhindert wurde, das Gebifs zu untersuchen, fand ich todt an einem Baumzweige in der Nähe eines grofsen Rohrbruches unweit der Seeküste bei der *Fazenda* von *Tape-buçú* aufgehängt, welche etwas nördlich von *Cabo Frio* zwischen den Flüssen *S. Joao* und *Macahé* gelegen ist. —

Aus der schon stark eingetretenen Fäulnifs konnte man schliefsen, dafs das Thier schon einige Zeit in dieser Lage zugebracht haben mufste, und ohne sie zu zerreifsen, war es nicht möglich, die Flügel des Thiers zu entfalten. — Die Gegend, wo ich diese schöne Art fand, ist bekannt wegen der grofsen Menge von Landseen, u. a. der *Lagoa* von *Ponta Negra, Sago-arema* u. s. w. — Es scheint übrigens, dafs diese Art blofs in den Wäldern lebt und nie in die Wohnungen kommt, da sie selbst meinen brasilianischen Leuten unbekannt war. — Ich habe sie nur einmal erhalten, wovon ich in dem ersten Theile der Beschreibung meiner Reise nach Brasilien (pag. 63) geredet habe, und sie scheint nicht weit nördlich hinauf zu gehen, da wir sie nie wieder beobachtet haben. —

Azara's Chauve-Souris première ou Chau-ve-Souris obscure et rayée (Vol. II. pag 269) scheint grofse Aehnlichkeit mit der meinigen zu haben; denn obgleich an dieser das Nasenblatt kleiner war, so konnte dasselbe an meinem todten Exemplare schon etwas eingeschrumpft seyn, oder *Azara* hat vielleicht seine Ausmessung auf eine andere Art genommen. — Herr Professor *Geoffroy* hat in dem 15ten Bande der *Annales du Muséum* (pag 177) *Azara's Chau-ve-Souris première* zu *Phyllostoma perspicillatum* gerechnet, allein diese Art scheint mir, wegen der verschiedenen Bildung des Nasenblattes, doch wohl getrennt werden zu müssen.

c. *Blattnasen ohne Schwanz oder Vampyre mit folgendem Gebisse:*

Schneidez, $\frac{4}{4}$, Eckz. $\frac{1-1}{1-1}$; Backenz. $\frac{4-4}{5-6}$.

Der englische Zoologe *Leach* hat in den *Transactions of the Linnean Society* das Ge-

nus *Madataeus* gebildet, welches mit der hier
von mir gebildeten Unterabtheilung der Blattnasen übereinzustimmen scheint. — Da ich an
der von mir zu beschreibenden Flédermaus
nicht alle Züge so genau aufzeichnen konnte,
als es Herr *Leach* gethan, so habe ich sie vorläufig in dem Geschlechte *Phyllostoma* gelassen,
mit welchem sie in der Hauptsache vollkommen
übereinstimmt. —

6. *Ph. obscurum.*

D e r   s c h w a r z b r a u n e   V a m p y r.

V.: *Ohren mäfsig grofs, ziemlich eiförmig; Ohrdek-*
kel sehr klein, ziemlich breit; Unterkiefer vortre-
tend; Nasenblatt schmal eiförmig, zugespitzt;
Sporn kurz; Pelz dunkel schwärzlich rufsfarben,
am Unterleibe mehr aschgraulich. —

-Abbildungen zur Naturgeschichte Brasilien's.
Schinz Thierreich u. s. w., B. I. p. 164.

Beschreibung: Diese Blattnase hat eine
breite, gedrungene Gestalt, der Kopf steckt in
den Schultern; die Stirn ist erhaben, die
Schnauze ziemlich dick, kurz und stumpf; der
Unterkiefer ist länger als der obere; der Mund
bildet geschlossen einen völlig geradlinigen fest
an einander passenden Schnitt; Lippenränder
beide mit sehr feinen Papillen besetzt, welche

diesen Theilen äuſserlich eine crenulirte Gestalt
geben; auf der Nase liegt eine halbkreisförmige
Hautplatte und darin die Nasenlöcher, über
welche sich das schmal eiförmig zugespitzte Nasenblatt erhebt, dessen Mittelleiste sehr breit
ist. Das Auge ist klein, wie an allen diesen
Thieren, und etwas länglich gestaltet. — Ohren mäſsig hoch, ziemlich eiförmig, an dem
vorderen Rande abgerundet, an dem hinteren
oder äuſseren aber ziemlich senkrecht, mit einem Ausschnitte in der Mitte seiner Höhe; der
sehr kleine ziemlich breite Ohrdeckel hat ebenfalls an der hinteren oder äuſseren Seite einen
kleinen Ausschnitt; der Rachen ist groſs, der
Gaumen mit erhöhten Queerleisten bezeichnet;
die Haut der inneren Mundhöhle ist mit zugespitzten Papillen besetzt.

Die *Zunge* ist breit, mit feinen Papillen
oder Wärzchen bedeckt.

Gebiſs: Schn. $\frac{4}{4}$; Eckz $\frac{1.1}{1.1}$; Backenz. $\frac{4.4}{5.5}$.
Im Oberkiefer stehen vier stumpfe Schneidezäh-
ne dicht aneinander gedrängt, die mittleren
sind etwas gröſser als die äuſseren und mit etwas gespaltener Krone; im Unterkiefer stehen
vier kleine Schneidezähne dicht aneinander
und zwischen die Eckzähne gedrängt; Eckzähne
im Oberkiefer dicht an die Schneidezähne an-

geschlossen, lang, zugespitzt und kegelförmig;
die unteren sind schmäler, zugespitzt, aber etwas kleiner; Backenzähne im Oberkiefer vier
auf jeder Seite, der erste und zweite sind einfache Spitzzähne (Kegelzähne), die folgenden
mit hinter einander gestellten zweispitzigen Erhöhungen; im Unterkiefer haben die Backenzähne nicht so viele und kleinere Spitzen. —
Die Arme mit der Flughaut sind stark und
haben einen langen schlanken Daumen. Flughaut beinahe zwei Linien unter dem Fußgelenke oder der Ferse befestiget; Fuß ziemlich
klein, mit fünf gleichen Zehen und einem kurzen Sporn; die Schwanzflughaut bildet, wenn
man sie auszieht, da der Schwanz fehlt, einen
eingehenden stumpfen Winkel, in welchem sich
an der Stelle des Schwanzes eine Mittellinie
oder ein dunkler Streifen zeigt. — Männliche
Geschlechtstheile wie an den übrigen Arten. —
Pelz des ganzen Thiers sanft und dicht; die
Oberseite hat längeres Haar, als man es an den
übrigen vorhergehenden Blattnasen findet; das
Gesicht ist ziemlich stark behaart, selbst die Lippen mehr als bei den übrigen Arten; der Oberarm ist an der äußeren Seite stark behaart,
auch die Flughaut ist zunächst dem Leibe sanft
und wollig dünne behaart; Schenkel, Schien-

beine und die Schwanzflughaut in deren Nähe
sind mit einzelnen, feinen Seidenhärchen besetzt. —

Alle oberen Theile dieses Thiers haben eine
dunkelschwärzliche Rußfarbe, die Flughaut
beinahe eben so, nur mehr in's Bräunliche fallend; die unteren Theile sind mehr aschgrau
und heller gefärbt, indem das Haar an der Spitze aschgrau und an der Wurzel graubräunlich
erscheint; von der Nase läuft nach dem Auge
ein nur schwach angedeuteter hellerer Streif. —

Ausmessung:

Ganze Länge (der Schwanz fehlt) .	$3''$ —
Ausgespannte Breite . . .	$16''$ $7'''$.
Höhe des äußeren Ohres . . .	$6\frac{1}{2}'''$.
Höhe des Schienbeins beinahe . .	$9\frac{1}{2}'''$.
Länge des Nasenblattes etwas über .	$4'''$.
Länge des Sporns	$3'''$.

Ich erhielt diese Blattnase zu *Villa Viçoza* am Flusse *Peruhype*. Ueber die Lebensart
kann ich nichts hinzusetzen, welche übrigens
von der der übrigen verwandten Thiere wohl
nicht verschieden seyn dürfte. —

G. 7. *G l o s s o p h a g a*, Geoffr.

Z u n g e n - B l a t t n a s e.

Dieses von *Geoffroy* in den *Mémoires du
Muséum d'hist. naturelle* (T. IV. pag. 411) auf-

gestellte Geschlecht unterscheidet sich vorzüglich durch seinen Zungenbau von den übrigen Blattnasen — Diese Zunge kann lang aus dem Munde hervorgeschoben werden und ist an ihrem Ende, gleich der der Spechte, mit kleinen Widerhäkchen besetzt, wahrscheinlich um, wie diese Vögel, Insecten aus engen Höhlungen herauszuziehen.

Die übrigen Kennzeichen dieses Geschlechtes sind vier Schneidezähne im Ober- und eben so viele im Unterkiefer, dabei sechs Backenzähne in jedem Kiefer auf jeder Seite, also zusammen vier und zwanzig, ferner ein aufgerichtetes Hautblatt auf der Nase. —

In der Gestalt kommen diese Thiere übrigens mit den Blattnasen und Vampyren ziemlich überein. Ihr Kopf ist schmal, grofs und verlängert, der Unterkiefer länger als der obere, das Nasenblatt ist kurz so wie der Sporn, Kennzeichen, worin wenigstens die beiden von Hrn. *Geoffroy* zuerst bekannt gemachten und auch von mir vollständig zu beschreibenden Arten übereinstimmen. —

Man kann sie in geschwänzte und ungeschwänzte Arten abtheilen. —

A. Geschwänzte Zungen-Blattnasen.

---

1. G. amplexicauda, Geoffr.

Die Zungen - Blattnase mit verhülltem
Schwanze.

Z.: *Hinter jedem Flügel der Basis des Nasenblattes
befindet sich eine kleine rundliche Erhöhung;
Ohrdeckel sehr klein und zugespitzt; Schwanz
klein und in der Schwanzflughaut liegend.*

> *Mémoires du Muséum d'hist. natur. T. IV. pag. 411.*
> *pl. 18. A.*
> *Glossophaga amplexicaudata, Spix.*

Beschreibung: Gestalt etwa die der nachfolgenden Art; die Schnauze ist etwas verlängert und trägt über der Nase ein aufrechtes,
speerförmiges, zwei Linien hohes Blatt, welches
zugespitzt und an den Seiten unter der Spitze
ein wenig ausgeschnitten ist; unter den beiden
Grundflügeln des Blattes öffnen sich die beiden
kleinen Nasenlöcher und hinter demselben befindet sich auf jeder Seite eine kleine rundliche
Erhöhung; Unterkiefer nur wenig länger als der
obere; Unterlippe gespalten, ihr Rand crenu-
lirt, d. h. mit der Lupe besehen, erscheint eine
jede Hälfte des Vordertheils derselben in sieben
buchtige Einschnitte getheilt; ein jeder Kiefer
ist an seinem Vordertheile, wie bei der nachfol-

genden Art mit feinen Bartborsten besetzt. —
Die Ohren sind nackt, ganzrandig, glatt, der
äußere Rand sehr wenig ausgeschnitten, etwas
mehr gerade aufsteigend als der vordere mehr
zugerundete; der Ohrdeckel ist sehr klein, zugespitzt, schmal, wenig sichtbar und hat etwa
die Gestalt des Nasenblattes.

Die *Zunge* läßt sich etwa einen Zoll weit
aus dem Munde ausdehnen, hat eine hornartige
Spitze mit rückwärts gekehrten Seitenborsten,
wie man sie bei den Spechten findet. —

Gebiſs: Schn. $\frac{4}{4}$; Eckz. $\frac{1.1}{1.1}$; Backenz. $\frac{5.5}{6.6}$.
In jedem Kiefer stehen vier Schneidezähne, sie
sind sehr klein, nur mit der Lupe zu zählen,
und haben breite abgestumpfte Kronen; die beiden mittleren Zähne im Oberkiefer sind breiter
als die äußeren, und die Schneidezähne des Unterkiefers sind kleiner als die des oberen. —
Zwei kegelförmig zugespitzte Eckzähne in jedem Kiefer. — Backenzähne fünf oben *), und
sechs unten an jeder Seite; die beiden ersteren
im Oberkiefer sind einfache Kegelspitzen, die
drei hinteren haben drei bis vier Spitzen; im
Unterkiefer, sind die drei ersteren Zähne einspi-

*) Der sechste Backenzahn war ohne Zweifel ausgefallen.

tzig, die drei nachfolgenden mit drei bis vier
Spitzen. —

Der Körper hat etwa die Gestalt wie an
der nachfolgenden Art, nur existirt hier ein kleines Schwanzrudiment von zwei Linien Länge,
weich und kaum fühlbar, dennoch aber deutlich
sichtbar, welches in der Schwanzflughaut liegt,
darin endet, aus zwei Gelenken besteht und von
der Schwanzflughaut, wenn diese ausgedehnt ist,
auf etwa vier, bis vier und eine halbe Linie an
Länge übertroffen wird. Die Seitenflughaut ist
schmal und lang; der Daumen ist lang, sehr
schlank und zart gebaut; der Zeigefinger ohne
sichtbares Gelenk; der zweite Finger hat vier
Glieder, der dritte drei, der vierte ebenfalls. —
Der Hinterschenkel tritt kaum mehr als zwei
und eine halbe Linie aus dem Pelze des Leibes
hervor; das Schienbein ist sechs Linien hoch,
der Sporn kurz, kaum drei Linien lang. — Die
Fußzehen sind gleich lang, an dem einen Fuße
auch die fünf Krallennägel, an dem andern hingegen waren die beiden äußeren Nägel bedeutend kürzer als die drei inneren. Seitenflughaut unbehaart, in der Nähe des Körpers, der
Arme und der Beine mit Reihen äußerst feiner
Pünctchen bezeichnet. — Rand der Schwanzflughaut völlig unbehaart; Arme bloß an der

Wurzel an der inneren Seite ein wenig behaart;
Haar des ganzen Körpers sehr dicht, sanft und
etwas lang, dunkel graubräunlich-rufsfarben, an
der Stirn etwas gelbbräunlich; die unteren
Theile des Thiers sind blässer gefärbt als die
oberen. —

Ausmessung:

Ganze Länge . . . . . 2″ 3‴.
Länge des Körpers . . . 2″ 1‴.
Länge des Schwanzes . . . 2‴.
Breite des ausgespannten Thiers . 10″ 2‴.
Höhe des Nasenblattes nicht völlig . 2‴.
Höhe des Ohrs über dem Kopfe . . 1½‴.
Länge des Daumens . . . . 3½‴.
Der Schenkel tritt aus dem Pelz hervor
    etwa auf . . . . . 2½‴
Länge des Schienbeins . . . 6‴.
Länge des Fußes etwas über . . 4‴.
Länge des Sporns kaum . . . 3‴.
Die Schwanzflughaut läßt sich über
    den Schwanz hinausziehen auf 4‴ bis 4½‴.
Sie läßt sich vom Körper ausziehen auf 6‴.

Der Schädel dieser, so wie der nachfolgenden Art ist besonders merkwürdig durch die
dünnen langen ohne alle Biegung gerade vorge-
streckten Kiefer, wodurch der Kopf dieser Thiere die lange gerade Schnauze erhält. —

14 *

Diese Fledermaus wohnt um *Rio de Janeiro*, und in dem ganzen von mir bereis'ten
Striche, da ich sie an mehreren Orten erhielt,
sie geht auch südlich bis *S. Paulo* hinab. In
ihrem Magen findet man Insecten. —

Die Abbildung, 'welche Herr Professor *Geoffroy S. Hilaire* gab, hat einige Züge, welche
mit meiner Beschreibung nicht gänzlich übereinzustimmen scheinen. Die Zunge hat in
dieser Figur keine Widerhäkchen und der
Schwanz ist nur an seinem Ende durch eine
Verdickung bemerkbar, da er doch an meinem
Thiere der ganzen Länge nach sichtbar ist;
dennoch aber scheinen beide Thiere unfehlbar
zu ein und derselben Species zu gehören.

B. Ungeschwänzte Zungen-Blattnassen,

---

2. *G. ecaudata*, Geoffr.

Die ungeschwänzte Zungen-Blattnase.

Z.:- *Schnauze schmal verlängert; Ohren kurz; Nasenblatt kurz, etwa so lang als der Sporn; Flughaut lang und schmal; der Schwanz fehlt.* —

> *Mémoires du Muséum d'hist. natur.* T. IV. pag. 418.
> pl 18.
> Abbildungen zur Naturgeschichte Brasilien's.

Das von Hrn. *Geoffroy* beschriebene Thier
scheint unfehlbar mit dem meinigen identisch,

nur bemerkt man einigen Unterschied in dem Gebisse, der ohne Zweifel vom Alter herrührte. —

Beschreibung: Der Kopf ist grofs und lang, in eine lange Schnauze verlängert, der Körper breit und kurz. Der Unterkiefer tritt über den obern hinaus; die Unterlippe ist gespalten und an ihrem vorderen Rande mit kleinen Wärzchen oder Papillen eingefafst, auch ist die Spaltung der Lippe noch etwas durch eine nackte Linie fortgesetzt. — Beide Kiefer sind mit drei bis vier langen Bartborsten, feinen langen Haaren besetzt. — Das Auge steht ein Paar Linien weit vom Ohre entfernt; das Nasenblatt ist dreieckig, klein, an den Seiten nur wenig ausgeschnitten; das Ohr ist etwas eiförmig, an der äufseren Seite ein wenig ausgeschnitten; Ohrdeckel klein, eiförmig, zugespitzt. —

Die *Zunge* ist lang, rund, fleischig, ausdehnbar, mit vielen feinen kleinen Papillen besetzt, ihre Spitze ist etwas hornartig und etwa drei bis vier Linien lang mit kleinen Borsten oder Franzen besetzt. —

Gebifs: Schn. $\frac{4}{4}$; Eckz. $\frac{1 \cdot 1}{1 \ 1}$; Backenz. $\frac{6 \cdot 6}{6 \ 6}$. Die Vorderzähne fehlen in beiden Kiefern (es sind deren eigentlich oben und unten vier); Eckzähne kegelförmig, zugespitzt. — Backenzähne auf jeder Seite im Oberkiefer sechs; die drei erstern sind einfache Kegelspitzen, die drei letztern haben vier Spitzen. Im Unterkiefer auf jeder Seite sechs; der erste hat eine Kegelspitze und am hinteren Ende einen Höcker, der zweite hat einen Höcker am Anfange und seine Kegelspitze am hinteren Ende; der dritte hat die Kegelspitze in der Mitte, am Ende und am Anfange aber einen Höcker; die drei folgenden Zähne tragen mehrere abgestumpfte Spitzen *). — Die Brust ist breit, die Arme sind muskulös, stark, der Daumen lang und dünn, der Zeigefinger ohne Gelenk, der zweite Finger mit vier, der dritte mit drei, der vierte ebenfalls mit drei Gliedern versehen. Die Flughaut ist lang und schmal, nahe am Leibe dünn und fein behaart, und eben daselbst in der Nähe des Leibes mit Reihen von kleinen Pünctchen be-

---

*) Wie sehr das Gebiſs dieser Thiere durch das Ausfallen der Zähne variirt, beweis't ein Exemplar dieser Fledermaus, welches Herr *Natterer* aus *Ypanema* sandte. — Im Oberkiefer stehen hier zwei Schneidezähne paarweise beisammen; der innere ist am kleinsten und der aufsere zeigt einen Einschnitt nach aufsen, beide sind sehr klein; eigentlich nur rudimentar. — Dem Unterkiefer fehlen die Schneidezähne ganz, und der zweite Backenzahn hat drei Spitzen, wie der dritte (wahrscheinlich Altersverschiedenheit); oben und unten auf jeder Seite sechs. —

setzt, welche man besonders bemerkt, indem man das Thier gegen das Licht hält. — Der Schenkel des Hinterbeins tritt beinahe sechs Linien lang aus dem Pelz des Leibes hervor; Schienbein ebenfalls sechs Linien hoch. — Die gebogenen Krallennägel der fünf ziemlich gleichen Zehen werden nach innen zu etwas grö-ßer; der Schwanz fehlt und die Schwanzflughaut bildet von dem sehr kurzen Sporn an, einen Saum von anderthalb bis zwei Linien Breite längs des ganzen Beins hinauf bis an den Leib, wo sie kaum mehr vortretend ist. — Dieser ganze Hautrand ist, so wie der Schenkel und selbst das Schienbein behaart, und diese Haare stehen an dem Rande über eine starke Linie breit hervor und bilden Franzen, welche ich nur bei *Glossophaga* gefunden habe. — Das Gesicht ist behaart; der Arm ist auf der äuſseren Seite bis über das Ellenbogengelenk hinaus behaart, an der inneren Seite weniger. — Das ganze übrige Thier ist dicht mit sanften, rattenartigen Haaren bedeckt, welche auf dem Rücken am längsten sind; die Farbe ist auf den oberen Theilen dunkel ruſsbraun, an den unteren etwas blässer, mehr in's Aschgraubräunliche fallend. —

Ausmessung:

Ganze Länge . . . . . . 2″ 5‴.

Ganze Breite . . . . . 11″ 4½‴.

Länge des Kopfs bis in den Nacken . 11‴.

Länge von der Nasenspitze bis an den
   vorderen Ohrrand . . . . 5½‴.

Höhe des Nasenblattes . . . 1⅔‴.

Höhe des äußeren Ohres, auf der inneren, dem Kopfe zugewandten
   Seite gemessen . . . . 3¾‴.

Länge des Schienbeins . . . 6‴.

Länge des Fußes . . . . . 5‴.

Länge des Sporns . . . . 1⅓‴.

Der Schenkel tritt aus dem Pelze hervor um beinahe . . . . 6‴.

Länge des Daumens . . . . 3½‴.

Die Schwanzflughaut spannt vom Leibe aus . . . . . . 1½‴.

Es ist für mich so gut als ausgemacht, daß
Herr Professor *Geoffroy* Figur B. die hier von
mir beschriebene Fledermaus abbildete, auch
sind alle seine Abbildungen von diesen Thieren
sehr schön und vollkommen, dennoch aber zeigt
die genannte Kupferplatte einige Züge, welche
das von mir beschriebene Thier von derselben
unterscheiden, und hierhin gehört besonders
die Zunge, welche sich an meinem Exemplare

mehr in die Länge ziehen liefs und mit Widerhäkchen versehen war, ferner die gröfsere Kürze der Schenkel, die geringere Behaarung der
Beine und Flughaut; es sind indessen diese kleinen Characterzüge nicht bedeutend genug, beide Thiere zu trennen, da sie vielleicht die
Schuld des Zeichners oder daher entstanden
sind, dafs man nach einem ausgestopften Exemplar arbeitete, wefshalb ich denn auch kein Be-
denken trage, die Verdienste eines so ausgezeichneten und thätigen Zoologen anzuerken-
nen. Herr *Delalande* der Jüngere fand diese
Fledermaus bei *Rio de Janeiro*, ich entdeckte
sie in alten Gebäuden der Gegend von *Porto
Seguro*, sie scheint defshalb überall an der Ostküste verbreitet zu seyn. Ihre Stimme ist zischend, und sie giebt einen süfslichen Moschus-
geruch von sich. Im Magen fand ich Ueberreste von Insecten.

G. 8. *N o c t i l i o*, Geoffr.
Der Kantenlefzer.

Dieses nur in Süd-America vorkommende
Geschlecht ist bekannt und scheint in Brasilien
ziemlich allgemein verbreitet; dennoch habe
ich diese Fledermäuse nur selten, und die erstere Art nur einmal erhalten, die letztere aber
in der Gegend der Küste, welche etwa unter

dem 16ten Grade südlicher Breite gelegen ist, häufig gesehen. — Unter den Characteren dieses Geschlechts muſs angemerkt werden: *Obere Schneidezähne zwei bis vier.* — Alle von mir gesehenen Thiere dieser Art hatten nur zwei Schneidezähne im Oberkiefer, da hingegen andere Beobachter vier anmerkten, es scheint daher, daſs im spätern Alter des Thiers nur zwei Schneidezähne bleiben, worauf Rücksicht genommen werden muſs.

Ich werde einige recht vollkommene Thiere nach dem Leben beschreiben. —

1. *N. dorsatus*, Geoffr.
Der gestreifte Kantenlefzer.

K.: *Pelz graubraun, längs des Rückens hinab läuft ein gelblichweiſser Langsstreif, welcher zwischen den Schultern entspringt und am Schwanze endet.*

> *Noctilio vittatus*, *Schinz* Thierreich u. s. w. B. I. pag. 870.
> Abbildungen zur Naturgeschichte Brasilien's.

Beschreibung: Der Kopf ist dick, kurz, mit völlig abgestumpfter Doggenschnauze; die Nasenkuppe steht beinahe eine Linie lang frei über die Lippen hinaus. — Das Auge ist klein und steht nahe vor dem Ohr; letzteres ist schmal eiförmig, mit stark zugespitztem verschmälertem Ende, auch hat das ganze Ohr beständig eine starke Neigung nach vorn. — , Der Ohrdeckel ist klein, länglich schmal, aber an beiden Seiten etwas gefranzt; der hintere Ohrrand zieht sich unter der Ohröffnung herum, bildet gerade darunter eine halbcirkelförmige übergerollte Hautfalte, und sendet nun nach dem Mundwinkel in gerader Richtung vorwärts eine erhabene Hautfalte; das Ohr ist übrigens von innen und aufsen nackt, und nur mit ein Paar dünnen Haarstreifchen bezeichnet. — Die Nasenkuppe ist doggenartig gespalten, und, wie schon gesagt, beinahe eine Linie weit frei vor die Schnauze vortretend; die beiden Nasenlöcher sind rundlich, nach vorne gestellt und mit einem erhöhten Rande versehen; die Oberlippe hängt wie an den Doggen auf jeder Seite über den Mund herab; von der Nasenkuppe läuft die Haut in zwei Falten, wie an einer Hasenscharte, nach dem Munde herab; die Unterlippe springt über die herabhängende Oberlippe mit ihrem Rande vor, und hat an ihrer Spitze in der Mitte mehrere kleine halbkreisförmige Hautfalten; an ihrer Unterseite steht aufserdem ein Hufeisen, und hinter diesem ein isolirtes Knöpfchen. —

Gebifs: Schn. $\frac{2}{2}$; Eckz. $\frac{1\cdot1}{1\cdot1}$; Backenz. $\frac{4\cdot4}{4\cdot4}$.
Im Oberkiefer befinden sich zwei kegelförmige
spitzige Schneidezähne, aber im Unterkiefer ist
kaum Platz für die beiden kleinen Schneidezähne mit gespaltener Krone. — Eckzähne colossal, im Oberkiefer von den Schneidezähnen
durch einen Raum getrennt. — Backenzähne in
jedem Kiefer auf jeder Seite vier, der erste hat
eine starke Kegelspitze, die zwei darauf folgenden haben vier starke Spitzen, welche auf den
zickzackförmig aus- und einspringenden Winkeln des Zahnes stehen; der letzte Zahn ist etwas kleiner und scheinbar mit drei Spitzen versehen. — Im Unterkiefer befinden sich ebenfalls
vier Backenzähne, etwa eben so gebildet; der
erste ist ein Kegel- oder ein Spitzzahn, die
übrigen haben vier Spitzen und mehrere Gruben auf der Oberfläche. — Alle diese Backenzähne beider Kiefer haben an ihren Seiten zwischen den Kegelspitzen so tiefe Einschnitte, dafs
sie von oben betrachtet beinahe zwei aneinander gelehnte Dreiecke bilden, auf deren ausspringenden Winkeln die Spitzen in die Höhe
treten. —

Der Rachen ist am Gaumen mit erhöhten
Queerleisten versehen, wie an den meisten der
früher von mir erwähnten Flederthiere. Die

Zunge ist länglich - walzenförmig, fleischig und glatt. Die Glieder des Thiers sind stark, die Arme lang, die Flughaut etwas schmal; der Daumen ist dick und kurz, der Zeigefinger ohne Gelenk, der zweite Finger hat drei Glieder und einen langen zusammengedrückten Nagel, der dritte Finger hat drei, der vierte eben so viele Glieder. Die Hinterbeine sind stark, mit sehr starken Füſsen, und besonders mit sehr langem, an der Wurzel platt gedrücktem Sporn, auch sind die Nägel sehr groſs, gebogen und scharf, die mittleren ein wenig gröſser als die übrigen. — Der Schwanz ist kurz, hat fünf Glieder und eine Spitze, die als ein kleines Knöpfchen aus der Schwanzflughaut heraustritt; diese letztere ist sehr groſs und lang, sie übertrifft ausgespannt den Schwanz um einen Zoll zehn und eine halbe Linie an Länge. — Die Seitenflughaut ist fünf Linien hoch über dem Fuſsgelenke an der vorderen Seite des Schienbeins befestiget. —

Die Ruthe des männlichen Thieres ist länger und dünner als an den übrigen brasilianischen Fledermäusen, besonders nach der Spitze hin verdünnt; Testikel unter der Haut verborgen. —

Bis zu den Augen sind die Lippen des Thiers ziemlich nackt und nur sehr fein behaart; das Haar am ganzen Körper ist sehr kurz und fein mäuseartig; alle oberen Theile haben eine graubraune Farbe, aber zwischen den Schulterblättern entspringt ein schöner hell gelblichweißer Längsstreif, der an der Schwanzwurzel endet; alle unteren Theile des Körpers sind schön sanft hell röthlich‑gelb; — die Flughäute haben so wie die Glieder eine röthlich‑schwarzbraune Farbe, die Klauen sind weißlich‑fleischroth. — Die Seitenflughaut tritt ganz besonders weit nackt in die Seiten des Thiers hinein, so wie überhaupt die Flughäute nirgends Behaarung zeigen, ausgenommen an ihrer Wurzel vor der Schulter, wo auch der Oberarm behaart ist; der Unterarm ist an seiner unteren Seite mehr behaart als an der oberen.

Ausmessung eines männlichen Thieres:

Ganze Länge	$4''\ 3\frac{1}{2}'''$.
Ganze Breite	$20''\ 8\frac{1}{2}'''$.
Länge des Körpers . . .	$3''\ 3'''$.
Länge des Schwanzes . . .	$1''\ \frac{1}{2}'''$.
Höhe des äußeren Ohres . .	$8\frac{1}{2}'''$.
Länge von der Nasenspitze bis zu der Basis des vorderen Ohrrandes .	$8\frac{1}{2}'''$.

Länge des Schienbeins . . 1″ 4⅔‴.

Länge des Fußes . . . . 1″ 2‴.

Länge des Sporns . . . 1″ 10⅓‴.

Länge, um welche die Schwanzflughaut über die Schwanzspitze hin-
austritt . . . . 1″ 10⅓‴.

Länge der Fußnägel in gerader Linie
gemessen, beinahe . . . 4‴.

Ich erhielt diese schöne Fledermaus nur
einmal zu *Villa Viçoza* am *Peruhype*, wo sie
sich bei kühler Witterung in die Gebäude ver-
kriecht, und daselbst alsdann zuweilen in Menge zusammengeballt gefunden wird. Sie hat
einen unangenehm honigartig süßlichen Geruch — Im Magen fand ich Ueberreste von
Insecten.

? 2. *N. unicolor*, Geoffr.

D e r r o s t r o t h e K a n t e n l e f z e r.

K.: *Pelz an den oberen Theilen einfärbig rostroth,
an den unteren hell rothlichgelb.*

Vespertilio leporinus, Linn.
Schreber, Tab. LX.
Schinz Thierreich u. s. w. B. I. p. 160.

Die hier von mir unter einer besondern
Nummer aufgeführte Fledermaus ist ohne Zweifel die gewöhnliche Art dieses Geschlechts, wie

sie in den naturhistorischen Werken meistens
oberflächlich beschrieben und noch weit schlechter abgebildet wird. — Sie kommt in allen
Theilen ihres Körpers, die Färbung ausgenommen, mit No. 1. überein, aus dieser Ursache
habe ich sie mit einem Fragezeichen versehen.
Es ist zu vermuthen, daſs sie nur Altersverschiedenheit ist, ich habe übrigens *Noctilio dorsatus* nur in Gebäuden, *unicolor* blofs im Freien,
in den Wäldern an Flufsufern gefunden. —
Man wird sie einstweilen als verschiedene Species aufstellen und die eine mit einem Fragezeichen versehen. —

Die rothe Hasenscharte hat im Oberkiefer
zwei Vorderzähne, welche von den Eckzähnen
getrennt in der Mitte nahe zusammen stehen,
etwas gekrümmt gegen einander geneigt; im
Unterkiefer befinden sich zwei kleine kurze
Schneidezähne zwischen die Eckzähne hinein
gekeilt, sie haben eine eingekerbte oder etwas
gespaltene Krone; Eckzähne kegelförmig und
stark, unmittelbar an sie angeschlossen folgen
die Backenzähne, im Ober- und Unterkiefer
vier; sie sind eben so gebildet wie an der vorhergehenden Art, bestehen aus zwei neben einander gestellten Winkeln oder Dreiecken, welche auf ihren ausspringenden Kanten Kegel-

spitzen, und dazwischen tiefe Gruben tragen; der erste Backenzahn ist eine Kegelspitze. —

Alle oberen Theile des Thiers haben eine hell rostrothe Farbe, der Rückenstreif fehlt; die unteren Theile sind hell rostgelblich, oder hell röthlichgelb, aber nicht so blaſs als an No 1., übrigens habe ich zwischen beiden Thieren keine Verschiedenheiten auffinden können. Der Schädel der beiden hier erwähnten *Noctilionen* ist breit, kurz und stark, mit einer starken, hohen *crista longitudinalis* versehen.

Die rostrothe ungestreifte Hasenscharte oder Kantenlefzer habe ich am Flusse *Belmonte* sehr häufig beobachtet. Sie flog daselbst sehr zahlreich an den Fluſsufern umher, sobald die Abenddämmerung eintrat, und sie waren alsdann so häufig als die Schwalben bei uns an recht schönen Sommerabenden. — Sie fliegen sehr schnell und niedrig über dem Wasser hin und her, wo wir sie mit Vogeldunst erlegten. — Am Tage verbergen sich diese Thiere in hohlen Bäumen, belaubten Baumkronen und Felsen, auch an steilen Stellen der Fluſsufer, ich habe aber diese rostrothe Art nicht aus den Gebäuden erhalten, wie ich weiter oben schon anmerkte.

Ihre Stimme ist ein Zischen. — Ich habe sehr grofse Individuen unter ihnen bemerkt, deren Bauch ebenfalls sehr in's Rostrothe fiel *). Herr Dr. *v. Spix* beschreibt zwei Noctilionen, welche neu scheinen; die eine (*Noctilio albiventris, Sp.*) gleicht in vieler Hinsicht dem *dorsatus*, die andere (*Noctilio rufus, Sp.*) scheint verschieden von dem *unicolor* des *Geoffroy*, welches aus der Vergleichung der Maafse erhellt. —

G. 9. *D y s o p e s*, Illig.
H u n d s m a u l.

Ich nehme hier dieses Geschlecht wie *Illiger*, der nicht, wie *Desmarest*, auf die Einkerbung der Schneidezähne Rücksicht nahm; denn die einzige für dieses Geschlecht von mir aus Brasilien zu beschreibende Fledermaus zeigt keine Einkerbung an ihren oberen Schneidezähnen. — Es ist übrigens bekannt, dafs diese Fledermäuse (*Molossus Geoffr.*) in Nord- und Süd-America vorkommen, und neueren Beobachtungen zufolge auch in Indien leben. —

---

*) *Geoffroy's Noctilio albiventris* ist vielleicht ein junges Thier?

1.: *D. perotis.*

Das Taschenohr.

H.: Ohren grofs und sehr breit, in zwei Taschen getheilt; Nase gespalten; Schwanz stark; Pelz oben dunkel rothlich-graubraun, an den unteren Theilen blässer rothlich graubraun.

Abbildungen zur Naturgeschichte Brasilien's.
Schinz Thierreich u. s. w. p. 870.

Beschreibung: Der Kopf ist dick und grofs, der Oberkiefer verlängert und mit vortretender, doggenartig gespaltener Nasenkuppe; die Nasenlöcher stehen auf der abgestumpften Vorderfläche und sind, wie bei den Schweinen, mit einem Rande umgeben, welcher oben zwischen beiden eingekerbt oder gespalten ist; der Unterkiefer ist breit, abgestumpft, kürzer als der obere; die Lippen haben einen etwas verdickten, und besonders die obere einen doggenartig herabhängenden Rand; das Auge ist klein und schweinartig, es steht nahe über dem Mundwinkel. Die Ohren sind colossal und höchst merkwürdig gebildet, sie scheinen doppelt, d. h., sie werden in der Mitte durch einen sehr dicken hohen Längsknorpel in zwei Höhlungen oder tiefe Taschen getheilt, wovon die vordere inwendig fein und lang, von aufsen aber wie der Körper behaart ist; die hintere hingegen

15 *

ist an ihrer inneren Seite nur längs des Schei.
deknorpels mit einem Streifen von Haaren versehen, und von aufsen nackt; die Basis des Ohres ist so breit als die ganze Länge des Kopfs,
sie fängt am Hinterhaupte an und endiget etwa drei Linien weit von der Nasenspitze, wo
sich beide Ohren vereinigen; ihr Rand ist glatt,
ausgedehnt etwa einen Zoll und zwei Linien
hoch über dem Kopfe erhaben, beinahe halbcirkelförmig, mit einem seichten Ausschnitte an
seinem oberen Theile, die hintere Ohrtasche
ist von innen mit Queerfalten bezeichnet. Der
Ohrdeckel (*Tragus*) ist doppelt, ein gröfserer
Hautansatz liegt gleich hinter dem Mundwinkel und ist länglich breit, dabei nach oben sanft
abgerundet, ein kleinerer steht der Gehöröff-
nung näher, ist sehr kurz, schmal, und oben
ein wenig abgestumpft. — Diese weiten grofsen Ohren zieht das Thier am Tage, wie eine
Mütze, über die Augen herab. —

Der Rachen ist grofs und breit. — Die
Zunge ist fleischig, dabei länglich-rund oder
walzenförmig. —

Gebifs: Schn. $\frac{2}{0.5}$ Eckz. $\frac{1.1}{1.1}$; Backenz. $\frac{2}{2}$.
An dem einzigen von mir gesehenen Individuo
waren die Zähne zum Theil sehr beschädiget. — Von den Vorderzähnen befand sich im

Oberkiefer nur noch einer (es sind ihrer unbezweifelt zwei gewesen), hakenförmig gekrümmt;
untere Vorderzähne fehlten. — Eckzähne im
Oberkiefer lang, gekrümmt, zugespitzt, mit
breiter Basis; im Unterkiefer stehen zwei auf
eben diese Art gebildete; Backenzähne zerbrochen, sie zeigten aber noch viele scharfe Spitzen, wovon die äußeren länger sind, als die
inneren.

Der Körper dieser großen schönen Fledermaus ist dick und stark; an der Brust bemerkt
man eine große nackte Drüse, aus welcher eine Feuchtigkeit schwitzt. — Der Schwanz ist
lang, nackt, und etwa bis zu seiner Mitte in die
Flughaut eingeschlossen. — Die Flughaut ist
lang und schmal, die Arme stark, aber die Finger nur mäßig lang; der Daumen ist stark,
aber nicht besonders lang, und mit einem kurzen gebogenen Krallennagel versehen, der Zeigefinger ist ohne Gelenke, der zweite Finger
hat vier Glieder, der dritte hat drei, der vierte
drei und seinen Nagel. — Die Hinterbeine
sind stark, mäßig lang, die Seitenflughaut ist
etwa in dem Fußgelenke befestiget; der Fuß
ist kurz, mit fünf etwa gleichen Zehen und
kurzen gebogenen Krallennägeln versehen. —
Der Sporn ist etwa einen Zoll lang; von seiner

Spitze zieht sich die Flughaut nach der Mitte
des Schwanzes hin, dessen Spitzenhälfte frei und
so wie der ganze Schwanz unbehaart, rund und
glatt ist. Das Gesicht ist dünn behaart, beinahe nackt; Rand der Oberlippe behaart, auch
findet sich ein dichter Busch längerer Haare
über der Nasenkuppe vor der Vereinigung der
beiden Ohren; Unterkiefer sehr dünn mit. einzelnen Härchen bedeckt; Rand der Unterlippe
mit kurzen weißlichen Härchen besetzt; Haar
des ganzen Körpers sehr dicht, sanft und mäuseartig, an den oberen Theilen dunkel röthlich-
graubraun, an den unteren blässer röthlich graubraun; Gesicht graubraun, aber Ohren, Flughaut, Schwanz, so wie alle nackten häutigen
Theile zeigen eine. schwärzlich-braune Farbe;
der Unterkiefer ist blässer, blaß fleischbraun gefärbt; um die Brustdrüse herum befindet sich
eine etwas nackte Stelle. — Die Arme sind
nur am Leibe behaart, die Flughaut aber zeigt
in den Seiten des Körpers ungefähr sechs Linien weit von demselben eine dichte Behaarung,
auch ist der Winkel derselben vor dem Ellenbogen, so wie die den Arm an der unteren Seite..bis zu jenem berührende Haut etwas behaart; die beiden äußeren Zehen an jedem Fuße sind nach außen mit dichten, kurzen, bor-

stigen, weifslichen Haaren besetzt, das Nagel-
glied einer jeden der fünf Zehen hat aber aufserdem einige glänzende lange Haare, welche
bogenförmig weit über den Nagel hinausrei-
chen. —

Ausmessung dieser Fledermaus:

Ganze Länge	6" 1$\frac{1}{2}$'''.
Länge des Körpers . . .	4" 3$\frac{1}{2}$'''.
Länge des Schwanzes . .	1" 10'''.
Ganze Breite des ausgespannten Thieres	21" 1'''.
Ohr über dem Kopfe erhaben etwa	1" 2'''.
Länge des Fufses	8'''.
Länge des Sporns etwa . . .	1"
Länge des Daumens	3$\frac{1}{2}$'''.

Ich erhielt diese schöne merkwürdige Fledermaus nur einmal zu *Villa de S. Salvador
dos Campos dos Goaytacases* am *Parahyba.* —
Sie wurde im Monat September in einem Gebäude gefangen und ist uns nachher nie wieder vorgekommen. — In ihrem Magen fanden sich Ueberreste von Insecten. —

G. 10. *D e s m o d u s.*
'B ü n d e l z a h n.

Gebifs: Schneidezähne im Oberkiefer zwei;
grofs, kegelförmig, gekrümmt, zusammen-

gedrückt, zugespitzt, mit sehr breiter Basis. —

Schneidezähne im Unterkiefer vier, sämmtlich stark nach vorn strebend; Krone tief gespalten, die beiden Theile walzenförmig verlängert und am Ende etwas abgerundet.

Eckzähne groſs, kegelförmig zugespitzt; die *unteren* völlig gerade pyramidal aufsteigend.

Backenzähne im Oberkiefer ﹒﹒﹒﹒﹒

Backenzähne im Unterkiefer auf jeder Seite drei; durch eine kleine Lücke von den Eckzähnen getrennt; der erste und zweite einspitzig, dabei rückwärts gekrümmt, und einer fest an den anderen angeschmiegt; der dritte hat zwei Spitzen. —

Nase: mit verschiedenen behaarten Hautfalten bezeichnet, unter welchen drei wulstige etwas zugespitzte Erhöhungen sich auszeichnen. —

Ohren mit einem Ohrdeckel (*Tragus*) versehen. —

Zunge ﹒﹒﹒﹒﹒﹒﹒﹒

Kopf: klein und sehr kurz; die Kürze seiner Kiefer ist auffallend. — *Unterkiefer* länger als der obere.

Arme und Flughaut sehr stark; *Daumen* sehr -n grofs und aus zwei Gliedern bestehend. *Zeigefinger* scheinbar zweigliederig.

Sporn fehlt.

Schwanz fehlt.

Die Fledermaus, welche mich bewog, dieses neue Genus aufzustellen und die in kein einziges der bekannten Geschlechter vollkommen pafst, hatte ich anfänglich zu den Kammnasen (*Rhinolophus*) gerechnet, halte es aber jetzt für schicklicher, sie von diesen zu trennen, da sie durch mehrere sehr abweichende Hauptzüge von ihnen unterschieden ist. — Sie trägt zwar erhöhte Hautschwielen von besonderer Bildung auf der Nase, allein ihre gleichsam in einen Bündel vereinigten Backenzähne, die Anzahl aller ihrer Zähne, das Vorhandenseyn eines *Tragus* u. s. w. scheiden sie hinlänglich. —

1. *D. r u f u s.*

Der rothbraune Bündelzahn.

B.: *Körper ungeschwänzt, röthlich-braun; Daumen ausgezeichnet lang und stark, so lang als der Fufs; der Sporn fehlt. —*

Abbildungen zur Naturgeschichte Brasilien's.
Rhinolophus ecaudatus. Schinz das Thierreich u s. w.
B. I. pag. 168.

Da ich diese Fledermaus nur einmal, und zwar schon ausgestopft erhielt, so war es unmöglich, alle ihre Ausmessungen richtig zu nehmen, ich habe indessen die Charactere, welche noch unverändert waren, gewissenhaft zusammengestellt.

Der Kopf ist klein, kurz und abgestumpft, der Unterkiefer länger als der obere, und die vordere Spitze des ersteren zeigt einen dreiekkigen, von Haaren entblöſsten Fleck an der Unterlippe; Ohren mittelmäſsig groſs, etwas mehr länglich als rund, daher beinahe eiförmig; der Ohrdeckel (*Tragus*) ist schmal, zwei und eine halbe Linie lang, zugespitzt, an seiner Spitze ein wenig auswärts gekrümmt, wodurch auf seiner hinteren oder äuſseren Seite unter der Spitze ein starker Ausschnitt entsteht, welcher derselben eine etwas sichelförmige Gestalt giebt; unter derselben befinden sich an demselben Ohrdeckelrande einige kleine Zähnchen; die beiden schief gegen einander gestellten Nasenlöcher sind mit einem erhöhten Hautrande umgeben, der über einem jeden derselben sich in eine kleine Spitze erhebt; hinter diesen beiden zugespitzten Hautfalten, und zwar gerade hinter der sie trennenden Vertiefung, erhebt sich ein behaarter zugespitzter Wulst, und rings um ein erhöhter Rand, wodurch diese ganze Nasenbildung ein originelles Ansehen erhält, und sich an die Kammnasen (*Rhinolophus*) anschließt.

Gebiſs: Schn. $\frac{2}{4}$; Eckz. $\frac{1\,1}{1\,1}$; Backenz. $\frac{2}{3}$. Im Oberkiefer stehen zwei Schneidezähne, sie sind groſs, kegelförmig, gekrümmt, zusammengedrückt, zugespitzt und an ihrer Basis sehr breit; im Unterkiefer befinden sich vier Schneidezähne, sie streben sämmtlich stark nach vorn, und die Krone eines jeden derselben ist tief gespalten, beide Theile derselben walzenförmig verlängert und an ihrer Spitze etwas abgerundet. —

Eckzähne groſs, zugespitzt, kegelförmig, die unteren völlig gerade pyramidenartig aufsteigend. —

Backenzähne im Oberkiefer zufällig zerstört. —

Im Unterkiefer auf jeder Seite drei, durch eine kleine Lücke von den Eckzähnen getrennt; sie sind sonderbar gebildet; der erste und zweite sind einspitzig, aber rückwärts gekrümmt und einer fest an den andern angeschmiegt; der dritte hat zwei Spitzen. —

Die Arme und die Flughaut dieses Thiers sind sehr stark, so wie die ganze Hand; der

Daumen ist ausgezeichnet grofs und stark, er
mifst beinahe sieben Linien in der Länge, hat
zwei starke Glieder und einen mäfsig grofsen,
gekrümmten, zusammengedrückten Nagel; der
Zeigefinger scheint zwei Glieder zu haben, der
zweite Finger vier, der dritte und der vierte jeder drei. — Der Schenkel mifst etwa neun
Linien in der Länge; das Schienbein ist ein wenig länger; der Sporn scheint gänzlich zu fehlen; der Fufs, welcher so lang ist als der Daumen, hat fünf starke gleich lange Zehen, mit
starken, zusammengedrückten, gekrümmten
Krallennägeln; der Schwanz fehlt; die Schwanzflughaut ist sieben und eine halbe Linie hoch
über dem Fufsgelenke an der hintern Seite des
Schienbeins befestiget, läuft mit einem Saume
an demselben hinauf, und ist in einer Ausdehnung von drei Linien an dem Körper als Saum
hinüber nach dem anderen Schienbeine gespannt. — Die grofse Seitenflughaut schliefst
sich drei Linien hoch von dem Fufsgelenke an
das Schienbein an; sie ist in der Nähe des Körpers auf ihrer oberen Seite überall stark rothbraun behaart, eben so die Schwanzflughaut;
die untere Seite dieser beiden Theile ist eben
so behaart, aber die Haare haben die blässer
gelbliche Farbe der unteren Körpertheile. —

Haar des Körpers lang, schlicht, sanft, mäfsig
dicht, an der Wurzel hellgelb, an den Spitzen
rothbraun, oder röthlich-zimmtbraun, wodurch
das Thier im Allgemeinen ein rosröthliches Ansehen erhält; die unteren Theile sind blässer,
bräunlich-schwefelgelb mit einem Goldglanze,
besonders an Hals, Füfsen, Daumen und Zehen
der Hinterfüfse; von eben dieser Farbenvertheilung ist die Behaarung der übrigens schwarzbraunen Flughaut; Arme, Schenkel, Schienbeine und Füfse, so wie der Winkel der Flughaut
vor dem Ellenbogen, welcher von der Schulter
zu dem Daumen ausgespannt wird, sind durchaus stark behaart, und zwar glänzend röthlich-
braun; selbst die Ohren, das Gesicht und die
Nasenfälten sind auf diese Art, obgleich nur
dünn behaart. — Die Behaarung des Oberarms
an der unteren oder inneren Seite ist etwas
wollig; der Vorderarm aber nur wenig behaart;
die Nägel an den Zehen der Hinterfüfse haben
eine gelbliche Hornfarbe, und rothbraune Spitzen. —

Ausmessungen der unveränderten Theile:

Ganze Länge bis zu dem Ende der
    Schwanzflughaut etwa . . 3″ 9‴.

Höhe des Ohrs (auf seiner hinteren,
    dem Scheitel zugewandten Seite
    gemessen) etwas über .   .   . $4'''$.
Länge des Ohrdeckels .   .   .   . $2\frac{1}{2}'''$.
Länge des Daumens beinahe   .   . $7'''$.
Länge des Schenkels etwa   .   .   . $9'''$.
Länge des Schienbeins beinahe   . $10'''$.
Länge des Fußes .   .   .   .   . $8'''$.
Ganze Breite des Thiers etwa   . $15''$

Der Schädel war leider zerbrochen, doch
zeigte er noch eine merkwürdige Kürze, da in
dem Unterkiefer nur für die drei genannten
Backenzähne Raum war. —

Diese merkwürdige, bisjetzt unbekannte
Fledermaus ward in den alten Gebäuden der
Fazenda von *Muribeca* am Flusse *Itabapuana*
gefunden; ich erhielt nur ein einziges Exemplar, welches meine Leute präparirt hatten,
während ich abwesend war. — Lebensart und
Nahrung dürften wohl von der der übrigen
Fledermäuse nicht bedeutend verschieden
seyn. —

' *G.* 11. *D i c l i d u r u s.*

, ·K l a p p e n s c h w a n z.

Gebiſs: 'Schneidezähne im Oberkiefer wahrscheinlich zwei *); im Unterkiefer sechs,
auf jeder Seite unmittelbar an den Eckzahn
gereihet drei, in der Mitte befindet sich
eine Lücke; sie sind klein, mit breiter,
dreimal eingekerbter Schneide. —

Eckzähne im Oberkiefer zwei, kegelförmig **), vorwärts gerichtet, etwas zusammengedrückt, sanft gekrümmt, an ihrer
hinteren Seite mit einer zweiten kleineren
Nebenspitze. — Im *Unterkiefer* sind sie
senkrecht gestellt, gerade, an ihrer vorderen Basis mit einer erhabenen Leiste.

Backenzähne im Oberkiefer auf jeder Seite fünf; unmittelbar hinter dem Eckzahne
ein kleines Lückenzähnchen, dann folgt
eine starke Lücke, und nun vier grofse
Mahlzähne mit langen starken Zackenspitzen; der vordere ist lang und kegelförmig,

---

*) Wegen des ausgebrochenen Intermaxillarknochens nicht
genau zu bestimmen, nur ein kleiner Zahn war noch vorhanden, der seiner Stellung wegen auf zwei Vorderzahne
schliefsen liefs.

**) In der Isis ist aus Mifsverständnifs statt *kegelförmig* —
nagelförmig gesetzt.

etwas gekrümmt und mit scharfer, einfacher Spitze, daher beinahe einem Eckzahn ähnlich; er hat einige kleine Nebenerhöhungen und ist von dem Eckzahne durch einen leeren Raum getrennt. Im *Unterkiefer* fünf Backenzähne auf jeder Seite; die beiden vorderen mit einer einfachen kegelförmigen Spitze, und einigen kleinen Nebenhöckern. —

Kopf: Unterkiefer länger als der obere; letzterer am Schädel vor und zwischen den beiden Augenhohlen durch eine grofse elliptische Vertiefung ausgezeichnet, welche die Gesichtsknochen zu beiden Seiten vor die *orbita* heraustreibt. — Stirn- und Scheitelknochen sind mit blasenartigen Erhöhungen aufgetrieben.

Zunge: fleischig, ganzrandig, kürzer als der Unterkiefer, am gröfsten Theile ihrer Unterfläche befestiget. —

Schwanz: anstatt eines äufseren Schwanzes laufen die Schwanzknochen mit mehreren Gelenken in zwei äufserlich an der Haut des Körpers befestigte Hornstücke aus, welche ein aus zwei Klappen oder Kapseln zusammengesetztes Organ bilden. — Die obere Klappe ist halbmondförmig, horn-

artig, scheibenförmig, mit etwas wulstig
verdicktem Rande, dabei eine hohle Kapsel; die untere ist kleiner, etwas dreiek-
kig, zugespitzt, gegen die obere horizontal angelegt, ebenfalls von der Haut gebildet, hohl; diese beiden Hornstücke
stehen mit ihrer größeren Fläche horizontal, lassen sich gegen oder aneinander bewegen, und von einander entfernen, und
sind durch eine besondere feine Haut an
ihrer Basis verschlossen oder von dem
Körper getrennt. Der Schwanzknochen
tritt in die obere Kapsel.

Flughaut: wie an den übrigen Fledermäusen;
ihr hinterer Rand zwischen den Hinterbeinen ist unter der Schwanzklappe hindurch
gespannt. —

Diese sonderbare Bildung scheint geeignet,
ein besonderes Geschlecht unter den Fledermäusen zu bilden. — Das einzige Exemplar
dieser Art, welches ich sah und besitze, verdanke ich dem Herrn *Freyreiß* in Brasilien,
dem es seine Jäger einbrachten, und von welchem ich dasselbe leider im ausgestopften Zustande erhielt. — Die nachfolgenden Zeilen
werden eine genauere Beschreibung des Klap-
penschwanzes enthalten. —

Von der Lebensart dieser Fledermäuse wissen wir nichts, doch dürfte sie wohl wenig von der der übrigen Flederthiere verschieden seyn. — Bei genauerer Durchsuchung von Brasilien wird man vielleicht noch mehrere auf diese Art gebildete Thiere finden, und vielleicht haben auch unsere jetzt reisenden Naturforscher Gelegenheit gehabt, die Anatomie dieses merkwürdigen Wesens zu studiren.

1. *D. albus.*

Der weiſse Klappenschwanz.

Kl·: Ohr breit, über dem Auge entspringend; Haar des Korpers sehr dicht, lang, weiſslich gefärbt; Arme stark und lang; Schienbeine lang und schlank; Sporn lang. —

Isis Jahrgang 1819. p. 1629.
Schinz Thierreich u. s. w. B. I. pag. 170.
Meine Reise nach Brasilien, B. II. p. 76.
Abbildungen zur Naturgeschichte Brasilien's.

Beschreibung nach einem ausgestopften Exemplare: Diese Fledermaus hat im Allgemeinen die Bildung unserer europäischen Arten; der Kopf ist ziemlich klein, der Körper mäſsig breit, die Glieder ziemlich lang, dabei stark. — Der Unterkiefer ist länger als der .obere, die Nasenkuppe scheint durch eine senkrechte Furche ein wenig gespalten; die Augen scheinen nicht besonders klein; über ihnen entspringt das Ohr mit breiter Basis; sein oberer Theil war an dem Exemplare beschädiget, doch ist das äußere Ohr nicht besonders hoch; der Ohrdekkel ist breit und abgestumpft; die Arme sind stark und lang, die Flughaut ziemlich schmal; der Daumen ist mäßig lang, mit einem kurzen Nagel versehen, und liegt bis an die Wurzel des letzteren in einem vor dem Handgelenke und dem Zeigefinger hin ausgedehnten Streif der Flughaut. — Der Zeigefinger ist stark, lang, aber nur aus einem Gliede bestehend, seine Haut ist an dem zweiten Gelenke des zweiten Fingers befestiget, welcher drei Glieder, und einen schmalen, beinahe drei Linien langen Nagel hat; der dritte und vierte Finger haben ein jeder drei Gelenke. — Die Vorderarmröhre ist stark gebogen; der Schenkel ist kurz und größtentheils im Pelz verborgen; das Schienbein ist lang und schlank, der Fuß etwa halb so lang als der Sporn, mit fünf gleichen, sehr zierlichen Zehen und starken Krallennägeln; die Schwanzflughaut ist von den Enden der beiden Sporne in einem Bogen hinüber gespannt, dabei nur nahe am Körper behaart; die Seitenflughaut ist im Fußgelenke befestiget. —

16 *

Das merkwürdigste Glied des Thieres ist sein Schwanz; verfolgte ich die letzten noch in der Haut befindlichen Schwanzwirbel, so fand ich sie deutlich in die obere, vorhin erwähnte Hornkapsel endend; diese ist ein am Ende des Korpers zwischen den Hinterschenkeln unmittelbar an der Schwanzflughaut sitzender, beinahe halbmond- oder etwa bohnenförmiger, hohler Hornkörper, ein Ueberzug des letzten Schwanzwirbels, mit an seinem vorderen oder äußeren Theile etwas wulstig aufgetriebenem, abgerundetem, und in der Mitte etwas ausgeschweiftem Rande, auf seiner Ober- und Unterfläche ein wenig ausgehöhlt oder eingedrückt; unter diesem oberen Hornstücke befindet sich sogleich eine kleinere, dreieckige, ebenfalls hohle, aber etwas zugespitzte Hornkapsel, die gegen die obere angelegt und von ihr abbewegt werden kann, zwischen welchen ich aber keine Oeffnung habe finden können, auch den Nutzen und die Bestimmung dieses sonderbaren Organes auf keine Weise zu errathen wage. — Beide Theile dieser sonderbaren Klappe sind hohl und durch eine besondere zarte Haut geschlossen und vom Leibe getrennt —

Der ganze Körper dieses Thieres ist mit einem zarten, sehr dichten, langen, etwas zottigen, weißlichen Haare bedeckt, welches auf dem Oberrücken vier Linien in der Länge mißt. — Die Behaarung fängt an der Nasenspitze an; die Seiten des Kopfs von der Nase bis zu dem Auge, der Lippenrand und das innere Ohr sind unbehaart und bräunlich gefärbt; das äußere Ohr scheint großentheils, wenigstens an seiner Basis, behaart; die Flughäute sind nackt, mit Ausnahme eines weißbehaarten Streifs längs der unteren Seite des Vorderarms hin bis zwischen den dritten und vierten Finger, des oberen Hautwinkels vor dem Ellenbogengelenk, eines Theils der Flughaut, in den Seiten des Körpers und der Schwanzflughaut zu den Seiten der Schwanzklappe; die weißen Haare des Körpers treten zu beiden Seiten der Schwanzklappe in zwei langen Büscheln etwas über die Schwanzflughaut herab. Flughäute hellbräunlich gefärbt, die Schwanzklappen schwärzlichbraun, wie die Füße und die Nägel. —

Ausmessung:

Ganze Länge etwa . . . . . 2″ 10‴.
Ganze Breite etwa zwischen 13 u. 14″
Länge des Kopfs . . . . . 10½‴.

Höhe des äußeren Ohres etwa . . . 4'''.
Breite der Ohrbasis . . . . . 5½'''.
Länge der Vorderarmröhre . . 2''. 4'''.
Länge des Daumens . . . . . 2'''.
Länge des zweiten Fingers . . 3'' 6'''.
Länge des dritten Fingers . . 2'' 1½'''.
Länge des Schienbeins beinahe . 11'''.
Länge des Fußes . . . . . 4½'''.
Länge des Sporns etwa . . . 9½'''.
Höhe der oberen Schwanzklappe etwa 5'''.
Breite . . . . 5'''.

Der Schädel dieser merkwürdigen Fledermaus ist sonderbar gebildet. Seine Gesichtsknochen sind, wie weiter oben gesagt, an drei
verschiedenen Stellen blasenartig aufgetrieben,
und vor und über den beiden Augenhöhlen befindet sich eine große elliptische Vertiefung,
welche queer über die Nasenknochen hin liegt,
und die Gesichtsknochen zu beiden Seiten vor
die Augenhöhle heraustreibt; an dem ausgestopften Thiere waren alle die weichen, darin
befindlich gewesenen Theile (vielleicht eine
große Drüse?) hinweggenommen, und die Haut
zeigte an dieser Stelle eine große Dünne oder
Transparenz — Das Gebiß ist bei den Kennzeichen des Geschlechtes schon hinlänglich beschrieben worden, man findet aber in dem An-

hange zu diesem Genus noch eine umständli-
chere Beschreibung des hier erwähnten Schädels, verbunden mit einer Vergleichung desselben mit den Köpfen der Spitzmaus und des
Maulwurfs. —

Die Jäger des Herrn *Freyreiſs* fanden diese Fledermaus zwischen den groſsen Wedeln
der zahmen Cocospalmen (*Cocos nucifera*) bei
Canavieras an der Mündung des *Rio Pardo*
(siehe den 2ten Theil der Beschreibung meiner
Reise nach Brasilien, pag. 76), wo sie sich am
Tage verbirgt. Man fand nur ein einziges
Exemplar, welches sich, jetzt in meiner zoologischen Sammlung befindet. Um Herrn *Freyreiſs'* meine Erkenntlichkeit für die Mittheilung
dieses interessanten Thieres zu beweisen, hatte
ich dasselbe nach Ihm benannt, zugleich aber
den Namen *albus* vorgeschlagen, welchen Herr
Professor *Oken* in der Isis vorzog. — Ich würde der ersteren Benennung treu geblieben seyn,
wenn nicht aus Versehen unter die von mir
gegebene Abbildung dieser Fledermaus die letztere gesetzt worden wäre, welche ich daher
jetzt vorziehe und beibehalte. —

Anhang.

Beschreibung des Schädels des *Diclidurus*

von Herrn Professor *Oken.*

Der Schädel dieser Fledermaus ist auf der rechten Seite und unten gröfstentheils zerstört; alle Knochen sind verwachsen und so dünn, dafs sie durchscheinen. — Die eigentliche Hirnschaale ist ziemlich oval; das Gesicht ist plötzlich niedergedrückt und seitwärts ausgedehnt. Das, was man für die Nasenbeine halten mufs, ist selbst schaalenförmig vertieft. Die Nasenlöcher liegen zwischen den Wurzeln der Eckzähne.

Zähne sind oben jederseits sechs, ein Eckzahn, dicht dahinter ein äufserst kleines Lükkenzähnchen; dann folgt eine Lücke und darauf vier angeschlossene Backenzähne, wovon der vorderste der kleinste ist; dann folgt in der Gröfse der hinterste; der vorletzte ist der größte. — Schneidezähne fehlen *); doch läßt sich dieses nicht mit voller Gewißheit entscheiden, da die Knochen hier verletzt sind. — Indessen scheint das Gaumenbein ganz nach vorn zu laufen und die Kiefer ganz von einander zu trennen, so daß der Zwischenkiefer, wenn irgend einer dagewesen, äußerst klein seyn muß, und nicht wohl Zähne fassen kann.

Der Eckzahn ist der längste und hat hinten etwas über der Mitte eine kleine Nebenspitze. —

Das Lückenzähnchen ist kaum wie ein Stecknadelkopf, hat aber doch zwei Spitzen hinter einander. —

Was die Backenzähne betrifft, so muß zuerst etwas vom Bau der Zähne überhaupt vorausgeschickt werden. —

Man kann annehmen, daß die Backenzähne der fleischfressenden Thiere, welche alle mit Schmelz überzogen sind, einen vierseitigen

---

*) Sie fehlten blofs jetzt an dem Schädel; es ist aber weiter oben (pag. 239) gesagt, wie es sich anfänglich mit diesen Zahnen verhielt. Herr Professor *Oken* hat meiner in der Isis gegebenen Notiz von diesem Thiere nicht erwähnt, sondern redet blofs von dem gegenwärtigen Zustande des Schädels, an welchem wirklich das einzige noch vorhandene Vorderzähnchen verloren gegangen ist.

Pfeiler vorstellen, der nach unten in mehrere
Wurzeln ausläuft. Jede der vier Ecken erhebt
sich über die Kaufläche in eine Spitze, so deutlich bei'm Igel. Diese vier Spitzen sind aber
mancher Veränderung unterworfen. Eine der
gewöhnlichsten ist die, daſs die zwei inneren
sehr verkürzt werden und selbst bis unter die
Kaufläche treten. Sie erscheinen dann nur als
ein Absatz, der jedoch noch, in der Regel, durch
eine Kerbe die ehemaligen zwei Spitzen an-
zeigt. Dieser Bau der Backenzähne findet sich
nun ausgezeichnet bei'm Maulwurf, bei der Spitzmaus und bei den Fledermäusen, und es ist
daher kein Zweifel, daſs diese Thiere in eine
Zunft gehören. Bei der Spitzmaus ist der Absatz noch deutlich durch eine Kerbe in zwei
Spitzen geschieden, bei dieser Fledermaus desgleichen; bei'm Maulwurf aber ist die Kerbe
gänzlich verschwunden, und der Absatz erscheint nur einspitzig; die Fledermäuse stehen
daher den Spitzmäusen näher als dem Maulwurf.

Die Backenzähne dieser Thiere haben noch
das Eigenthümliche, daſs die zwei groſsen, äuſseren Spitzen auswendig schief abgeflächt sind,
und in dieser Fläche eine Längsfurche haben,
so daſs die Spitzen wie durch eine Einfaltung

entstanden zu seyn scheinen, und die Zähne unter den Spitzen eine Querleiste bekommen..

Der erste Backenzahn nun unserer Fledermaus ist etwas länger als die anderen und hat eigentlich nur die vordere Spitze behalten, indem die hintere, wie es häufig geschieht, sehr niedergedrückt ist. Der Absatz hat auch die Kerbe verloren, es ist also dieser Zahn noch ziemlich wie ein Lückenzahn gestaltet, und steht auch wohl in der Bedeutung derselben.

Der 2te Backenzahn ist größer und hat 2 äußere eingefaltete Spitzen mit einem großen Absatz, der sehr schwach gekerbt ist.

Der 3te Backenzahn ist etwas größer, aber eben so gestaltet.

Der 4te ist zwar eben so gestaltet, aber viel schmäler, stellt nur einen Querzahn vor mit einfachem Absatz. Die Zahnlinien sind gerade, convergiren aber nach vorn.

Der Unterkiefer ist viel schmäler als der obere, so daß dessen Zähne zwischen den oberen wie in einem Falz liegen.

Im Unterkiefer sind jederseits 9 Zähne, 3 Schneidezähne, 1 Eckzahn, 1 Lückenzahn und 4 Backenzähne, alle dicht angeschlossen; die Schneidezähne sind nur kleine Spitzen; der Eckzahn ist der längste, ohne Nebenspitze; der

Lückenzahn ist etwas gröfser als der obere und
nicht stumpf wie jener, sondern einspitzig.

Der erste Backenzahn ist etwas länger als
die folgenden, hat 2 Spitzen, wovon aber die
hintere sehr kurz; die 3 folgenden Backenzähne sind sich ziemlich gleich, und haben je 4
Spitzen, wovon die zwei inneren um ein weniges kürzer sind. Sie sind übrigens nicht ein-
gefaltet, und wenn hier überhaupt von einer
Einfaltung geredet werden kann, so mufs sie
sich auf der inneren Seite befinden, der Um-
kehrung der unteren Zähne gemäfs. Das Gebifs steht also so:

Schnz. $\frac{0}{3}$; Eckz. $\frac{1}{1}$; Lückenz. $\frac{1}{1}$; Bak-
kenz. $\frac{4}{4}$. —

Da der untere Eckzahn, welcher wirklich
als solcher betrachtet werden mufs, vor den
oberen schlägt, so kann auch dieser für nichts
anderes gehalten werden; gegen den Fall nämlich, wenn man annehmen wollte, er stände im
Zwischenkiefer. —

Die geringste Vergleichung der Gebisse der
Fledermaus, der Spitzmaus und des Maulwurfs
macht es augenscheinlich, dafs diese 3 Thiere
zusammen gehören, und dafs die Fledermäuse
keinesweges in die Nachbarschaft der Affen

kommen. können, wofern man nicht auch den
Maulwurf dahin stellen will. —

Maaſse des Schädels:

Länge	$8\frac{1}{3}'''$.
Höhe	$4\frac{2}{3}'''$.
Breite der Hirnschaale	$4'''$.
Breite des Gesichts	$3'''$.
Abstand der beiden Eckzähne	$1\frac{3}{4}'''$.
Abstand der beiden vorderen Backen- zähne	$2\frac{2}{3}'''$.
Abstand der beiden hinteren Backen- zähne	$3\frac{1}{2}'''$.
Länge der Zahnlinie von der Spitze des Eckzahnes an	$4'''$.
Länge der Linie der Backenzähne	$2\frac{1}{2}'''$.
Länge des Unterkiefers	$6\frac{2}{3}'''$.
Höhe des Kronfortsatzes	$2\frac{2}{3}'''$.
Höhe des Gelenkfortsatzes	$2\frac{1}{5} - 1\frac{1}{2}'''$.
Höhe der Zahnlade	$\frac{3}{4}'''$.
Länge der Zahnlinie im Unterkiefer	$4\frac{3}{4}'''$.
Länge der Hirnschaale unten, von den hinteren Nasenlöchern an	$2\frac{1}{4}'''$.

Erklärung der Abbildungen.

D i c l i d u r u s.

Schädel in natürlicher Gröſse: Fig. *a.* von oben
mit dem Unterkiefer; *b.* ohne denselben;
c. von der Seite die Zähne nicht genau; *d.*
von hinten; *e.* dasselbe von oben, vergröſsert, um die Vertiefung der Nasenbeine zu
zeigen und den Abstand der Eckzähne; *f.*
dasselbe, viel vergröſsert, von der Seite,
zeigt das Gebiſs, oben voran der Eckzahn,
* das Lückenzähnchen, dann die vier Bakkenzähne. Unten die 3 Schneidezähne, der
Eckzahn, der Lückenzahn, die 4 Backenzähne.· Der untere Eckzahn schlägt vor den
oberen, und es ist mithin dieser ein ächter
Eckzahn.

g. Obergebiſs, Kaufläche, zeigt auswendig zwei
eingeschlagene Spitzen, inwendig den Absatz mit einer schwachen Kerbe. Der hinterste Zahn ist schmäler, so zu sagen nur
halb, indem die hintere Spitze fast verkümmert ist.

h. Untergebiſs, Kaufläche.

i. Untergebiſs von innen, auswendig zwei groſse Spitzen, inwendig drei kleine.

k. Dasselbe von innen und oben.

l.ſ Vorletzter Backenzahn oben, von der äuſseren Seite, zeigt bloſs die drei kleinen Hökker der Randleiste, die zwei groſsen Spitzen sind weggelassen.

m. Derselbe Zahn mit den zwei groſsen Spitzen und der dreihöckerigen Randleiste, von der sie so aufsteigen, daſs ihre Seitenkanten je auf einem der Höcker stehen, auf dem mittleren ihrer zwei. Diese Randhöcker entstehen eigentlich durch die Einfaltung der zwei groſsen Spitzen.

m. Derselbe Zahn, Kaufläche. Oben sieht man die drei Randhöcker, von ihnen aus gehen die zwei groſsen Spitzen nach innen. Inwendig zeigen sich die zwei Spitzen des Absatzes, die ebenfalls einwärts geschlagen sind. —

n. Derselbe Zahn des Unterkiefers von innen; zeigt die drei Randhöcker, welche hier, nach der regelmäſsigen Vordrehung der unteren Zähne inwendig stehen, die zwei groſsen Spitzen auswendig. Der Absatz, welcher auswendig stehen müſste, fehlt hier.

Spitzmaus, zur Vergleichung.

a. Gebiſs, oben 8, unten 6 Zähne, dort, dem Scheine nach, 1 Nagezahn, 3 Lückenzähne,

4 Backenzähne, hier 1 Nagezahn, 2 Lückenzähne und 3 Backenzähne. Da aber bei allen verwandten Thieren unten 4 Backenzähne sind und der erste einem Lückenzahn
ziemlich gleich sieht; so muſs auch hier
der hintere Lückenzahn für den ersten Bak-
kenzahn genommen werden. So wären
oben 3, unten nur 1 Lückenzahn. Betrachtet man aber dieses Gebiſs genau, so
bemerkt man, daſs der untere Nagezahn die
3 vorderen Zähne oben deckt, und sie mithin zu seinen Gegenzähnen hat. Es sind
demnach die zwei vorderen Lückenzähne
oben für Schneidezähne zu halten, und so
hätte die Spitzmaus auch dann oben drei,
wie der Maulwurf und die meisten Thiere.
Es wird aber erst streng erwiesen werden
können, wenn man weiſs, daſs sie im Zwischenkiefer stecken. Bisjetzt war es uns
nicht möglich, junge Spitzmäuse mit un-
verwachsenen Schädelknochen aufzutreiben.
Unsere Ansicht gewinnt aber auch dadurch
an Gewicht, daſs bei *Scalops* und *Sorex
moschatus* wirklich 3 Schneidezähne oben
vorhanden sind. Es ist demnach oben und
unten nur *ein* Lückenzahn, und das Gebiſs
steht so: Schn. $\frac{3}{1}$; Lückenz. $\frac{1}{1}$; Backenz. $\frac{4}{4}$. —

Nach dieser Ansicht dürften wohl *Sorex,*
Mygale und vielleicht *Scalops* zu vereinigen seyn. —

b. Obergebiſs verkehrt, von innen gesehen; die
3 ersten Backenzähne zeigen 2 äuſsere eingefaltete Spitzen, wie bei der Fledermaus,
und einen inneren Absatz ebenfalls mit 2
kleinen Spitzen oder einer Kerbe. Der
hinterste Backenzahn ist nur halb, wie bei
der Fledermaus.

c. Obergebiſs, Kaufläche, auf eine andere Art
dargestellt, um die Einfaltung besser zu zeigen. Inwendig der Absatz mit der Kerbe,
auswendig die Randleiste mit drei Höckern,
wie bei der Fledermaus.

d. Vorletzter Backenzahn oben, von auſsen gesehen, zeigt die zwei Spitzen und darunter
die Kranzleiste mit den drei Höckern.

e. Derselbe von innen; die zwei kurzen Spitzen gehören dem Absatz; die Spitze * der
Kranzleiste.

f. Derselbe, Vorderseite, nämlich stehend gedacht. Die zwei Spitzen * gehören der
Kranzleiste; die zwei kürzeren gegenüber
dem Absatz.

g. Derselbe Zahn von der Vorderseite und nur
die vorderen, an den drittletzten Zahn sto-

ſsenden Spitzen gezeichnet. Die niederste
Spitze ist der Absatz, die mittlere die ächte
Zahnspitze, die äuſsere der vordere Höcker
der Randleiste. —

·*h.* Ebenso von der Fledermaus.

i. Ebenso vom Maulwurf. Diese einzige Ansicht beweist allein, daſs diese drei Thiere
in eine Zunft gehören.

Maulwurf.

a. Gebiſs von der äuſseren Seite. Oben 3
Schneidezähne, 1 Eckzahn, 3 Lückenzahne,
4 Backenzähne. Davon hat der erste die
hintere Spitze fast ganz verkümmert; die
zwei folgenden sind je zweiſpitzig und haben die dreihockerige Randleiste; der letzte
ist halb. Unten scheinbar 4 Schneidezähne
(jederseits), dann 1 Eckzahn, 2 Lückenzähne und 4 Backenzähne. Da aber dieser
Eckzahn hinter den oberen, ächten Eckzahn
stöſst; so ist er mir ein Schein-Eckzahn,
und es muſs der hintere Schneidezahn als
der ächte Eckzahn anerkannt werden. Es
sind also hier auch nur 3 Schneidezähne, 1
kleiner Eckzahn, 3 gröſsere Lückenzähne und 4 Backenzähne. — Von diesen hat
der vordere die Hinterspitze verkümmert,

o₃ die drei folgenden, wovon der hintere auch der kleinere ist, sind zweispitzig. Die kleine Spitze, welche vor den zwei gröſseren erscheint, gehört zur inneren Reihe.

b. Dasselbe, von innen. Die 3 hinteren Bakkenzähne oben zeigen die zwei Spitzen und den Absatz, welcher nur einspitzig ist ohne Kerbe. Dieselben 3 Zähne haben inwendig drei halbhohe Spitzen, wie bei der Fleder- und Spitzmaus. Diese Spitzen entsprechen den drei äuſseren Höckern der Randleiste der Oberzähne. —

c. Gebiſs, geschlossen, um zu zeigen, daſs alle unteren Zähne vor die gleichnamigen oberen schlagen, deutlich der erste Backenzahn von den vier, so wie die drei Lückenzähne. Was man unteren Eckzahn nennt, liegt hinter dem oberen, und ist es daher nicht. — Dagegen hilft er gesetzmäſsig die Zahl drei füllen, wenn er als Lückenzahn betrachtet wird. Das kleine Schneidezähnchen, welches vor den oberen Eckzahn schlägt, ist mithin der ächte Eckzahn, und es bleiben nur drei Schneidezähne, die regelmäſsige Zahl, welche nur von einigen Beutelthieren übertroffen wird.

17 *

d. Obergebiſs, Kaufläche. An den zwei groſsen Backenzähnen auswendig die dreihök-
kerige Randleiste, dann die zwei einschla-
genden Spitzen, inwendig der Absatz, einfach, ohne Kerbe, steht also der Fledermaus
ferner als der Spitzmaus: der hintere Zahn
fast halb.

e. Dasselbe Gebiſs, in einer anderen Manier,
um die Einfaltung der zwei Zahnspitzen und
die Einfachheit des Absatzes zu zeigen.

f. Untergebiſs, Kaufläche, auswendig die zwei
groſsen Spitzen, inwendig die drei kleinen
oder Randhöcker.

h. Unterer Backenzahn, von innen, zeigt die
drei kurzen inneren Spitzen oder Randhök-
ker, und die zwei groſsen äuſseren.

i. Oberer Backenzahn von der Vorderseite, Absatz und die zwei Spitzen sich deckend. —

k. Unterer Backenzahn von derselben Seite,
zeigt deckend die drei inneren und die zwei
äuſseren Spitzen.

Die Zahnformeln stehen also so:

Fledermaus: $\frac{6}{9}$; Sch. $\frac{0}{3}$, E. $\frac{1}{1}$, L. $\frac{1}{1}$, B. $\frac{4}{4}$.

Spitzmaus: $\frac{8}{6}$; Schn. $\frac{3}{1}$, E. $\frac{0}{0}$, L. $\frac{1}{1}$, B. $\frac{4}{4}$.

Scalops: $\frac{10}{8}$; Schn. $\frac{3}{1}$, E. $\frac{1}{1}$, L. $\frac{2}{2}$, B. $\frac{4}{4}$.

Mygale: $\frac{11}{11}$; Schn. $\frac{3}{3}$, E. $\frac{1}{1}$, L. $\frac{3}{3}$, B. $\frac{4}{4}$.

Igel: $\frac{10}{8}$; Schn. $\frac{3}{2}$, E. $\frac{1}{1}$, L. $\frac{2}{1}$, B. $\frac{4}{4}$.

G. 12. *Vespertilio.*
Fledermaus.

Das Geschlecht *Vespertilio* habe ich in den nachfolgenden Blättern genommen, wie es die meisten der neueren Schriftsteller aufgestellt haben: mit vier Schneidezähnen im Ober- und sechs im Unterkiefer, mit vier, fünf bis sechs Backenzähnen auf jeder Seite eines jeden Kiefers, mit einem Ohre, das mit einem Ohrdeckel versehen ist, mit einer einfachen, weder mit Hautfortsätzen, noch mit Falten und Kämmen versehenen Nase, so wie mit glatten Lippen, welche nicht mit Papillen besetzt sind.

Liebhaber der grofsen Menge neuer Geschlechter können leicht auch diese Familie noch trennen, z. B. wenn sie die Zahl der Bakkenzähne gelten lassen; allein ich glaube, dafs zu viele Geschlechter eher schaden als nützen, auch konnte ich von der gegebenen Eintheilung nicht füglich abgehen, da ich von einigen der von mir zu beschreibenden Arten die Zahl der Backenzähne nicht genau angeben kann. Der Verlust mehrerer Exemplare meiner zoologischen Sammlung hat mir bei einigen Arten die Gelegenheit benommen, die auf günstigere Augenblicke verschobene Untersuchung dieses

Theils des Gebisses vornehmen zu können und es sind dadurch Lücken in meinen Beschreibungen entstanden, die ich nun nicht mehr auszufüllen vermag; ich gebe indessen diese Beschreibungen, wie ich sie bei dem ersten Anblicke des Thiers entwarf. —

Das Geschlecht *Vespertilio* ist in Europa das herrschende, während in America die Blattnasen bei weitem die stärkste, und die eigentlichen Fledermäuse, die am wenigsten zahlreiche Familie ausmachen. —

Die Lebensart der brasilianischen Thiere dieses Geschlechtes scheint mit der der europäischen Arten übereinzustimmen, auch sind sie gewiſs nicht Blutsauger, da man bei ihnen nie den Rand der Unterlippe und den Vordertheil des Unterkiefers nackt und warzig findet; die Brasilianer behaupten übrigens von allen dortigen Flederthieren, daſs sie diese Eigenheit besitzen. —

1. *V. caninus.*

Die Fledermaus mit der Hundsschnauze.

Fl.: *Oberkiefer verlängert und etwas aufgeworfen; Nasenkuppe etwas gespalten; Schwanz kurz und in der Flughaut endend; Ohr etwas kegelformig;*

Ohrdeckel sehr kurz, an der Wurzel schmäler;
Sporn stark und über ½ Zoll lang. —

Schinz Thierreich u. s. w., B. I. p. 179
Abbildungen zur Naturgeschichte Brasilien's.

Beschreibung: Die Stirn dieser Fledermaus
ist durch den dichten Pelz hoch erhaben; das
Auge ist klein, glänzend, und steht nahe unter dem vorderen Rande des Ohres; Oberkiefer
etwas aufgeworfen, gerade vorgestreckt, länger
als der untere; der Mund ist breit, mit gegen
den Mundwinkel hin aufgeschwollenen Lippen;
die Nasenkuppe ist etwas gespalten, mit zwei
kleinen runden Nasenlöchern, welche an ihrem
erhabensten Theile nahe bei einander stehen;
Unterlippe nur scheinbar ein wenig gespalten,
mit zwei dickeren, dreieckigen, glatten Haut-
fleckchen vorn an ihrer Spitze, welche einen
Fettglanz zeigen; — Unterkiefer viel kürzer
als der obere; das Ohr ist von seiner oberen
Seite vom Kopf aus gemessen fünf und zwei
Drittheil Linien hoch, ziemlich kegelförmig,
oben ein wenig, aber nicht breit abgerundet,
an seiner inneren Fläche mit erhabenen Querleisten bezeichnet; in der Mitte seines äußeren
Randes ist es mit einem kleinen sanften und
an der Basis desselben noch mit zwei bogigen
Ausschnitten versehen; der vordere oder inne-

re Ohrrand ist breit nach innen umgeschlagen,
und nach dem *Tragus* hin befestiget; dieser
ist sehr kurz, an der Wurzel schmäler als an
der Spitze, dabei abgerundet.

Gebiſs: Schn. $\frac{4}{6}$; Eckz. $\frac{1\cdot1}{1\cdot1}$; Backenz. $\frac{4\cdot5}{?}$.
Im Oberkiefer vier Schneidezähne, die beiden
äuſseren etwas zugespitzt, die inneren breit; im
Unterkiefer sechs, mit einmal eingekerbter
Krone. Eckzähne kegelförmig, im Oberkiefer
von den Schneidezähnen etwas getrennt. —
Backenzähne im Oberkiefer auf jeder Seite vier,
vielleicht fünf; der erste ist ein Kegelzahn, die
übrigen mit vier bis fünf Spitzen; von oben auf
die Kaufläche gesehen, bilden sie zwei spitzige,
aneinander geschobene Dreiecke; im Unterkiefer stehen zuvörderst zwei zugespitzte Kegelzähne, hernach sind sie vierspitzig. —

Die *Zunge* ist fleischig, länglich, wie an
den übrigen Arten, und glatt. —

Der Daumen ist schmal und schlank, mit
einem kleinen Nagel; der Zeigefinger vereinigt
sich mit dem zweiten Finger bei dessen zwei-
tem Gelenke; die Flughaut ist schmal, lang
und nackt; die Hinterfüſse haben fünf gleiche
Zehen, mit zusammengedrückten Krallennägeln;
an jeder Ferse befindet sich ein starker, sechs
und zwei Drittheil Linien langer Sporn, die

Schwanzflughaut ist·daher auch lang und breit, sie läſst sich leicht bis auf einen Zoll vier und zwei Drittheil Linien weit vom Körper ausdehnen, weſswegen denn auch der acht Linien lange Schwanz noch nicht die Hälfte derselben erreicht. — Wenn das Thier mit zusammengefalteten Flügeln in Ruhe sitzt, so tritt die Schwanzspitze ein wenig aus der Haut hervor, da dieselbe hingegen im Fluge vollig unsichtbar in der Fläche der ausgedehnten Schwanzhaut erscheint. —

Das Haar des ganzen Thiers ist gleich dicht und sanft, überall ziemlich lang, besonders an Stirn, Rücken und Brust; die Farbe ist ein dunkles schwärzliches Braun, etwa dunkel ruſsfarben, am Bauche und allen unteren Theilen etwas heller, dabei etwas in's Röthliche fallend. Gesicht ziemlich nackt, aber etwa von derselben Farbe wie das Haar. — Die Schwanzflughaut ist an ihrer äuſseren und inneren Seite mit sehr kleinen, kurzen Härchen dünne besetzt.

Ausmessung eines weiblichen Thieres:

Ganze Länge	2″ 8‴.
Länge des Körpers . . .	2″ —
Länge des Schwanzes . . .	8‴.
Ganze Breite des Thiers . .	10″ 4⅔‴.

Höhe des äufseren Ohres, vom Kopfe

aus gemessen . . . . $5\frac{2}{3}'''$.

Länge des Sporns . . . . $6\frac{2}{3}'''$.

Die Schwanzflughaut läfst sich vom

Korper ausdehnen auf . . $1''\ 4\frac{2}{3}'''$.

Der Schädel hat zwischen den Augen einen tiefen Eindruck, und gleichsam eine Einschnürung von den Seiten, vor der Augenhohle
treten aber die Knochen wieder weit hervor,
und geben dem vorderen Theile des Gesichts
eine breite Abrundung. —

Diese Fledermaus hat in der Bildung ihrer Schnauze einige Aehnlichkeit mit den Mo-
lossen oder Hundsmäulern, allein die Ohren
sind nicht auf diese Art gebildet, und das Gebifs ist verschieden. —

Ich erhielt diese Art am 20. November in
einem alten Gebäude, und fand bei ihr einen
grofsen, schon ausgebildeten *foetus*, dessen Ohren an den Seiten des Kopfs herabhingen. —
· Im Magen fanden sich Ueberreste von
Insecten.

2. *V. nigricans.*

Die schwärzliche Fledermaus.

Fl.: *Ohr mittelmafsig grofs, unter der Spitze an
der äufseren Seite ausgeschnitten; Ohrdeckel beinahe linienformig; Schnauze kurz; Nasenkuppe*

durch eine Furche getheilt; Schwanz in der Flug-
haut liegend, halb so lang als der Korper; Pelz
schwarzlich rufsfarben.

Schinz Thierreich u. s. w. B. I. p. 179.

Beschreibung: Diese Fledermaus ist klein,
eben so der Kopf; die Schnauze ist kurz; zwischen den aufgeschwollenen Nasenlöchern befindet sich eine Furche; Ohr mittelmäfsig grofs,
an der oberen dem Kopfe zugewandten Seite
drei und ein Drittheil Linien hoch, an dem
vorderen oder inneren Rande ein wenig abgerundet, an dem hinteren ziemlich senkrecht
abgeschnitten, die Spitze ist ein wenig nach
dem äufseren Rande übergeneigt, indem sich
unter derselben ein kleiner Ausschnitt befindet;
Ohrdeckel nicht halb so lang als das äufsere
Ohr, sehr schmal, lanzett- beinahe linienförmig
und zugespitzt. —

Gebifs: Schn. $\frac{4}{6}$; Eckz. $\frac{1\ 1}{1\ 1}$; Backenz $\frac{?}{?}$.
Im Oberkiefer vier Vorderzähne, wovon zwei
gepaart an jeder Seite stehen und in der Mitte
einen Zwischenraum lassen; im Unterkiefer
stehen sechs gleiche Vorderzähne ohne Zwischenraum; die Eckzähne sind stark, die oberen am längsten; die Backenzähne konnten bei
dem Verluste des Exemplars nicht untersucht
werden.

Die Zunge ist länglich walzenförmig, fleischig, glatt, und nicht dehnbar. —

Die Flughaut ist schmal und lang; der
Schwanz liegt gänzlich in der Schwanzflughaut,
er ist halb so lang als der Körper; die Füfse
haben fünf gleiche Zehen; der Sporn ist ziemlich lang. —

Die Flughaut ist nackt, blofs in dem Schul-
terwinkel behaart, und von bräunlich-schwarzer
Farbe; Nägel der Füfse weifslich, übrigens ist
das ganze Thier völlig dunkel rufsfarbig, oder
dunkel schwärzlich · graubraun, doch hatte der
Bauch eine hellere Farbe als der Rücken.

Ausmessung:

Ganze Länge . . . . . . 2″ 9½‴.
Länge des Körpers . . . 1″ 10½‴.
Länge des Schwanzes . . . 11‴.
Ganze Breite des Thiers . . 8″ 8‴.
Höhe des Ohrs an der oberen, dem
    Kopfe zugewandten Seite . 3⅓‴.

Diese kleine Fledermaus erhielt ich auf
der *Fazenda de Agá,* in der Gegend des Flusses *Irituba* oder *Reritigba* (siehe den 1. Theil
meiner Reisebeschreibung, pag. 173). — Sie
scheint viel Aehnlichkeit mit *Azara's Chauve-
souris douzième ou brune obscure (Vesperti-*

lio albescens, 'Geoffr.) zu haben, wenn nicht· die Farbe verschieden wäre.

3. *V. calcaratus.*

Die langgespornte Fledermaus.

Fl.: Schnauze etwas zugespitzt; Schwanz kurz und in der Flughaut liegend; Fuſs klein; Seitenflughaut im Fuſsgelenke befestiget; Sporn sehr lang, mit ihren Enden einander beinahe berührend; Pelz röthlich-braun.

Abbildungen zur Naturgeschichte Brasilien's. Schinz Thierreich u. s. w., B. I. p. 180.

Die Schnauze ist etwas zugespitzt, der Oberkiefer länger als der untere. Die Ohren sind schmal lanzettförmig, und ihre Spitze etwas nach der äuſseren Seite über gekrümmt; der Ohrdeckel ist breit und stumpf. —

Gebiſs: Schn. $\frac{4}{6}$; Eckz. $\frac{1 \cdot 1}{1 \cdot 1}$; Backenz. $\frac{4 \cdot 4}{4 \cdot 4}$. oder vielleicht $\frac{5 \cdot 5}{5 \cdot 5}$. Vorderzähne oben vier, unten sechs; Eckzähne mäſsig groſs; Backenzähne im Ober- und Unterkiefer an jeder Seite vier bis fünf, sämmtlich mit Kegelspitzen. Der Daumen ist klein und zart; Fuſs klein und kurz, die Seitenflughaut ist an demselben weiter hinab befestigt, als an allen übrigen von mir beobachteten Arten; denn sie entspringt an der Zehenwurzel, und ist übrigens mit sich

kreuzenden punctirten Linien bezeichnet; das
Schienbein ist lang und dünn, es mißt neun
und eine halbe Linie in der Länge; der Schenkel ist beinahe gänzlich im Pelze verborgen;
Schwanz sehr kurz, er erreicht nur einen
Theil der Schwanzflughaut, dagegen sind die
Sporne so lang, daß sich ihre Spitzen beinahe
berühren, wenn die Schwanzflughaut mit den
Beinen möglichst auseinander gezogen wird.
Die Seitenflughaut ist am Rande des Körpers,
eben so die Schwanzflughaut behaart; die letztere ist, wie gesagt, mit punctirten Linien bezeichnet, und längs ihrer Mitte hinab mit feinen wolligen Härchen besetzt. Haar des Thiers
zart und ziemlich lang, an den oberen Theilen
röthlich-braun, an den unteren blässer, röth-
lich-fahl. —

Ausmessung:

Ganze Länge etwas über	$2''$ $4'''$.
Länge des Körpers	$1''$ $10\frac{1}{2}'''$.
Länge des Schwanzes	$5\frac{2}{3}'''$.
Ganze Breite etwa	$11''$ $3'''$.
Höhe des Ohres etwa	$5'''$.
Länge des Sporns beinahe	$1''$ $2'''$.
Länge des Schienbeins	$9\frac{1}{2}'''$.

Es ist zu bemerken, daß bei der hier angegebenen Länge des Körpers, die Haarspitzen

abgerechnet sind; welche noch etwas auf die Schwanzflughaut hinüber fallen.

Diese Fledermaus wurde auf der *Fazenda* zu *Coroaba* am Flüſschen *Jucú*, unweit des *Rio do Espirito Santo* gefunden. —

4. *V. leucogaster.*

Die Fledermaus mit weiſslichem Bauche.

Fl.: Schnauze sehr kurz; Ohr an den Seitenrändern geradlinig; Ohrdeckel mäſsig lang und lanzettförmig; Schwanzspitze kaum befreit; Sporn kaum langer als das Ohr; Pelz an den Obertheilen schwarzbraun, gelblich-bespitzt, weiſsgraulich am Bauche. —

Abbildungen zur Naturgeschichte Brasilien's.
Schinz Thierreich u. s. w. B. I. pag. 180.

Der Kopf ist kurz, ganz besonders aber die Schnauze; die Nasenkuppe ist breit; Nasenlöcher nach den Seiten geöffnet; das Auge ist klein und steht nahe vor dem Ohre; dieses hat eine längliche Gestalt, steht gerade, aufgerichtet, ist oben etwas zugerundet und an beiden Rändern nicht ausgeschnitten, sondern ziemlich geradlinig; der Ohrdeckel ist mäſsig lang, lanzettförmig oder länglich schmal.

Gebiſs: Schn. $\frac{4}{6}$; Eckz. $\frac{1 \cdot 1}{1 \cdot 1}$; Backenz. $\frac{5 \cdot 5}{5 \cdot 5}$.

Im Oberkiefer stehen vier Vorderzähne, wovon

immer zwei gepaart sind, indem sich in der
Mitte eine Lücke befindet; im Unterkiefer
scheinbar sechs Schneidezähne, mit etwas eingekerbter oder getheilter Krone. Eckzähne lang, spitzig, kegelförmig, die des Unterkiefers sind etwas kleiner; Backenzähne oben
auf jeder Seite fünf, wie im Unterkiefer; der
erste ist sehr klein mit zwei Spitzen, die vier
folgenden gröfser, nach aufsen mit grofsen,
nach innen mit kleineren sehr zugespitzten Fort-
sätzen. Untere Backenzähne gebildet wie die
oberen. —

Die Zunge ist fleischig, walzenförmig, mit
einigen Querleisten bezeichnet.

Der Hals ist wegen seiner Kürze unbemerkbar. — Die Seitenflughaut ist unmittelbar an dem Fufse befestiget, daher an der
Wurzel breit, und nach dem Ende hin mehr
zugespitzt. — Der Daumen ist lang und
schlank, mit langem, dünnem gekrümmtem Nagel; der Zeigefinger hat zwei Gelenke, der
zweite Finger drei, der dritte drei, der vierte
ebenfalls. — Arme und Finger sind lang; die
Füfse haben fünf gleiche Zehen und starke bo-
genförmige Nägel; der Sporn ist etwas länger
als der Fufs; von dem ersteren läuft die Flughaut gerade fort und bildet einen kleinen Win-

kel, alsdann zieht sie sich nach der Schwanzspitze hinaus, welche um eine halbe Linie frei
ist. — Auf der Seitenflughaut befinden sich
an der Seite des Körpers parallele Reihen kleiner Pünctchen, welche von dem Oberarme
nach dem Schienbeine gerichtet sind, auch die
Schwanzflughaut ist mit zerstreuten Pünctchen
besäet. — Geschlechtstheile gebildet wie an
den europäischen Flederthieren. —

Vorderkopf von der Nase an sehr dicht
und lang behaart; Hinterbeine bis an das Knie
behaart; die Nagelglieder der Füſse sind mit
langen gelblichen Haaren besetzt; der Schwanz
liegt etwa um ein Drittheil seiner Länge im
Pelze verborgen, welcher auch den ganzen
Hinterschenkel verdeckt — Flughaut, Ohren,
Gesicht, und alle nackten Theile sind bräunlich-schwarz; der dichte, zarte Pelz aller oberen Theile schwarzbraun, mit fahl gelblichen
Haarspitzen; Kehle und Seiten der Brust sind
schwarzbräunlich; Mitte der Brust blaſs graubräunlich; Bauch und Aftergegend weiſsgraulich; Haare in den Seiten des Körpers, welche
die Flughaut decken, weiſslich. —

Ausmessung eines männlichen Thieres:
Ganze Länge . . . . 2″ 10‴.
Länge des Körpers . . . 1″ 7‴.

Länge des Schwanzes . . .	$1''\ 3'''$.
Ganze Breite	$8''\ 11\frac{1}{2}'''$.
Höhe des Ohrs	$4\frac{1}{2}'''$.
Länge des Daumens . . .	$2\frac{1}{2}'''$.
Länge des Schienbeins . . .	$6\frac{1}{3}'''$.
Länge des Fußes etwa . . .	$4'''$.
Länge des Sporns	$4\frac{2}{3}'''$.

Diese Fledermaus fanden wir am Tage an den Felsen und alten Stämmen der großen Urwälder sitzend, welche die Ufer des Flusses *Mucuri* beschatten; man traf sie auch wohl aufgehängt, wo sie in der Kühlung des Wassers ruhete und in der Dämmerung den Insecten, ihrer Nahrung, nachflog. —

5. *V. Naso.*

Die Fledermaus mit verlängerter Nase.

Fl. · *Nasenkuppe verlängert, gespalten, und über den Kiefer vortretend; Sporn lang; der Schwanz erreicht ein Drittheil der Schwanzflughaut, seine Spitze ist etwas frei; Flughaute ziemlich behaart.*

Schinz Thierreich u. s. w. B. I. pag. 179.
Reise nach Brasilien, B. I. pag 251.
Abbildungen zur Naturgeschichte Brasilien's.

Beschreibung: Der Kopf ist klein, zugespitzt, mit einer Nase, welche um eine starke Linie über den Unterkiefer vortritt, und deren

Kuppe gespalten ist. — Das Ohr ist etwa fünf Linien hoch, sehr schmal, beinahe lanzettförmig, dabei an seinem äußeren Rande unter der Spitze mit einem Ausschnitte versehen, und an seiner inneren Fläche mit Querreifen bezeichnet; der Ohrdeckel ist so kurz, daß man ihn kaum bemerkt; er erscheint frei, sobald man das äußere untere Ohrläppchen zurückklappt; das Auge ist klein. —

Gebiß: Schn. $\frac{4}{6}$ bis $_8$; Eckz. $\frac{1 \cdot 1}{1 \cdot 1}$; Backenz. $\frac{5 \quad 5}{5 \quad 5}$. · Im Oberkiefer befinden sich vier Schneidezähne, wovon die beiden mittleren größer und gegen einander geneigt sind; im Unterkiefer sechs bis acht Schneidezähne, in ihrer Mitte durch eine kleine Lücke getrennt, so daß immer drei zusammen stehen; sie haben dreifach eingekerbte Kronen, und neben ihnen scheint an jeder Seite neben dem Eckzahne noch ein kleinerer zu stehen, der später vielleicht ausfällt. — Eckzähne im Oberkiefer groß; die unteren haben nach vorn und hinten an der Wurzel eine Nebenspitze; Backenzähne im Oberkiefer auf jeder Seite fünf, im unteren eben so viele; der erste der oberen hat eine lange Kegelspitze in seiner Mitte und kleine Nebenhaken an der Basis, die übrigen tragen lange Spitzen; im Unterkiefer ist der

erste Backenzahn von dem Eckzahne, so wie
von seinem Nachfolger durch eine Lücke getrennt, beide haben eine Mittelspitze und hinten und vorn kleine Nebenzacken, die übrigen
tragen lange Zackenspitzen; von oben auf die
Krone gesehen, zeigen sie mehrere aus- und
eingehende Winkel zickzackförmig gestellt, beinahe wie bei den Noctilionen. —

Die Zunge ist fleischig, länglich-rund und
mit äuſserst feinen, seidenartigen Papillen besetzt.

Der Hals ist kurz, die Seitenflughaut breit
und ziemlich zugespitzt, dabei im Gelenke des
Hinterfuſses befestiget; der Daumen ist lang
und dünn, der Zeigefinger besteht aus zwei
Gliedern, die drei übrigen Finger haben ein
jeder drei Glieder; der Schenkel ist kurz und
im Pelze versteckt; das Schienbein ist dünn
und lang, der Sporn sehr lang; denn wenn
man die beiden Beine möglichst weit von einander entfernt, so bleiben die Spitzen der
Sporne nur drei und eine halbe Linie von einander entfernt. — Der Schwanz ist zum Theil
im Pelze versteckt, er reicht nur bis auf ein
Drittheil der Schwanzflughaut und hat hier
seine Spitze eine halbe Linie lang frei; an ge-
trockneten Exemplaren verschwindet dieser

knorpelartige Schwanz beinahe gänzlich durch das Vertrocknen. — Der Fuſs hat fünf gleiche Zehen mit zusammengedrückten Krallennägeln. Die Schwanzflughaut ist von den beiden Enden der Sporne gerade querüber gespannt.

Der weibliche Geschlechtstheil ist von einer nackten gelblichen Haut umgeben. —

Der Pelz des ganzen Thiers ist oben und unten sanft, dicht und ziemlich lang, an den oberen Theilen dunkel gelblich - graubraun, unten bläſser gelblich - grau; Gesicht bis zur Nasenspitze behaart; Ohren bräunlich, die Flughaut schwärzlich - braun gefärbt. — Die Arme bis zu dem Handgelenke sind büschelweise mit gelblichen Haaren besetzt, zwischen welchen einzelne feine Härchen stehen, und von dem Ellenbogen ziehen nach den Hinterfüſsen hinab feine parallellaufende Haarlinien; die Hinterbeine sind bis zu den Füſsen büschelweise mit gelblichen Haaren besetzt; der Schwanz ist ebenfalls stark gelblich behaart, und über die Schwanzflughaut laufen zu seinen beiden Seiten vom Leibe gerade hinab, parallele Linien von gelblichen Haaren, welche etwa die Mitte dieser Flughaut erreichen. Die innere oder untere Seite der Flughäute ist nur wenig

behaart, hier stehen bloſs einzelne feine Härchen. — Das Ohr ist an seinem inneren Rande mit gelblichen Haaren besetzt; das äuſsere
untere Ohrläppchen ist mit weiſsgelblichem
Haar bedeckt, wodurch an dieser Stelle ein
weiſser Fleck entsteht; vor dem vorderen Ohrrande steht über dem Auge ein ähnliches hell
gelbliches rundes Fleckchen. —

Junge Thiere dieser Art sind an Flügel-
und Schwanzhaut behaart wie die Alten; man
findet auch einige dieser Thiere, welche auf
dem Rücken einige gelbliche Haarbüschel, und
daher eine Art von gelblicher Zeichnung tragen. —

Auſmessung:

Ganze Länge bis zu dem Ende des Schwanzes	$2''\ 4\frac{1}{2}'''$.
Länge des Körpers . . .	$1''\ 9\frac{1}{2}'''$.
Länge des Schwanzes . . .	$7'''$.
Ganze Breite ungefähr . .	$8''\ 9'''$.
Höhe des äuſseren Ohres . .	$5'''$.
Länge des Daumens beinahe . .	$2'''$.
Lange des Schienbeins . . .	$7'''$.
Länge des Fuſses	$3'''$.
Länge des Sporns	$10'''$.

Diese kleine Fledermaus bildet eine von
der Natur in jeder Hinsicht sehr ausgezeich-

nete Species,, besonders durch die merkwürdige rüsselartige Verlängerung ihrer Nase, welche dem Gesicht einen sonderbaren Character
mittheilt. Sie lebt nie in Oertern und Gebäuden, sondern wurde von uns blofs in den grofsen Urwäldern beobachtet, wo ich sie an den
Ufern der Flüsse unmittelbar über dem Wasser an übergeneigten Baumstämmen oder an
Felswänden, in dunkeln Winkeln gefunden habe. — Besonders am Flusse *Mucurí*, in der
Gegend von *Morro d'Arara* (s. den 1. Band
meiner Reise nach Brasilien, pag. 251) waren
diese Thiere häufig, und wir bemerkten sie zu
zehnen bis zwanzigen, gleich grauen Flecken
an den Stämmen oder Felsen des Ufers.
Schofs man mit Vogeldunst unter eine solche
Gesellschaft, so zerstob sie nach allen Rich-
tungen, um sogleich wieder in dunkeln Schlupfwinkeln Schutz zu suchen. Sie ruhen alsdann,
feste gegen den Felsen geheftet, bis zum
Abend, wo sie schnell umher fliegen. — Ihre
Nahrung besteht in Insecten und die Stimme
ist zischend. —

Fam. 2. Plantigrada.

Sohlengänger.

Die sohlengehenden Raubthiere, die Geschlechter *Cercoleptes, Nasua, Procyon, Gulo, Meles, Ursus, Mydaus, Paradoxurus, Arctictis Temm.*, zeichnen sich, abgesehen von ihren eigentlichen Characteren, großsentheils durch eine dicke, stark behaarte Haut und einen zu gewissen Zeiten des Jahres sehr fetten Körper aus. Einige von ihnen haben stark riechende Absonderungen. — Ihr Skelett ist stark gebaut, das Schlüsselbein mehr oder weniger ausgebildet vorhanden, so wie ihr Körper muskulös, etwas plump, gewohnlich niedrig und gestreckt; der Schädel ist flach, stark von Knochen, das Gebiſs stark, obgleich die Eckzähne nicht so lang und weniger kräftig als an den zehengehenden Raubthieren, auch sind die Bakkenzähne zum Theil weniger schneidend. — Sie besitzen die Eigenheit, daſs sie bei'm Gehen die ganze Fuſssohle bis zur Ferse aufstützen, welches ihnen viel Sicherheit im Klettern und zum Theil im Graben und Einkriechen in die Erde giebt, dagegen aber ihrem Gange und Laufe eine gewisse Schwerfälligkeit mittheilt. — Sie haben in der Regel die Eigenheit, ungeachtet ihres Raubthiergebisses (das jedoch stumpf ist), dennoch nicht blofs fleischfressend, sondern Omnivoren zu seyn, indem sie sich grofsentheils von Fleisch, Obst und Früchten aller Art ernähren. —

America hat vielleicht von allen andern Welttheilen die gröfste Menge von sohlengehenden Raubthieren; die gröfsere Zahl von ihnen kommt jedoch auf die gemäfsigten und kalten Theile dieses Continents. — Im Norden von America sind besonders zahlreich die Bären.

Süd-America besitzt aus der Familie der Sohlengänger die Geschlechter *Ursus* *), *Nasua*, *Procyon*, *Gulo*, *Cercoleptes*, *Mephitis*, und ich habe in Brasilien nur Thiere aus zweien dieser Geschlechter beobachtet, welche indessen an Individuen zum Theil zahlreich sind. —

---

*) Die Bären scheinen in Süd-America blofs den Ketten der hohen Anden treu zu seyn, *v. Humboldt* erwähnt jedoch eines solchen als am Flusse *Temi* einheimisch, den man dort *Osso caniceiro* benennt, um ihn von dem *Osso palmeiro* (*Myrmecophaga iubata*) oder dem *Osso hormigeiro* (*Myrm. tetradactyla*) zu unterscheiden. — Die erste gründliche Nachricht über einen süd-americanischen Baren verdanken wir *Cuvier* (siehe dessen *Recherches sur les ossem. foss. nouvelle édition Vol. V. 2ième partie*, pag. 514). —

G. 13. *N a s u a.*

C u a t í , N a s e n t h i e r.

Die Cuatís sind Thiere, deren Gestalt etwa zwischen der des Fuchses und der des Bären in der Mitte steht, und ihre Gröſse ist etwa die des ersteren. Sie zeichnen sich durch
ihre lange rüsselartig verlängerte Nase aus, und
variiren vorzüglich stark in ihrer Färbung. —
Man hat bisjetzt in den naturhistorischen Werken nicht bestimmt die Arten der Cuatís angeben können, und selbst *Azara* hat die Kenntniſs dieser Thiere nicht in's Reine gebracht;
auch mir ist es nicht besser gelungen, diese
beiden vielleicht wirklich in der Natur begrün-
deten Arten unterscheiden zu lernen, ich will
indessen hier berichten, was ich über diesen
Gegenstand sagen kann. —

Irrig ist es, wenn man diese Thiere nach
der Färbung unterscheiden will; denn sie variiren in dieser Hinsicht noch weit mehr als
unsere europäischen Füchse. — Daher sind
alle Benennungen, welche von der Farbe her-
genommen wurden, unzweckmäſsig, als *Nasua*
rufa und *subfusca*, dagegen glaube ich, daſs
es besser seyn würde, diese Thiere nach ihrer
Lebensart zu benennen. — Ich selbst fand
häufig das gemeine Cuatí, welches die *Nasua*

rufa oder *Viverra Nasua* der Schriftsteller ist, von sehr verschiedener Zeichnung, in ein - und derselben Familie finden sich rothe, graue und mehr bräunliche zugleich. — Ich hielt daher diese Thiere nur für eine einzige Art, bis die der Wälder vollkommen kundigen Indianer, diese geübten Jäger und Thierkenner, mich einstimmig versicherten, daſs es zwei Arten gebe, wovon die eine kleiner und schlanker sey und in zahlreichen Gesellschaften lebe, die andere gröſser und weniger schlank, hingegen mehr einsam oder bloſs familienweise umherziehe; die erstere nennen sie *Cuati de Bando*, die zweite *Cuati Mundéo*. —

Da ich von letzterer Art nur ein einziges Individuum erhalten habe, so kann ich nicht hinlänglich über den Grund dieser Behauptung entscheiden; doch glaube ich der Aussage der brasilianischen Jäger trauen zu dürfen. — Ich werde beide Thiere beschreiben. —

1. *N. socialis.*

Gesellschaftliches Cuatí.

Viverra Nasua, Linn.
Coati Marcgr. 228. *Piso* 38.
Couati Azara, T. I. pag. 334.
Le Coati roux
— — brun } *Fr. Cuvier.*

Gestalt etwas bärenartig, jedoch schlanker,
in vielen Theilen Aehnlichkeit mit dem Fuchse. — Der Kopf gleicht etwas dem eines jungen Schweines; das Auge ist klein und schwarz,
das Ohr etwas länglich, oben zugerundet; die
Schnautze ist lang und schmal, in einen beinahe anderthalb Zoll langen Rüssel verlängert,
an dessen Ende sich die grofse, feuchte, etwas
aufgestülpte, und mit grofsen weiten Nasenlöchern versehene Nasenkuppe befindet. Die
Zunge ist mit spitzigen weichen Papillen besetzt. —

Gebifs: Schn. $\frac{6}{6}$; Eckz. $\frac{1\cdot1}{1\cdot1}$; Backenz. $\frac{6\cdot6}{6\cdot6}$.
Im Ober- und Unterkiefer befinden sich zwei
kegelförmige, sehr comprimirte Eckzähne, wahre Pyramiden; sie sind nicht gekrümmt, nur
die oberen stehen etwas auswärts gebogen, die
unteren sind etwas rückwärts gekrümmt. —

Im Ober- und Unterkiefer befinden sich
sechs Schneidezähne; die unteren sind schief
nach vorn geneigt, stumpf und dicht aneinander gereiht; zwischen ihnen und den Eckzähnen befindet sich ein leerer Raum; von den
sechs oberen Schneidezähnen stehen die vier
mittleren dicht aneinander gereihet und passen

auf die unteren; dann folgen zwei Lücken und nun auf jeder Seite noch ein kegelförmiger, etwas isolirter Schneidezahn. — *Backenzähne* im Oberkiefer sechs auf jeder Seite; nach dem Eckzahne folgt eine Lücke, dann drei einfache Spitz - oder Kegelzähne, die an Gröfse zunehmen, der vierte oder Reifszahn (*carnassière, Cuv.*) ist wenig gröfser als die übrigen; diese haben breite Kronen, mit einigen stumpfen Zacken. — Im Unterkiefer stehen zuvörderst drei Kegelzähne, wovon der erste sehr klein ist, und dann drei Zackenzähne, deren Mittelspitze die gröfste ist. —

Der Hals des Thiers ist kurz, die Füfse mäfsig hoch und dabei stark. — An Vorder- und Hinterfüfsen befinden sich fünf Zehen; Nägel lang und gekrümmt, die drei mittleren des Vorderfufses acht und eine halbe Linie lang und gröfser als die übrigen; die innere Zehe ist die kürzeste. — An den Hinterfüfsen sind die Nägel kürzer; der zweite und dritte von aufsen vier und zwei Drittheil Linien lang, stark; die äufsere Zehe und die vierte von aufsen sind etwa gleich lang, die innerste ist die kürzeste. — Die Sohlen sind bis zur Ferse nackt und schwärzlich - grau gefärbt. —

Am Bauche befinden sich acht Zitzen, nur
die vier hinteren schienen im Gebrauch gewesen zu seyn. Die *Vulva* liegt dicht unter dem
After. — Der Schwanz ist lang, kürzer als
der Körper, allmälig ein wenig mehr zugespitzt,
mit langen, ziemlich dünnen, etwas harten Haaren besetzt. — Haar des ganzen Körpers
dicht, etwa einen Zoll drei Linien lang und
etwas hart, darunter befindet sich ein anderes
etwas wolliges Grundhaar. Untere Theile in
geringer Menge mit etwas Wollhaar bedeckt. —
Der Rüssel bis zu den Augen ist schwärzlich gefärbt, so wie die Einfassung derselben,
auf dem Nasenrücken ein wenig weifslich, auch
über den Augen zeigt sich noch etwas von der
schwärzlichen Farbe, wefshalb denn im Allgemeinen das ganze Gesicht diese Zeichnung hat,
es ist übrigens durch eine weifsliche Einfassung
von der rothen Kopffarbe geschieden; unter
jedem Auge befindet sich ein weifser runder
Fleck, und ein ähnlicher über oder ein wenig
hinter dem Auge; die äufsere Seite des Ohrs
ist schwarz, die innere länger behaarte gelblich,
der Rand weifslich. — Kinn, Unterkiefer und
Einfassung des Mundes sind weifs, die vier
Füfse schwarzbraun; Vorderarme gelbröthlich, aber heller gefärbt als der Körper; Stirn

rostroth oder rostgelb (fuchsfarben), eben so alle oberen Theile, die langen Haare haben aber hier schwarzbraune Spitzen, daher erscheint die Färbung an diesen Theilen dunkler; in den Seiten ist sie noch dunkler röthlichbraun gemischt. Die Kehle bis zu den Ohren hinauf, Brust, vordere und innere Seite der Arme sind schön gelbröthlich, rein und ungemischt; der Bauch ist hell röthlich-gelb; der Schwanz hat acht rothbräunliche und sieben schwarzbraune Ringe, dabei eine lange Spitze von dieser Farbe. — Die Hinterschenkel sind stark graubraun und weniger roth als der Körper. Diefs ist die gewöhnliche Varietät, welche man *Nasua rufa* genannt hat, und welche zuweilen mehr rein, zuweilen mehr bräunlichroth gefärbt erscheint. — Die *Ausmessung* des beschriebenen Exemplars ist folgende:

Ganze Länge	38″ 4‴.
Länge des Schwanzes . . .	18″ 8‴.
Länge des Körpers . . .	19″ 8‴.
Länge von der Schnautzenspitze bis zu dem Anfange des Ohrs . .	5″ 8‴.
Breite des Kopfs von einem Ohre zu dem anderen, am vorderen Rande gemessen . . .	2″ 3⅓‴.

Der Rüssel tritt über die Unterlippe

vor um . . . . . 1″ 4‴.

Höhe des äußeren Ohres . . . 1″

Länge des Vorderfußes auf der Sohle

gemessen . . . . 2″ 4‴.

Länge des Hinterfußes bis zu der

Ferse . . . . . 3″ 4½‴.

Ein anderes weibliches Thier hatte folgende
Zeichnung:

Der ganze Körper war über und über
gelblich-aschgrau; Stirn, Seiten des Halses
und untere Theile sehr blaß gelbröthlich gefärbt; Rücken dunkler grau, die Seiten mehr
gelbbräunlich, jedoch von der rothen Farbe
des vorhin beschriebenen Thiers war nichts zu
sehen; das Gesicht schwarz mit der weißlichen
Einfassung wie an jenem; Füße ebenfalls
nicht verschieden; Schwanz sehr blaß grauröthlich und schwarzbräunlich geringelt; am
Bauche befanden sich nur sechs sichtbare Zitzen. — Dieses Individuum hatte etwa 22
Zoll 6 Linien Körperlänge und etwa 18 Zoll 8
Linien Schwanzlänge. Seine Jungen, von welchen man zwei fing, waren verschieden gefärbt,
das eine grau wie die Mutter, das andere
roth. — In der Zeichnung des Kopfes glichen

sie übrigens ihrer Mutter vollkommen; ihre Stirn war ebenfalls weiſs eingefaſst, ein weiſsliches Fleckchen befand sich hinter, ein anderes unter, und ein drittes über dem Auge. —

Das männliche Thier scheint von dem weiblichen nicht verschieden zu seyn. — Es hat einen Knochen in der Ruthe. — Aus dem Angeführten wird deutlich hervorgehen, wie sehr diese Thiere in den Farben abändern, und es ist bei ihnen in dieser Hinsicht wie bei den meisten Raubthieren, den Wölfen, Füchsen, Luchsen, Bären u. s. w.

Die Cuatís sind sonderbare Thiere, und in den brasilianischen Wäldern noch zahlreicher als die Füchse bei uns. — Die eben beschriebene Art, das kleinere oder gesellschaftliche Cuatí lebt in Banden von zwölf bis achtzehn Stücken, und zieht auf diese Art nicht bloſs bei Nacht, sondern während des ganzen Tages in den Wäldern umher. — Ihre Manieren sind eine Mischung von denen des Fuchses und denen des Bären. — Die Gesellschaften der Cuatís kommen ziemlich schnell einhergezogen, indem sie kurze, rauhe, sonderbare Töne hören lassen, auf diese Art wirft sich die ganze Bande plötzlich auf einen hohen Baum, ersteigt denselben und nährt sich

von dessen Früchten, bis sie nichts mehr darauf findet und nun eben so schnell wieder an
dem Stamme hinabeilt, um zu einem anderen
Baume zu ziehen. — Ihr Lauf ist ein Galopp,
etwas schweifallig, da sie auf der ganzen Sohle
gehen, aber sie entfliehen dennoch ziemlich
schnell, dabei pflegen sie den Schwanz hoch
zu tragen. — Im Klettern sind sie sehr geschickt, und schnell; sie suchen alle Zweige
nach den Früchten ab, und lassen dabei beständig ihre rauhe kurze Stimme horen. —
Gezähmt geben sie im Zorn durchdringende
pfeifende Töne von sich. —

Ihre Nahrung besteht nicht blofs in Baumfrüchten, sondern sie fressen auch Fleisch und
sind defshalb Raubthiere; auch sagt schon *Dobrizhofer* (Geschichte der Abiponer, B. I. S.
388), dafs sie gern Hühner und Eier fressen,
so wie kleine Vogel, deren Nester sie zerstö-
ren. — Dieser Schriftsteller hält übrigens komisch genug das Cuatí für einen Bastard. —
Nach Art der Schweine oder vielmehr der
Dachse, sollen diese Thiere selbst die Erde
nach Würmern durchsuchen, in dem Laube
und den trockenen Zweigen wenigstens, welche den Boden der Urwälder bedecken, su-

chen sie mit ihrem Rüssel nach abgefallenen
Baumfrüchten und Würmern. —

Da sie in Erdhöhlen vier, fünf bis sechs
Junge werfen, so kann man es leicht erklären,
dafs ihre Gesellschaften zahlreich sind, mehrere Familien vereinigen sich, und man trifft
oft noch ziemlich kleine Junge dabei an: —
Im Februar fanden wir diese Thiere sehr fett,
doch sollen sie zu andern Zeiten des Jahres,
besonders in der kalten Zeit, noch weit mehr
Fett besitzen; die Brasilianer essen sie alsdann
sehr gern. — Sie haben ein zähes Leben und
der Jäger mufs sie gut treffen, wenn sie nicht
entkommen sollen. — Findet man eine Bande Cuatís auf einem Baume, so kann man gewöhnlich mehrere davon schiefsen, bevor sie,
auf allen Zweigen vertheilt, den Boden wieder
erreichen, und in diesem Augenblicke sind sie
leicht zu fangen, wenn man Hunde hat; denn
diesen können sie nicht leicht entgehen, obschon sie sich wehren und um sich beifsen. —
Man fängt sie häufig in den Schlagfallen, welche die Brasilianer *Mundéos* nennen, und deren Einrichtung ich in der Beschreibung meiner Reise (Band I. pag. 255) gegeben habe. —
Jung gefangen werden die Cuatís sehr zahm
und es ist nicht selten, dafs man diese Thiere

in den in Europa reisenden Menagerien findet.
Sie geben einen etwas unangenehmen Moschus-
geruch von sich. *Azara* beobachtete gezähmte
Cuatís, daher lese man seine Beschreibung über
diesen Gegenstand nach. —

Den Balg des Cuatí benutzen die brasilianischen Jäger zu Regenkappen für die Schlösser ihrer Gewehre.

? 2. *N. solitaria.*

Einsames oder gröfstes Cuatí.

Nasua solitaria Schinz das Thierreich u. s. w. B. I.
pag. 199.
Nasua Mondé Illig.
Couatı ̃Mondé Azara, T. I. p. 343.
Coatı Mondı Marcgr. 223.
Cuatí Mundéo der Brasilianer an der Ostküste.
Hakıjack botocudisch.

Dieses Cuatí (wofern es eine besondere
Species bildet) mit etwas bärenartiger Gestalt,
gleicht sehr dem vorhergehenden, scheint aber
gröfser und dicker zu seyn; seine Beine sind
kurz, dick, eben so der Kopf und Hals; die
Nase ist in einen langen knorpelartigen Rüssel
verlängert; die Zunge ist dicht mit feinen,
weichen, spitzigen Papillen besetzt.

Gebifs: Schn. $\frac{6}{6}$; Eckz. $\frac{1 \cdot 1}{1 \cdot 1}$; Backenz. $\frac{6 \cdot 6}{6 \cdot 6}$.
Im Oberkiefer befinden sich sechs Schneide-

zähne, die vier mittleren sind klein; dicht an
einander gedrängt, gleich, dann folgt eine Lücke, und nun auf jeder Seite ein getrennter
etwas kegelförmiger und etwas gröfserer Schneidezahn; untere Schneidezähne vorwärts geneigt, stumpf, alle gleich und dicht an einander gereiht; die äufsersten sind an ihrer äufseren Seite ein wenig schräge abgeschliffen. —
Eckzähne im Oberkiefer nach einer grofsen
Lücke folgend, grofs, pyramidal, nach vorn
vom unteren Eckzahne ausgeschliffen, spitzig,
weder vor- noch rückwärts, sondern auswärts
gekrümmt, nach vorn und hinten zweischnei-
dig, in ihrer Mitte mit einer erhabenen Längsleiste. — Untere Eckzähne viel gröfser, gebildet wie an dem europäischen wilden Schweine, stark, sehr spitzig, etwas rückwärts gekrümmt, etwas dreieckig, nach vorn mit einer
Kante; nach aufsen mit einer seichten, und
nach innen mit einer tieferen Furche. — *Backenzähne* im Oberkiefer sechs an jeder Seite;
die drei ersten sind kegelförmige Spitzzähne;
der erste ist sehr klein, die folgenden nehmen
an Gröfse zu; der vierte hat zwei grofse Spitzen und zwei kleine Höcker, der fünfte vier
gleiche, der sechste drei gleiche Spitzen. —
Im Unterkiefer sind sechs Backenzähne an je-

der Seite; die drei ersten sind einspitzig, der
erste klein und die anderen nehmen zu wie
im Oberkiefer, der vierte mit einer grofsen
und zwei kleinen Spitzen, der fünfte und sechste mit Furchen, Vertiefungen und schwachen
Höckerspitzen.

Die vier dicken starken Füfse haben starke, sanft gekrümmte Krallennägel, wovon die
mittleren vorn neun und eine halbe Linie, die
mittleren an den Hinterfüfsen sieben Linien
lang sind. — An dem Vorderfufse ist die innere Zehe die kürzeste, dann die äufsere, nachher die zweite von innen, die beiden übrigen
sind die längsten und einander gleich —
Der Hinterfufs ist gebildet wie der vordere,
aber seine Sohle ist länger. —

Die Testikel des männlichen Thieres liegen frei vor dem After; die Ruthe wird durch
einen drei Zoll langen Knochen unterstützt. —

Das Haar des Körpers ist dicht und ziemlich sanft, dabei von zweierlei Art, auf der
Haut unmittelbar bemerkt man ein etwas wolliges und darüber ein längeres, schlichtes, ziemlich hartes. —

Die vier Füfse sind schwarz wie das Gesicht; über, unter und hinter dem Auge befinden sich kleine, runde, undeutliche, weifse Fle-

cke; Unterkiefer und innerer Ohrrand sind
weiſs; der Schwanz ist grauröthlich - braun mit
sieben bis acht schwarzbraunen Ringen und
einer langen ähnlichen Spitze; er ist mäſsig
dicht und lang behaart; alle oberen Theile von
den Augen bis zu dem Schwanze sind gelbbräunlich und schwarzbraun gemischt; jedes
braune Haar hat eine gelbliche Spitze und darunter eine schwarzbraune Binde. — Kehle,
Seiten - und Unterhals, Brust, Bauch, After und
innere Seite der Beine sind rein gelbröthlich
gefärbt, der Hodensack weiſslich. —

Ausmessung:

Ganze Länge . . . . 44½'''
Länge des Körpers . . . 23''
Länge des Schwanzes . . 21'' 6'''.
Länge von der Nasenspitze bis zu der
    vorderen Ohrwurzel . . . 6'''.
Höhe des äuſseren Ohres 1'' 7 bis 8'''.
Breite des Kopfs zwischen den Ohren 3'' 4'''.
Länge des Vorderbeins bis zu dem
    Ellenbogen . . . . 7'' 8'''.
Länge des Hinterbeins bis zu dem
    Knie hinauf . . . . 9''
Die Nase tritt über dem Unterkiefer
    vor um . . . . 1'' 3'''.

Länge der Sohle des Vorderfußes . 3″· ·
Länge der Sohle des Hinterfußes 3″ 9‴.
Länge des oberen Eckzahnes . . 6½‴.
Länge des unteren Eckzahnes . . 9‴.

Ich habe nur ein einziges Individuum von dieser Art zu sehen bekommen, die Indier haben mich aber versichert, daß sie vollkommen in der Farbe abändere, wie die vorhin beschriebene, daß hier also besonders Größe und Verhältniß der Theile, so wie die Lebensart als Kennzeichen dienen müsse. — Das größere oder einsame Cuatí hat im Allgemeinen die Lebensart der früher erwähnten Species, nur lebt es mehr einsam oder familienweise, ist also nicht so gesellschaftlich, besteigt aber die Bäume wie jenes und wird ebenfalls gegessen. — Im Februar und März sind diese Thiere sehr fett. —

· ·Auch *Azara* spricht (Vol. I. p. 345) von einem einsamen Cúatí, welches er *Mondé* nennt, also ziemlich mit der brasilianischen Benennung übereinstimmend bezeichnet. Es ist möglich, daß seine Vermuthung gegründet ist; wenigstens ist alles wahrscheinlich, was er über diesen Gegenstand sagt. Nach ihm wäre das einsame Cuatí nur ein sehr altes Thier, wofür auch die stärkere Ausbildung der Eck-

zähne reden würde; die Zeit und fernere Beobachtungen werden uns über diesen Gegenstand belehren. Gewiſs ist es indeſs unrichtig,
drei Arten von Cuatís aufzuzählen, *Nasua rufa*, *obfuscata* und *Narica*, wie im zweiten
Theile von *Eschwege's* Journal von Brasilien
(pag. 227) geschieht, oder vier Arten, wo man
alsdann *Nasua pusilla Geoffr.* noch hinzufügt,
welche wahrscheinlich ein junges Thier ist. —
Höchstens zwei Arten des eigentlichen Cuatí
kann man als in den von mir bereis'ten Gegenden einheimisch annehmen, wenn sie nicht
auf eine reducirt werden müssen, die Farbe
aber kann, meinen Beobachtungen zufolge, keine Species derselben bestimmen. — Herr *Fr.
Cuvier* sagt in seiner vortrefflichen Naturgeschichte der Säugthiere, daſs die beiden von
ihm aufgestellten Arten der Cuatís sich bloſs
durch ihre Farbe unterscheiden; diese Ansicht
widerspricht meinen Erfahrungen vollkommen,
da ich in ein und derselben Familie beide von
Herrn *Cuvier* beschriebene Farbenkleider selbst
geschossen und beobachtet habe. — Auch
Marcgrave giebt seinem *Coati Mondi* eine
dunklere Farbe, worin aber, wie gesagt, der
Character der Species nicht zu bestehen scheint;
übrigens ersieht man aus dem Gesagten, daſs

in ganz Brasilien und Paraguay die eine Art
unter dem Namen *Cuáti Mondi* oder *Mundéo*
von der andérn unterschieden wird. —

A n m e r k u n g.

Ich habe ein anderes Thier unvollkommen
kennen gelernt, welches in das Geschlecht der
Cuatís zu gehören scheint, von den vorhin genannten Arten aber durch seine Lebensart ein
wenig verschieden ist. In den nachfolgenden
Zeilen werde ich davon mittheilen, was ich mit
Gewiſsheit sagen kann.

? N a s u a   n o c t u r n a.

Das *Jupard* *) oder nächtliche Cuatí.

Man kennt in den groſsen Urwäldern der
Ostküste von Brasilien ein Thier, welches nach
den Fellen, die ich davon gesehen, und nach
den erhaltenen Nachrichten höchst wahrscheinlich ein Cuatí ist; da aber dessen Kopf gröſs-
tentheils an den Häuten fehlte, so konnte nicht
zuverlässig über das *Genus* des Thiers entschie-
den werden. — Es hatten die gröſsesten der
mir vorgekommenen Felle etwa die Hälfte der
Länge des rothen Cuatí; der Schwanz war

---

*) Das *I* wird hier weich wie im Französischen ausgesprochen.

lang, und mit zarteren, weicheren Haaren bedeckt, als an den beschriebenen Specien, eben
so das Haar des ganzen Körpers. — Von den
anderen Cuatís zeichnet sich das *Jupará* durch
ein sehr zartes, sanftes, dichtes Haar am ganzen Korper aus, welches an den oberen Theilen von einer fahl gräugelblichen, an den unteren aber von einer angenehm fahl gelbroth-
lichen Farbe ist; der Schwanz zeigt keine far-
bige Ringe, sondern ist von derselben Mischung
wie die oberen Theile des Körpers. —

Den Nachrichten der brasilianischen Jäger
zufolge, lebt das *Jupará* am Tage in hohlen
Bäumen verborgen und verläfst nur bei Nacht
seinen Schlupfwinkel, alsdann hört man häufig
seine etwas zischende Stimme, während es die
Bäume nach ihren Früchten besteigt. Am Tage soll man dieses Thier nie sehen, und es
wird zufällig durch Hunde, oder bei'm Um-
hauen der Bäume entdeckt, wefshalb ich auch,
aller Versprechungen ungeachtet, im vollkommenen Zustande nie ein solches Thier erhalten
habe. — Es ist also diese Art von den übrigen hier erwähnten Cuatís, wenn sie hierher
gehört, sowohl durch ihre Lebensart, da sie
nur bei Nacht geht, als auch durch ihr zartes

feines Haar und den ungefleckten Schwanz
unterschieden. —

v. *Humboldt's* nächtliches Thier *Guachi*
(*Voy. au nouv. cont.* T. II. pag. 494) könnte
wahrscheinlich hieher gehören. —

Herr Dr. *v Spix* spricht bei Gelegenheit
einer neuen von ihm entdeckten Art der Quadrumanen, des *Nyctipithecus vociferans,* von
einem Thiere, welches er *Xupará* nennt, und
für *Mustela barbara* hält. — Der Name dieses Thiers hat die gröfseste Aehnlichkeit mit
dem von mir hier angegebenen, nur spricht
man das *X* hart, also Schupará und das *I*
weich wie im Französischen aus. — Es ist
übrigens zuverlässig, dafs das von mir erwähnte
Thier verschieden von *Mustela barbara,* dagegen wahrscheinlich, dafs es eine kleinere nächtliche Art der Cuatís ist, welches auch brasilianische Jäger mir bestätiget haben. —

G. 14. *P r o c y o n.*
W a s c h b ä r.

Dieses Geschlecht ist sehr bekannt, da die
in Nord - America einheimische Art häufig nach
Europa gebracht und leicht lebend und gezähmt erhalten wird. — Süd - America besitzt
eine andere Art, welche schon von *Azara* be-

schrieben wurde und worüber ich noch die nächfolgenden Bemerkungen mittheilen will. —

1. *P. çancrivorus*, Illig.

D a s G u a s s i n í o d e r G u a s c h i n í.

Ursus cancrivorus der Schriftsteller.
Agouara popé, *Azara*, T. I. p. 324
Guachınım (Guaschiní oder Guassiní) der Brasilianer an der Ostküste.
Hakıjack - gıpakıú botocudısch.

Das Guassiní hat im Allgemeinen so viel Aehnlichkeit mit dem nordamericanischen Waschbären oder Schupp (*Procyon Lotor*), dafs ihn die Herren *Geoffroy* und *Fr. Cuvier* in ihrer Naturgeschichte der Säugthiere für identisch mit dem letzteren angenommen haben, dennoch scheint er mir specifisch verschieden. Ich finde ihn höher von Beinen, an diesen Theilen kürzer behaart, das Ohr ist weit kürzer, die Nägel an den Zehen mehr abgenutzt und kürzer. —. Da *Azara* das weibliche Thier beschrieb, so will ich die kurze Beschreibung eines männlichen geben. —

Beschreibung. Der Oberkiefer ist um einen Zoll länger als der untere, in eine bräunliche, sehr feuchte Nasenkuppe endigend; die Schnautze ist ziemlich kurz und zugespitzt, ein wenig aufwärts gestülpt, Kopf im Allge-

meinen breit und kurz; Oberkopf sehr breit;
Ohren klein, länglich - eiförmig, oben ein wenig
abgerundet, kurz und dicht behaart; das Auge
ist gelb und glänzend, bei Nacht leuchtend wie
am Fuchs.

Gebifs: Schn. $\frac{6}{6}$; Eckz. $\frac{1.1}{1.1}$; Backenz. $\frac{6\ 6}{6\ 6}$.
Im Ober- und Unterkiefer befinden sich sechs
sehr kleine *Vorderzahne;* die oberen sind gröfser, und die beiden äufseren derselben länger
als die übrigen; im Unterkiefer ist der äufsere
Vorderzahn an der äufseren Seite ausgeschnitten. — *Eckzähne* oben und unten zwei, kegelförmig, sehr stark, die oberen sind gekrümmt, die unteren gerade. — *Backenzähne*
in jedem Kiefer an jeder Seite sechs; vorn stehen drei kegelförmige Spitzzähne, welche nach-
hinten immer an Gröfse zunehmen, alsdann
folgt der dreispitzige Reifszahn (*carnassière*)
und nun noch zwei fünfspitzige Zähne, von
welchen der letztere der kleinste ist. —

Der Hals ist kurz; die Beine ziemlich hoch
und schlank; Füfse sohlengehend; vorn und
hinten fünf Zehen, zusammengedrückt, mit kurzen, kaum über den Finger vortretenden Krallennägeln; an den Vorderfüfsen ist die innere
Zehe die kürzeste, die äufsere ist etwas länger, die zweite und dritte von aufsen sind die

längsten; an den Hinterfüfsen, ist die innere
die kürzeste, dann folgt die äufsere, die dritte
von aufsen ist am längsten; Nägel etwas aufgerichtet, und bogig gewölbt, allein sehr abgenutzt und daher kurz. — Der Schwanz reicht
etwas über die Ferse hinab. —

Die männlichen Geschlechtstheile sind, wie
an unserem Fuchse, äufserlich etwas im Pelze
verborgen; die Ruthe hat einen langen, starken,
vorn etwas getheilten Knochen.

Haar am ganzen Körper von der Textur
des Wolfshaars, aber kürzer; an den vier Beinen ist es fein, sehr glatt und zerschlissen abgenutzt; Füfse nur mit einzelnen Haaren besetzt, beinahe unbehaart (durch das Gehen
im zähen Schlamme der Mangesümpfe). —
Schwanz etwas länger behaart als der Körper,
sein Haar ist stark und hart; am Ober- und
Unterkiefer und hinter dem Mundwinkel befinden sich lange schwarze und weifse Bartborsten. — Die Farbe des Körpers ist graugelblich mit schwarzen Spitzen der Haare, also
gemischt, auf Rücken und Hintertheil am
schwärzesten, wie an einem jungen Wolfe; Vorderfüfse und untere Hälfte der Hinterschenkel
sind gänzlich schwarzbraun, die mehr nackten
Füfse blässer, nur graulich gefärbt; — Einfas-

sung der Augen schwarzbraun; Einfassung des
Mundes, Kehle und Mitte der Brust weißlich,
so wie die innere Seite der Ohren; Stirn, Scheitel, äußeres Ohr schwärzlich grau, mehr ungemischt; Spitze des Ohres schwärzer, Rand
desselben weißlich; über der schwarzen Einfassung des Auges befinden sich etwas weiße
Haare; Bauch ungemischt weißlich - gelbgrau;
Schwanz mit vier bis fünf schwarzbraunen und
graugelblichen Ringen abwechselnd und mit
einer langen schwarzbraunen Spitze.

Ausmessung:

Ganze Länge	38″
Länge des Körpers . . .	24″
Länge des Schwanzes . .	14″
Länge von der Nasenspitze bis zu	
dem Ohre	5″
Höhe des äußeren Ohres . .	1″ 9‴.
Höhe des Vorderbeins, von der Ferse	
bis zum Ellenbogen . .	5″ 4‴.
Höhe des Hinterbeins von der Ferse	
bis zum Knie beinahe . .	7″
Länge des Vorderfußes . .	3″
Länge des Hinterfußes . . .	5″ 10‴.

Zur Vergleichung mit der hier gegebenen,
Ausmessung des *Procyon cancrivorus* werde

ich jetzt die Ausmessung des nord-americanischen *Lotor* nach *Daubenton* folgen lassen:

Länge von der Schnautzenspitze bis
    zum After . . . . 22″ 6‴.
Länge des Schwanzes ohne das Spi-
    tzenhaar . . . . 12″.
Länge von der Nasenspitze bis zum
    vorderen Augenwinkel . . . 1″ 11‴.
Länge von der Nasenspitze bis zum
    Ohre . . . . 4″ 5‴.
Höhe des äußeren Ohres . . . 1″ 10‴.
Länge des Vorderarms . . . 4″ 8‴.
Länge der Hand . . . . . . 3″.
Länge des Unterschenkels (tibia und
    fibula) . . . . 5″ 8‴.
Länge des Hinterfußes (wie oben die
    Nägel mitgerechnet) . . . 4″ 7‴.

Der Magen des Guassini ist häutig, die
Gedärme sind kurz und dick; jede Lunge ist
in fünf Lappen *) getheilt, zwei derselben befinden sich an jeder Seite und ein kleinerer
unten in der Mitte. — Die Leber ist groß
und in sieben Lappen **) getheilt. —

---

*) *Daubenton* giebt für den *Lotor* sechs Lungenlappen an.
**) *Daubenton* giebt für den *Lotor* fünf Lappen der Le-
ber an.

II. Band.

Dieses Thier ist an der ganzen von mir
bereisten Ostküste unter dem Namen Guassiní
oder Guaschiní (*Guaxinim* oder *Guachınim*)
bekannt, und lebt besonders in den den Fluſs-
und Seeufern benachbarten Gebüschen, wo es
in dem weichen Schlammboden der von der
Fluth benetzten und bei der Ebbe wieder be-
freiten. Mangue - Gebüsche (sie bestehen aus
Conocarpus, *Avicennia* oder *Rhizophora*) seine Nahrung sucht, welche besonders in Krabben besteht, wie mich die eigene Untersuchung
des Magens gelehrt hat. — Es soll hauptsächlich bei Nacht auf den Raub ausgehen und
im Allgemeinen die Manieren des Waschbären
von Nord - America haben. — Es klettert auf
die Bäume und sucht sie nach ihren Früchten
ab, benutzt auch die von Füchsen und Gürtelthieren gegrabenen Erdhöhlen, soll aber selbst
nicht graben. — Das Zuckerrohr soll es gerne fressen und deſshalb die Pflanzungen besuchen. —

Ueber die Art seiner Fortpflanzung habe
ich nicht Gelegenheit gehabt, Erfahrungen zu
machen, doch dürfte sie wohl von der der Cuatís und des Raton nicht bedeutend verschieden
seyn. — Der Geruch dieser Thiere ist nicht
angenehm, besonders wenn man sie lebend

hält, wo sie sehr zahm werden, da ich aber nie selbst das Guassiní im gezähmten Zustande gesehen habe, so kann ich über seine Manieren nichts hinzufügen. — Man ißt in Brasilien das Fleisch dieser Thiere, jedoch nicht allgemein. Im Januar und Februar fand ich sie sehr fett. Aus dem Felle bereiten die Brasilianer Regenkappen für ihre Gewehrschlösser. — Ob mir gleich nie ein solches Thier im Walde begegnete, so habe ich doch sehr häufig ihre Spur in dem weichen Schlammboden der Flußufer gesehen, besonders am *Peruhype*, *Mucuri* und andern Flüssen. —

Manche der unkundigern brasilianischen Jäger pflegen das Guassiní mit dem Fuchse (*Cachorro do mato*) und der *Raposa* zu verwechseln, einem andern Thiere, wovon einige reden, welches ich aber nicht kennen gelernt habe; es wurde mir beschrieben wie *Procyon Lotor.* —

Da das Guassiní, wie *d'Azara* uns belehrt, in Paraguay lebt, und in Guiana gefunden wird *), so dürfte dasselbe wohl über den größsten Theil von Süd - America verbreitet

---

*) Herr *v. Sack* in seiner Reise nach Surinam (pag. 201) redet davon unter dem Namen *Crabodago.*

seyn. — ::*Koster* redet davon, er fand es in
der Gegend von Pernambuco *), hatte dasselbe aber nicht selbst gesehen. —

Die Botocuden, in deren Wäldern dieses
Thier lebt, kennen es unter der Benennung
Hakijäck - gipakiú oder grofses Cuatí. —

Buffon hat eine Abbildung seines *Raton-
Crabier* gegeben, welche eine richtige Idee von
der Gestalt des Kopfs giebt; man ersieht aus
derselben, so wie aus der Vergleichung der
weiter oben von *Daubenton* und von mir angegebenen Ausmessungen, dafs der süd-ame-
ricanische Waschbär weit kürzere Ohren hat,
als der nord-americanische. —

Fam. III. Agilia.
Marderartige Raubthiere.

Diese von *Illiger* aufgestellte Familie
zählt in America viele Arten, jedoch mehr in
den kalten und gemäfsigten, als in den warmen Theilen dieses Continents. — In Brasilien habe ich nur zwei Thierarten kennen gelernt, welche hierher gehören, die Hyrare (*Mu-*

*) *Koster's travels etc.* pag. 313.

stela barbara) und die Fischotter (*Lutra bra-*
siliensis). — Die erstere hat Aehnlichkeit
mit den Vielfraſsen (*Gulo*), da sie mit der
ganzen Hintersohle auftritt, auch hatte ich sie
früher für verschieden von *Mustela barbara*
gehalten, wo sie Herr Dr. *Schinz* in seiner
Ueberseztung von *Cuvier Règne Animal* unter
der Benennung *Mustela gulina* aufnahm; ich
halte sie aber jetzt für identisch mit *Mustela
barbara*. — Die Fischottern hat man auch
hieher gestellt, ob sie gleich durch die Bildung ihrer mit Schwimmhäuten versehenen
Füſse und durch ihren Aufenthalt im Wasser
wohl von ihnen getrennt werden dürften.

G. 15. M u s t e l a.

M a r d e r.

In allen Welttheilen gleichen sich die mar-
derartigen Thiere durch ähnliche Organisation,
äuſsere Gestalt und Lebensart; überall sind sie
kleine, kühne, blutdürstige Raubthiere, welche
vermöge der Gewandtheit ihres Körpers fähig
sind, die kleinsten Schlupfwinkel zu durchkrie-
chen. Sie gehen nächtlicher Weise oder nur
selten gesehen ihrem Raube nach, der in al-
lerlei lebenden Thieren besteht. Gewöhnlich
morden sie was sie erreichen können, dem Fe-

derviehe beifsen sie die Köpfe ab und saugen
das Blut aus. Sie werfen mehrere Junge, gewöhnlich vier bis fünf, welche sie in Erdhöhlen, hohlen Bäumen und selbst in den menschlichen Wohnungen verbergen.

1. *M. barbara*, Linn.

Die Hyrare, der fahlköpfige Marder.

M.: *Vorn mit ganzer, hinten mit halber Sohle auf-
tretend; Gestalt marderartig; Schwanz lang,
mäfsig dick; Körper schwarzbraun, Kopf fahl
graugelblich; unter dem Halse ein gelber
Fleck. —*

> *Mustela poliocephala*, Oken.
> *Le grand furet, Azara Essais etc.* Vol. I. pag. 197.
>   *d'Azara voyages etc.* Atlas tab. II.
> *Mustela gulina, Schinz* Thierreich, B. I. pag. 209.
> Abbildungen zur Naturgeschichte Brasilien's.
> *Hyrara* oder *Iraia*, auch häufig *Papamel* bei den Bra-
>   silianern der Ostküste *).
> *Jupiunn* bei den Botocuden.

**Dieses Thier habe ich früher mit dem Na-
men *Mustela gulina* belegt,** da ich vermu-

---

*) Marcgrave scheint in der Beschreibung der brasilianischen
Fischotter *Jiya* oder *Carigueibeiu* auch einige Züge der
Hyrare durch Verwechslung mit eingemischt zu haben. —
In der *Menzel*'schen Sammlung brasilianischer Thierabbil-
dungen befindet sich, wie uns Herr Professor *Lichtenstein*
sagt, eine Abbildung mit der Benennung *Eirara*; der Na-

thete, · dafs *M. barbara* von meiner Hyrare
verschieden sey, öftere Vergleichung hat mich
indessen seitdem bestimmt, beide Thiere zu
vereinigen, indem die von *Azara* angegebenen Verschiedenheiten doch nur unbedeutend
sind. — Nach ihm hat sein grofser Marder
(*grand furet*) einen sehr dicken Schwanz,
welcher bei meinem Thiere nur mäfsig lang
behaart ist, auch habe ich den Kopf nie weifslich, sondern höchstens fahl graugelblich, oft
aber ziemlich dunkel gefärbt gefunden; von
einer die Zehen vereinigenden Haut, so wie
von einer Verdoppelung des Ohrrandes habe
ich an Ort und Stelle nach dem frischen Thiere nichts aufgezeichnet, an den in den Samm-
lungen aufgestellten Exemplaren sind diese
Theile vertrocknet und daher nicht mehr zu
untersuchen. Ich werde eine starke männliche
Hyrare im frischen Zustande beschreiben. —
Beschreibung: Dieses Thier ist weit gröfser und stärker als unsere europäischen Marder, hat aber ziemlich die Gestalt derselben,

---

me ist der meines Thieres, vielleicht ist dasselbe damit
gemeint? *Desmarest* in seiner *Mammalogie* hat in der
Diagnose den Character des fahlgefarbten Kopfs und Halses ausgelassen, welcher sehr characteristisch ist; er setzt
das Thier zu den Vielfrafsen (*Gulo*).

nur ist Kopf und Schnautze dicker, Kopf und
Hals sind ziemlich gleich dick, sehr breit, stark
und muskulös; der Unterkiefer ist kürzer als
der obere; Auge ziemlich klein; das dichtbe-
haarte äußere Ohr ist abgerundet wie am Marder, aber kürzer; die etwas dickere Schnautze
trägt an ihrem Ende eine starke, feuchte,
schwärzliche Nasenkuppe. — Ober - und Unterkiefer sind mit feinen, zarten, kurzen,
schwärzlichen Bartborsten besetzt, auch stehen
ein Paar solche über den Augen. —

Die *Zunge* ist dicht mit weißlichen, zugespitzten Papillen besetzt. —

Gebiſs: Schn. $\frac{6}{6}$; Eckz. $\frac{1.1}{1.1}$; Backenz. $\frac{4.4}{5.5}$.
In jedem Kiefer stehen sechs *Schneidezähne;*
im Oberkiefer ist der äußere an jeder Seite
größer, länger, und hat an der inneren Seite
einen kleinen Ausschnitt, so daſs er in der Gestalt sehr den Eckzähnen gleicht; die vier
mittleren sind stumpf, dahingegen der äußere
an jeder Seite etwas kegelförmig gestaltet ist;
untere Schneidezähne kleiner als die oberen,
vier derselben sind von gleicher Größe, die
beiden mittleren aber weit kleiner. — *Eckzähne* in jedem Kiefer zwei, groſs, gekrümmt,
kegelförmig. — *Backenzähne* im Oberkiefer
vier auf jeder Seite; zuerst ein kleiner Spitz-

zahn, dann ein gröſserer einspitziger, dann, der Reiſszahn: mit einer groſsen Mittelspitze, einem Absatze nach vorn und einer kleinen Spitze nach hinten, endlich ein einwärts quer gestellter, schmaler, langer, etwas platt zweihökkeriger Zahn. — Im Unterkiefer stehen fünf Backenzähne an jeder Seite; zuerst ein kleiner, stumpfer, dann zwei einspitzige, nachher ein dreizackiger Reiſszahn, dann ein kleiner, runder, abgestumpfter Zahn. —

Die Glieder dieses Thieres sind stark, die Vorderbeine ziemlich kurz, dick, mit dicken breiten fünfzehigen Füſsen und Krallennägeln; die innere Zehe ist die kürzeste, ihr folgt in der Länge die äuſserste, alsdann die vierte von auſsen oder der Zeigefinger, dann die zweite von auſsen, und der Mittelfinger ist noch um sehr weniges länger. —

Die Ballen der Nagelglieder sind stark, rauh und etwas vortretend; die Krallennägel stark, gebogen, zusammengedrückt, ein wenig aufgerichtet und überhaupt gestaltet wie an unseren Mardern; die Sohle des Vorderfuſses ist beinahe bis zu der Ferse nackt oder von Haaren entblöſst; Hinterbeine dick, muskulös, länger als die vorderen, sie haben fünf Zehen, deren Verhältniſs der Länge dasselbe ist als

an den Vorderfüſsen, der Fuſs selbst ist ‚aber
schmäler und die Klauen weit kleiner; die
Sohle ist hier weniger nackt als an den Vorderfüſsen. — Der Schwanz ist lang, jedoch
kürzer als der Körper, weit dünner oder kürzer behaart als an unserem Marder, allmälig
etwas zugespitzt. —

Testikel des männlichen Thiers sehr stark,
sie sitzen äuſserlich nahe unter dem After; die
Oeffnung für die Ruthe befindet sich in einem
dicken, nackten, häutigen und hängenden Beutel, vier und einen halben, oder fünf und einen halben Zoll vor den Testikeln. — Die
Ruthe selbst hat einen Knochen, der bei dem
alten hier beschriebenen Thiere zwei Zoll zehn
Linien lang, ziemlich gerade, etwas zusammengedrückt und vorn mit einer kleinen kreis-
förmigen horizontalen Ausbreitung versehen
war. —

Die Behaarung des ganzen Thiers ist glatt,
kurz und ziemlich hart; Nase und Kopf sind
mit höchst kurzen, sehr glatten, graubräunlich
und gelblich gemischten Haaren bedeckt, das
Gesicht fällt mehr ungemischt ins fahl-Grau-
bräune; Gegend der Ohren und Seiten des
Halses sind mehr fahl gelblichgrau gefärbt;
nach dem Körper hin nehmen die Haare ein

wenig an Länge zu, an den Seiten sind sie
noch etwas länger, an Bauch, Beinen und
Schwanz aber am längsten. — Der ganze Körper ist schwarzbraun gefärbt, am dunkelsten
die Beine, der Bauch und der Schwanz, doch
sind die Farben nie abgesetzt, sondern verlau-
fen allmälig ineinander. — Schon an den
Schulterblättern wird das schwarzbraune Haar
mit einzelnen gelblichen und weifsgraulichen
gemischt, welches nach dem Halse hin schnell
zunimmt, so dafs Hals und Kopf im Allgemeinen eine fahl graugelbliche Farbe zeigen; Gesicht und untere Seite des Kopfs sind gewöhnlich etwas dunkler, mehr in's Graubräunliche
fallend, und unter der Mitte des Halses befindet sich ein unregelmäfsiger, schön röthlich-
gelber, bald gröfserer, bald kleinerer Fleck, etwa von der Farbe des Kehlfleckens bei unserem Buchmarder (*Mustela Martes*). — Die
Haare des Schwanzes sind hart, höchstens anderthalb Zoll lang, und so wie am ganzen
Thiere glänzend. — Die Zehen sind mit ziemlich langen, zum Theil über die Klauen hin-
ausreichenden Haaren bedeckt; Hinterbauch
und innere Hinterschenkel sind etwas dünner
behaart, zum Theil etwas nackt. — Die Sohlen der Füfse sind schwarzbraun, und von der

Spitze der Zehen an gemessen zwei und ei.
nen halben Zoll lang nackt.

Die Farbe des Kopfs und Halses variirt
etwas; denn oft ist sie mehr fahl graugelblich
und zuweilen mehr aschgraulich, gewöhnlich
aber mehr in's Gelbliche fallend, auch ist der
gelbe Kehlfleck zuweilen dreieckig, rundlich,
viereckig, oft sehr klein, oft grofs, an dem
hier beschriebenen Exemplare hielt er zwei
Zoll zwei Linien in der Länge, und eben so
viel in der Breite.

Ein weibliches Thier, welches ich erhielt,
war etwas kleiner, hatte einen gröfseren gelben Fleck unter der Kehle und vier Bauchzitzen.

*Ausmessung des beschriebenen männlichen
Thieres:*

Ganze Länge	39″ 4‴.
Länge des Körpers . . .	23″ 11‴.
Länge des Schwanzes . .	15″ 5‴.
Länge von der Nasenspitze bis zu der	
vorderen Ohrwurzel . . .	3″ 9‴.
Breite von einer Ohrwurzel zu der	
anderen	2″ 9½‴.
Länge des Vorderbeins bis zu dem El-	
lenbogen	5″ 8‴.

Länge des Hinterbeins, bis zu dem

    Knie .   .   .   .   .   7'' 9'''.

Breite des Vorderfuſses bei den

    Klauen .   .   .   .   1'' 11'''.

Länge des oberen Eckzahnes .   .   8'''.

Länge des unteren Eckzahnes beinahe 7'''.

Dieses kleine, aber kräftige und blutgierige Raubthier kommt in allen von mir besuchten brasilianischen Waldungen vor und ist daselbst von den einsamen Bewohnern der Wald-*Fazendas*, von den Negern und Indiern wohl gekannt, gewöhnlich *Papamel*, *Hyrara* oder *Irara* benannt, doch wird die letztere Benennung in manchen Gegenden auch dem Yaguarundi des *Azara* beigelegt.

Die Hyrare hat vollkommen die Lebensart des Vielfraſses und des Marders. — Sie streicht in verborgenen Schlupfwinkeln umher, in den dichtesten Wäldern, hohlen Bäumen, Klüften, vielleicht auch in Erdhöhlen, wovon aber die Botocuden nichts wissen wollten. — Sie streift besonders bei Nacht umher, besteigt geschickt die Bäume, plündert die Nester der Vögel, sucht ämsig den wilden Honig in hohlen Bäumen auf (daher die Benennung *Papamel*), jagt alle kleinere lebende Thiere, als Agutis, Pacas, Cavien, Eichhörnchen u. s. w.

und wagt sich selbst an das Reh, welches sie oft bis in die Nähe der menschlichen Wohnungen verfolgt haben soll. — Sie läuft zwar nicht besonders schnell, hält aber sehr lange die Spur des angejagten Thieres ein, wodurch sie dasselbe oft ermüden und fangen soll. Man will gesehen haben, daſs sie ein Reh müde jagte, und als sich dieses aus Ermüdung niederlegte, dasselbe lebend anfraſs. — In die Hühnerställe bricht die Hyrare wie unser Marder und Iltis ein, beiſst die Köpfe ab und saugt das Blut aus. —

Sie wirft, nach der Versicherung der brasilianischen Jäger, besonders der Botocuden, drei bis vier Junge, welche sie gewöhnlich in einem hohlen Stamme oder Baumaste verbirgt.

Finden die Hunde die Spur dieses Raubthiers, so baumt es gewöhnlich bald, und wenn man zeitig genug hinzukommt, so ist es leicht, dasselbe von dem Baume herab zu schieſsen. Oefter fängt man die Hyrare bei dunkelen Nächten in den Schlagfallen oder Mundeos, wenn sie im Walde umher läuft, zu *Morro d'Arara* lieferten uns diese Fallen in einigen Wochen vier dieser Thiere. — Aus der Haut bereitet der brasilianische Jäger Regenkappen

für die Gewehrschlösser. — Die Botocuden
essen das Thier, ziehen aber zuvor nicht die
Haut ab, sondern sengen sie im Feuer, wie sie
es bei allen erlegten Thieren zu halten pflegen. *Azara's* Abbildung scheint die beste von
dieser Thierart bisjetzt bekannte zu seyn, ei
ne höchst schlechte, mit völlig verunstaltetem
Hälse (wahrscheinlich nach einem sehr schlecht
ausgestopften Exemplare) findet man in den
Schriften der *Wernerian Society*, Vol. III.
pag. 440, unter der Benennung *Viverra polio-
cephalus*.

G e n. 16. L u t r a.

F i s c h o t t e r.

Die Fischottern bilden ein über die meisten Länder unserer Erde verbreitetes Geschlecht der Raubthiere, welches die Flüsse
bevölkert und den mit Schuppen bedeckten
Bewohnern derselben nachstellt. Ihr Gebiß
ist stark, der Schädel sehr flach gedrückt, der
Körper schmal verlängert, fett, mit langem
Ruderschwanze und kurzen, starken, mit
Schwimmhäuten versorgten Füßen versehen,
daher vollkommen zum Schwimmen und zu
der Lebensart im Wasser eingerichtet.

Die Fischottern bewohnen die gemäfsigten und heifsen Zonen unserer Erde, doch findet man nirgends viele Arten von ihnen, auch vermuthe ich, dafs man für die warmen Länder von Süd-America zu viele Arten angenommen hat. In Paraguay und Brasilien giebt es, wie d'*Azara* bestätiget, wahrscheinlich nur eine einzige Art dieses Geschlechtes, über welche ich nachfolgend einige Bemerkungen mittheilen werde. —

1. *L. brasiliensis* Raii.
Die brasilianische Fischotter.

Jiya Marcgr. pag. 234.
La Loutre, Azara Essais etc. T. I. p. 348.
Lontra bei den Brasilianern.
Ariranha (Arirannia) am *Rio S. Francisco.*
Nomerick *) bei den Botocuden.

Azara hat die brasilianische Otter hinlänglich beschrieben, ich werde defshalb nur noch einige Worte hinzufügen. —
Dieses Thier hat im Allgemeinen die gröfste Aehnlichkeit mit unserer europäischen Fischotter, doch unterscheidet es sich von derselben auf den ersten Anblick durch die Bil-

---

*) Vor dem *N* hört man kaum ein *G* in der Kehle; *e* wird kurz ausgesprochen.

dung des, Schwanzes, welcher bei der europäischen Art rund, bei der brasilianischen aber
an beiden Seiten scharfkantig, oder von oben
etwas plattgedrückt erscheint, auch ist das
Haar bei der letzteren am ganzen Leibe kürzer. —

*Kurze Beschreibung einer männlichen Ot-
ter*: Die Bildung des ganzen Thieres gleicht
in der Hauptsache der europäischen Art; der
Kopf scheint etwas stärker und mehr rund, hat
daher in seiner Bildung etwas Aehnlichkeit
mit dem der größeren Katzenarten; die Schnautze ist vielleicht etwas breiter, der Oberkopf
erhabener und nicht so platt gedrückt, als an
unserer europäischen Flußotter. An beiden
Kiefern und hinter dem Auge stehen lange
gelbliche Bartborsten; Nasenkuppe behaart wie
das Gesicht, ziemlich breit, die Nasenlöcher
etwas nach der Seite geöffnet; äußere Ohren
klein und abgerundet; Auge klein und weit
nach vorn gestellt; die vier Beine sind kurz
und stark, die Füße oder Pfoten abgerundet,
mit ganzen Schwimmhäuten versehen, welche
zuweilen in ihrer Mitte einen kleinen Ausschnitt zeigen; innere Zehe an allen Füßen
die kürzeste, alsdann folgt in der Länge die
äußere, die drei mittleren sind einander ziem-

lich gleich und die längsten. — Nägel ziemlich stark, zugespitzt, sanft gekrümmt, unten etwas ausgehöhlt, an den Hinterfüſsen dicker und kürzer. — Schwanz lang, aber kürzer als der Körper; er hält an der Wurzel fünf bis fünf und einen halben Zoll im Querdurchmesser, in seiner Mitte drei Zoll zwei Linien, nimmt dann an Breite etwas zu, etwa bis zu drei Zoll drei bis vier Linien, wird hier völlig platt, an den Seiten scharfrandig, nach dem Ende rundlich zugespitzt, und ist über und über behaart wie der Körper. — Die Testikel befinden sich kurz vor dem After unter der Haut verborgen, scheinen aber zuweilen, wahrscheinlich in der Paarzeit, etwas hervorzutreten. — Etwa drei und einen halben Zoll weiter nach vorn befindet sich die Oeffnung für die Ruthe, am Rande ein wenig nackt; die Ruthe selbst hat eine länglich walzenförmige Gestalt, und eine etwas verdickte abgestumpfte Eichel; sie wird von einem Knochen unterstützt.

Das ganze Thier ist mit einem schönen, kurzen, sanften bräunlichen Haare, kürzer als an unserer europäischen Otter, überzogen. — Der Unterkiefer ist weiſs, und der ganze Unterhals bis zur Brust mit länglichen, oft sehr

abwechselnden weißlichen Flecken, oft weniger, oft mehr bezeichnet; einige Individuen
sind an diesen Theilen weit weniger und nur
undeutlich weiß gezeichnet, mehr gelblich,
besonders bloß der Unterkiefer, und der Unterhals ist alsdann hell graubraun, in's Weiß-
graue fallend, und auf der Brust befindet sich
ein runder kleiner röthlich-gelber Fleck von
ein bis anderthalb Zoll im Durchmesser. Bauch
und übrige untere Theile haben immer die
Farbe des Rückens, die Füße hingegen eine
etwas dunkler bräunliche Mischung. —

*Ausmessung eines männlichen Thieres, welches
jedoch nicht von den größsesten war:*

Ganze Länge	56″ 4‴.
Länge des Körpers . . .	33″ 10½‴.
Länge des Schwanzes . . .	22″ 5½‴.
Höhe des äußeren Ohres .	7 bis 8‴.
Länge des längsten Vordernagels . .	6‴.
Länge des längsten Hinternagels .	5‴.
Länge des oberen Eckzahnes . . .	8‴.
Länge des unteren Eckzahnes . .	7‴.

Der Schädel der brasilianischen Fischotter
ist in der Hauptsache gebildet wie der der europäischen. — Ein solcher in meiner zoologischen Sammlung hält fünf Zoll fünf Linien

in. der Länge, und in der Breite des Jochbogens drei und einen halben Zoll. — Mit dem
Schädel der europäischen Fischotter verglichen,
ist er an der Stirn weniger platt gedrückt,
hinten, etwas breiter und runder gewölbt. Der
Jochbogen ist an beiden Thieren völlig gleich
gebildet, bei der europäischen Fischotter von
oben gesehen in seiner Mitte ein wenig mehr
geradlinig, auch ist bei der brasilianischen der
Raum von der Nasenöffnung bis zu der vorderen Wurzel des Jochbogens kürzer als an der
europäischen; die hintere Wurzel des Jochbogens ist bei der brasilianischen Art weniger
breit und horizontal liegend als bei der europäischen; das Gebiſs zeigt an beiden Thieren
keine Verschiedenheit. Die Eckzähne der brasilianischen Art sind ihrer ganzen Länge nach
hohl, und springen, wenn sie vertrocknen, gewöhnlich ihrer ganzen Länge nach an beiden
Seiten auf; ihre Wurzel ist etwas bauchig, blasenartig, mit dünnen Wänden und einer cirkel-
runden Oeffnung am Ende. —

Der Knochen, welcher sich in der Ruthe
des männlichen Thieres befindet, maſs bei einem Individuo von 48 Zoll 8 Linien ganzer
Länge, zwei Zoll neun und eine halbe Linie
in der Länge; er ist gerade, walzenförmig ver-

längert, an seinem vorderen Ende ein wenig
verdickt, sanft aufwärts gebogen, und an dieser Stelle an der unteren Seite ausgehöhlt. —
Die Lunge ist in sechs Lappen getheilt;
die Leber ist grofs und zeigt sieben Lappen,
wovon vier klein sind. — Der Magen ist gekrümmt, häutig, er war mit Fischresten angefüllt. — Das Herz war durch den Schufs zu
sehr verletzt. — Der Darmcanal mifst vom Kopfe an dreizehn Fufs in der Länge. — Unter
dem Pförtner befindet sich am Zwölffingerdärm
ein weiter Sack, eine weite faltige Ausbreitung. —

Die brasilianische Fischotter lebt sehr zahlreich in allen nicht zu oft beunruhigten Flüssen, mehr einzeln in den bewohnteren Gegenden. — Sie ist überall unter dem Namen der
Lontra bekannt, wird aber wohl zuweilen mit
einem Thiere verwechselt, welches man dort
Cachorro d'Agoa (Wasserhund) nennt, und
welches ich nicht zu sehen Gelegenheit gefunden habe, das aber vielleicht der Quiya des
Azara (Myopotamus) seyn dürfte. — Gewifs
ist die Fischotter über ganz Süd-America verbreitet und lebt in Guiana, wo man ohne
Zweifel mehrere Arten aus ihr gemacht hat. —
In den wenig besuchten Flüssen von Brasilien

findet man diese Thiere in zahlreichen Banden. — Selten haben wir den *Belmonte*, den *Itabapuana*, *Ilhéos* und andere Flüsse beschifft, ohne durch die sonderbare Erscheinung solcher Gesellschaften von Fischottern unterhalten zu werden. Sie haben die Manieren unserer europäischen, geben aber gewöhnlich sehr sonderbare Töne von sich, welche durch ihre gemeiniglich vereinte Anzahl verstärkt und vermehrt werden. — Wo eine solche Bande ankömmt, da hört man schon von ferne laute pfeifende und andere katzenartige Töne von heftigem Schnauben und Schnarchen begleitet; das Wasser ist in Bewegung, und die äußerst gewandt schwimmenden Thiere kommen öfters mit dem Kopfe, ja mit dem halben Leibe über das Wasser empor, einen Fisch in dem Rachen, als wollten sie ihre Beute zeigen. — So steigen sie, gesellschaftlich fischend, gegen den Strom hinauf, oder lassen sich von dem Wasser gemächlich hinabtreiben. Um die ihnen begegnenden Canoes tauchen sie gaukelnd umher, obschon man sie gewöhnlich mit der Flinte begrüßt.

Nahrung und übrige Lebensart scheint mit der der europäischen übereinzustimmen, doch kann ich über ihre Fortpflanzung nichts hinzufügen. — Sie verzehren eine grofse Menge von Fischen, wahrscheinlich meistens am Ufer oder auf einem Steine oder Felsstücke im Flusse. Besonders am Flusse *Belmonte* habe ich häufig die Ueberreste ihrer Mahlzeiten auf den Felsblöcken oder den Sandbänken gefunden, sie bestanden in Schuppen, Gräten und dem Panzer oder der Knorpelschaale eines gewissen gefleckten Fisches, welchen man hier *Roncador* nennt. — Die Fischottern wandern auch über Land von einem Flusse zu dem andern, und fangen sich dann zuweilen in den Schlagfallen oder Mundeos. — Im Februar und März fand ich sie sehr fett. — Da die *Lontra* ein schönes Fell hat, so würde man es bei uns gleich dem europäischen schätzen, allein bisjetzt bezahlt man dasselbe in der von mir bereis'ten Gegend schlecht, in der Nähe grofser Städte, oder in sehr bewohnten Gegenden ist diefs indessen schon anders. *Koster* erzählt, dafs man in der Gegend von Pernambuco ein Fischotterfell höher schätze, als ein Unzenfell. — Diese Fischottern werden weit gröfser als ihre europäischen Verwandten, besonders in den von Menschen wenig beunruhigten Flüssen. Im *Rio S. Francisco*, wo man sie *Ariranha* (Arirannia) nennt, sollen sie

eine colossale Größe erreichen. In jenen wenig beunruhigten Flüssen ist es höchst leicht,
ein solches Thier zu erlegen, sie gaukelten
ohne Scheu so nahe um unsere Canoes herum, daß es unmöglich gewesen seyn würde,
sie zu fehlen; allein sobald sie den tödtlichen
Schuß erhielten, tauchten sie unter, und wir
bekamen sie nicht mehr zu Gesicht. Daher
kam es, daß ich der vielen nach diesen Thieren gethanen Schüsse ungeachtet, dennoch nur
drei männliche, aber kein weibliches Individuum zu untersuchen Gelegenheit fand. — Da
wo der alles beunruhigende Europäer seine
Herrschaft schon ausgebreitet hat, würde es
so schwer werden wie bei uns, wenn man diese Thiere überlisten wollte *). Manche andere Nachrichten, besonders die Beschreibung der
weiblichen *Lontra* giebt *Azara*, auf dessen
Werk ich verweise. — *Marcgrave* beschreibt
unter der Benennung *Jiya* oder *Carigueibeiu*
ein Thier, welches, nach ihm, die brasilianischen

---

*) Jung gezähmt werden diese Fischottern sehr zahm, an der
europaischen Art kann man sich uberzeugen, wie sehr
Zahmung das Naturell wilder Thiere umwandelt; denn
man liest u. a. in *v. Wildungen*'s Werken (Feierabende,
B. VI 1821) von einem solchen Thiere, welches die Fisch-
nahrung verabscheuete, und ohne die größte Strenge nicht
in das Wasser zu bringen war.

Portugiesen *Lontra* nennen, däs also unbezweifelt unsere Fischotter, seyn soll, es passen
jedoch nicht alle seine Worte auf dieselbe,
und wahrscheinlich ist eine Verwechselung mit
der Hyrare (*Mustela barbara*) vorgegangen.
Laborde und *Sonnini* reden von verschiedenen
Farbenvarietäten der guianischen Fischotter,
mir ist in Brasilien nichts ähnliches vorgekommen, vielleicht haben jene Schriftsteller den
Coypu und andere dort lebende Wasserthiere
für Fischottern gehalten. Nach einigen sollen
die Thiere des Katzengeschlechts, der Yaguar
und der Cuguar (Susuaranna) den brasilianischen Fischottern nachstellen, allein ich kann
nicht glauben, dafs dieses im Wasser lebende
Thier von jenen grofsen Katzen leicht überrascht werden könnte. — *Desmarest* vermu-
thet, dafs bei jungen Thieren dieser Otter die
untere Seite des Halses weifslich und mit der
Rückenfarbe gefleckt sey, während alte Thiere
diesen Theil ungefleckt weifslich zeigten; allein
ich kann versichern, dafs dieses kein Kennzeichen der Jugend ist, sondern dafs diese weifsliche Kehle bald mehr bald weniger gefleckt
ist, gerade wie an unserem europäischen Stein-
marder (*Mustela Foina*, Linn.).

Fam. 3. Sanguinaria.
Raubthiere.

Illiger hat in dieser Familie die Geschlechter der blutdürstigsten Raubthiere vereint, welche zwar alle Zonen unserer Erde bewohnen, dennoch aber in den heifsen Erdgürteln zu der gefährlichsten Gröfse und Kühnheit heranwachsen und die furchtbarsten Wesen der belebten Schöpfung sind. — Sie zeichnen sich sämmtlich durch ein starkes Fleischgebifs aus, gehen auf den Zehen und rauben lebende Thiere, auf deren Blut sie vorzüglich gierig sind. Die heifsen Länder besizzen viele Arten von ihnen, und unter diesen sind dort die Katzen besonders zahlreich, welche sich durch die Schönheit ihres Felles auszeichnen. Die alte Welt besitzt mehrere Thiere dieser Familie als die neue, und selbst mehrere Geschlechter von Raubthieren hat sie vor derselben voraus. —

G. 17. Canis.
Hund.

Bekanntlich ist das Hundegeschlecht über alle Welttheile unserer Erde verbreitet und

zeugt unter allen Thieren von der gröfsten Ge-
schmeidigkeit des Naturells. Man findet Hunde in dem kalten Norden und zwischen den
Wendekreisen, auch sind selbst die wilden Arten dieses Geschlechts sehr weit verbreitet. —
·· · Der Haushund, dieser nützliche Begleiter
des Menschen, übertrifft in dieser Hinsicht alle
seine Geschlechtsverwandten, er verläfst uns
nirgends und dauert in allen Climaten aus,
welche sein Gebieter bisjetzt erreicht hat. In
der neuen Welt scheinen die Hunde durch die
Europäer eingeführt worden zu seyn *); denn
der gröfsere Theil der wilden Völker im Inneren besitzt dieses nützliche Hausthier noch
nicht. Dennoch ist der Hund schon aufserordentlich weit verbreitet, selbst unter den Ur-
bewohnern von Süd-America, und schnell dehnt
sich seine Verbreitung weiter aus. Die Indianer erkennen den Nutzen, welchen sie für ihre Hauptbeschäftigung, die Jagd, von diesen

---

*) Die Raçen der Hunde sind mancherlei. _ Der bellende
Hund scheint doch wohl aus Europa nach America gebracht zu seyn, es giebt jedoch im Norden dieses Continents Hunde, welche blofs heulen und nicht bellen, diese
könnten wohl vielleicht von Wolfen abstammen und alsdann einheimisch seyn. — Siehe über diesen Gegenstand
v. Humboldt Voyage au Nouveau Continent, T. II. p. 624.
und Tableaux de la nature, Tom. I. p. 117 bis 124.

Thieren haben können und pflegen sie deshalb selbst zuweilen den Europäern zu entwenden. — Es giebt einzelne Völker im Inneren, welche schon viele Hunde besitzen, und Herr *v. Sack* scheint dasselbe für Guiana zu bestätigen, indem er in seiner Reisebeschreibung sagt (2ter Theil p. 109), die Buschneger tauschten ihre Hunde von den Acuri-Indianern ein. —

Diese Thiere gedeihen vortrefflich in jenen heißen Ländern, und es ist ganz ungegründet, wenn man sagt, sie verlören dort die Stimme; dagegen bestätiget man in Brasilien die Aussage des *Stedmann* und Anderer, daß die Hundswuth oder Wasserscheu daselbst höchstselten oder nie vorkomme, eine Krankheit, welche in den heißen Ländern der alten Welt nicht selten ist.

Wenn auch die Natur der Hundearten im Allgemeinen durch den Einfluß der Climate nicht verändert wird, so ist es doch nicht zu läugnen, daß die äußere Bedeckung oder das Haar derselben durch die Einwirkung des Clima's abgeändert werde. — In kalten Ländern finden wir an den genannten Thieren einen sehr feinen, dichten und zarten Pelz, in den heißen hingegen ist ihr Haar schlicht, hart, grob und dünner gestellt; daher für den Menschen von geringem Nutzen.

„ Verschiedene Reisebeschreiber reden in Süd-America von wilden Hunden, als komme daselbst unsere europäische Hundeart im verwilderten Zustande vor, allein hievon ist mir kein Beweis bekannt und diese wilden Hunde sind gewiſs immer andere Thiere aus diesem Geschlechte, deren man überall findet. — Der Hund verwildert übrigens leicht, wovon wir in Europa in allen Ländern einzelne Beispiele aufweisen können. *Henderson* in seiner Geschichte von Brasilien redet (pag. 315) von wilden Hunden bei *Ilhéos*, und *J. Luccock* will Schaaren wilder Hunde in Brasilien gesehen haben. Erstere Nachricht ist ungegründet und die letztere scheint genauerer Untersuchung zu bedürfen.

Süd-America scheint aus dem Hundegeschlechte ursprünglich nur wenige Arten zu besitzen; denn ich bin überzeugt, daſs in Brasilien und Paraguay nur die beiden von *Azara* erwähnten Arten, der *Aguaraguazu* und der *Aguarachay*, vorkommen; der *Culpaeus* des *Molina* ist zu unbestimmt beschrieben, um entscheiden zu können, ob er der *Aguarachay* des *Azara* oder *Canis antarcticus* ist. — Daſs

der *Chien Crabier* des *Buffon* nichts anderes
ist, als der *Aguarachay*, scheint mir wahrscheinlich, da die hundeartigen Thiere in America wie in Europa in der Hauptsache einander sehr ähnlich sind und in der Farbe etwas
variiren. — Ich werde nun einige Zusätze zu
Azara's Beschreibungen hinzufügen. —

1. *C. campestris.*

Der Guará, oder rothe americanische Wolf.

Aguara-guazú, Azara Essais etc. T. I. p. 307.
Canis iubatus, Desm.
Guará in *Minas* und im Sertong von *Bahia,* auch *Lo-
bo* (Wolf) in Brasilien genannt.
Aguará Dobrizhofer, B. I. p. 404.

Man hat in der französischen Uebersez-
zung von *Azara's* Werk über die Säugthiere
von Paraguay den *Aguara-guazú* für eine Bä-
renart ausgegeben, welches er durchaus nicht
ist. *Dobrizhofer* gab uns zuerst unter der
Benennung des *Aguará,* oder wie die Spanier
ihn nennen, des *Zorro grande* (des grofsen
Fuchses), Nachricht von dem rothen Wolfe des
inneren Süd-America, bis ihn *Azara* genauer
beschrieb. *Marcgrave* erwähnt seiner nicht.
Herr Professor *Lichtenstein* hat seitdem in
der *Menzel'*schen Sammlung Gemälde von die-

sem und dem nachfolgenden Thiere aufgefunden, welche er vollkommen zu *Azara's* Beschreibung passend fand, die wir aber bisjetzt
noch nicht kennen. —

Der rothe Wolf oder Guará ist nicht blofs
in Paraguay einheimisch, sondern in dem ganzen mehr waldlosen Theile von Brasilien, wo
er im Allgemeinen von den Portugiesen *Lobo*
(Wolf), in anderen Gegenden, z. B. in *Minas*,
Guará genannt wird. Es ist gewifs, dafs dieser grofse rothe wilde Hund nicht die Waldungen, sondern mehr die offenen, mit einzelnen
Gebüschen und Gesträuchen bewachsenen Heiden bewohnt, also nicht blofs Brücher und
Sümpfe; denn in der von mir besuchten Gegend giebt es dergleichen wenig. Ich denke
daher, dafs man ihn von diesem Aufenthalte
in offenen Gegenden (den *Campos* der Portugiesen) *Canis campestris* nennen könnte, zu-
mal da diese Benennung ihn von den meisten
anderen Hundearten unterscheiden würde —

Dafs dieses Thier unserem Wolfe an Gröfse nichts nachgiebt, beweist eine in meiner
zoologischen Sammlung sich befindende unvoll-
ständige Haut, deren Beschreibung ich hier
geben werde, da ich diese Thierart im frischen
vollkommenen Zustande nicht gesehen habe. —

Länge der Haut, woran der ganze
Kopf fehlt, bis zum Anfange des
Schwanzes . . . . 37'' 3'''.
Länge des Schwanzes . . . 13''

Das Haar ist wolfsartig, schlicht, lang, an
den Schulterblättern über drei Zoll in der Länge haltend; über dem Halse und den Schulterblättern befindet sich eine Art kurzer Mähne von drei und einen halben Zoll langen Haaren. Die ganze Haut ist von einem sehr schönen, lebhaften Rothbraun, in den Seiten ein
wenig blässer, über den ganzen Rücken hinab
dunkel rothbraun, oben auf dem Halse aber
bis über die Schulterblätter hinaus ist die Mähne schwarzbraun. — Der Schwanz ist rothbraun wie der Körper, aber seine Spitze fahl
gelblich. — Die Vorderbeine fehlten; die Hinterbeine haben längs der vorderen Kante des
Schenkels hinab einen schwarzbraunen Streif,
und von der Ferse abwärts sind sie gänzlich
schwarzbraun.

Der Guará lebt in den grofsen *Campos
geraës* des inneren Brasiliens, am Tage in den
einzeln zerstreuten Gesträuchen auf den offenen trockenen Heiden sich verbergend und in
der Nacht nach Nahrung umher trabend, wo
man alsdann seine laute, weitschallende Stim-

me hört.[1] "In unbewohnten Gegenden geht er auch am Tage umher. — Nach der Versiche. rung der Pflanzer und Hirten (*Vagueiros* oder *Campistas*) ist er dem Rindviehe und den Schaafen nicht gefährlich, sondern lebt blofs von kleinerem Raube. *Azara* sagt, er nähre sich blofs von Krabben, Krebsen und Mollusken, die er aber wohl im *Campo geral* nicht häufig finden dürfte. — Er ist feige und furchtsam, steht sogleich von Ferne stille, sobald er etwas Fremdartiges bemerkt; geht man auf ihn zu, so entflieht er sogleich sehr schnell. — Aus dem grofsen schön brandrothen Felle macht man Satteldecken. —

Dobrizhofer nennt diesen rothen Wolf den Wasserhund und sagt, er halte sich in Seen und Flüssen auf; in den ebenen niederen Gegenden von Paraguay mag er allerdings die Ufer der Flüsse und die Sümpfe nach Krabben und Sumpfthieren durchsuchen und daselbst seinen Aufenthalt nehmen, jedoch das Local mufs hier eine Verschiedenheit verursachen. — Der Name *Canis brachyurus* scheint für dieses Thier nicht passend; denn sein Schwanz ist nicht viel kürzer als der des Wolfs; zweckmäfsiger dürfte demnach der Name *Canis jubatus* seyn, welchen *Desmarest* ihm beilegt, der sich indessen wieder darin irrt, dafs er die schwarze Mähne über den ganzen Rükken des Thiers ausdehnt, da sie in der Natur nur auf dem Halse und über den Schulterblättern vorkommt. —

2. C. A z a r a e.

D e r   b r a s i l i a n i s c h e   F u c h s.

F.: Körper fahl graugelblich, Rücken und obere Theile schwarzlich; ein schwarzlicher Streif an der Vorderseite des Vorderbeins; Spitze der Lippen weifs; Unterkiefer schwarzlich graubraun; untere Theile weifslich; Schwanz am Ende schwarz. —

> *Agouarachay, Azara essais etc.* Vol. I. p. 317.
> *Schinz* Thierreich u. s. w. B. I. pag 220.
> Abbildungen zur Naturgeschichte Brasilien's.
> *Cachorro do mato,* zuweilen auch *Raposa,* im östlichen Brasilien.

Azara hat diesen Fuchs sehr gut beschrieben, ich will indessen hier folgen lassen, was ich davon in Brasilien beobachtet habe. —

Dieses Thier hat in der Hauptsache die Bildung unseres Fuchses, wenn man davon die kürzere Behaarung des Schwanzes ausnimmt, auch findet man bei Durchlesung der Beschreibung jenes Schriftstellers, dafs beide Thiere in ihrer Lebensart vollkommen übereinstimmen.

Das in meiner zoologischen Sammlung sich befindende Exemplar hat folgende Hauptzüge:

An den Vorderfüſsen befinden sich fünf, an den hinteren vier stark behaarte Zehen; die Nägel der Vorderzehen sind weiſslich und in den Haaren etwas verborgen, wovon der längste drei Linien miſst; die der Hinterzehen sind länger, sie messen beinahe fünf Linien, sind bräunlich von Farbe und mehr entblöſst. Körperhaar ziemlich dicht und etwas wollicht; betrachtet man die einzelnen Haare, so sind sie an der Spitze schwarzbraun, darunter befindet sich eine weiſse Binde, alsdann folgt wieder Schwarzbraun und der übrige Wurzeltheil ist graugelblich. — Diese bunte Zeichnung der Haare giebt im Allgemeinen dem Thiere eine fahl graugelbliche, weiſsliche und schwärzliche Mischung; der Rücken und die oberen Theile fallen mehr in's Schwärzliche; an den Schenkeln und Vorderblättern herrscht die graue Farbe etwas vor, an den Seiten des Halses und den äuſseren Beinen die fahlgelbliche oder blaſs röthlich-gelbe; ein mehr schwärzlich gemischter Streif läuft auf der Vorderseite des Vorderbeins bis zu dem Fuſswurzelgelenke hinab; innere Seite der Vorderbeine blaſs gelblich; innere Seite der Hinterschenkel etwas blässer;

22 *

Stirn und Oberkopf gelblich-braun und weiſslich gemischt; Nase von den Augen vorwärts
gelblich graubraun; Gegend unter den Augen
mit schwärzlichen Haaren gemischt; Spitze
beider Lippen weiſs; Unterkiefer schwärzlich-
graubraun; Kehle, Unterhals, Brust und ganze
Vorderseite der Hinterbeine weiſs, welches an
der letzteren Stelle gegen die äuſsere Schen-
kelfarbe nett absticht; äuſseres Ohr gelblich-
graubraun; der Schwanz ist länger behaart als
der Körper, erscheint aber dünner als an unserem europäischen Fuchse im Sommer, er ist
graugelblich mit dunkleren Haarspitzen, das
Ende oder die Spitze aber ist gänzlich schwarzbraun mit einigen langen weiſsen Haaren gemischt.

Ausmessung:

Ganze Länge	34″ 6‴.
Länge des Körpers	21″
Länge des Schwanzes . .	13″ 3‴.
Hohe des Ohrs über dem Kopfe an. der dem Scheitel zugewandten Seite	1″ 9‴.
Länge von der Nasenspitze bis zu dem vorderen Ohrrande . .	4″ 6‴.
Länge des längsten Vordernagels . .	3‴.

Länge des längsten Hinternagels bei-

nahe . . . . . . 5'''.

Dieser Fuchs ist von *Azara* in Paraguay beobachtet und lebt über ganz Brasilien verbreitet, ja es scheint selbst, dafs *Buffon's Chien Crabier* *) hierher gehört? Demnach wäre der brasilianische Fuchs weit verbreitet und wahrscheinlich in seiner Färbung manchen Abänderungen unterworfen. Betrachtet man die Behaarung genau, so bemerkt man selbst einige Aehnlichkeit in der Vertheilung der Farben mit dem dreifarbigen Fuchs von Pennsylvanien (*Canis cinereo-argenteus*), ob ich gleich nicht hinlänglich über die Verwandtschaft beider Thiere urtheilen kann, da ich nicht im Stande bin, sie in der übrigen Bildung ihres Körpers genau zu vergleichen. — Der brasilianische Fuchs erscheint in allen seinen Farben, im Vergleich mit dem pennsylvanischen sehr blafs, und gleichsam wie abgeblichen, man wird ihn daher immer als eine besondere Species aufstellen müssen, wenn er auch nur eine durch das Clima erzeugte Abart seyn sollte; neueren Vergleichungen zufolge, sol-

---

*) *Dictionn. des sc. natur.* T. VIII. d. 558.

len indessen' beide Thiere wirklich specifisch verschieden seyn. —

In seiner Lebensart hat der brasilianische Fuchs die gröfste Aehnlichkeit mit dem europäischen. Er hält sich in Wäldern und offenen Gegenden auf, trabt überall umher, verbirgt sich am Tage meist in Erdhohlen und entflieht sehr schnell, sobald er einen Menschen erblickt. Den menschlichen Wohnungen nähert er sich bei Nacht, raubt Hühner und anderes Federvieh, so wie alle kleinere lebende Thiere, auch soll er in der Nähe des Meeres die Flufsufer besuchen, um bei der Ebbe in den sie einfassenden Mangue-Gebüschen Krabben und ähnliche zurückbleibende Thiere aufzulesen. — Selbst todte Thiere dienen ihm zur Nahrung, wie unserem europäischen Fuchse. — Seine Jungen soll er in Erdhöhlen werfen. — Er ist listig und wittert scharf wie unser Fuchs, läfst sich zahmen wie dieser, hat aber übrigens keinen Nutzen, da man den Balg nicht benutzt. Er wird auch defshalb nicht anders verfolgt, als wenn er Federvieh geraubt hat, oder wenn man ihn zufällig antrifft. In manchen Gegenden, besonders der Seeküste naher, nannte man dieses Thier *Cachorro do mato* (Waldhund), im Sertong von

Bahía hingegen *Raposá.* Herr Professor Lichtenstein hält den *Aguarachay,* der *Menzel-*
schen Abbildung zufolge, für eine von dem
cinereo - argenteus verschiedene Species, welches auch anzunehmen ist; obgleich eine Aehnlichkeit in der Vertheilung der Farben wohl
nicht geläugnet werden kann. *Desmarest* in
seiner neuen *Mammalogie* (Paris 1820. pag.
204) hat ihn mit dem dreifarbigen Fuchs von
Pennsylvanien (*Canis cinereo - argenteus*) vereinigt. —

G e n. 18. F e l i ş.
K a t z e.

Dieses von der Natur so characteristisch
unterschiedene Geschlecht ist über die meisten
Welttheile verbreitet, und zeigt überall seine
Hauptbildung, den geschmeidigen starken Körper, kleinen runden Kopf, fürchtbares Gebifs,
meist langen Schwanz, gefährliche in besondere Scheiden zurückziehbare Klauen, eine sanfte, weiche, oft auf das regelmäfsigste abwechselnde schon gezeichnete Behaarung, dabei ein
blutdürstiges, listiges Naturell.

Diese Thiere erlangen in den warmen
Ländern unserer Erde ihre höchste Vollkommenheit. Dort findet man die gröfste Man-

nichfaltigkeit ihrer Arten, und sie erreichen daselbst eine fruchtbare Stärke und Gröfse, welche Mensch und Thier in Schrecken setzt. — Was der Löwe und der Tiger' für die heifsen Theile der alten Welt sind, das ersetzt für die neue der Yaguar, jedoch vielleicht in einem etwas geringeren Grade. Aber in allen diesen Ländern, Australien ausgenommen, findet man eine Menge verschiedener Katzenarten, deren Zahl, durch die Reisen der Naturforscher noch vermehrt werden wird. — America, besonders der südliche Theil, in dessen warmem Clima sie recht zu gedeihen scheinen, ernährt viele dieser Thiere, welche der Schrekken der kleinen und gröfseren Waldbewohner sind. Azara fand in Paraguay sechs Katzenarten, mein Verzeichnifs erwähnt deren für einen Theil von Brasilien sechs oder sieben, wovon aber die meisten auch von jenem Schriftsteller gefunden wurden.

1. F. Onca, Linn.

Die gefleckte Katze, Yaguar.

Jaguara, Marcgr. p. 235.

Yaguareté, Azara essais etc. T. I. p. 114.

Onça pintada der brasilianschen Portugiesen.

Cuparack-gipakiú bei den Botocuden.

Jó bei den Malalís.

Cumang bei den Maconis.
Jaké - déré bei den Camacans.

Die grofse Katze dieser Beschreibung ist sehr bekannt, häufig ,erwähnt, und dennoch erst. jetzt in dem Werke der Herren *Geoffroy* und *Fr. Cuvier* ,richtig ,und treu nach dem Leben abgebildet worden. Da ich keines dieser Thiere 'im frischen vollkommenen Zustande während der Dauer meiner Reise habe erhalten können, so kann ich keine genaue Beschreibung davon geben, werde indessen einige Bemerkungen über ein in den Wäldern des Flusses *Belmonte* kurz vor meiner Ankunft daselbst, erlegtes Thier dieser Art mittheilen, dessen Haut ich besitze. —

Was die Färbung anbetrifft, so kommt diese mit der von *Azara* beschriebenen Haut in den Hauptzügen überein. Die Anzahl der Ringflecken, welche auf dem Queerdurchschnitte der Seite des Thiers gezählt werden, ist etwa die von *Cuvier* angegebene, also vier bis fünf, und es gehört daher dieses Thier zu der Varietät mit grofsen sparsamen Flecken. — Dafs es in Ansehung der Anzahl und Gröfse der Flecken auch bei der brasilianischen Unze Varietäten giebt, davon habe ich mich durch den Augenschein überzeugt. — Das vorhin

erwähnte Fell ist männlichen Geschlechts und
gehort, wie gesagt, zu der grofsgefleckten Ab·
art, ein etwas dichter geflecktes weibliches besitze ich ebenfalls, welches in dem Queerdurchschnitte der Seite fünf Flecken zàhlt, und eine etwas dunklere Grundfarbe hat. Im Ser-
tóng von *Bahía*, zu *Vareda*, in den ausge·
dehnten Viehtriften zeigte man uns ein Fell,
welches viel mehrere und kleinere Flecke hat·
te, dabei dickeren Kopf und stärkere Glieder
besessen haben sollte und ebenfalls von einem
männlichen Thiere herstammte, leider hat es
mir nicht geglückt, beide Thiere im vóllkom-
menen Zustande vergleichen zu können. —
Im Sertong nannte man die kleiner gefleckte
Art *Cangussú*, in anderen trägt die gröfser gefleckte diesen Namen. — Es ist höchst wahrscheinlich, dafs diese kleinen Verschiedenheiten nur Varietäten ein und derselben Thierart sind, ja es wird jetzt selbst wahrscheinlich,
dafs der schwarze Tiger auch nur ein und dieselbe Species mit der gefleckten Unze aus-
macht, wofür auch die Brasilianer stimmen.
Ihrer Aussage zufolge begatten sich alle diese
Varietaten mit einander, und bringen auf diese Art mancherlei Abänderungen in der Zeichnung hervor. — *Azara* redet ebenfalls von

mehreren Abarten der Unze oder des Yagua-
rété, wovon er die eine *Yaguarété-Popé*
nennt, ein Beweis, daſs überall Abänderungen
unter diesen, wie unter den meisten Raubthieren vorzukommen pflegen.

Schon in der ersten zarten Jugend zeichnet sich der Yaguar von anderen ähnlichen
gefleckten Katzen aus; von dem Mbaracayá
z. B. dadurch, daſs er auf dem Halse mit Flek-
ken, jener mit Längsstreifen bezeichnet ist;
von den Katzen der alten Welt hat uns *Cuvier* ihn hinlänglich unterscheiden gelehrt.

Die beste Beschreibung des Yaguar nach
dem Leben, von schönen Abbildungen begleitet, besitzen wir nun in der Naturgeschichte
der Säugthiere, welche die Herren *Geoffroy*
und *Fr. Cuvier* herausgeben, dorthin verweise
ich meine Leser und bemerke nur, daſs die
Gestalt des Yaguar im Allgemeinen die der
groſsen gefleckten Katzen der alten Welt ist;
die Nase ist etwas gewölbt, die Glieder sind
stark, die Klauen hakenförmig, zusammengedrückt und grünlich-weiſs von Farbe, wie bei
dem indischen Tiger. — *v. Humboldt* redet *) von weiſsen Spielarten des Yaguar, wo-

---

*) *Voyage au nouveau cont.* T. II. p. 166.

von ich indessen in den von mir bereisten Gegenden von Brasilien keine Nachricht erhalten
habe. —

Ueber die Gröfse dieser Thiere hat man
verschieden geurtheilt, weifs aber nun recht
wohl, dafs sie den gröfsten Tigern und Löwen
der alten Welt in dieser Hinsicht nicht viel
nachgeben. — *v. Humboldt* giebt uns interessante Nachrichten über die Gröfse, die Menge
und die Raubgier der Yaguare an den Ufern
des *Orenoco*, des *Apure*, *Sarare* u. s. w. *).

Eine Yaguarhaut, welche ich besitze, die
aber nicht zu den grofsen gehört, hat etwa
folgende Ausmessung:

Länge von der Nasenspitze bis zu der
    Schwanzwurzel . . . $4' \ 10\frac{1}{2}'''$.
Länge des Schwanzes . $2'$
Länge von der Nase bis an den vor-
    deren Ohrrand etwa . . . $7''$.

Der Aufenthalt dieser Raubthierart ist über
ganz Süd-America ausgedehnt; denn sie wird
in Guiana gefunden und geht ziemlich. weit
südlich bis unter Paraguay **) hinab, für Chili
führt sie *Molina* hingegen nicht auf. — In

---

*) *Voyage au nouveau cont*, T. II. p 216, 584 u. a, a. O.

**) Ueber diesen Gegenstand siehe *Azara essais etc.*

Brasilien findet man sie überall da, wo der Mensch die Waldungen und Wildnisse noch nicht gelichtet oder ausgerottet hat, also bei weitem in dem gröfsesten Theile. — Zuverlässige Männer haben mir versichert, dafs sie zu der Zeit der Gründung ihrer Niederlassungen oder Pflanzungen mit ihren Jagdhunden zwanzig bis vier und zwänzig solcher Thiere in einem Monate aufgefunden und erlegt haben; bald aber nahm die Zahl ab und man konnte daran denken, die jetzt in jenen Gegenden so blühende Rindviehzucht einzuführen. —

Azara hat im Allgemeinen die Lebensart und die Manieren des Yaguar recht gut beschrieben. In den von mir bereisten Gegenden, wo diese Thiere ebenfalls nicht selten sind, hat man indessen nur selten Beispiele, dafs sie Menschen angefallen haben, doch bewahrt man in allen Gegenden das Andenken an einzelne solcher Fälle auf. — Da wo man zur Jagd dieser Thiere gut abgerichtete Hunde besitzt, wie in den bewohnten Gegenden von Brasilien, läfst man sie gewöhnlich nicht so alt und grofs werden, um dem Menschen gefährlich zu seyn; in unbewohnten Gegenden hingegen, wie an den Ufern des *Orenoco*,

fürchtet man sich mehr vor ihnen, auch
scheint man dort ihre Jagd nicht so gut zu
verstehen, wie in Brasilien. — Die Haupt-
räubereien dieser grofsen Katzen sind gegen
die Hirsche, Rehe, Cavien, Capybaras, wilden
Schweine und dergleichen Thiere gerichtet,
sie sollen aber nur wenige lebende Thiere ver-
schmähen, da sie selbst die Waldschildkröte
Jabutí (*Testudo tabulata*) verzehren, deren
rein ausgeleerte Panzer wir häufig in den grofsen Wäldern gefunden haben, wenigstens behaupten die brasilianischen Jäger, es sey die
Unze (*Onça*), welche diese Panzer ausleere. —
Oefters waren diese Schalen der Schildkröten
rein ausgeleert, wahrscheinlich mit den Klauen,
und dabei übrigens nicht beschädiget, öfters
aber war ein Theil des Panzers weggebissen.
Seitdem man im Lande Rindvieh erzieht, stellen sie vor allen anderen Thieren diesen besonders nach. — Wittert das Rindvieh im Sertong den Yaguar bei Nacht, so rottet es sich
zusammen, die Stiere traben umher und brüllen unaufhörlich. Die Unze greift einen vor-
bereiteten Stier nicht leicht an, dagegen Ochsen, Kühe, Kälber, Pferde, Maulthiere und
Schaafe desto eher. — Fängt sie ein Kalb, so
hat man oft die Mutter gegen den Räuber an-

rennen gesehen. — Ein Stück Vieh soll sie tödten, indem sie ihm auf den Rücken springt, mit der Tatze die Nase ergreift, den Kopf rückwärts zieht und auf diese Art das Genicke bricht, welches aber allerdings nur eine Fabel ist; alsdann fafst sie, wenn sie stark ist, das getödtete Thier mit dem Gebisse und zieht es gravitätisch an eine sichere Stelle. — Hat die Unze einen solchen Raub vollbracht, welches bei Nacht geschieht, so saugt sie demselben das Blut warm aus, frifst gewöhnlich sogleich etwas von der fetten, weichen Halshaut und der Brust, verscharrt den Rest und ruhet nun nicht gar weit von demselben entfernt in einer verworrenen, mit Dornen, Bromelien und ähnlichen undurchdringlichen Gewächsen angefüllten Wildnifs aus, um in der folgenden Nacht noch einmal zu dem Raube zurückzukehren. — Am gefährlichsten ist die Unze, wenn sie Junge hat. — In dieser Periode hat man öfters das Junge gefangen oder geschossen und alsdann gehört, wie die Mutter unter heftigem Brüllen in der ganzen Gegend umherirrte, und über den Verlust ihrer Nachkommenschaft untröstlich war. — Zu *Trancozo* stellte man in einem solchen Falle der Mutter Selbstschüsse und erlegte sie ebenfalls bald. —

Um den Yaguar zu jagen, sucht man ihn
gewöhnlich sogleich am folgenden Morgen,
nachdem er einen Raub begangen hat. — Finden die Hunde die frische Spur, so erreichen
sie auch bald den Schlupfwinkel und der Räuber ist gewohnlich verloren. — Sie verbellen
ihn, klug seinen gefährlichen Klauen auswei-
chend, und geben den Jägern Zeit herbei zu
schleichen. — Junge oder noch nicht sehr
alte erfahrene Thiere pflegen gewöhnlich einen schief geneigten Baumstamm zu erklettern
und von dort herab geschossen zu werden, ältere recht grofse Thiere aber bleiben häufig
an dem Boden stehen und warten gelassen alle
Angriffe ab. — Gewöhnlich unterstützen mehrere Jäger einander, damit sie im Nothfalle immer einen Rückhalt haben. — Bei dieser Art
der Unzenjagd ist immer eine gewisse Vorsicht
nöthig; denn im Falle des Anschiefsens oder
Verwundens hat man oft Beispiele gehabt, dafs
der Jäger kläglich zugerichtet würde. Erfahrene brasilianische Jäger haben mir versichert,
dafs sie einen nicht besonders grofsen Yaguar,
während er von vorn durch die Hunde be-
schäftiget wurde, mit einem, an einer Stange
befestigten Messer von hinten getödtet haben,
als er auf einem schief geneigten Baumstam-

me stand. — Einen heftigen Kampf mit einem colossalen Thiere dieser Art habe ich in dem 2ten Theile der Beschreibung meiner Reise nach Brasilien erzählt. *v. Humboldt* sagt uns *), dafs die Indianer am *Apure* und *Orenoco* sie mit ihren Lanzen tödten. — Häufig bringen die Brasilianer auf den Pfädchen (Wechseln in der deutschen Jägersprache) der Yaguare oder Unzen in der Gegend, wo sie einen Raub vollführt haben, Selbstschüsse an, auch Schlingen, und tödten sie auf diese Art, auch in Fallgruben (*Fojos*) fängt man sie öfters, zuweilen Mutter und Junges zugleich. Man bringt unten in der Mitte der Grube einen zugespitzten Pfahl an. — Solche Fanganstalten wissen die Indier vortrefflich zuzurichten, sobald sie nur den wahren Aufenthalt des Raubthiers ausgeforscht haben, der sich durch die häufige Spur verräth, auch kratzt die Unze an der Rinde starker Waldbäume, um, wie die Indier behaupten, ihre Waffen zu schärfen. *Henderson* sagt in seiner Geschichte von Brasilien (pag. 301), die Unze fliehe die Kälte der westlichen Gegenden und suche die Nähe der See, wo es wärmer sey, sie raube vom April

---

*) *Voyage au nouveau continent etc.* T. II. p 216.

bis in den August, also in der kältesten Zeit des Jahres, an der Küste, allein ich habe nie von diesen Wanderungen der Unzen oder Yaguare in Brasilien gehört, noch eine Bestätigung dafür gefunden. —

Abgesehen von dem Schaden, welchen diese gefährlichen Raubthiere dem Viehstande zufügen, jagt man sie auch ihres schönen Felles wegen, wonach die Brasilianer sehr lüstern sind, und welches man zur Zeit meiner Anwesenheit in Brasilien selten unter einem Carolin verkaufte, in der Nähe grofser Städte aber weit theuerer bezahlte. Die Brasilianer gebrauchen es um Pferdedecken davon zu machen. — Junge Thiere, welche man in den Fallgruben lebend gefangen hat, werden in die Städte verkauft, dort aufgezogen, und gewöhnlich nach Europa gebracht. Die Botocuden, welche den Yaguar *Cuparack - gipakiú* (die grofse Katze) nennen, essen sein Fleisch.

Der schwarze Yaguar oder der schwarze Tiger.
Onça preta oder *Tigre.*

Jaguareté Marcgr. p. 235 (soll *Jaguara* heifsen).
Yagouareté noir, Azara etc. T. I. p. 116.
Tigre oder *Onça preta* der Brasilianer.
Cuparack - him bei den Botocuden.
Jaké - hya bei den Camacans.

"A Ich habe den schwarzen Yaguar oder den schwarzen Tiger für eine von dem gefleckten verschiedene Species angesehen, da ich selbst nicht Gelegenheit hatte, beide Thiere im frischen vollkommenen Zustande kennen zu lernen; seitdem haben aber die Entdeckungen, welche ein ausgezeichneter Naturforscher und Reisender, Herr Professor *Reinwardt* in Indien machte, gezeigt, daſs in ein und demselben Wurfe bei *Felis Pardus* oder *Leopardus* gefleckte und schwarze Junge (*Felis melas*) gefunden werden, ich bin daher nun auch der Ansicht der meisten Naturforscher beigetreten, welche schon längst den schwarzen brasilianischen Yaguar für bloſse Spielart von dem gefleckten ansahen. — Was mich für den Glauben der Verschiedenheit beider Thiere stimmte, war ein groſses Katzenfell, das ich im Sertong von *Bahia* sah und welches auf einem sehr dunkelbraunen Grunde, runde, kleine, völle schwarze Flecke trug; man sagte mir, es sey vom *Tigre* oder der *Onça preta* und ich vermuthete daher, daſs diese Verschiedenheit in der Zeichnung wohl dieser Species eigenthümlich seyn möchte. — Die gewöhnlichen schwarzen Yaguarfelle zeigen auf glänzend schwarzem Grunde matte nicht glänzende Au-

genflecken von derselben Farbe, die in der Anzahl und Gestalt variiren, da ich an einigen
Häuten mehrere, an anderen eine geringere
Anzahl von ihnen gezählt habe. Sie bestehen
aus kleineren im Kreise gestellten Fleckchen,
doch scheint es mir, als wenn die Augenflek-
ken bei diesem schwarzen Yaguar immer kleiner seyen, als an dem gewöhnlichen. — In
der Gestalt und Gröfse soll .der schwarze Yaguar, selbst nach dem Zeugnisse der Brasilianer, mit dem gefleckten übereinkommen. An
den Fellen desselben findet man grofse grün-
lichweifse Klauen, die starken Bartborsten so
wie das ganze Thier sind kohlschwarz *). Lebensart und Manieren sind, bei beiden Thieren
gänzlich gleich, doch behaupten einige Brasilianer, die schwarze Art sey viel blutgieriger
und gefährlicher, welches aber ungegründet
ist. — Schon viele Reisende haben von Süd-
America bezeugt, dafs man daselbst unter den
Yaguaren schwarze Individuen finde, hiermit
stimmt der Glaube, der Brasil.aner überein,
welche sagen, die verschiedenen Varietäten der
Yaguare seyen sämmtlich fruchtbar unter ein-

---

*) Nie habe ich an diesen Fellen etwas Weifs an den Lip-
pen gesehen, wie u. a. *Desmarest* in seiner *Mammalogie*
(pag 220) sagt.

ander und aus ihrer Vermischung würden mancherlei Abarten erzeugt.

Dafs der schwarze Yaguar mit seinem
durchaus glänzend kohlschwarzen Felle ein
prachtvolles Thier seyn müsse, ist leicht zu
begreifen, besonders wenn er eine bedeutende
Gröfse erreicht hat. — Seine Augen blitzen
wie glühende Kohlen aus dem schwarzen Körper hervor, besonders bei Nacht oder im Dunkel der Gebüsche. Ein Jäger versicherte mir,
dafs er einst einem solchen Thiere zufällig so
nahe gekommen sey, dafs es unmöglich wär,
auszuweichen. — Der Yaguar lag unter dunkelen Gebüschen und beobachtete, die glühen-
den Augen unverwandt nach dem Manne hin-
richtend, dessen Bewegungen genau. Der Jäger, vom Schrecke beinahe gelähmt, fafste
sich, und fuhr anscheinend ruhig in der einmal begonnenen Beschäftigung des Holzlesens
fort, entfernte sich aber allmälig, und der Yaguar blieb unbeweglich in seinem Lager. —
Andere dieser Thiere sollen Menschen angefallen haben, wovon man mir mehrere Beispiele
mitgetheilt hat.

Aus allen Nachrichten über diese Thierart scheint mir hervorzugehen, dafs noch Niemand genau die beiden Varietäten oder Abar-

ten des Yaguars, sowohl nach ihrem äufseren
als inneren und besonders osteologischen Baue
verglichen hat, defshalb können wir hier blofs
vermuthen und nicht aburtheilen und wir müssen hoffen, dafs uns bald eine gründliche
Nachricht über diesen immer noch dunkelen
Gegenstand mitgetheilt werden möge. — Die
Botocuden nennen den schwarzen Tiger *Cu-
parack-him*, die schwarze Katze, und die Camacans *Jaké-hyä*, welches in ihrer Sprache
dieselbe Bedeutung hat. — Die Felle dieser
schwarzen grofsen Katzen werden theurer bezahlt, als die der gefleckten Unze oder *Onça
pintada*, auch suchen sie selbst die Brasilianer sehr, um Decken für ihre Pferde daraus
zu bereiten.

2. *F. concolor*, Linn.
Der Cuguar.

Çuguaçuarana, *Marcgr.* pag. 235.
Felis concolor et discolor, *Schreb.* Tab. CIV. und
CIV. B.
Gouazouara, *Azara* T. I. p. 133.
Onça Çuçuaranna der Brasilianer.
Çuçuaranna in der *Lingoa Geral*.
Cuparack-Nimpruck bei den Botocuden.
Jaké-Coará bei den Camacans.

Dieses über den gröfsten Theil von America, selbst nördlich bis Canada, und südlich

bis Paraguay verbreitete Raubthier ist sehr bekannt, und wird öfters in den europäischen Städten in umherziehenden Menagerien gezeigt. — Obgleich auch diese völlig ungefleckte Art eine bedeutende Gröfse erreicht; denn ich habe Felle aus Pennsylvanien gesehen, die denen des gefleckten und schwarzen Yaguar an Gröfse wenig nachgaben, so ist sie dennoch weit furchtsamer und wird gar nicht gefürchtet; ja sie soll selbst nur junges Vieh rauben. — Ihr Kopf ist klein, kurz, die Glieder lang und stark, die Zehen mit gewaltigen blafs grünlich-weifsen Klauen bewaffnet. Die Farbe des Thiers ist ein fahles röthliches Braun, auf dem Rücken und den oberen Theilen gewöhnlich dunkler, mehr rothbraun; die Schwanzspitze und das äufsere Ohr sind schwarzbraun *). Obgleich ich in Brasilien nicht so glücklich war, ein vollkommenes Individuum zu erhalten, so haben mir die Felle, welche ich dort in Menge sah, in der Farbe die vollkommenste Uebereinstimmung mit den-

---

*) Ich habe diese Charactere sowohl an nord-americanischen als an den brasilianschen Fellen immer übereinstimmend gefunden, dagegen selten das Kennzeichen einer *cauda claviformis* beobachtet, und nie in's Aschgraue ziehende Felle gesehen.

jenigen gezeigt, welche ich aus Nord-America erhielt. —

Man findet die *Cuçuaranna* in allen grofsen brasilianischen Wäldern, wo sie zuweilen von dem umherschleichenden Jäger selbst von hohen Bäumen herabgeschossen worden ist. In den grofsen Viehständen ist sie besonders den Kälbern und jährigen Rindern gefährlich, auch jagt sie alle Arten des kleineren Wildes, selbst die Rehe. — Hunde treiben dieses Thier sogleich auf einen Baum, wo ihm der Jäger ohne Gefahr nahen kann. — Man fängt sie auch in Schlagfallen (*Mundeos*). Ich habe die Spur dieser grofsen Katze überall auf den Sandbänken an den Ufern der Flüsse gefunden, vorzüglich des *Belmonte*, auch in der einsamen Wildnifs zwischen dem *Rio Doçe* und *Mucurí*, überhaupt überall, wo der Mensch seine verheerenden Waffen noch nicht gebraucht. — In allen Gegenden des von mir bereisten Striches von Brasilien habe ich in den Wohnungen der Bewohner Felle von diesem Thiere vorgefunden, welche weit weniger Werth haben, als die der gefleckten und schwarzen Unze; man benutzt sie ebenfalls zu Pferdedecken. — Neger und Indier essen das Fleisch.

"Die Herren *Geoffroy* und *Fr. Cuvier* haben das Verdienst, die beste Abbildung dieser Species geliefert zu haben, auch wird in ihrem schönen Werke sehr richtig bemerkt, dafs auf *Schreber's* Tafel CIV. B. die Farbe richtiger angegeben ist, als auf Tafel CIV. — *Marcgrave* nennt dieses Thier *Çuguaçuarana*, woraus wahrscheinlich das Wort *Çuçuaranna* zusammengezogen ist, doch darf man bei allen diesen brasilianischen Benennungen das *c* nie wie *k*, sondern immer wie das französische *ç* aussprechen. Es irrt aber *Marcgrave*, wenn er den portugiesischen Namen *Tigre* der rothen Unze beilegt, da er nur der schwarzen Art zukommt. —

§. *F. pardalis*, Linn.

Der Mbaracayá oder Schibiguasu.

Temmink Monogr. de Mammal. pag. 144.

Abbildungen zur Naturgeschichte Brasilien's.

Maraguao sive Maracaiá, *Marcgr.* pag. 233.

Chibiguazú, *d'Azara* T. I. p 152.

Maracaya, *Mbaracayá* oder *Gato do mato pintado grande*, auch wohl *Onça pequena* bei den Brasilianern.

Mbaracayá in der Lingoa Geral.

Cuparack-nig-mäck (*g* kaum horbar) bei den Botocuden.

Kuichhud bei den Camacans.

Die schöne Katze, von mittlerer Größe, welche ich in den nachfolgenden Zeilen beschreiben werde, scheint mir identisch mit *Felis pardalis*, Linn., ob sie gleich eben so viel Aehnlichkeit mit *Felis mitis*, Cuv. zeigt. Beide Thiere sind sich auf jeden Fall sehr ähnlich, wenn sie nicht sogar zu ein und derselben Species gehören. Unbedingt würde ich meinen *Mbaracayá* für den wahren *Ocelot* halten, wenn man nicht für letzteren als Hauptkennzeichen lange Seitenstreifen angäbe, welche von den Schultern bis gegen die Schenkel fortlaufen. So lang ausgedehnt habe ich diese Flecken an vielen Fellen der von mir zu beschreibenden Katze nie gesehen, sie erscheinen hier mehr als verlängerte Flecken und ich war deßhalb sogar geneigt, meinen *Mbaracayá* für *Felis mitis* zu halten. Seitdem habe ich in einer Menagerie zu London zwei sehr schöne Exemplare meiner hier zu beschreibenden Katze lebend gesehen, und an ihnen die Seitenflecken sehr lang ausgedehnt gefunden, ich glaube deßhalb, daß diese Katzen in dieser Hinsicht etwas variiren, und daß mein *Mbaracayá* zu *Felis pardalis* zu zählen ist. Daß er ebenfalls mit *Azara's Chibiguazu* identisch ist, glaube ich bestimmt, wenn gleich dieser Schriftsteller gänzlich vergaſs, die genaue Zeichnung der Kehle und des Unterhalses seiner Katze anzugeben. Der *Mbaracayá* ist sowohl *Felis mitis* als *Felis pardalis* sehr ähnlich, doch weicht er von den Beschreibungen, die man von beiden giebt, etwas ab, *Felis mitis* möchte ich wohl für ein junges weibliches Thier halten. Die nachfolgende Beschreibung wird den *Mbaracayá* näher kennen lehren.

Da wir zu *Morro d'Arara* am *Mucuri* mehrere dieser Thiere in den Schlagfallen oder *Mundeos* fiengen, so will ich ein altes männliches in der Kürze beschreiben, welches ein wenig kleiner war als dasjenige, dessen sich *d'Azara* zu seiner Beschreibung bediente.

Die Gröſse dieser Katze ist etwa die eines Luchses; sie ist schlank und ziemlich hoch auf den Beinen, welche letztere sehr stark und muskulös sind. — Der Kopf ist gebildet wie am Panther, die Nase gewölbt; Ohren im Verhältniſs kürzer als an der Hauskatze, dabei mäſsig abgerundet; Körper schmal und zusammengedrückt; Beine und Pfoten dick, stark, rund und muskulös; Klauen weiſslich, stark gekrümmt, in Scheiden zurückziehbar. — Schwanz mäſsig dick, nach der Spitze hin et-

was verdünnt, reicht ein paar Zoll über die
Ferse hinab, berührt aber die Erde nicht. Geschlechtstheile nahe unter dem After wie an
der Katze; die Oeffnung für die Ruthe steht
nach hinten dichte unter den Testikeln; die
Eichel ist, wenn man sie entblöfst, nach Art
aller Katzen mit einer Menge feiner Wider-
hakchen oder Stacheln besetzt, welche rück-
wäits gekehrt stehen. — Da *Azara* das Gebifs und die Gestalt des Thiers angegeben hat,
so werde ich die Farbe beschreiben, wie ich
sie an meinen Exemplaren gefunden.

Die Nase ist bräunlich; die Iris schien
bräunlich, doch war ihre Färbung mit Sicherheit nicht mehr zu bestimmen; äufseres Ohr
schwarz mit einem weifslichen Fleck in seiner
Mitte nach dem äufseren Rande hin; an seiner inneren Fläche ist es dünne weifslich behaart, am Rande gelblich. — Haar des ganzen Thiers kurz, weich und glatt. Grundfarbe
des Kopfs auf der Oberseite, der Ohrgegend,
des Halses an den Seiten und aller oberen
Theile fahl gelblich-braun, eben so die Schulterblätter; Grundfarbe an den Seiten des Körpers weifslich-grau, an den Hinterschenkeln
etwas mehr gelblich; Kinn, Kehle, Brust, in-
neie Seite der Glieder und des Schwanzes, so

wie dessen Seiten weißlich-grau; Gegend um
die Nase, Backen und Einfassung der Augen
sind gelblich weiß; lange steife, theils weiße,
theils schwarze Bartborsten am Oberkiefer, kleinere am Unterkiefer; Augenlieder schwarzbraun; von dem vorderen Winkel des Auges
zieht sich nach der Nasenkuppe hinab ein undeutlicher schwarzbrauner Fleck oder Streif
von dem hinteren Augenwinkel zieht sich bis
unter das Ohr hin ein starker schwarzbrauner
Streif, unter diesem steht ein ähnlicher, mit
ihm beinahe parallellaufender auf der gelb-
lich-weißen Backenfarbe; an ihrem hinteren
Ende vereinigen sich diese Streifen beinahe, und von diesem Puncte zieht ein großer schwarzbrauner halbmondförmiger Strich
unter der Kehle hindurch, welcher bei einigen
Exemplaren mit einem anderen schwarzbraunen Längsstriche in Verbindung steht, der
längs der Seite des Halses hinabzieht; unter
dem Ende dieses Seitenstreifs zeigt sich bald
wieder ein schwarzbrauner langer Querstreif,
welcher an dem oberen Rande der Brust quer
über die weiße Farbe des Unterhalses hinüber
und mit dem Kehlstreif etwa parallel läuft;
zwischen beiden, so wie an der Kehle befinden sich noch einige kurze schwarzbraune

Querstriche und Fleckchen; an der Seite des
Halses stehen einige Längsflecke und Streifen,
deren Zahl etwas variirt; über dem vorderen
Winkel eines jeden Auges entspringt ein schwarzbrauner Streif, der bis in die Gegend über dem
Ohre hinauf läuft, hier vereinigen sich beide
Streifen durch einige Flecken, der Raum auf der
Stirn zwischen ihnen ist mit Fleckchen oder
starkenschwarzbraunen Puncten angefüllt; bei
jüngeren Thieren ist diese Zeichnung weniger
deutlich. — Auf dem Hinterkopfe entspringen
fünf schwarze Streifen, welche bis zu den
Schulterblättern hinlaufen; die drei mittleren
vereinigen sich an ihrem Anfange beinahe; der
mittlere ist der feinste und endiget bei vielen
Exemplaren, indem er sich in zwei feine Linien theilt; der äußerste dieser fünf Streifen
an jeder Seite entspringt von den drei mittleren Linien getrennt, unmittelbar hinter dem
Ohre und senkt sich etwas über die Seite des
Halses hinab bis zu dem Schulterblatte hin. —
Ueber den Rücken hinab ziehen drei bis vier
Reihen schwarzbrauner, voller, dicht aneinander gereihter, länglicher Flecken, zu deren Seiten alsdann ähnliche, aber irreguläre, bald längere, bald mehr runde bräunliche, breit schwarzbraun eingefaßte Flecken stehen, deren man

in der Seite etwa vier irreguläre Reihen zählt;
Bauch und Hinterschenkel sind mit runden
schwarzen Flecken bezeichnet, an den letzteren
sind sie zum Theil hohl; bräunlich mit dunklerer Einfassung; die Schulterblätter sind mit
schwarzen Längsstrichen und Flecken marmorirt;
die an dem oberen Theile hohl und bräunlich
ausgefüllt sind; Schienbeine und Vorderarme
sind mit Querreihen runder Flecken und Querstreifen besetzt, welche nach unten immer an
Größe abnehmen. — Die Pfoten sind fein
punctirt; Hinter - Mittelfuß ebenfalls fein
schwarz gefleckt und punctirt; innere Seite der
Beine mit blässeren schwarzen Querstrichen
und Flecken besetzt; Schwanz mit dreizehn
bis vierzehn schwarzbraunen Querbinden, die
unten offen sind, oder mit Querflecken bezeichnet, welche durch schmälere weißliche Ringe
getrennt werden; die drei letzten Binden an
der Schwanzspitze bilden beinahe völlige Ringe; bei dem einen meiner Exemplare ist die
äußerste Schwanzspitze schwarz; Unterseite des
Schwanzes weißlich mit schwarzen runden
Flecken; Testikel weißlich-grau dichte behaart;
Sohlen bis zur Ferse schwarzbraun; Ballen
bräunlich. —

Es ist zu bemerken, dafs man in der Grundfarbe dieser schonen Katze kleine Abänderungen findet, indem dieselbe bei einigen mehr gelblich oder röthlich, bei anderen mehr weifslich - grau ist. — Das Männchen, welches ich beschrieb, war regelmäfsiger gezeichnet als andere, doch gleichen sie sich in der Hauptsache mit hellerer mehr weifslicher oder mehr röthlicher Grundfarbe, auch scheinen jüngere Thiere weniger regelmäfsig gezeichnet. —

Ausmessung:

Ganze Länge	43″ 6‴.
Länge des Körpers	31″ 4‴.
Länge des Schwanzes . .	12″ 2‴.
Länge des Kopfes bis zu dem Anfange des Ohres . . . :	4″ 4½‴.
Breite des Kopfes von einem Ohre bis zu dem anderen . .	3″ 1 bis 2‴.
Höhe des äufseren Ohres . .	2″ 1‴.
Länge des Vorderbeins bis zu dem Ellenbogen	10″ 2″.
Länge des Hinterbeins mit der Krümmung bis zu dem Knie .	12″ 2‴.
Breite der Vorderpfote . . .	2″ 6‴.
Länge des oberen Eckzahnes über .	9‴.

'.Die Herren *Geoffroy* und *Fr. Cuvier* haben :in ihrem Säugthierwerke unter der Benennung *Chati* (*Felis mitis*) ein Thier abge-bildet, welches' sowohl 'in den' Verhältnissen seines Körpers,' als in der Vertheilung seiner Flecken grofse Aehnlichkeit mit dem brasilianischen Mbaracayá zeigt, so dafs ich dasselbe, wie weiter oben gesagt, für einen jungen weiblichen Mbaracayá zu halten geneigt wäre, wenn sich nicht hier auch wieder einige Verschiedenheiten zeigten; denn *Felis mitis* ist mit kleinen, isolirten Flecken sparsam bezeichnet, der Mbaracayá hingegen mit zum Theil gröfseren, gelbröthlichen, schwarzbraun regelmäfsig eingefafsten, oft in die 'Länge gezogenen dichte bedeckt; sein Schwanz hat zuweilen eine völlig schwarzbraune Spitze, und die 3 letzten Querflecken an der Spitze werden beinahe zu völligen Ringen u. s. w., Züge, welche man sämmtlich nach meiner genauen Beschreibung vergleichen kann. — . *d'Azara's Chibiguazú* ist höchst' wahrscheinlich 'mein Mbaracayá; denn dieser Schriftsteller sagt in seiner Beschreibung nichts von völlig aneinanderhängenden Seitenstreifen, er beschreibt in der Hauptsache ganz meinen Mbaracayá, nur erwähnt er nichts 'von den' schwarzbraunen, deutlich und dunkel abgesetzten Kehlstreifen, welche sich bei allen diesen Katzen höchst regelmäſsig immer gleichartig wiederfinden. — Diese Streifen sind zum Theil in der Abbildung des Herrn *Fr. Cuvier* angedeutet, allein in einem weit schwächeren Grade, als bei den von mir beobachteten Thieren. Sollte *Felis mitis* mit dem Mbaracayá identisch seyn, so wäre das von Herrn *Cuvier* abgebildete Thier ein sehr junges gewesen, welches viele Verschiedenheiten von meinen männlichen Thieren zeigt. Eine möglichst genaue Darstellung der Färbung des Mbaracayá wird sich in meinen Abbildungen zur Naturgeschichte Brasilien's finden.

Der Mbaracayá lebt in allen groſsen Wäldern von Brasilien und ich habe ihn vorzüglich am *Mucurí, Alcobaça, Peruhype, Belmonte* und in dieser Gegend beobachtet, ob es gleich nicht zu bezweifeln ist, daſs er überall vorkommt. Er geht, wie wir schon durch *Azara* wissen, ziemlich weit südlich hinab, ob er aber in Chili vorkommt, ist nicht bestimmt. Zu *Morro d'Arara* am *Mucurí* fingen wir in Zeit von vier Wochen vier dieser Katzen in den Schlagfallen, wenn sie bei dunkelen Nächten am Ufer des Flusses wahrscheinlich den Pa-

ca's, Aguti's und Capybara's nachgestellt hatten. —

In dem Magen des einen dieser Thiere
fand ich ein noch ziemlich unverdautes Aguti. —

Der Mbaracayá streift weit umher und ist
ein kühnes Raubthier, alles Lebende, was er
bezwingen kann, wird von ihm verzehrt, ein
Reh vermag er zu fangen, und selbst die Bäume besteigt er. — Haben die Hunde ein solches Thier gefunden, so baumt es sogleich und
wird leicht herabgeschossen — .Die Neger
und selbst einige Urbewohner essen das Fleisch,
obgleich diese Thiere, wie alle Katzen, einen
etwas unangenehmen Geruch von sich geben. — Aus dem schönen Felle, welches für
Pferdedecken zu klein ist, bereiten die brasilianischen Jäger Regenkappen für ihre Gewehrschlösser. —

4. *F. macroura.*

Die kleine oder langgeschwänzte Tigerkatze.

K.: *Oberkörper fahl grauröthlich; Unterkörper*
weißlich; beide unregelmäßig graubraun oder
schwarzbraun, zum Theil fast augenförmig ge-
fleckt; auf dem Oberhalse fünf dunkle Längs-
streifen, an der Stirn zwei schwarzbraune Strei-
fen, dazwischen Puncte; an den Seiten des Kopfs
zwei dunkele Längsstreifen; unter der Kehle ein

24 *

*dunkler Querstreif; Fufssohlen graubraun;
Schwanz mifst uber halbe Korperlange. —*

Abbildungen zur Naturgeschichte Brasilien's.
Felis, Widu Schinz das Thierreich u. s. w. B. I.
pag. 235.
Gatto do mato pintado der Brasilianer an der Ostküste.
Kuparack-Kuntrack bei den Botocuden.
Kuichhua-dan (an franz.) bei den Camacans.

Ich fand die in den nachfolgenden Zeilen
zu beschreibende Tigerkatze in denselben Wäldern, welche auch die vorhergehende Art be-
herbergen und glaubte, durch die grofse Aehnlichkeit ihrer Zeichnung verführt, sie sey ein
junger Mbaracayá, bis genauere Vergleichung
mich die sehr abweichenden Verhältnisse beider Thierarten erkennen liefs. — Die Tigerkatze hat schlankeren Körper und Glieder,
kleineren Kopf und weit längeren Schwanz,
ihre Zeichnung kommt übrigens sehr mit der
des Mbaracayá überein. — Da diese Art noch
von keinem Schriftsteller erwähnt worden, so
will ich sie weitläuftiger beschreiben. —

Beschreibung eines männlichen Thieres:
Der Kopf ist ziemlich klein, mit grofsen, nach
dem Tode bräunlich gelben Augen, deren Pupille wahrscheinlich länglich gestaltet war. —
Die Nase ist etwas gewölbt, die Nasenkuppe
bräunlich gefärbt; Ohren länger als am Mba-

racayá, etwas eiförmig abgerundet, inwendig nur wenig behaart.

, *Gebifs: Eckzähne* sehr grofs und kegelförmig zugespitzt; von den sechs in jedem Kiefer völlig gleich langen *Vorderzähnen* ist der äufserste an jedér Seite der gröfseste. Körper und Füfse sind schlank; die fünf Zehen der Vorderfüfse haben starke, gekrümmte, weifsliche Klauen, die vier Zehen der Hinterfüfse ebenfalls. — Der Schwanz ist lang, und weit länger als am Mbaracayá. — Die äufseren Geschlechtstheile sind gebildet wie an jener Art. — Der ganze Körper ist auf eine ähnliche Art mit sanften, ziemlich kurzen Haaren bedeckt, am Schwanze sind sie am dichtesten, wolligsten und weichesten. — Am Oberkiefer befinden sich drei und einen halben Zoll lange theils weifse, theils schwarze Bartborsten, auch stehen über jedem Auge ein Paar solche. — Die Farbenvertheilung dieser Katze ist im Allgemeinen der des Mbaracayá so ähnlich, dafs man, ohne das Verhältnifs ihrer Theile zu Rathe zu ziehen, beide Thiere für identisch zu halten bestimmt seyn würde. — Die Grundfarbe des Oberkopfs, der Stirn, Augengegend und aller oberen Theile, auch der Schulterblätter, ist ein fahles röthliches Grau, zuweilen mehr in's Gelbröthliche fallend, die Seiten mehr röthlich-weifsgrau, alle untere Theile weifslich, so wie Backen, Kinn, Kehle und Brust; innere Seite der vier Beine etwas mehr in's Gelbliche fallend; Einfassung der Augen oder Augenlieder und Lippen schwarzbraun; Nase, ein Streif unter dem Auge, Gegend zwischen den Augen röthlich-gelb, über dem Auge aber bemerkt man einen weifslichen Fleck; gerade wie am Mbaracayá laufen an der Seite des Kopfes hin zwei schwarzbraune Streifen, wovon der obere am hinteren Ende des Auges, der untere an der Seite der Nase entspringt; sie vereinigen sich ziemlich nahe an der Seite der Kehle, und von hier geht quer über diese hin ein starker schwarzbrauner Querstreif; zwei Zoll drei Linien von diesem Kehlstreif entfernt, steht ein ähnlicher, zuweilen in der Mitte etwas unterbrochener am Unterhalse; zwischen diesen beiden Querstreifen zeigt sich an jeder Seite der weifsen Farbe des Unterhalses ein breiter anderthalb Zoll langer Längsfleck und vor diesem ein kleiner, runder, ähnlicher Fleck; Brust, Bauch und innere Seite der Beine sind mit runden, theils gröfseren, theils kleineren schwarzbraunen Fleckchen bezeichnet; äufseres Ohr schwarzbraun, aber in

der Mitte des hinteren Randes befindet sich
ein aschgraulicher Fleck. — Von dem oberen
Theile eines jeden Auges entspringt ein schwarzbrauner Streif, der bis gegen die Mitte des
Ohres hinaufläuft, hier treten diese beiden
Streifen verdickt näher zusammen, ihr Zwischenraum ist gerade wie am Mbaracayá mit
kleinen Puncten ausgefüllt. — Auf dem Hinterkopfe entspringen fünf, oft mehr, oft weniger deutliche Längsstreifen, wovon der äufsere
an jeder Seite sich ein wenig hinter dem Ohre herabsenkt und über der Seite des Halses
hin bis in die Gegend der Schulter läuft; die
drei mittleren Streifen sind an ihrem Ursprun-
ge vereint, der mittlere ist der feinste, sie laufen ebenfalls bis über die Gegend der Schultern. — Ueber die Mitte des Rückens hinab
bemerkt man etwa drei Reihen von schwarzbraunen länglichen Flecken oder Strichen, wovon besonders die mittlere mehr linienartig
schmal und zusammenhängend ist; in der Seite stehen etwa drei Reihen etwas viereckiger
graubrauner Flecken, welche schwarzbraun eingefafst sind, sie scheinen mehr fahl und verloschen als am Mbaracayá, werden aber durch
die hellere Grundfarbe der Seiten gehoben;
an dem oberen Theile der Schenkel sind die

zahlreichen Flecken auch großentheils noch
hohl und mit dunklerer Einfassung, allein am
Unterschenkel arten sie mehr in schwarzbrau·
ne Längsflecken und Striche aus; an den vier
Beinen stehen zahlreiche rundliche Flecke;
der Schwanz ist auf seiner oberen Seite gefärbt wie der Rücken, an der unteren weißlich, er hat sieben schwarzbraune Querbinden
und eine solche Spitze, die vier oberen sind
an ihrer unteren Seite nicht geschlossen. —
Die Fußsohlen sind nicht schwarzbraun wie
am Mbaracayá, sondern graubraun. —

Diese schöne Katze variirt ein wenig in
der Grundfarbe oder durch die mehr oder minder regelmäßige Vertheilung der Flecken. —

Ausmessung:

Ganze Länge	$34''$ $9'''$.
Länge des Körpers . . .	$20''$ $10\frac{1}{2}'''$.
Länge des Schwanzes . . .	$13''$ $10\frac{1}{2}'''$.
Länge von der Nase bis zu dem vor-	
deren Ohrrande .	$3''$ $1\frac{1}{2}$ bis $2\frac{1}{2}'''$.
Höhe des äußeren Ohres . .	$2''$ $1'''$.
Länge des oberen Eckzahnes . .	$5\frac{1}{2}'''$.

Diese Tigerkatze lebt in allen von mir bereisten Gegenden und ward anfänglich von mir
für einen jungen Mbaracayá gehalten, bis ich

beide Thiere genauer verglich. — Von dem Margay oder der den Naturforschern schon längst bekannten Tigerkatze ist sie verschieden. — Ihre schlanke Gestalt, das schöne Fell, welches übrigens, sonderbar genug, mit dem des Mbaracayá höchst übereinstimmend gezeichnet ist, machen sie zu einem der schöneren Thiere des Katzengeschlechts. — Sie kam meinen Jägern an verschiedenen Orten vor und lebt in den grofsen Urwäldern am *Parahyba*, *Espirito Santo*, *Mucurí*, *Belmonte*, *Ilhéos*, so wie im Sertong von *Bahia*. — Ueberall trägt sie bei den Brasilianern oder brasilianischen Portugiesen den Namen der gefleckten wilden - oder Waldkatze (*Gatto do mato pintado*) und wird von ihnen ihres schönen Felles wegen geschossen. Da diese Katzen weit leichter sind, als die Mbaracayás', so steigen sie besonders an den *Çipo's* oder Schlinggewächsen auf und ab und durchsuchen die Bäume nach mancherlei Thieren und Vogelnestern, auch verzehren sie alle kleineren warmblütigen Thiere, vorzüglich die verschiedenen Arten der Ynambús oder Tinamús, die Capueren (*Perdix dentata Tem*) u. s. w., die für ihr scharfes Gebifs und ihre grausamen Klauen erreichbar sind. — Den menschlichen Wohnungen

nähern sie sich, um Federvieh zu rauben —
Ihre Wohnung schlagen sie in hohlen Stämmen, Felsklüften, oder Erdhöhlen auf, wo sie
ganz nach Art unserer wilden Katze ihre Jungen zur Welt bringen.

Gewöhnlich fängt man sie in den Mundeos oder Schlagfallen. — In den großen Urwäldern zu *Morro d'Arara* am *Mucuri* erhielt ich auf diese Art in Zeit von vierzehn
Tagen drei solche Katzen; eine vierte schoß
einer meiner Jäger am *Espirito Santo* von einem hohen Baume herab, wollte sie greifen,
allein sie setzte sich zur Wehr und entsprang,
da sie nur leicht verwundet war. — Diese
Thiere gehen nicht bloß bei Nacht, sondern
zu allen Stunden des Tages auf den Raub
aus. — Ein Hund, welcher ein solches Thier
findet, treibt es augenblicklich auf einen Baum,
wo man es leicht herabschießt; übrigens kann
nur der Zufall dem Jäger das schöne Fell
in die Hände führen, welches die Brasilianer
zu Mützen und zu Regenkappen benutzen, um
ihre Gewehrschlösser vor der Nässe zu schüz-
zen. — Die Botocuden und Neger essen ihr
Fleisch. —

Cuvier (*Recherches sur les ossemens fossiles,* T. IV. pag. 435) hält diese Katzenart für

identisch mit dem *Chati*, allein dieser ausgezeichnete Naturforscher dürfte vielleicht nach
meiner hier weitläuftiger gegebenen Beschreibung eine genauere Vergleichung anzustellen
jetzt im Stande seyn. — Schwer bleibt es immer über diese einander so ähnlichen Katzenarten zu urtheilen, wenn man sie nicht selbst
einander genau vergleichen kann; denn die
beiden letzteren von mir beschriebenen Katzenarten z. B gleichen sich in der Färbung so
sehr, daſs man sie ohne die Berücksichtigung
ihrer Körperverhältnisse für eine und dieselbe
Thierart halten würde. —

5. *F. Yaguarundi.*
Der Yaguarundi des *Azara.*

d'Azara essais etc. Vol. I. pag. 171.
d'Azara Voyage etc. Atlas Tab. X.
Gatto murisco bei den Brasilianern.
Hyrara an einigen Orten in Brasilien.
Poknienn bei den Botocuden.

Der Yaguarundi ist zuerst von *Azara* beschrieben, kommt aber überall in Brasilien vor,
wie ich hiervon an verschiedenen Orten durch
Felle überzeugt worden bin. In den meisten
Gegenden ist diese Katze unter dem Namen
des *Gatto murisco* oder der Mäusekatze bekannt, am *Rio Doçe* und in einigen anderen

Gegenden zeigten mir die jagenden Soldaten solche Felle, die sie *Hyrara* oder *Irara* benannten, ein Name, der gewöhnlich dem brasilianischen weiter oben beschriebenen Marder (*Mustela barbara*) zuzukommen pflegt. Während ich mich zu *Morro d'Arara* aufhielt, fing man, gerade als ich abwesend war, in einer dunkelen Nacht ein schönes Paar dieser Katzen im Mundeo, welches ich leider nicht im vollkommenen Zustande gesehen habe, wir müssen uns also bei diesem Gegenstand an *Azara* halten. — Obgleich diese Katze in allen Wildnissen der von mir bereisten Gegend gefunden wird, so soll sie dennoch weniger zahlreich seyn, als die vorhin beschriebene Tigerkatze. — Aufenthalt und Lebensart haben alle diese wilden Katzen mit der vorhin beschriebenen gemein. Der Yaguarundi stellt besonders den Tinamús, als Macucas, Sabélés, Schororongs, Ynambús und anderen ähnlichen Vögeln nach, und beschleicht listig diese schwerfälligen Flieger. — Im Sertong lebt er in den *Catinga* - und *Carasco* - Gebüschen, verbirgt sich aber in Höhlen und alten Stämmen oder Klüften. Das zarte kurze und dicht behaarte Fell gebraucht man zu Mützen und Regenkappen über die Gewehrschlösser. Er

soll schwerer zu schiefsen seyn als die vorhergehende Art, , da er nicht lange vor den
Hunden aushält oder steht wenn er gebaumt
hat. —

6. *F. E y r a* Azarae.

D i e E y r a - K a t z e.

Azara Essais etc. Vol. I. pag. 177.
Gatto *vermelho* oder *Gatto murisco* von den Brasilianern genannt.

Azara beschrieb diese Katze zuerst, und
wenn ich sie gleich selbst nicht gesehen habe, so erhielt ich dennoch öfters Nachricht von
ihr. Sie lebt in den inneren grofsen Waldungen und in den *Catingas* und *Carascos* der
inneren Sertongs. — Sie ist stark und raub-
süchtig, auch stellt sie allem kleinen Wild eifrig nach. — Den Wohnungen nähert sie sich
um das Federvieh zu rauben. — Die Jäger
haben mir einstimmig versichert, dafs diese
Art wilder und mehr scheu sey, als alle übrigen Katzen, dafs man daher höchst vorsichtig
zu Werke gehen müsse, um heran zu schleichen, nachdem sie von dem Jagdhunde auf einen Baum getrieben sey.

Diese Katze soll gröfser werden als der
Yaguarundi, hell gelblich-roth ohne Flecken
und andere Abzeichen, aber mehr hell oder

brennender röthlich gefärbt seyn, als die *Çu-çuarana*; ihr Schwanz ist lang. — Die Beschreibung von *Felis unicolor* (*Spotlefs Cat*), welche in den Schriften der *Wernerian Society* (Vol. III. p. 170) enthalten ist, gehört vielleicht hieher. — Die Abbildung ist eine höchst verzerrte Gestalt, wahrscheinlich nach einem sehr schlecht ausgestopften Exemplare gemacht.

Ord. III. *Marsupialia.*

Beutelthiere.

Die Beutelthiere sind durch ihre merkwürdige Organisation von allen andern Säugthieren sehr deutlich getrennt, obgleich auch unter sich wieder durch verschiedenartige Bildung. Dennoch hat man sie in neueren Zeiten ihres sonderbaren beutelförmigen Organes wegen, ungeachtet der verschiedenen Bildung ihres Gebisses und ihrer Füfse, in eine besondere Ordnung zusammengestellt. *Illiger* wies ihnen die Stelle in seiner zweiten und dritten Ordnung (*Pollicata* und *Salientia*) an und bildete aus ihnen die fünfte Familie der ersteren (*Marsupialia*) und die erste Familie der drit-

ten oder derselben Ordnung (*Salientia*). —
Wenn gleich diese Eintheilung sehr zweckmäfsig scheint, so kann man diese Thiere dennoch
auch mit *Cuvier* in eine besondere Ordnung
zusammenfassen, und alsdann mehrere Familien, zu Folge der Bildung des Gebisses oder
der Füfse, als Unterabtheilungen bilden. —

Da ich für Brasilien nur Thiere aus der
ersten Familie der Beutelthiere, oder derjenigen zu erwähnen habe, welche mit einem Gebisse der Raubthiere, auch völlig mit ähnlicher
Lebensart begabte, dabei aber im weiblichen
Geschlechte mit einem Beutel versehene Pe-
dimanen sind, so hat mir *Cuvier's* Eintheilung
am zweckmäfsigsten für dieses Verzeichnifs geschienen, indem alsdann die Beutelthiere den
Uebergang von den Fleichfressern zu den Na-
gern, vorzüglich den Ratten und Mäusen
bilden. —

Die Beutelthiere sind über die alte und
neue Welt verbreitet, und wir finden die gröfseste Mannichfaltigkeit ihrer Geschlechter und
Arten in dem beinahe ausschliefslich von ihnen
bevölkerten fünften Welttheile. Dort tragen,
wie bekannt, beinahe alle Säugthiere das originelle Organ des Beutels und zeigen die zum

Theil sonderbarsten und merkwürdigsten Bildungen.

G. 19. *D i d e l p h y s.*

B e u t e l t h i e r.

America besitzt blofs eine Familie der
Beutelthiere und zwar diejenige, welche mit
rattenartiger Gestalt, lang zugespitztem Kopfe,
Fleischfressergebifs, mit nackten rattenartigen
Ohren, langem, zum Theil nacktem Greifschwanze, Händen an den hinteren Extremitä-
ten, zum Theil mit dem sonderbaren Beutel
bei dem weiblichen, und bei dem männlichen
Geschlechte ebenfalls mit sonderbar eingerichteten Geschlechtstheilen versehen ist.

Von diesen Thieren lebt nur eine Species
in der nordlichen Hälfte dieses Continents, die
südliche hingegen hat viele Arten, zahlreich
an Individuen, da sie sämmtlich, wie die Mäuse und Ratten, eine Menge von Jungen zur
Welt bringen. —

Ueber die Bildung und Lebensart dieser
americanischen Thiere sind die Naturforscher
in der Hauptsache ziemlich genau unterrichtet, doch bleiben immer noch einige Beobachtungen zu machen übrig, besonders über die
Fortpflanzung der Beutelratten. — *Azara* hat

ihre Kenntniſs mit bedeutenden Beiträgen bereichert. Sein Werk zählt sechs Arten auf, mir hingegen sind in Brasilien nur etwa vier bis fünf Arten bekannt geworden, ohne daſs ich jedoch an dem Vorhandenseyn mehrerer zweifeln könnte. — *Azara* belegt sie mit dem allgemeinen Namen *Micuré*, der mir in Brasilien nie vorgekommen ist; dagegen kennt man sie in der von mir bereisten Gegend unter den Benennungen *Gambá* und *Jupatí*. —

Alle americanischen bisjetzt bekannten Arten sind Raubthiere, welche zugleich in ihrer Natur und Lebensart groſse Uebereinstimmung mit den Ratten zeigen, zum Theil Omnivoren wie diese sind, daher diese Aehnlichkeit selbst von den ersten europäischen Ansiedlern in Nord-America, den Franzosen in Canada sogleich erkannt und die einzige dort einheimische Art, *Rat des bois* genannt wurde. — Sie sind Vielfresser und haben den unangenehmen Geruch der Mäuse, aber in einem höheren Grade. — Ihr Aufenthalt ist in Feldern und Wäldern, wo sie vermöge ihrer Hinterhände zwar geschickt, aber nicht besonders schnell an den Stämmen und Zweigen auf- und absteigen. — Sie nähern sich den menschlichen Wohnungen, plündern die Nester und tödten alles, was in den Hühnerställen lebt. —

Ihre merkwürdige Fortpflanzungsart ist bekannt; man hat in verschiedenen naturhistorischen Werken die sonderbaren Geschlechtstheile, ja selbst die im Knochengebäude des Thiers schon sichtbaren Abweichungen beschrieben, obgleich über das Gebären der Jungen und ihren Eintritt in den Beutel noch viel Dunkelheit herrscht.

Diese Familie hat für den Menschen wenig Nutzen und Annehmlichkeit; denn die americanischen Arten liefern weder ein brauchbares Fleisch, noch benutzt man ihr Fell, und ein übeler Geruch macht sie überall verhafst.

Da diese Thiere im Allgemeinen viel Aehnlichkeit unter einander zeigen, so haben sich zum Theil viele Verwechslungen und Unrichtigkeiten in ihre Beschreibungen eingeschlichen, und erst in neueren Zeiten hat man diese etwas aufgeklärt, obgleich noch vieles zu thun übrig bleibt. — Alle die älteren zu unvollkommenen Beschreibungen sollte man nie citiren, da sie mehr dazu beitragen, die Kenntnifs dieser Thiere zu verwirren, als aufzuklären, auch können in dieser Familie nur sehr genau nach der Natur entworfene Beschreibungen nützen, welche alle einzelne Theile des Thiers genau angeben. Herr *Temminck* hat seit Kurzem eine Monographie des *Genus Didelphis* bekannt gemacht, welche ohne Zweifel die vollständigste Uebersicht der bisjetzt bekannten Arten giebt, ich werde öfters Gelegenheit haben, über diesen Gegenstand zu reden.

A. *Beutelthiere, deren Pelz eine Wolle, und darüber lange weißliche Stachelhaare *) zeigt.*

Sie sind langsame, dickleibige, beißige, übelriechende Thiere.

1. *D. marsupialis*, Linn.
Das Gambá.

D. *cancrivora.*
Carigueya, Marcgr. pag. 222.
Le Sarigue Crabier ou Pian, Geoffr. et Fr. Cuv. hist. nat. d. Mammif.
Abbildungen zur Naturgeschichte Brasilien's.
Temminck Monographies de Mammal. pag. 32. pl. V.
Gambá an der Ostküste von Brasilien.
Ntuunn-tú botocudisch.

---

*) Dem einzeln über die kürzere Grundwolle des Pelzes hervortretenden langen Haare habe ich die Benennung *Stachelhaar* gelassen, welche sie gewöhnlich bei den Kürschnern zu tragen pflegen.

Obgleich *Azara's Micouré premier ˷ou Micouré proprement dit* (T. I. pag. 244) in allen Hauptpuncten mit dem hier von mir zu beschreibenden Thiere übereinstimmt, auch besonders in der Gröfse und den Verhältnissen des Körpers, so sind dennoch einige Züge bei beiden Thieren verschieden, und ich glaube defshalb Herrn *Temminck* folgen zu müssen, welcher das *Micouré premier* des *Azara* für eine besondere Species hält und mit dem Namen *Didelphys Azarae* belegt. Der Hauptunterschied, welcher hier stattzufinden scheint, besteht in den zweifarbigen Ohren, welche keine der von mir zu beschreibenden brasilianischen Arten besitzt, einige andere kleine Unterschiede nicht in Betrachtung gezogen, es ist also das in dem von mir bereisten Theile von Brasilien gemeinste Beutelthier oder das Gambá identisch mit dem *Pian* von *Cayenne,* obgleich die Abbildung der Herren *Geoffroy* und *Fr. Cuvier,* wenn sie getreu ist, einige von mir an diesen Thieren nie bemerkte Züge zeigt *). —

---

*) Herr *Temminck* hat sämmtliche in meiner zoologischen Sammlung befindliche Beutelthiere gesehen, ich bin also von der Uebereinstimmung hinlänglich überzeugt.

Beschreibung eines weiblichen Thieres:
Gestalt rattenartig, etwas dick; Kopf schmal,
zugespitzt; Nase etwas rüsselförmig verlängert;
Nasenkuppe durch eine senkrechte Mittelrinne
ein wenig gespalten; am Oberkiefer befinden
sich lange schwarze Bartborsten, und auf den
Backen stehen ähnliche, welche aus einem gemeinschaftlichen Puncte entspringen; diejenigen, welche unter dem Unterkiefer stehen, sind
weifslich oder gelblich-braun gefärbt. — Das
Auge ist rattenartig schwarz; Ohren wie an
der Ratte, nackt, ziemlich breit, oben abgerundet, schwarzbraun gefärbt, einen Zoll und eine Linie hoch. — Die Füfse sind stark, mit
zusammengedrückten weifslichen Krallennägeln,
die an den Vorderfüfsen kürzer sind, als an
den hinteren; der Daum der Hinterhände ist
lang und stark, ohne Nagel, sein vorderes Glied
etwas platt gedrückt. — Der Schwanz ist an
der Wurzel zwei Zoll vier Linien weit wie der
übrige Körper behaart, alsdann nackt, mit Häut-
schuppen und einzelnen kleinen Borsten besetzt; der Beutel ist geräumig, und enthielt im
September zehn nackte kleine Junge, doch waren mehrere Zitzen vorhanden. —

Das die Haut unmittelbar bedeckende
Haar ist am ganzen Thiere eine dichte, schmu-

tzig blafs grauliche Wolle, deren Haare schwärzliche Spitzen zeigen, aus dieser unteren Wolle
treten lange gelblich-weifse Stachelhaare hervor, die an ihrer Wurzel weifs, an der Spitze
aber gelblich gefärbt sind, wodurch das **Thier**
ein weifslich und schwarzbraun gemischtes Ansehen erhält; der Kopf ist etwas mehr schwarzbräunlich überlaufen, eben so Oberhals und
Rücken, wenn man an dem letzteren die
weifslichen Stachelhaare wegnimmt, welche an
Kopf und Hals gänzlich fehlen. — Mehr oder
weniger deutlich bemerkt man an dem Kopfe
drei undeutliche schwärzlich-braune Streifen,
wovon der eine über die Mitte der Stirn hinauf, von den beiden andern aber ein jeder
durch das Auge nach dem Ohre hinaufzieht,
wodurch über dem ersteren eine etwas hellere
Stelle entsteht. — Die Grundfarbe der Wolle
des Kopfs ist etwas mehr gelblich als am übrigen Körper. — Der Kopf des männlichen
Thieres scheint dunkeler gefärbt zu seyn, als
der des Weibchens. An den vier Beinen
herrscht die schwarzbraune Farbe; der Pelz ist
hier kürzer und mit einzelnen weifsen Haaren
gemischt; Schwanz an der Wurzelhälfte seines
nackten Theiles schwarzbräunlich, an der Spitzenhälfte aber blässer oder weifslich, auch

sind auf diese Art seine einzelnen Borsten verschieden gefärbt. Herr *Temminck* sagt (*Monographies etc,* pag. 35), der Unterschied des
Didelphys Azarae und des *cancrivora* oder
marsupialis bestehe darin, daſs das erstere die
langen Haare des Pelzes gänzlich weiſs, und
das andere dieselben mit schwärzlichen Spitzen zeige, allein ich bezweifle, daſs dieſs ein
beständiger Unterschied beider Arten ist; denn
man findet *cancrivora* ebenfalls, besonders in
der kalten Jahrszeit, mit völlig weiſslichen langen Haaren.

Ausmessung dieses weiblichen Thieres:

Ganze Länge . . . . 26″ 2½‴.
Länge des Körpers . . . 15″
Länge des Schwanzes . . 11″ 2½‴.
Höhe des Ohres über dem Kopfe 1″ 1‴.
Die Schwanzwurzel ist behaart auf
    eine Länge von . . . 2″ 4‴.

Männchen und Weibchen sind nicht bedeutend verschieden, das letztere schien mir
etwas heller gefärbt. Die Testikel aller dieser
männlichen Beutelratten hängen, wie bekannt,
frei lang herab, an einer dünnen Verbindung.
Die einzige, diesem Thiere ähnliche Abbildung,
welche ich kenne, befindet sich in dem Säug-

thierwerke der Herren *Geoffroy* und *Fr. Cuvier,* dennoch ist die Färbung jener Abbildung sehr von meinem Thiere verschieden, welches entweder durch das Alter, oder vielleicht die Erziehung in der Gefangenschaft erzeugt worden seyn kann, wofern die Schuld nicht an dem Illuminator liegt. — Man sieht an dieser Abbildung den ganzen Kopf scheinbar nackt und fleischroth, statt daſs er an meinem Thiere mit drei schwärzlich-braunen Längsstreifen bezeichnet ist, und überhaupt eine dunkel gefärbte dichte Behaarung hat; von den langen weiſsen Stachelhaaren des Rückens auf schwärzlich-brauner Grundwolle ist ebenfalls nichts angegeben, so daſs diese Abbildung, wenn sie auf das hier beschriebene Thier bezogen werden muſs, immer noch sehr groſse Mängel behält.

Dieses Beutelthier ist die gemeinste Art in den von mir bereisten Gegenden. — Es scheint über den gröſsesten Theil von Süd-America verbreitet, da man es von *Cayenne* bis südlicher als *Rio de Janeiro* findet. *Azara* scheint es nicht gefunden zu haben, eben so wenig *Molina.* — Mit dem nord-americanischen Beutelthier hat es groſse Aehnlichkeit in Gestalt und Färbung, wefswegen es oft mit demselben verwechselt worden ist.

In der Gegend von *Cabo Frio*, wo ich im Monat September das vorhin in der Kürze beschriebene weibliche Thier mit noch nackten Jungen erhielt, so wie in den meisten von mir bereisten Gegenden von Brasilien kennt man diese Species unter der Benennung *Gambá* *). Sie ist in vielen Gegenden höchst gemein in den Wäldern, entflieht nicht besonders schnell, steigt geschickt auf die Bäume und ist beifsig wie eine Ratte, mit der diese Thiere in der Lebensart überhaupt sehr viel Aehnlichkeit zeigen. —

Das *Gambá* ist ein gefräfsiges, wenige Nahrungsmittel verschmähendes Thier, es schleicht sich in die Hühnerhöfe und raubt das Federvieh und die Eier. — Dafs es mehr von Krabben leben solle, als die übrigen Beutelthiere, scheint mir unwahrscheinlich, auch habe ich in den Mägen dieser Thiere nie eine Spur von Krabben gefunden, wefshalb mir der Name *cancrivora* ganz uneigentlich scheint. —

---

*) Der Engländer *J. Luccock* erwähnt dieses Thiers unter der Benennung *Gambá*, oder brasilianisches Stinkthier, siehe dessen Reise (deutsche Uebersetzung) B. I. p. 461. —

Man fängt das *Gambá* oft im *Mundéo* oder
der Schlagfalle. — Es geht nicht blofs bei
Nacht; denn wir haben es auf unseren Jagd-
excursionen oft am Tage gefunden, wo es in
den grofsen Wäldern in Bewegung war, ob
dieses gleich in bewohnten Gegenden wohl seltener vorkommen mag. In der kalten Jahrszeit wird es sehr fett, und hat alsdann sein
langes weifsliches Haar in gröfsester Vollkommenheit, wefshalb es nach der Versicherung
der brasilianischen Jäger in der kalten Zeit
weit mehr weifslich gefärbt ist, als in der heifsen, wo es mager ist. — Die Botocuden essen das *Gambá* ohne Widerwillen, so wie die
Neger, es wird hingegen von den Europäern
und ihren Abkömmlingen des Geruches halben
verabscheut. Sein Fleisch hat man mit dem
des Haasen vergleichen wollen, allein es kann
wohl höchstens mit dem einer Ratte Aehnlichkeit haben. *Marcgrave* beschreibt das *Gambá*
ziemlich deutlich, und nennt es *Carigueya*,
sein *Taiibi* ist ein anderes, mir nicht vorge-
kommenes Beutelthier.

Die Nachrichten, welche *Azara* von seinem *Micouré premier* giebt, so wie die gute
Beschreibung des nordamericanischen Opossum,
welche wir den Herren *Geoffroy* und *Fr. Cu-*

vier verdanken, passen beinahe wörtlich auf das *Gambá* und alle verwandte Thiere, ich verweise deshalb dorthin. — Dieses zeigt, wie schwierig es ist, die Beutelthiere genau zu unterscheiden, nur eigene Ansicht der verschiedenen Arten kann durch Vergleichung entscheiden, sie gleichen sich zum Theil in der Hauptsache vollkommen, und nur kleine Abweichungen bestimmen manche Specien. Herr *Temminck*, dieser eifrige Forscher, welcher in allen europäischen Cabinetten die Vergleichung der Exemplare unternommen hat, kann in dieser Hinsicht wohl den sichersten Aufschluß geben. Er citirt in seinem neuen Werke: *Monographies de Mammalogie* (pag. 34.) die 1ste Figur der 38sten Tafel des *Seba* zu der hier erwähnten Art, allein ich finde, daß diese Abbildung kaum in der Gestalt, viel weniger aber noch in der Färbung unserem Thiere gleicht.

2. D. a u r i t a.

Langgeöhrtes Beutelthier.

B. *Färbung und Bildung Didelphys marsupialis sehr ähnlich, allein Kopf und Ohren weit größer, der Schwanz länger, die Stirn mehr eingedrückt.*

Gambá an der Ostküste von Brasilien. Ntiunn-tui̯ botocudisch.

Ich habe das Beutelthier, welches der Gegenstand der nachfolgenden Beschreibung ist,

nru einmal erhalten, und zwar ein weibliches
Individuum. — Seinem stark abgenutzten Gebisse zufolge, schien es ein altes Weibchen
zu seyn. Dieses Thier hat im Allgemeinen die
gröfste Aehnlichkeit mit der vorhin beschriebenen Art, weicht aber in den Verhältnissen seines Körpers etwas ab; wefshalb ich dasselbe
der Aufmerksamkeit der reisenden Naturforscher empfehle und einstweilen als besondere
Species aufzustellen versuche, ohne jedoch die
Diagnose nach dem einzigen Exemplare gänzlich feststellen zu können.

Beschreibung: Gestalt im Allgemeinen die
der vorhergehenden Art; Nasenkuppe etwas
gespalten und aufgetrieben wie an jener; Auge und Bartborsten eben so gebildet, das Ohr
aber ist höher, grofs, beinahe scheibenförmig,
breit, oben abgerundet, nackt und schwarzbraun gefärbt. —

Zunge wie an der vorhergehenden Art,
gerade wie sie Azara von seinem *Micouré
premier* beschreibt. Gaumen mit erhöhten
Querreifen versehen. —

Gebifs: Schn. $\frac{10}{8}$; Eckz. $\frac{2.2}{1.1}$; Backenz. $\frac{7.7}{9.9}$.
Vorderzähne im Oberkiefer zehn; die beiden
vorderen stehen nahe zusammen, auf jeder
Seite vier andere, sämmtlich etwas kegelförmig, kurz, rundlich abgenutzt; vor dem Eck-

zahne, eine Lücke; *Vorderzähne im Unterkiefer:* in der Mitte eine kleine Lücke, dann
auf jeder Seite vier schräge vorwärts geneigte,
etwas kegelförmige, abgenutzte kleine Zähne. —
Eckzähne im Oberkiefer: ein gröſserer vorn,
dann ein kleinerer, beide kegelförmig, aber
stark rundlich abgenutzt, nun folgt eine Lük-
ke. — *Im Unterkiefer:* unmittelbar neben
den Schneidezähnen steht ein schräge vorwärts
geneigter kegelförmiger Eckzahn. — *Backenzähne im Oberkiefer:* nach der genannten
Lücke folgen zwei groſse kegelförmige, mit
ihrer Spitze ein wenig nach hinten gerichtete
Reiſszähne, sehr abgenutzt und stumpf, dann
drei sehr kleine abgeschliffene Zähnchen, und
nun zwei etwas dreieckige, abgeplattete Hök-
kerzähne (in allem acht und zwanzig Zähne
im Oberkiefer). — *Im Unterkiefer:* nach dem
vorwärts strebenden Eckzahne folgen zwei sehr
kleine Zähnchen, dann zwei groſse kegelförmige Reiſszähne, nun zwei kleine einfache
Stumpfzähne, und zuletzt drei breite abgeplattete Mahlzähne, mit einigen flachen Höckern versehen (im Ganzen acht und zwanzig Zähne). —

Die Beine sind ziemlich schlank, die Vorderfüſse mit fünf ziemlich kurzen Zehen versehen, wovon die innerste die kürzeste ist. —

Nägel, Zehen und Daumen der Hinterhände
sind gebildet wie an der vorhergehenden Art. —
Der Schwanz ist gröfstentheils nackt und mit
Hautschuppen bedeckt, an seiner Wurzel etwa
zwei Zoll weit behaart. — Der Beutel dieses
weiblichen Thieres war weit und enthielt
neun Zitzen, welche wenig sichtbar waren. —
Der ganze Körper ist, wie an der vorhergehenden Art, zu unterst mit einem kurzen
wolligen Haare bedeckt, und darüber mit langen dünnen Stachelhaaren versehen, doch fehlen letztere oft bei den Thieren dieses Geschlechts, besonders in der warmen Zeit, und
zeigen sich oft nur auf dem Rücken. — Der
Kopf und die vier Beine sind mehr schwarzbraun gefärbt; der erstere zeigt von der Gegend zwischen den Augen bis über den Scheitel hinauf einen schwarzbraunen Streif; ein
ähnlicher mehr undeutlicher zieht vom Auge nach dem Ohre hinauf, und die Gegend
zwischen diesen drei dunkelen Streifen ist blässer gefärbt; denn hier blickt die gelblich-graue
Wolle des Pelzes zwischen den dunkleren Haarspitzen hindurch. An den Seiten des Kopfs
und Halses haben die Haare eine etwas rost-
gelbliche Mischung; das dichte wollige Haar
am Körper ist weifsgraulich, dessen Spitzen

schwärzlich braun, in demselben sind einzelne, lange, weißliche Haare vertheilt. Auf dem Rücken herrscht mehr das schwärzlich-braune Haar; die innere Seite der Beine, so wie die Gegend des Beutels sind ein wenig mehr rothgelblich gemischt. Der nackte Theil des Schwanzes ist an der Wurzelhälfte schwärzlich-braun oder dunkel graubraun, an der Spitzenhälfte weißlich oder gelblich-weißgrau gefärbt. —

Ausmessung:

Ganze Länge	29″ 11‴.
Länge des Körpers . . .	15″ 11‴.
Länge des Schwanzes . .	14″
Länge des Kopfes	4″ 2‴.
Höhe des äußeren Ohres . .	1″ 10‴.

Der Schädel ist auf der Stirn mehr eingedrückt und flach, als an der vorhergehenden Art.

Dieses Beutelthier, welches man bei dem ersten Anblicke für identisch mit dem vorhergehenden hält, scheint seiner verschiedenen Verhältnisse wegen eine besondere Species zu bilden, ob es gleich die brasilianischen Jäger ebenfalls für dasselbe Thier halten und unter der allgemeinen Benennung *Gambá* verwechseln. Ich erhielt ein einziges Exemplar dieser Art zu *Villa Viçoza* am Flusse *Peruhype* im Monat Juni, wo es sehr fett war. —

Diese Art lebt in den Wäldern und Gebüschen, nähert sich bei Nacht, wie die vorhergehende Art, den Wohnungen, um zu rauben, und hat eben denselben unangenehmen Geruch. —

B. Beutelthiere mit kurzem mäuseartigem Pelze, der keine Stachelhaare zeigt.

Sie sind schlank, gewandt, zierlich und haben weniger übelen Geruch als die der vorhergehenden Abtheilung. Die Brasilianer an der Ostküste belegen sie mit dem allgemeinen Namen *Jupati.*

3. *D. myosuros*, Temm.

Das Schupati mit dem Rattenschwanze.

B.: Pelz dicht und wollig, röthlich braun, auf dem Rücken etwas dunkeler; über jedem Auge ein hellrother Fleck; Ohren nackt und graubraun; Schwanz langer als der Korper, an der Wurzel kaum einen Zoll lang behaart; nackter Theil an der Wurzelhälfte graubraun, an der Spitzenhälfte weißlich. — Bauch gelblich gefärbt. —

Sarigue Myosure, Temm. Monogr. pag. 38.

Jupati *) in der *Lingoa Geral* und bei den brasilianischen Portugiesen.

Ntiaham bei den Botocuden.

Beschreibung: Gestalt ziemlich schlank
und angenehm. — Der Kopf ist schlank verlängert und zugespitzt, mäſsig groſs; Auge
ziemlich groſs, lebhaft, rattenartig dunkel;
Oberkiefer etwas länger als der untere; die
Nasenkuppe ist nackt, bräunlich, in der Mitte
durch eine senkrechte Furche ein wenig getheilt, die beiden Hälften etwas aufgetrieben,
an der äuſseren Seite steht das längliche Na-
senloch; Ohr mäſsig groſs, nackt, häutig, eiförmig breit, oben abgerundet, fein punctirt. —
Gebiſs: Schn. $\frac{10}{8}$; Eckz. $\frac{1 \cdot 1}{1 \cdot 1}$; Backenz. $\frac{7 \cdot 7}{7 \cdot 7}$.
Schneidezähne im Oberkiefer zehn, die beiden
mittleren stehen nahe zusammen, von den
übrigen etwas getrennt und sind kleiner; an
jeder Seite stehen neben diesen vier etwas gröſsere Zähne nahe an einander gereiht, welche
nach auſsen hin immer an Gröſse zunehmen;
ihre Krone ist an der Wurzel mäſsig breit und
läuft in eine sanfte Spitze aus; im *Unterkiefer* befindet sich in der Mitte eine kleine Lük-

---

*) Das *l* am Anfange des Worts wird ausgesprochen wie in
der französischen Sprache.

ke, neben welcher sich auf jeder Seite vier
vorwärts strebende Vorderzähne dicht aneinander gereihet befinden; ihre Krone hat eine
sanft zugerundete Schneide, und ist nach hinten ein wenig ausgehöhlt. — *Eckzähne im
Oberkiefer* durch eine Lücke von den Schneidezähnen getrennt, grofs, kegelförmig, gekrümmt, zugespitzt; im Unterkiefer sind sie
weit kleiner, dicht an die Schneidezähne gereiht, etwas vorwärts strebend und aufwärts
gekrümmt. — *Backenzähne im Oberkiefer*
sieben auf jeder Seite; die drei vordersten sind
zusammengedrückt, kegelformig und zugespitzt;
der vorderste ist der kleinste und hat zwei
stärkere Nebenhöcker als die beiden nachfolgenden; die vier hinteren Zähne bilden, auf
ihrer Mahlfläche besehen, schiefe Dreiecke, deren Basis nach aufsen gekehrt ist; die Mahlflächen haben drei Hockerspitzen, der hinterste Zahn ist der kleinste. — *Im Unterkiefer*
stehen zuvörderst drei einfache Spitzzähne, die
an ihrer vorderen Schneide einen Winkel zeigen; der vorderste ist der kleinste, und der
mittelste der grösseste; die vier nachfolgenden
Zähne sind fünfspitzig; an ihrem vorderen Ende haben sie eine kleine Spitze, dann in der

Mitte zwei hohe gepaarte Kegelspitzen, und
hinter diesen am Ende noch zwei niedere
Höcker.

Beine ziemlich schlank, die Füfse zierlich;
Vorderfufs mit fünf Zehen; der Mittelfinger
ist am längsten, der Zeigefinger und der vierte
sind gleich lang, dann folgt der kleine Finger,
der Daumen ist am kürzesten, alle haben sehr
kleine horizontale, kurze, zusammengedrückte,
zugespitzte Nägel, welche kürzer sind, als die
weiter vortretenden, starken, an ihrer Sohle
kantig zusammengedrückten Vorderballen. Hinterfüfse mit fünf Zehen; der Daumen ist lang
und stark, scheinbar ohne Nagel; die drei mittleren Finger sind am längsten und einander
ziemlich gleich; äufsere Zehe etwas länger als
der Daumen; Nägel der vier äufseren Zehen
etwas aufgerichtet, zusammengedrückt, zugespitzt, weifslich gefärbt, sie treten nur wenig
über die Ballen vor. — Das Vorderbein ist
an der inneren Seite von der Sohle herauf
ziemlich weit nackt, das Hinterbein an dieser
Stelle dünn behaart. — Die kugelrunden Testikel hängen frei an einem dünnen Strange von
etwa drei Linien Länge herab. — Der Schwanz
ist lang, rund, zugespitzt, kaum einen Zoll
lang an der Wurzel behaart, übrigens mäuse-

artig mit kleinen viereckigen Hautschuppen
netzartig bedeckt und überall, besonders an
den Seiten und der unteren Fläche, mit feinen
weißlichen Seidenhärchen besetzt. —

Hinter der Nase stehen über der Oberlippe lange schwärzliche Bartborsten, welche
bis über das Auge hinauf reichen, ein Paar
andere entspringen über dem Auge. Ganzer
Pelz dicht, wollig, mäuseartig, ohne langes Stachelhaar; Füße nur mit feinen zarten Härchen
bekleidet. — Scheitel und Stirn bis zwischen
die Augen sind schwarzbraun, ganzer übriger
Oberkopf, Nase, Ohrgegend und alle oberen
Theile dunkel graubraun, mit rothgelben Haarspitzen gemischt; die Haare sind zwei Dritt-
theile ihrer Länge an der Wurzel dunkelgrau;
nach den Seiten des Kopfs, Halses und Körpers hinab nimmt an jedem Haare die fahl
bräunlich-rothe Farbe die Oberhand, so daß
diese Theile mehr ungemischt eine röthliche
Farbe zeigen. — Vorderblätter, Schenkel und
Schwanzgegend sind etwas mehr grau oder
schwärzlich gemischt; Füße fahl graubräunlich
und etwas glänzend; das Auge hat eine schmale schwarzbraune Einfassung und darüber neben der schwarzbraunen Stirn ein hell gelbro-
thes rundes Fleckchen. — Ohren dunkel grau-

braun. — Alle unteren Theile zeigen eine angenehm fahl röthlich-gelbe, oft nur gelbliche Farbe. — Der Schwanz ist an dem nackten Theile seiner Wurzelhälfte graubraun, an der Spitzenhälfte weifslich gefärbt. —

Das weibliche Thier habe ich nicht erhalten, nach Herrn *Temminck* soll es aber einen Beutel besitzen. —

Ausmessung des beschriebenen männlichen Thieres:

Ganze Länge . . . : 25" 2'''.
Länge des Körpers . . . : 12"
Länge des Schwanzes . 13" 2".
Höhe des äufseren Ohres etwa . 11'''.
Länge des Kopfs etwa . . . . 3" 3'''.

Diese nach frischen Exemplaren genommenen Ausmessungen kann man den bisher bekannten vorziehen, welche nur nach ausgestopften Bälgen genommen, und daher öft unrichtig sind. —

Das rattenschwänzige Beutelthier ist dem Opossum (*Quatre-oeuil ou moyen Sarigue de Cayenne, Cuv. Régne Animal,* T. I. pag. 173) sehr ähnlich, scheint aber von demselben verschieden zu seyn. *d'Azara* hat dasselbe in *Paraguay* nicht gefunden, dagegen lebt es an der Ostküste von Brasilien, wo ich es zu Co-

mechatibá unter 17° südlicher Breite erhielt. — Es ist mir diese Art nicht häufig vorgekommen, doch kann ich defshalb noch nicht
behaupten, dafs sie wirklich selten sey. Nur
zu *Comechatibá,* zwischen den Flüssen *Prado*
und *Corumbao,* erhielt ich zwei männliche Thiere, welche die Neger in den Schlagfallen gefangen hatten.

Diese Art trägt daselbst die Benennung
Jupatí, und wird von den Negern gegessen.
Die Lebensart ist die der übrigen Beutelratten,
aber diese, so wie die nachfolgenden Arten sind
weit schneller in ihren Bewegungen, weit zier-
licher und angenehmer, als die mit langem
Stachelhaar versehenen.

4. *D. cinerea.*
Aschgraues Schupatí.

B.: *Körper schlank und kürzer als der Schwanz; die-*
ser an der Wurzel behaart; der nackte Theil
zur Hälfte schwarzlich, zur Hälfte weifslich ge-
färbt; Haar mäuseartig, röthlich-aschgrau, am
Bauche gelbröthlich-isabellfarben; um das Au-
ge ein schwärzlicher Fleck.

Abbildungen zur Naturgeschichte Brasilien's.
Temminck Monographies etc. pag. 46.
Jupatí in der *Lingoa Geral* und bei den brasilia-
nischen Portugiesen.
Ntiähäm bei den Botocuden.

Beschreibung eines männlichen Thieres:
Der Kopf ist zugespitzt, mit nackter fleischro.
ther Nase, und einer von einer Furche getheil.
ten Nasenkuppe; die Augen sind grofs, glänzend schwarz, vortretend wie bei den Ratten;
am Oberkiefer befinden sich lange, feine,
schwarze Bartborsten; Ohren grofs, nackt, sehr
glänzend, breit eiförmig geformt. —

Die Zunge ist lang, walzenförmig, läfst
sich beinahe sechs Linien weit aus dem Munde hervorziehen, und ist mit feinen seidenartig erscheinenden Papillen besetzt; in den
Mund zurückgezogen liegt sie mit Querrun-
zeln. —

Gebifs: Schn. $\frac{1\cdot0}{8}$; Eckz. $\frac{1\cdot1}{1\cdot1}$; Backenz. $\frac{6\cdot6}{7\cdot7}$.
Schneidezähne im Oberkiefer zwei gröfsere
nahe bei einander und getrennt von den übrigen; dann auf jeder Seite vier kleinere dicht
aneinander gestellt, nun folgt eine Lücke. —
Im Unterkiefer in der Mitte der Schneidezähne eine kleine Lücke, dann auf jeder Seite vier
kleine nahe aneinander gereihte und schräge
nach der Mitte geneigte Schneidezähne, auf
welche der Eckzahn folgt. *Eckzähne im Ober-*
kiefer: auf den leeren Raum folgt ein grofser
spitziger und gekrümmter Eckzahn, *im Unter-*
kiefer ist der Eckzahn einer jeden Seite eben-

falls gekrümmt. — *Backenzähne im Oberkie-*
fer: nach dem Eckzahne folgt ein kleinerer
Kegelzahn, dann einer mit zwei Spitzen, und
nun vier Backenzähne auf jeder Seite, welche
Zackenkronen haben. — *Im Unterkiefer* folgt
nach dem Eckzahne ein kleiner Kegelzahn,
ein grofser schief abgestutzter, ein kleiner einfacher Zahn, und vier bis fünf Mahlzähne mit
vier bis fünf zugespitzten Zacken auf ihrer
Krone.

Die Gestalt des Körpers gleicht etwas der
des *Myoxus Glis.* — Die Vorderfüfse sind
rund und klein, ihre Zehen kurz und ziemlich
gleich lang, die innerste ist die kürzeste, die
nächstfolgende und die äufsere sind gleich lang,
die beiden mittleren sind am längsten und einander gleich. Die Ballen des Nagelgliedes treten vor und sind so lang als die feinen gekrümmten Krallennägel. — Die Hinterhände
sind klein, rundlich, mit kurzen Fingern, aber
gröfseren zusammengedrückten Krallennägeln
und einem getrennten stumpfen Daumen, der
keinen sichtbaren Nagel hat. Der Schwanz ist
länger als der Körper, an der Wurzel beinahe
zwei Zoll lang dicht behaart wie der übrige
Körper, alsdann aber ist er sehr glatt, ohne
alle Borsten, blofs mit einer sehr zart geschupp-

ten, beinahe chagrinartigen Haut bedeckt; an seinem greifenden Ende ist er nach unten mit einigen Querfalten bezeichnet. —

Bei dem männlichen Thiere liegen die Testikel frei unter dem Leibe vor dem After; sie sind mit gelblichem Pelz bedeckt und die Ruthe tritt aus der Afteröffnung hervor. —

Der ganze Körper ist mit einem feinen, äußerst dichten, etwa sechs bis sieben Linien langen, sanften und wolligen Haare bedeckt; Backen, Kinn, Kehle, Brust, Bauch, After und innere Seite der Beine sind schön dunkel röthlich-gelb oder röthlich-isabellfarben, eine schöne Färbung, welche sich bei diesen für zoologische Sammlung präparirten Fellen gänzlich verliert und alsdann in ein fahles gelbliches Grauweiß verblaßt *). — Alle oberen Theile sind röthlich-aschgrau; indem die Haare eine aschgraue, und ihre Spitzen eine graurothliche Farbe haben. — An den unteren Theilen und dem Kopfe ist das Haar kürzer als an den oberen. — Jedes Auge ist rundum von einem

---

*) Herr *Temminck* hat in seinen Monographien dieses unter der Benennung *Didelphis cinerea* von mir mitgetheilte Thier nach einem ausgestopften Exemplare beschrieben, wodurch in seiner Angabe der Farben einige kleine Unrichtigkeiten entstehen mußten. —

schwärzlichen Flecke eingefaſst. Der Fuſs
selbst mit den Zehen ist nackt und fleischroth, nur mit einzelnen feinen Seidenhärchen
besetzt; der Schwanz ist an seinem nackten
Theile in seiner groſsesten Ausdehnung von einer fleischrothen Farbe, an der Wurzel aber,
da wo die Behaarung endet, einen Zoll vier
Linien lang dunkel blaugrau oder schwärzlich
gefärbt.

Ausmessung:

Ganze Länge	14″ 8‴.
Länge des Körpers	6″ 5‴.
Länge des Schwanzes . .	8″ 3‴.
Höhe des Ohrs an seiner äuſseren Seite	10‴.
Länge des Kopfs bis zu seinem vor- deren Ohrrande . . .	1″ 4½‴.

Dieses Beutelthier lebt im östlichen Bra-
silien. Ich erhielt es in den Wäldern des *Mu-*
curi zu *Morro d'Arara,* wo man es unter der
Benennung *Jupati* mit den übrigen verwandten
Arten verwechselt. In *Minas Geraës* soll es
Quica *) genannt werden. — Es raubt stark

---

*) Herr *Temminck* hat diese Benennung einer anderen Species beigelegt.

und beißt in den Ställen, gleich dem Marder und Wiesel, eine Menge von Hühnern todt, saugt ihnen das Blut aus und verzehrt auch die Eier. Es klettert geschickt, wobei ihm der Schwanz zum Festhalten dienen soll. Zu *Morro d'Arara* fanden die jagenden Indier eine Schlange, welche eben ein solches Thier verzehrte. Es hat einen eigenthümlichen unangenehmen Geruch, unterscheidet sich aber übrigens in der Lebensart und den Manieren nicht von den übrigen *Jupati's*.

Das weibliche Thier habe ich nicht zu sehen bekommen, Herr *Temminck* aber, der seitdem mehrere Exemplare untersuchte, versichert uns, daß der Beutel dem weiblichen Thiere fehle. —

5 *D. murina.*

Das mauseartige Beutelthier.

Abbildungen zur Naturgeschichte Brasilien's.
Temminck Monographies etc. p. 50.
Jupati im ostlichen Brasilien.
Ntiahàm bei den Botocuden.

Das mäuseartige Beutelthier scheint über den größten Theil von Süd - America verbreitet. — Ich erhielt es in den großen Wäldern des Flusses *Mucuri*. — Alle seine oberen Theile sind von einem röthlich - fahlen Grau-

braun, die unteren Theile gelblich - weiſs; von
der Nase durch die Augen hinauf zieht ein
breites schwärzliches Feld; die Ohren sind
dünn, nackt, durchsichtig, länglich - eiförmig;
die Zehen sind zart, mit etwas aufgerichteten
Nägeln und lang vortretenden Ballen an den
Nagelgliedern; männliche Geschlechtstheile wie
an der vorhergehenden Art; Schwanz an seiner Wurzel nur sehr wenig behaart, mit völlig nackter, höchst fein chagrinartiger, glatter
Haut bedeckt, länger als der Körper und röthlich - weiſs *) ohne dunklere Zeichnung. —

Ausmessung:

Länge des Körpers etwa   . . 5″ und einige Linien.

Länge des Schwanzes etwas über   6″

Hohe des Ohres über dem Kopfe etwa   6‴.

Anmerkung: Ich habe in der von mir
bereisten Gegend nur die genannten Arten der
Beutelthiere selbst zu untersuchen Gelegenheit
gehabt, allein eine sehr schöne kleine Art, deren Fell auf bräunlichem Grunde mit Längs-

---

*) Man hat auch dieses Beutelthier bisher nur nach ausge-
stopften Exemplaren beschrieben, daher finden sich in den
Beschreibungen gewöhnlich die Farben einiger Theile unrichtig angegeben.

reihen weifser Flecken bezeichnet ist, habe ich
mir leider nicht verschaffen können, ob ich
gleich Nachricht davon erhielt. —

Da die in diesem Verzeichnisse erwähnten
Beutelratten zum Theil unter sich, zum Theil
mit anderen bekannten Arten viel Aehnlichkeit
zeigen, so will ich, der Uebersicht wegen, hier
ihre Hauptzüge noch einmal in der Kürze zusammenfassen. —

*A. Beutelthiere, deren Pelz eine Wolle, und dar-
über lange Stachelhaare zeigt.*

Der nackte Theil ihres Schwanzes ist an der Wurzel
schwärzlich, nach der Spitze hin röthlich-weifs
gefärbt. Ohren einfärbig.

1. *Didelphys marsupialis*, Linn. Schwanz
kürzer als der Körper, und an der Wurzel
etwa auf $\frac{1}{6}$ seiner Länge behaart; Ohren
gänzlich einfärbig schwärzlich-braun; Wollhaar des Körpers grau mit schwärzlichen
Haarspitzen, Stachelhaare weifslich mit gelblichen Spitzen; Kopf mit drei etwas undeut-
lichen schwarzbraunen Längsstreifen bezeichnet. —

2. *D. aurita.* In Gestalt und Farbe *Didel-phys marsupialis* sehr ähnlich, allein Kopf und Ohren größer, der Schwanz länger.

B. *Beutelthiere mit kurzem mäuseartigem Pelze, der keine Stachelhaare zeigt.*

3. *D. myosurus*, Temm. Pelz röthlich-braun, auf dem Rücken etwas dunkler; über jedem Auge ein hell rother Fleck; Ohren grau-braun, und wie an allen diesen Thieren nackt; Schwanz länger als der Körper, an der Wurzel kaum einen Zoll lang behaart, nackter Theil desselben an der Wurzel grau-braun, an der Spitzenhälfte weißlich. —

4. *D. cinerea.* Schwanz länger als der Kör-per, an der Wurzel stark behaart; der nack-te Theil zur Hälfte schwärzlich, an der Spi-tzenhälfte weißlich; obere Theile des Kör-pers röthlich-aschgrau, untere Theile gelb-röthlich-isabellfarben; um das Auge ein schwärzlicher Fleck.

5. *D. murina*, Linn. Obere Theile fahl röth-lich-graubraun; untere Theile gelblich-weiß; von der Nase durch die Augen hinauf zieht ein breites schwärzliches Feld; Schwanz an der Wurzel wenig behaart, röthlich-weiß, ohne dunklere Zeichnung. —

Ich bemerke schliefslich noch, dafs aus den beiden hier aufgeführten Unterabtheilungen des *Genus Didelphys* vielleicht zwei besondere Geschlechter gebildet werden könnten, nach der verschiedenen Bildung des Gebisses, des Haares u. s. w.

Ord. IV. *Glires.*
Nager.

Die Nagethiere bilden eine von der Natur völlig abgesonderte, durch die beiden grofsen meifselartigen Vorderzähne im Oberkiefer kenntliche Ordnung. Wenn gleich die Anzahl dieser Thiere sehr grofs und ihre Bildung sehr mannichfaltig ist, so haben sie doch gewisse Aehnlichkeiten, die sie in allen Welttheilen einander nähern. Sie sind über alle Theile unserer Erde verbreitet, besonders zahlreich an Arten in Asien, doch auch in America, hier und in Europa aber mehr an Individuen. — Unter ihnen findet man die an Individuen und Arten zahlreichsten Geschlechter, die Mäuse, Haasen, Eichhörnchen u. s. w. Welch eine ungeheuere Anzahl von Haasen und

Mäusen sind allein über unser Deutschland verbreitet!

America hat manche dieser Geschlechter mit den übrigen Welttheilen gemein, hierher gehören die Biber, Haasen, Eichhörnchen, Mäuse, Stachelthiere; allein America hat auch mehrere ihm eigenthümliche Thierformen aus dieser Ordnung, wohin die Geschlechter *Coelogenys*, *Hydrochoerus*, *Dasyprocta*, *Cavia*, *Loncheres* und *Fiber* gehören, von welchen die fünf ersteren in Brasilien vorkommen, und daselbst zum Theil die besten Arten der jagdbaren Thiere enthalten. Alle nehmen ihre Nahrung aus dem Pflanzenreiche und sind sehr fruchtbar, daher zahlreich an Individuen. Ich habe für diese Ordnung die von *Illiger* aufgestellten Familien angenommen.

Fam. I. Murina.
Mäuseartige Thiere.

Brasilien und die übrigen heißen Länder unserer Erde sind nicht so reich an Mäusen und mäuseartigen Thieren als die gemäſsigten Zonen, und alle anderen Länder werden in dieser Hinsicht von den grofsen Ebenen des russischen Asiens übertroffen.

Azara hat für *Paraguay* etwa fünf bis sechs Arten von Mäusen aufgezählt, ich habe in Brasilien eine noch geringere Anzahl kennen gelernt.

G. 20. *M u s.*

M a u s.

Ueberall bekannte, oft verwünschte Thiere, die indessen in den brasilianischen Wäldern und Wildnissen nie zu einer solchen Menge heranwachsen, als bei uns. Vielleicht werden dereinst, wenn der Ackerbau auch in jenen Gegenden mehr ausgebreitet und die vielen Raubthiere vermindert seyn werden, diese Thiere auch dort an der Zahl zunehmen und dem Landmanne so lästig werden, wie bei uns in manchen Jahren. Bisjetzt bemerkt man in Brasilien wenig mäuseartige Thiere, und nur mit Mühe ist es mir gelungen, einige wenige Individuen aus dieser Familie zu erhalten. —

Die Brasilianer belegen in ihrer portugiesischen Sprache die Mäuse im Allgemeinen mit der Benennung *Rato*. —

1. *M. pyrrhorhinus.*

Die Catinga - Maus.

M.: Schwanz sehr lang; Haar graugelb; Nase, Oh-
ren und der hintere Theil der Schenkel roth-
braun.

Abbildungen zur Naturgeschichte Brasilien's.
Schinz Thierreich u. s. w., B. I. p. 288.
Rato bei den Brasilianern.

Beschreibung eines weiblichen Thieres:
Gestalt im Allgemeinen die der großen Feld-
maus (*Mus sylvaticus*), aber der Schwanz länger, der Leib stärker, und die Ohren im Verhältniß kürzer. — Die Augen sind wie an
jener groß, glänzend, schwarz und vortretend; die Ohren groß und beinahe nackt;
lange schwarze Bartborsten am Oberkiefer,
welche zurückgelegt bis über das Ohr hinaus-
reichen.

Gebiß: Schn. $\frac{2}{2}$; Backenz. $\frac{3 \cdot 3}{3 \cdot 3}$. — *Schnei-*
dezähne im Oberkiefer mäßig groß, senkrecht
gestellt, dicht aneinander gepreßt, zusammen
gedrückt, die Schneide ein wenig abgerundet
und an ihrem Hintertheile nur mäßig ausgeschnitten, von Farbe gelb; *im Unterkiefer* sind
sie schmal, schlank und zugespitzt, etwas nach
vorn geneigt; *Backenzähne im Oberkiefer* an

jeder Seite drei, der hinterste ist der kleinste,
die beiden vorderen sind länger, sie haben abgeflächte Mahlflächen mit ziemlich flachen, abgenutzten Höckern an dem Rande, welche
ziemlich gepaart stehen und dazwischen einige
seicht erhöhte Querleisten; der vordere hat etwa fünf seicht abgeflächte Höcker, von denen
der erste das vordere Ende des Zahnes einnimmt, wo er einen erhöhten Rand bildet,
und alsdann an jeder Seite, sowohl der inneren als der äußeren, zwei Höcker, welche ziemlich gepaart stehen; der zweite Zahn hat an
jedem Rande zwei Höcker, welche schief gepaart stehen und von den Schmelzleisten gebildet werden, die an jeder Seite zwei nach außen gerichtete Winkel bilden; der dritte Bak-
kenzahn hat an jedem seiner Seitenränder einen seichten stumpfen Höcker und nach hinten einen abgerundeten scharfen Rand. —
Im Unterkiefer sind drei *Mahlzähne* an jeder
Seite, wovon der hinterste der kleinste ist. Sie
haben rundum einen erhöhten Schmelzrand
und einige solche winklige Querleisten; an
dem vorderen Zahne macht der Schmelzrand
an jeder Seite etwa zwei mit ihren Spitzen
nach außen gerichtete Winkelfiguren, die an
ihrer Spitze einen seichten Höcker bilden; ei-

nen ähnlichen trägt der Zahn an seinem Vor-
derende, wodurch derselbe also auch etwa'fünf
Höcker erhält, von denen vier gepaart stehen,
beinahe wie an *Mus decumanus,* nur dafs hier
der vordere Höcker etwas gabelförmig getheilt
ist, und also der erste Backenzahn der Wander-
ratte eigentlich sechs immer gepaarte Höcker
trägt. Bei der eben genannten Ratte ist aber
die Mahlfläche des vorderen Backenzahnes mit
weit stärkeren Vertiefungen versehen, ein Character, worin *Mus decumanus, sylvaticus* und
andere von der von mir beschriebenen brasilianischen Art etwas abweicht. Der zweite
Backenzahn meiner brasilianischen Maus hat
sowohl an der inneren als äufseren Seite zwei
Höcker, die ebenfalls wieder die Spitze eines
nach aufsen gerichteten, winklig gestalteten
Schmelzrandes bilden; der dritte Zahn hat
rundum blofs einen erhöhten Schmelzrand, der
an der inneren Seite ziemlich geradlinig ist,
an der äufseren aber in der Mitte einen eingehenden Winkel zeigt. Man ersieht aus dem
Gesagten, dafs die Bildung der Mahlflächen
dieser Maus einige Verschiedenheit von der
des *Mus decumanus* und *sylvaticus* zeigt;
dennoch aber ist die ganze äufsere Gestalt,
die Zahl und Hauptbildung ihrer Zähne voll-

kommen mit der unserer europäischen Mäuse
übereinstimmend *):

nur Vorderfüfschen zart, die Daumenwarze
glatt mit einem Kuppennagel bedeckt; von
den vier Fingern sind die beiden mittleren am
längsten; die Hinterfüſse treten beinahe bis zu
der Ferse auf, der Daumen hat einen kleinen,
zarten Krallennagel, die äuſsere Zehe ist die
kürzeste, die drei inneren sind einander ziemlich gleich; Nägel zart und stark gekrümmt.
Der Schwanz ist an der Wurzel einige Linien
lang mit den Haaren des Körpers überzogen,
übrigens nackt, mit Hautringen und kleinen
Schüppchen bedeckt, wie an *Mus sylvaticus,*
auch mit sehr feinen, weiſslichen Borsthärchen
besetzt, dabei viel länger als der Körper. —
Drei Paar Zitzen befinden sich unter dem Leibe, wovon das hintere zwischen den Schenkeln, das vordere an der Brust steht.

Haar des Körpers fein und mäuseartig,
an allen oberen Theilen schwärzlich und gelblich gemischt; durch diese Mischung entsteht
die graugelbe Farbe; die Spitze der Nase am

*) Wer bei allen Thieren des Mäusegeschlechtes eine Zahn-
bildung ohne die geringste Abweichung zum Grunde legen wollte, der wurde dieses *Genus* noch mehrmals zerspalten müssen.

Oberkiefer ist etwa halb bis zum Auge hin
hell rostroth gefärbt, eben so, nur heller, die
beiden beinahe nackten, sehr sparsam und fein
behaarten Ohren. Unterer Theil der Hinterbeine etwa so weit als sie nackt (d. h. sehr
dünne behaart) sind, hell gelbröthlich gefärbt. — Ueber den Hinterschenkeln fängt
der Rücken an stark hell rostroth gemischt
zu werden, und diese Farbe nimmt zu, so dafs
sie an der Schwanzwurzel die rein herrschende ist; alle unteren Theile von dem Unterkiefer bis zu dem After, so wie die innere Seite
der Glieder sind rein weifs. —

Ausmessung:

Ganze Länge . . . . 12″ 3‴.
Länge des Körpers . . . 4″ 6‴.
Länge des Schwanzes . . . 7″ 9‴.
Länge des Kopfes . . . . 1″ 4‴.
Höhe des äufseren Ohres von seiner
    höchsten Stelle am Kopfe aus ge-
    messen . . . . . 8½‴.
Schwanz an der Wurzel behaart et-
    wa auf . . . . . 4‴.

Diese schöne Maus fand ich im Sertong
der *Capitania da Bahía,* und zwar in den niederen trockenen *Catinga*-Waldungen und den

Gebüschen, die man *Carasco* nennt, von beiden Ausdrücken, habe ich die Erklärung in dem zweiten Theile der Beschreibung meiner Reise nach Brasilien gegeben. Wir fanden nur einmal eine solche Maus mit ihrem Neste, nachher ist sie mir nie mehr zu Gesichte gekommen. Von dem Orte, wo ich sie fand, schliesse ich, dass sie nicht in der Erde, sondern in den Gebüschen lebt, wie unsere Haselmäuse (*Myoxus*), und eine wahre Waldmaus ist, worüber fernere Reisende die Bestätigung geben werden.

In der Mitte des Februars fand ich ein Nest mit fünf schon behaarten Jungen, die Mutter war sehr schnell und geschäftig, sie lief ab und zu, als sie die Gefahr herannahen sah. — An einem niederen Baume hatte sie ihre Jungen in einem jener sonderbaren Nester des *Anabates rufifrons* verborgen, welche aus einer, an einer Schlingpflanze aufgehängten grossen Masse von dürren, quer durch einander gefilzten Reischen bestehen, oft drei bis vier Fuss lang sind, und dadurch entstehen, dass der Vogel alljährlich das neue Nest auf das alte setzt. — Hier bewohnte der Vogel das obere neue Nest, und die Maus mit ihrer Familie eines der älteren, beide vertru-

gen sich friedlich in republicanischer Einig-
keit. —

Die fünf im Neste gefundenen Jungen
glichen, obgleich sie noch klein waren, vollkommen der Mutter, nur waren ihre röthlichen Theile weniger lebhaft gefärbt und ihre
Köpfe dick. —

Diese Maus ist, wie gesagt, leicht und
schnell, sie besteigt die Bäume sehr geschickt
und hat eine zischende oder fein pfeifende
Stimme.

Fam. II. Cunicularia.
Erdwühler.

Diese Familie scheint in Brasilien sehr
wenig zahlreich, ich setze indessen ein Thier
hieher, dessen Lebensart ich selbst nicht hinlänglich kennen zu lernen Gelegenheit fand.

G. 21. *Hypudaeus.*
Wühlmaus.

Die Thiere dieses Geschlechtes zeichnen
sich vor den Mäusen des vorhergehenden besonders durch blätterige Backenzähne, mehr
zugespitzte untere Schneidezähne, ein kurz ab-

gerundetes behaartes Ohr, einen dickeren mehr behaarten Kopf und Körper, und kurzen mehr behaarten Schwanz aus. Dennoch sind die Uebergänge in der äufseren Gestalt unter diesen Thieren sehr auffallend. — Die hier erwähnte Maus z. B. hat einen ziemlich dünn behaarten, mit schuppigen Hautringen versehenen Schwanz, steht also etwa in der Mitte zwischen beiden Geschlechtern. —

1. H. dasytrichos.

Die rauchhaarige Wühlmaus.

W.: *Schwanz ziemlich behaart, mit häutigen Schuppenringen versehen, kürzer als der Körper; Ohr kurz und behaart; Pelz sehr dicht, schwarzbraun, gelbröthlich bespitzt.* —

> *Mus dasytrichos,* Schinz das Thierreich u. s. w. B. I. p. 288.
> *Rato Bubo* in der Gegend von *Camamú* unweit *Bahia.*
> *Rato* am *Mucurí.*

Beschreibung: Diese Maus hat einen dikken Kopf mit sehr kleinen Augen; die Bartborsten sind zart und erreichen zurückgelegt das Ende des Ohrs; dieses ist im Pelze versteckt, kurz, abgerundet, von seiner Mitte an bis zum Rande mit glatten anliegenden Haaren besetzt. — Die Backentaschen scheinen zu

fehlen, doch war diese Untersuchung schwierig, da der Kopf zerschlagen war.

Gebiss: Schn. $\frac{2}{2}$; Backenz. $\frac{3 \cdot 3}{3 \cdot 3}$. *Schneidezähne des Unterkiefers* pfriemförmig zuge-
spitzt; *Backenzähne* auf jeder Seite im Ober-
und Unterkiefer drei, quergefurcht. —

Vorderfüsse fünfzehig; die innerste ist eine Daumenwarze mit einem gekrümmten Krallennagel, welcher gebildet ist wie an den übrigen Zehen, nur kleiner; äußere Zehe viel kürzer als die drei mittleren; von welchen die innere nur um ein weniges kürzer ist, als die
beiden äußeren; die Nägel dieser Zehen sind
über anderthalb Linien lang und dabei sanft
gekrümmt. Die Hinterfüsse treten beinahe bis
zur Ferse auf; äußere Zehe am kürzesten, die
innere ein wenig länger, die drei mittleren um
ein Glied länger. — Schwanz beinahe nackt,
mit schuppigen Hautringen wie an der vorhergehenden Art, dabei mit einzelnen feinen
Borstenhaaren besetzt. —

Haar des ganzen Körpers sehr dicht,
sanft, über drei Linien lang, am Grunde seidenartig wollig, dunkelgrau, dann nach außen
zu schwarzbraun und mit rostrother oder rost-
gelber kleiner Spitze. — An der Mitte des
Rückens und den hinteren Theilen sind die

rröthlichen Haarspitzen wenig bemerkbar, daher herrscht hier die schwarzbraune Farbe; an dem Kopfe, den Seiten des Halses und der Brust sind dagegen die Haare stark rostroth bespitzt, daher sind diese Theile stark mit der genannten Farbe gemischt. — Die untere Seite des ganzen Thiers vom Munde bis zum Schwanze ist heller gefärbt, blaſs röthlich-graugelb. — Die Füſse und der Schwanz sind einförmig dunkel graubraun.

Ausmessung eines solchen Thieres am Mucuri.

Länge des Körpers . . . . 1″ 10⅓‴.
Der Schwanz war abgebrochen.

Ein anderes Exemplar, aus *Camamú* hielt ohne den Schwanz etwa drei Zoll in der Länge.

Diese Maus scheint längs der ganzen Ostküste verbreitet, ja vielleicht über ganz Brasilien. Ich fand sie am *Mucuri* und erhielt ein Exemplar von Herrn *Freyreiſs* aus *Camamú*, südlich der *Bahía de todos os Santos,* wo man sie *Rato Bubo* nennt. In den groſsen Urwaldungen am Ufer der *Lagoa d'Arara* habe ich sie ebenfalls bemerkt. Sie scheint in der Erde zu wohnen, ob sie aber darin Gänge anlegt, kann ich nicht bestimmen. —

Nirgends habe ich im östlichen Brasilien aufgeworfene Erdgänge beobachtet, wie wir sie von den Maulwürfen und Feldmäusen bei uns wahrnehmen, auch scheint der dortige, meistens aus Thon und Letten bestehende Boden nur an wenigen Stellen für dergleichen Erdwühler günstig zu seyn. —

Fam. III. Palmipeda.

Schwimmpfötler.

G. 22. Myopotamus Commers.

Wasserm aus.

Ich habe dieses Geschlecht hieher gesetzt, nicht als wenn ich die Existenz dieser Thiere an der Ostküste von Brasilien bekräftigen könnte, sondern weil ich vermuthe, daſs das Thier, welches man daselbst *Cachorro d'Ag'oa* (Wasserhund) nennt, wahrscheinlich der *Coypus* des *Molina* seyn dürfte. — Ich habe das Thier nicht gesehen, welches die Brasilianer an der Ostküste unter dem eben angegebenen Namen kennen, es soll in den Flüssen leben, und einige geben ihm ein weiſs und schwarz geflecktes Fell, doch vereinigen sich die besseren Be-

obachter darin mit einander, daſs es in Gestalt und Farbe der Fischotter ähnlich sey.
Auch die *Corografia brasilica* erwähnt im
1sten Bande (pag. 62) des *Cachorro d'Agoa*
als eines Thieres, welches mehr den Gewäs-
sern des innern Landes eigenthümlich sey. —

Fam. IV. Agilia.
Schwippe.

Die Thiere dieser Familie finden wir beinahe über alle Theile unserer Erde verbreitet.
Sie leben unter allen Climaten von den Sä-
mereien der Waldbäume oder, von Früchten,
und sind daher meistens Thiere der Wälder
und Gebüsche. In den kälteren und gemäſsigten Theilen unserer Erde giebt es mehrere
Arten, auch ist daselbst ihr Pelz zum Theil
brauchbar, welcher hingegen in wärmeren Ländern keinen Nutzen gewährt. —

Gen. 23. *Sciurus*.
Eichhorn.

Ich habe an der Ostküste nur eine Art
dieser Familie gefunden, die aber über die

ganze von mir bereiste Gegend verbreitet ist,
das heißt vom 13ten bis zum 23sten Grade
südlicher Breite. —

1. *S. aestuans*, Linn.

Das brasilianische Eichhorn.

S. brasiliensis Brifs.
Brasilian Squirrel Penn.
Abbildungen zur Naturgeschichte Brasilien's.
Cachingélé der Brasilianer.
Jukeneck (en durch die Nase) bei den Botocuden.

Da dieses Thier sehr bekannt in den Cabinetten ist, so will ich nur einige Bemerkungen nach den frischen Exemplaren hinzufügen. —

Das Auge ist groß, lebhaft, dunkel gefärbt; die Ohren sind mittelmäßig lang, abgerundet, von außen und innen behaart, jedoch
bei einigen Exemplaren nur sehr dünne, bei
den Weibchen gewöhnlich mehr nackt. —
Die Geschlechtstheile sind gebildet wie an unserem Eichhorn, die Hoden groß. — Die
Weibchen hatten vier Paar sehr starke Ziz-
zen. — Die vier Nagezähne sind gelb. —
Die Farbe des ganzen Thiers ist dunkel graubraun, alle Haare mit gelblichen Spitzen; von
oben gesehen hat dieses Eichhorn einen oliven-
grünlichen Anstrich; alle unteren Theile sind

blafsgelb; auf der Mitte der Brust befindet sich
ein weifser Strich. —

Ausmessung:

Ganze Länge . . . . 14" 3'".
Länge des Körpers . . . 6" 4'".
Länge des Schwanzes . . 7" 11'".

Es giebt Exemplare, welche in der Länge
16. bis 17 Zoll halten. —

Marcgrave redet (pag. 230) von einem
Eichhorne, dessen Beschreibung in allen Theilen auf das hier aufgeführte pafst, wenn man
den weifslichen Längsstreifen in jeder Seite
ausnimmt, eine Bemerkung, die auch Herr
Professor *Lichtenstein* in seiner Erläuterung
der *Marcgrave*'schen Thiere durch die Gemälde der *Menzel*'schen Sammlung (pag. 16) machte. — Auch die bläuliche Pupille scheint mir
nicht mit meinem Thiere übereinzustimmen;
denn dieses hat ein Auge, welches grofs,
schwarz, lebhaft, und dem unseres europäischen Eichhornes ähnlich ist. Herr Dr. *Boie*
bemerkt, dafs *Buffon's grand Guerlinguet* wahrscheinlich *Sciurus aestuans* sey; denn es
kommt im holländischen Guiana häufig vor.
Desmarest in seiner *Mammalogie* hat beide
Thiere ebenfalls vereinigt.

Das brasilianische Eichhorn lebt überall in den großen Waldungen dieses Landes und gleicht in Lebensart und Manieren den europäischen Thieren dieses Geschlechts. Sie sind lebhaft, behende, klettern eben so geschickt, und kommen nicht mehr auf die Erde als unsere Eichhörnchen, sollen auch wie diese ein Nest für ihre Jungen erbauen. Ob sie in einem warmen Lande wie Brasilien, nach Art unserer Eichhörnchen Vorräthe sammeln, bezweifle ich, da es in den brasilianischen Wäldern nie an Früchten mangelt. Ueber die Zahl ihrer Jungen habe ich nie Gelegenheit gehabt, zuverlässige Beobachtungen anzustellen, nach der Aussage der Jäger indessen sollen sie drei, vier bis fünf zur Welt bringen. — Im Magen fand ich zerbissene Früchte und Saamen. Eine Stimme habe ich nie von ihnen gehört. Das Fleisch dieser Thierchen soll wohlschmekkend seyn. — Außer dem alles zerstörenden Menschen sind Raubvögel und kletternde Raubthiere, besonders die Hyrare, ihre Feinde.

Fam. V. Aculeata.

Stachelträger.

Die mit Stacheln bedeckten Nager kommen in den meisten Theilen der alten und neuen Welt vor. America besitzt die mit Rollschwänzen versehenen Stachelthiere und die Stachelratten als ihm eigenthümlich. —

Gen. 24. Hystrix.

Stachelthier.

Brasilien besitzt mehrere Arten von Stachelthieren, welche sich sämmtlich durch einen Rollschwanz auszeichnen und nicht, wie die der alten Welt, auf der Erde, sondern meistens auf Bäumen leben. — Sie sind langsame Thiere, welche weder Fähigkeiten noch empfehlende Eigenschaften verrathen, auf ein und derselben Stelle oft lange unbeweglich bleiben, kaum eine Stimme von sich geben, dem Menschen weder Nutzen noch Annehmlichkeit verschaffen, und deren einförmige stille Lebensart nur darauf beschränkt scheint, nach Früchten auf die Bäume zu steigen, oder gewisse Wurzeln aufzusuchen. Sie sind besonders zahlreich an Individuen.

1. *H. insidiosa*, Licht.

Der Cuiy des Azara.

Couiy, *Az. essais etc.* Vol. II. p. 105.
Kuhl's Beiträge, p. 71.
Abbildungen zur Naturgeschichte Brasilien's.
Acoró - ıo bei den Botocuden.
Ouriço - Cacheiro bei den Brasilianern oder brasilia-
nischen Portugiesen.

Der Körper ist dick, Füſse kurz, Kopf
kurz und abgestumpft; Schwanz an der Wurzel dick, aufwärts greifend, daher an der oberen Seite nach der Spitze hin nackt, an der
unteren hingegen mit Borsten besetzt.

Beschreibung: Kopf rundlich, die Schnautze nach vorn wie stumpf abgeschnitten, mit
muskulöser Haut überzogen und mit zwei rundlichen Nasenlöchern an der Vorderseite versehen; Oberlippe ein wenig gespalten; Auge
klein, mit schön hell graubrauner Iris; äuſseres Ohr fünf Linien hoch, halbcirkelförmig,
dünn, mit feinen gelblich wolligen Haaren bedeckt.

Gebiſs: Schneidez. $\frac{2}{2}$; Backenzähne $\frac{5 \cdot 5}{5 \cdot 5}$.
Die beiden Vorderzähne in jedem Kiefer sind
lang, schmal, hinten mit einem Ausschnitte,
der beinahe bis auf das Zahnfleisch herabgeht.
In jedem Kiefer auf jeder Seite stehen fünf

Backenzähne, mit breiten, gefürchten, schmelzfaltigen Kronen. — — — — — — — — — — —
— — Die Füße sind stark und kurz, sehr muskulös und zum Klettern eingerichtet; die vorderen haben vier Zehen, wovon die innere und
äußere etwas kürzer sind; alle haben etwas zusammengedrückte, glatte, gekrümmte, mittelmäßig lange Krallennägel, die beiden mittleren sind länger als die übrigen; an der inneren Seite des Fußes steht ein starker abgerundeter Ballen mit einer kleinen Daumwarze.
Hinterfüße mit vier Zehen, wovon die äußere
etwas weniges kürzer ist; die Nägel der drei
inneren Zehen sind etwas stärker als die der
Vorderfüße, sechs und eine halbe Linie lang,
übrigens eben so gebildet; an der inneren Seite, steht ein abgerundeter stark vortretender
Kletterballen, der an seinem vorderen Theile
eine von einem fühlbaren Knochengliede un-
terstützte Daumwarze trägt. — Schwanz kre-
gelförmig, an der Wurzel dick, allmälig dünn-
auslaufend und nicht nach der gewöhnlichen
Art der Thiere unterwärts, sondern oberwärts
nackt und greifend. An dieser nackten Stelle,
welche etwas weniger als ein Drittheil der
Schwanzlänge einnimmt, befinden sich viele
kleine Hautquerfalten.

Die männlichen Geschlechtstheile sind unter der Haut verborgen und bilden eine von aufsen sichtbare Erhöhung vor dem After; die Testikel haben eine längliche Gestalt. — Das hier beschriebene männliche Thier hatte zwei Brust- und zwei Bauchzitzen; ein Weibchen habe ich zufällig nicht erhalten. —

Die Nase, Umgebung des Mundes, die Augenlieder und Ohren des Thiers sind mit einer nackten röthlich - grauen Haut bedeckt; schon vorn zwischen den Augen und unter denselben auf den Backen fangen kurze Stacheln an, welche den Hals oben und an den Seiten, die Schultern, Rücken, Seiten, kurz alle oberen und Seitentheile des Thiers bedekken, und mit einem Streifen bis über die Hälfte des Schwanzes auf seiner Oberseite hinlaufen; auf dem Rücken, den Schenkeln und Seiten sind sie am längsten, einen Zoll zwei Linien lang; sämmtlich hell citrongelb mit schwarzbraunen Spitzen, welche äufserst feine und fühlbare Widerhäkchen zu haben scheinen; die Wurzel dieser Stacheln ist ein verdünntes Ende von der Länge einer Linie, welche nur sehr wenig fest in der Haut eingepflanzt ist. Zwischen den Stacheln steht ein sehr sanftes, weiches, seidenartiges, graubrau-

nes Haar, welches noch einmal so lang ist, als
die ersteren, auf dem Rücken selbst ist es an
zwei Zoll länger als die Stacheln, auch haben
an diesem letzteren Theile die Haare lange,
hell röthliche Spitzen. Der vordere Theil des
Gesichts hat ein sanftes kurzes Haar ohne Stacheln, es ist graubraun mit hell gelblichen Spitzen; an dem Hinterkopfe ist das Haar lang.
Die Beine an ihren unteren und inneren Theilen, Seiten und Bauch, so wie die Seiten des
Schwanzes sind dunkel graubraun behaart, und
alle diese Haare haben röthlich-gelbe Spitzen;
an Stirn und Bauch besonders ziehen dieselben
stark in's Röthliche, auch haben die Stacheln
der Stirn, als einzige Ausnahme, gelbröthliche
Spitzen, sie sind dabei schwarzbraun und an
der Wurzel wieder blaſsgelb gefärbt. — Der
Schwanz ist auf seiner unteren Seite mit dichten, aneinander liegenden, harten, gelbröthlichen, gegen ihr Ende rothbraunen Börsten besetzt, die beinahe bis zur Spitze verbreitet sind,
sie scheinen ihn bei dem Aufschleifen zu schützen; an seinen Seiten hat er länge schwärzlich-braune Haare mit röthlich-gelben Spitzen.
Zehen beinahe nackt, nur mit einzelnen Haaren besetzt, die nackten Fuſssohlen sind lgelb-
lich-grau gefärbt. Die Stacheln des ganzen

Leibes sind' dichte, 'aber kreuz und quer un-
ordentlich durch einander gestellt. — Am Leibe sind die Haare so lang und dicht, dafs
wenn man sie beistreicht oder niederdrückt, die
Stacheln kaum ein wenig hindurch blicken. —
Die Nase hat an jeder Seite lange, feine, irreguläre, schwarze Bartborsten. —

Ausmessung :

Ganze Länge	24″
Länge des Körpers . . .	14″
Länge des Schwanzes . .	10″
Höhe des äufseren Ohres .	$5\frac{1}{2}$‴
Länge des längsten Hinternagels .	$6\frac{1}{2}$‴.

'Der Magen ist ein gekrümmter häutiger
Sack, mit ziemlich dünnen Wänden. —

Der Geruch des Thiers ist, meiner Erfahrung zufolge, sehr stark und unangenehm;
denn im Monat November wurde das ganze
Haus von einem solchen Stachelthiere verpe-
stet, welches von den Drüsen des Afters zu
entstehen scheint. *Azara* hat diesen unangenehmen Geruch nicht bemerkt, es kann derselbe aber vielleicht nur in der Paarungszeit
oder nach dem Tode des Thiers vorhanden
seyn. —

Das hier von mir beschriebene und von
Lichtenstein benannte Thier scheint identisch

mit dem *Cuïy* des *Azara* zu seyn, nur hatte
letzterer, einen etwas kürzeren Schwanz und
einige kleine Abweichungen in der Färbung
der Stacheln, diese Unterschiede können aber
im Geschlechte oder Alter begründet seyn.

Dieses Stachelthier habe ich schon ziemlich weit südlich, am *Espirito Santo* und nachher weiter nördlich gefunden, ich glaube dasselbe daher über ganz Brasilien verbreitet, da
es auch von *Azara* in *Paraguay* beobachtet
wurde. Es ist langsam und lebt beständig auf
den Bäumen, die es sehr geschickt besteigt.
Wenn es seiner Nahrung halben, die besonders in Baumfrüchten besteht, auf den Zweigen bemerkt wird, so kann man es leicht her-
abschiefsen. Von den Europäern wird es, seines unangenehmen Geruches wegen, nicht gegessen, allein die weniger ekelen Wilden verzehren sein Fleisch. Ueber seine Manieren
und Lebensart giebt *Azara* umständliche Nachricht, er hatte das weibliche Thier erhalten.
Man hat auch auf diese brasilianischen Thiere
die Fabel von dem Wegschiefsen der Stacheln
ausgedehnt, welche noch heut zu Tage oft für
das europäische Stachelthier geglaubt wird *). —

---

*) Siehe J. *Luccock's* Reise nach Brasilien (deutsche Uebers.)
B. I. p. 504.

Die brasilianischen Portugiesen nennen diese Thiere im Allgemeinen *Ouriço - Cacheiro*, 'die Botocuden belegen sie mit dem Namen *Ahó*.

2. *H. subspinosa*, Lichtenst.

Das kurzbestachelte Stachelthier.

Abbildungen zur Naturgeschichte Brasilien's. ..
Schinz Thierreich u. s. w. B. I. pag. 315.
Kuhl's Beiträge u. s. w. pag. 71.

Diese Art ist von *Sieber* aus *Cametá* im nördlichen Brasilien gesandt worden und befindet sich daher auf dem zoologischen Museum zu Berlin, wo man ihr die hier aufgenommene Benennung beilegt. — Ich habe diese Art aus der Gegend von *Bahia* durch Herrn *Freyreiss* erhalten und lasse eine kurze Beschreibung derselben nach einem ausgestopften Exemplare folgen. —

Dieses Stachelthier unterscheidet sich von dem vorhergehenden durch eine etwas längere schlankere Gestalt, kleineren Kopf, längeren Schwanz und verschiedene Bildung der Stacheln.

Das Ohr ist durchaus unbemerkbar, gänzlich in den Stacheln verborgen; die grofsen Nagezähne sind röthlich-gelb gefärbt, übrigens gleicht das Gebifs dem der vorhergehenden

Art. Die vier Zehen der Vorderfüße sind mit starken, gekrümmten, bräunlichen Krallennägeln, der längste von sechs Linien Länge, versehen; an den vier langen Zehen der Hinterfüße sind sie stärker, der längste sieben Linien lang; hier befindet sich ein breiter Kletterballen an der inneren Seite des Fußes; Schwanz kürzer als der Körper. —

An der Nase befinden sich vier und einen halben Zoll lange, feine, schwarze Bartborsten, und einige ähnliche lange schwarze Haare stehen einzeln zerstreut zwischen der graugelben Borstenbedeckung der Vorder- und Hinterbeine; bloß die Spitze des Ober- und Unterkiefers sind von Stacheln entblößt, der ganze übrige Körper, Kopf, Kinn, Backen, Kehle und die Stirn bis auf die Nase sind mit denselben und ähnlichen Borsten dicht und geschlossen bedeckt, selbst die Beine sind damit dicht überzogen, nur der Fuß ist davon frei, und mit schwarzbräunlichen kurzen harten Haaren dünn bedeckt. —

Kopf, Hals, Schulterblätter und der Rükken unmittelbar über den letzteren sind mit Stacheln bedeckt; sie sind an diesen Theilen kurz, dick, blaß gelblich und weißlich-grau gemischt; vom Kopfe an nehmen sie allmälig

an Länge zu, so dafs sie über den Schulterblättern vierzehn Linien lang sind, auch erhalten sie hier schon eine wellenförmig gebogene
Gestalt und eine weifsgrau und graugelb abwechselnde Zeichnung. — Von hier an nach
den Seiten, dem Mittel- und Hinterrücken zu,
werden sie nun immer dünner und länger, und
sind nicht mehr stechend, sondern stark borstenartig, dagegen desto mehr gewellt, und auf
dem Hinterrücken einen Zoll zehn Linien lang;
sie sind hier völlig gleichartig, dicht anliegend,
und geben dem Thiere ein glattes, dicht behaartes Ansehen, auch ist die Farbe im Allgemeinen ein Gemisch von gelblichem Graubraun
mit Weifsgrau, überall untermischt und gefleckt. — Am Unterkiefer und den Backen
hinter dem Mundwinkel zeigt sich eine etwas
mehr röthlich-braune Farbe. — Der Schwanz
ist auf der oberen Seite an der Wurzel vier
Zoll weit mit langen, wellenförmig gebogenen
Borsten von zwei Zoll sieben Linien Länge bedeckt, so dafs die mit mäuseartig schuppigen
Ringen bezeichnete Haut desselben zu erkennen ist, seine Spitze ist mehr von Borsten entblöfst. — After mit gelblichen Borsten umgeben, eben so ist die ganze untere Seite des
Thiers; die innere Seite der vier Beine ist mit

anliegenden, etwas glänzenden graugelben Borstenhaaren dicht bedeckt.

Ausmessung dieses ausgestopften Exem-
plares:

Ganze Länge . . . . 29″ 5‴.
Länge des Körpers . . . 16″ 5‴.
Länge des Schwanzes . . 13″
Länge des Kopfes etwa . . . 3″ 3‴.
Länge der gröfsten Vorderklaue . . 6‴.
Länge der gröfsten Hinterklaue . 7‴.

Da ich diese Art nicht selbst in dem Zustande der Natur gesehen habe, so kann ich
über ihre Lebensart und Manieren nichts hinzufügen. — Sie scheint über einen grofsen
Theil, wenigstens über den mittleren und nördlichen von Brasilien verbreitet zu seyn. —

Gen. 25. *L o n c h e r e s,* Illig.
S t a c h e l r a t t e.

Herr Professor *Lichtenstein,* welcher in
der Lage ist, durch das an brasilianischen
Thieren so reichhaltige und vollständige Museum der Universität zu Berlin, manche interessante neue Thierbeschreibung uns mittheilen
zu können, hat sich auch durch eine Aufzählung der bekannten Arten der Stachelratten

verdient gemacht, welche man in den Abhandlungen der Berliner Académie (1818, p. 187)
findet. — *Azara* theilte von diesen Thieren
nur eine Art mit, *Loncheres brachyura*, Illig.,
eine zweite (*Loncheres paleacea*, Illig.) brach-
te *Sieber* aus *Cametá*, die dritte ist der längst
bekannte *Hytrix chrysurus*, Schreb. (*Loncheres chrysura*), eine vierte Art, von welcher
hier die Rede seyn wird, habe ich zuerst gefunden, und Herr Professor *Lichtenstein* hat
sie von meinem Reisegefährten auf einem Theile meiner brasilianischen Reise, dem Herrn
Freyreifs erhalten, und benannt. Mehrere andere Arten führt *Desmarest* auf, welche ich
nicht gesehen habe. Diese Thiere, welche erst
seit *Azara* und *Sieber* bekannt, zu einem be-
sonderen *Genus* erhoben und von den französischen Naturforschern *Echimys* benannt wurden, haben, von der von mir beobachteten Art
zu schliefsen, vollkommen die Lebensart unserer Feldmäuse und bringen den gröfsten Theil
ihrer Zeit in der Erde zu. — Sie nähren sich
von Gewächsen, Wurzeln und Früchten und
richten defshalb in den Pflanzungen manchen
Schaden an. — Ihre Nahrung ist übrigens viel-
artig wie die der Ratten, und wie diese werfen sie mehrere Junge. —

Im östlichen Brasilien habe ich nur eine Species von ihnen kennen gelernt. — *Thompson's Mus anomalus* *) hat viel Aehnlichkeit mit derselben, allein ich habe keine Backentaschen an meinem Thiere bemerkt, *Azara* redet eben so wenig davon, auch zeigt *Mus anomalus* manche andere Abweichungen, ich stimme daher bisjetzt in dieser Hinsicht Herrn *Kuhl* nicht bei, der in seinen Beiträgen zur Zoologie beide Thiere vereinigt hat.

1. *L. myosuros*, Lichtenst.

Die langgeschwänzte Stachelratte.

Siehe *Lichtenstein* in den Verhandlungen der Königl. Academie der Wissensch.

Abbildungen zur Naturgeschichte Brasilien's.

Rato d'espinho im östlichen Brasilien.

Beschreibung: Gestalt völlig unserer Ratte; Ohr etwas stumpf, an der Wurzel am breitesten, nackt, schwärzlich gefärbt, an seinem vorderen Rande befindet sich ein Büschel von längeren Haaren; Auge grofs und schwarz, wie an unserer Ratte. —

---

*) Siehe *Transact. of the Linn. Soc.* XI. pag. 161. Tab. X. *Illiger* hat aus diesem Thiere seinen *Loncheres anomala* gebildet.

Gebifs: Schn., $\frac{2}{2}$; Backenz. $\frac{4 \cdot 4}{4 \cdot 4}$; — Die grofsen Vorderzähne sind gelb; Backenzähne in jedem Kiefer auf jeder Seite vier; sie stehen dicht aneinander gereihet, sind rundlich, mit flachen, platten, schmelzfaltigen Kronen und mehreren Wurzeln. —

Der Hals ist kurz, der Leib ziemlich dick, der Schwanz lang aber etwas kürzer als der Körper, nackt, mit Ringen von viereckigen Hautschildchen und einzelnen sehr feinen Borsten, die an der Schwanzspitze nur ein wenig länger sind. — Die Hinterbeine sind länger als die vorderen; der Vorderfufs ist sehr klein und zierlich mit vier Zehen und einer kleinen rückwärts gestellten Daumwarze mit einem kleinen Nagel; neben der Daumwarze folgt der längere Zeigefinger und nun die beiden längsten völlig gleichen Zehen, die äufsere ist wieder kürzer. — Hinterfüfse mit vier eben so gestalteten aber weit längeren Zehen und stärkeren wenig gekrümmten Krallennägeln; der Daumen oder die innere Zehe ist hier gröfser und mit einem mäfsigen Krallennagel versehen; die Zehen sind unten quer gestreift. — Die nackten Testikel des männlichen Thieres befinden sich äufserlich unter dem After; die Ruthe ist etwas rückwärts gestellt, und befindet sich unmittelbar davor. — An jeder Seite der Nase befinden sich lange braune Bartborsten, welche rückwärts bis über die Ohren hinausliegen. — Haar des Thiers, besonders auf dem hinteren Theile des Körpers und dem Rücken, mit Stacheln gemischt, sie sind in der Nähe des letzteren elf Linien, auf dem Hinterrücken vierzehn Linien lang, länglich schmal lanzettförmig mit einer kleinen dünnen Wurzel, dabei zusammengedrückt, auf der äusseren Seite mit einem erhabenen Rande versehen und etwas ausgehöhlt, auf der inneren aber etwas convex wie an *Loncheres paleacea*. — Schultern, Hals und Kopf zeigen kleine Stacheln, diese stehen auf dem Mittel — und Hinterrücken dicht zusammen gedrängt, und sind sehr steif und stechend, auch bemerkt man bei dem ersten Anblicke kein Haar zwischen ihnen; an den Seiten der Hinterschenkel stehen die Stacheln sehr dünn, sie sind hier nicht mehr steif, sondern weich und biegsam.

Die Farbe des Thiers ist an allen unteren Theilen rein weiss, eben so die innere Seite der Beine und die vier Füsse. — Alle obere Theile sind röthlich-graubraun, auf dem Rük-

ken, wo die schwarzbraunen Stacheln befindlich sind, schwärzlich-braun, auf den Schultern
stark mit rothbraunen Haaren gemischt, auch
läuft die dunkle Farbe der Obertheile aufsen
an den Beinen hinab, wodurch diese nett weifs
eingefafst erscheinen; Backen und Seiten des
Halses ziehen stark in's Röthliche; Rand des
Oberkiefers, Unterkiefer und Seiten desselben,
so wie alle unteren Theile weifs gefärbt, welche Farbe an den Backen recht nett absticht. —
Der Schwanz ist auf der ganzen Oberseite
schwärzlich, auf der unteren weifslich, nur
etwa einen Zoll von der Spitze entfernt läuft
die untere weifse Farbe ganz um diesen Theil
herum und bildet auf der Oberseite einen weifsen Fleck. — Die Sohle des Vorderfufses ist
weifs, die des Hinterfufses schwarz gefärbt. —

Ausmessung:

Ganze Länge	15″ 11‴.
Länge des Körpers	8″ 5‴.
Länge des Schwanzes	7″ 6‴.
Länge des Kopfes bis zu der vorde-	
ren Ohrwurzel	1″ 10″.
Breite des Ohres in der Mitte	6½‴.
Höhe des äufseren Ohres etwa	9‴.
Länge der Hintersohle bis zur Ferse	1″ 10‴.

Diese Stachelratte lebt an den ganzen Ost-
küste; denn ich fand sie am *Parahyba*, am
Peruhype und *Belmonte*, zweifle also nicht,
dafs sie auch mehr nördlich vorkomme. —
Sie lebt in Pflanzungen und in den grofsen
Waldungen, wo sie in Erdhöhlen oder hohlen
Bäumen, vielleicht auch alten Vogelnestern
wohnt. — Sie nährt sich von mancherlei
Früchten und Wurzeln und soll besonders dem
Mays sehr gefährlich seyn, auch die Mandio-
ca benagen. — Man fängt sie in Schlingen,
auch in den Mundeos oder Schlagfallen. —
Der brasilianische Landmann, so wie die Wilden essen ihr Fleisch. — Sie sind schüchter-
ne Thiere, die man, wie alle Mäuse, selten zu
sehen bekommt. —

Fam. VI. Duplicidentata.
Doppelzähner.

Die Familie der doppelzähnigen Nager ist
über die meisten Länder unserer Erde verbreitet, und bewohnt die kalten wie die warmen
Zonen. Nirgends sind diese Thiere sehr zahlreich an Arten, dagegen aber in manchen Ländern desto reicher an Individuen. —

America zählt wenige Arten derselben und Süd-America wahrscheinlich nur eine. —

Gen. 26. *Lepus.*
Haase.

Die einzige in Brasilien bisjetzt gefundene Species dieses Geschlechts hat *Azara* näher beschrieben, sie scheint defshalb über ganz Süd-America verbreitet. Ob *Molina's Cuy* (pag. 272 der deutschen Uebersetzung) auch hierher zu rechnen ist, wage ich wegen der Unvollkommenheit seiner Beschreibung nicht zu bestimmen, doch vermuthe ich es. —

1. *L. brasiliensis*, Linn.
Der brasilianische Haase.

Tapiti, Azara Essais etc. Vol. II. p. 57.
Tapeti, Marcgr. p. 223.
Abbildungen zur Naturgeschichte Brasilien's.
Coelho bei den brasilianischen Portugiesen oder Brasilianern.

Da *Azara* dieses Thier schon beschrieben, so will ich seine Färbung und Ausmessung nach meiner Erfahrung noch hinzufügen. —

Alle oberen Theile sind mit gelbbräunlichen Haaren bedeckt, welche schwarze Spitzen haben, daher besonders auf dem Rücken

schwarz gemischt, doch zeigt sich hier auch
viel rostrothes Haar wie auf der Stirn; die
Unterseite des Kopfes ist weiß; Hals unten
gelbroth; Füße röthlich-gelb, alle übrigen unteren Theile weiß. — Die Ohren sind bei
einigen dieser Thiere ziemlich nackt, oben
sehr stumpf abgerundet; über dem Auge befindet sich ein gelblich-weißer Rand; Bart-
haare schwärzlich. —

'Diese Art ist sehr kenntlich durch den
sehr kurzen kaum bemerkbaren Schwanz, welcher bräunlich-gelbroth und schwarz gemischt
wie der übrige Körper ist. — Sehr richtig
bemerkt Herr Professor *Lichtenstein* in seiner
Erläuterung der *Marcgrav*ischen Holzschnitte
(pag. 15), daß der Ausdruck dieses Schriftstellers „*nullam habet caudam*" anders zu deuten und daß hierunter nur ein sehr kurzer
Schwanz zu verstehen sey. —

Ausmessung:

Ganze Länge	13″ 7‴.
Länge des Körpers . .	12″ 8‴.
Länge des Schwanzes kaum .	11‴.
Höhe des Ohres	2″ 5‴.

Dieser Haase scheint, wie gesagt, über
ganz Süd-America verbreitet, man findet ihn

südlich von *Rio de Janeiro*, und weiter nördlich überall einzeln. — In der Gestalt und
Gröfse gleicht er unserem wilden Kaninchen,
in der Lebensart aber, da er nicht in die Erde geht, mehr dem Haasen. — Er verbirgt
sich in den dichten den Boden bedeckenden
Kräutern und sitzt daselbst so fest als unser
europäischer Haase. — Hier bringt er auch
seine Jungen. Er ist nirgends häufig und
scheint in den inneren grofsen Urwäldern nicht
vorzukommen. Er wird seines Fleisches wegen getödtet, wenn man ihn zufällig findet,
dieses Fleisch hat aber nicht die Schmackhaf-
tigkeit unseres europäischen Haasenfleisches. —

Fam. VII. S u b u n g u l a t a.
Hufkrallige Nager.

Eine Süd-America ganz eigenthümliche
Familie, die überall in diesem Continente zahlreich an Individuen verbreitet ist und theils
die Flufsufer, theils die Wälder und steinigen
Berge bewohnt, lauter harmlose völlig un-
schädliche Thierarten enthält, welche ihres

schmackhaften Fleisches wegen die Hauptbeute
der brasilianischen Jäger ausmachen. —

Bei diesen Thieren haben die Männchen
eine merkwürdige abweichende Bildung der
Geschlechtstheile, indem diese beinahe wie bei
den Katzen mit Stacheln und scharfen Haken
versehen sind. —

Gen. 27. *C o e l o g e n y s,* Fr. Cuv.

Backenthier.

Wegen seines in mancher Hinsicht von
den übrigen Thieren dieser Familie abweichenden Baues hat man den Paca von denselben
getrennt und zu einem besondern *Genus* erhoben, welches auch vollkommen in der Natur begründet zu seyn scheint. Die bisher
den Naturforschern bekannt gewesene Species
dieses Thieres ist über den gröſsten Theil von
Süd-America verbreitet; Herr *Fr. Cuvier* hat
aber seitdem zwei Arten des Paca angenommen. — Ich kann über diesen Gegenstand
nicht entscheiden, da ich in Brasilien nur eine
Art kennen gelernt habe, welche auch *Marcgrave* und *Azara* erwähnen. — Ueber diese
will ich in den nachfolgenden Zeilen einige
Bemerkungen mittheilen.

1. C. *fau l v u s*, Fr. Cuv.

Der gemeine Paca.

Cavia Paca, Linn.

Paca, *Marcgr.* p. 224.

Pay, Azara Essais etc. Vol. II. pag. 20.

Cavia Paca, Geoffr. catal. p. 167.

Páca in der Lingoa Geral und bei den Portugiesen.

Acoróng bei den Botocuden.

Kávy (v beinahe wie u) bei den Camacans.

Der Paca ist ein sehr bekanntes Thier,
welches in der neueren Zeit von *Azara* genauer beschrieben worden ist, ich will indessen noch einige Bemerkungen hinzufügen. —
Die Herren *Geoffroy* und *Fr. Cuvier* ha-
haben in ihrer vortrefflichen Naturgeschichte
der Säugthiere eine Abbildung eines Paca unter der Benennung *Coelogenus subniger* gegeben, welche durchaus nicht mit dem von mir
beobachteten Thiere übereinstimmt. — Der
von *Marcgrave* erwähnte und später auch von
mir gesehene Paca ist gewiſs *Coelogenys ful-
vus,* welcher von *Geoffroy* in dem *Catalogue
des mammifères* des Pariser Museums erwähnt
wurde, auch deuten *Azara's* Worte durchaus
nicht auf ein schwärzliches Fell, sondern auf
ein braunes. — Alle von mir in Brasilien eingezogenen Nachrichten sprechen nur für eine
Art des Paca in jenen Gegenden, ich muſs da-

her vermuthen; daſs *Coelogenus subniger* in einer anderen Gegend gefunden werde, auch sind alle von mir weiter unten zu gebenden Notizen auf die fahlbraune Art dieses Thieres zu beziehen. — Ich habe alle diese

Höchst merkwürdig ist der Schädel dieses Thieres, höchst auffallend die groſsen Backen-höhlen, welche von den Backentaschen ausge-füllt werden. — Vor jedem Ohre hat der Paca eine groſse Parotis, welche von aufsen auf der Haut bemerkbar und mit langen Bof-sten besetzt ist. Die Zunge ist schmal und lang, mit sehr feinen punctähnlichen Papillen besetzt. Die Zeugungstheile des männlichen Thieres sind merkwürdig. Die Testikel liegen unter der Haut und treten in einer leichten Erhöhung vor; die Ruthe tritt lang aus ihrer Scheide hervor und hat an ihrer äufseren un-teren Seite hinter der Eichel zwei aufrechte Knochenplatten, jede mit vier Widerhaken; die Eichel selbst ist etwas schaufelförmig, vorn ausgerandet, und mit feinen Stacheln besetzt. — Kehrt man die Ruthe noch mehr um bis zu ihrem Ende, so treten zwei runde, harte, wei-fse Kegelstacheln hervor, und vor einem jeden derselben stehen kleine gekrümmte Stacheln, so wie auch die ganze innere Haut mit feinen weißen Häkchen-bedeckt ist; außer den genannten sonderbaren Stacheln besitzt die Ruthe des Paca auch noch einen Knochen, von etwa einen Zoll Länge, welcher sie unterstützt. Ich habe alle diese Theile auf der 2ten Tafel Fig. 22. 23. 7. 8. 9. abbilden lassen. — Die Haut dieses Thieres ist äußerst weich und gebrechlich, dabei dehnbar, und in den Monaten Februar und März, wo ich die meisten dieser Thiere erhielt, sehr fett. Der braune Paca ist über den größten Theil von Süd-America verbreitet, er lebt nördlich in *Pernambuco* und südlich bei *Rio de Janeiro*, wovon ich mich selbst überzeugt habe und ich vermuthe, daß auch *Azara* von dieser Art redet, *Molina* hingegen hat dieses Thier für Chili nicht. — Ueberall scheint man es unter dem Namen Paca zu kennen, nur in Paraguay trägt es, nach *Azara*, die Benennung *Pay* und ist daselbst selten. Nebst dem Aguti und verschiedenen Arten der Gürtelthiere ist der Paca das gemeinste Wildpret in den Waldungen des östlichen Brasiliens, in den inneren höheren Gegenden hingegen ist er mir nicht vorgekommen, mag aber daselbst dennoch, nur in geringerer Menge, existiren. — Sehr häufig fanden wir ihn in den Wäldern

des *Mucuri*, weil wir da über hundert Schlagfallen angelegt hatten, würden ihn aber mit
dieser Vorrichtung wahrscheinlich auch in anderen Gegenden häufig erhalten haben. —
An bewohnten Orten, z. B. in der Gegend von
Rio de Janeiro, ist er schon selten geworden,
wird daher gut bezahlt. — Er ist ein Landthier, welches aber die Nähe der Flüsse sucht,
und daselbst von Vegetabilien, Früchten und
Wurzeln lebt. — Er gräbt sich Höhlen in
der Nähe der Flussufer, besonders in den
Ufern und unter den Wurzeln der Bäume und
soll daselbst zwei Junge werfen. — Seiner
Nahrung geht er besonders bei Nacht nach
und wird alsdann, wenn kein Mondschein ist,
häufig in den Schlagfallen gefangen. — Er
schwimmt sehr gut. — Seine Jagd geschieht
mit Hunden, wo man ihn schiefst. Das Fleisch
ist sehr schmackhaft und beliebt. —

Von Varietäten und Abänderungen unter
diesen Thieren habe ich in der von mir bereisten Gegend nicht reden gehört. — Der Paca, dessen *Lery* erwähnt, gehört gewifs nicht
zu der schwärzlich gefärbten Art (*Coelogenys
subniger*) der Herren *Geoffroy* und *Fr. Cuvier*; denn die frisch von den Jägern zu Markt
gebrachten Thiere dieses Geschlechts, welche

ich. in *Rio, de [Janeiro* [sah,. waren sämmtlich
hellbraun gefärbt. —, Da, *Desmarest* in seiner
Mammalogie, über die beiden, aufgestellten Arten des Paca, gänzlich Herrn *Fr. Cuvier* folgt,
so gilt alles .was,,ich über diesen·Gegenstand
gesagt habe, auch. auf. das .genannte vortreffliche, Werk,, zu welchem wir, recht, bald neue
Zusätze und mit .der. Zeit eine neue .Ausgabe
hoffen müssen, da man heut zu, Tage bei dem
regen;· .dem. Zeitalter ,eigenthümlichen · For-
schungsgeiste alljährlich eine Menge von neuen
Entdeckungen, in die ·Systeme einzutragen, be-
kömmt. —

Gen. 28. *Dasyprocta.*
A g u t i.

·Ein mit dem vorhergehenden sehr nahe
verwandtes Thiergeschlecht und nur in neueren Zeiten erst .getrennt, nicht zahlreich an
Arten, aber in den Urwäldern von Süd-America desto zahlreicher an Individuen.

1. D. *A g u t i*, Illig. [1]
Das Aguti.

Cavia Aguti, Linn.
Aguti vel Acuti, Marcgr. p. 224.
Acuti, Azara Essais etc. Vol. II. pag 26.
Cotia oder *Cutia* an der Ostküste von Brasilien.
Maniang-kun bei den Botocuden.
Hohiong bei den Camacans.

4. Der Aguti hat unter allen Cavien die angenehmste, zierlichste und leichteste Gestalt; der Kopf ist länglich eiförmig, der Hals zierlich, so wie die schlanken, zarten Beine. — Das Haar des ganzen Thiers ist hart und glänzend und besonders auf dem Hinterrücken fünf Zoll lang, hier wird es im Affecte von dem Thiere aufgerichtet. — Auch das männliche Aguti trägt in seiner Ruthe zwei knorpelartige, weiſse, völlig runde, etwa einen halben Zoll lange Stacheln, wie am Paca, nur sind sie etwas kleiner; auch äuſserlich bemerkt man noch an jeder Seite der Ruthe eine knochigte Lamelle, deren äuſserer Rand sägeförmig eingeschnitten ist. Diesen sonderbaren Bau der männlichen Geschlechtstheile hat schon *Daubenton* beschrieben und abgebildet; er gab die genaue Beschreibung der äuſseren Oberfläche der Eichel, allein der beiden inneren langen weiſsen Stacheln erwähnt er nicht.

Der Aguti ist in den meisten Gegenden noch häufiger als der Paca, da man ihn mehr vom Wasser entfernt in den groſsen und selbst den höheren trockenen Waldungen oder *Catingas* antrifft. — Er vertritt in den brasilianischen Waldungen etwa die Stelle, welche unser Haase in den europäischen Wäldern ein-

nimmt. Ueberall, sowohl in den hohen feuchten Urwaldungen der Ebenen und Küsten, als
in inneren höheren Gegenden jagten unsere
Hunde die Aguti's. — Sie sind sehr schnelle
gewandte Thierchen, ihr Lauf ist pfeilschnell,
besonders gerade aus. Gewöhnlich findet man
sie über der Erde oder in Höhlen, in hohlen
Bäumen nahe an der Erde, wo sie von den
Hunden verbellt und alsdann von dem Jäger
hervorgezogen oder ausgegraben werden. Ich
habe sie öfter allein als in Gesellschaften gefunden. Ihre Stimme ist ein kurzer sehr lauter Pfiff, der öfters wiederholt wird, besonders
wenn man sie plötzlich erschreckt. —

Die Nahrung dieser harmlosen Thiere besteht in mancherlei Gewächsen und Früchten,
welche in jenen Urwäldern in Menge wachsen *) und sie sollen gewöhnlich drei, vier bis
fünf Junge zur Welt bringen. —

Man fängt sie in Schlagfallen und schiefst
sie vor dem Hunde, sie fahren aber sogleich
in das erste beste Loch, sobald sie einen Feind

---

*) Ueber die Art wie die Aguti's und Paca's mancherlei har-
te, auf die Erde herabfallende Baumfrüchte der brasilianischen Urwalder verzehren, z. B. die Nusse der *Berthol-
letia* und des Supucaya (*Lecythır*) siehe *v. Humboldt Voyage au nouv. cont.* T. II. pag. 561. —

bemerken. — Da ihr Fleisch sehr wohlschmeckend, zart und weifs ist, so finden sich sowohl unter den Menschen als unter den Raubthieren viele die ihnen nachstellen, hierhin
gehören besonders die verschiedenen gröfseren
Katzenarten vom *Mbaꞇacayá* aufwärts, und ich
habe selbst einen ganzen Aguti in dem Magen der eben genannten Katze gefunden. —
Da das Aguti sehr zahm wird, so erzieht
man öfters ihre Jungen und ich habe solche
gesehen, welche in den Städten oder Dörfern
frei umherliefen und in dem Hause ihres
Herrn ab- und zugingen. — *Cuvier* und andere Naturforscher haben die Manieren und
Lebensart dieses Thieres schon hinlänglich bekannt gemacht, ich verweise defshalb auf *Buf-*
fon's Werke, die *Menagerie du Muséum d'*
hist. natur. und *Geoffroy's* und *Fr. Cuvier's*
Naturgeschichte der Säugthiere. —

Gen. 29. *Cavia.*

C a v i e , F e r k e l m a u s.

Auch diese Thierchen sind dem südlichen
America ausschliefslich eigen und waren früher mit den vorhergehenden in ein und dasselbe Geschlecht vereinigt, jedoch unterscheiden sie sich durch mancherlei characteristische

Züge. — Sie sind in vielen Gegenden von
Brasilien sehr gemein, dennoch aber weniger
bekannt, als die vorhergehenden. —

Ich habe in dem von mir bereisten Land-
striche zwei Arten kennen gelernt, wovon die
eine den Naturforschern bisjetzt noch unbekannt war. Nachdem ich in der Isis schon
eine Nachricht von derselben gegeben hatte,
redete Herr *Fr. Cuvier* in seinem Werke über
die Zähne der Säugthiere von ihr, als einer
Entdeckung des Herrn *S. Hilaire*. — Er
trennt sie unter der Benennung *Kerodon* von
dem Aperea oder Preyá, der schon längst bekannten Species des *Genus Cavia.*

1. C. *Aperea*, Linn.
Das Preyá.

Aperea, *Marcgr.* p. 223.
L'Apéréa, Azara Essais etc. Vol. II. p. 65.
Abbildungen zur Naturgeschichte Brasilien's.
Preyá an der Ostküste von Brasilien.
Pattick bei den Botocuden.

Azara hat dieses Thiers Erwähnung gethan, eine Beschreibung würde daher Wiederholung seyn. Dieser Schriftsteller irrt, wenn
er die Farbe des Preyá mit der der Ratte vergleicht; denn sie ist von dieser sehr verschieden. — Die Haare dieses Thiers sind an der

Wurzel grau, dann schwarzbraun, und haben an der Spitze eine röthlich gelbe Farbe, wodurch eine schwarzbraun und gelblich gemischte Zeichnung entsteht; Bauch und alle unteren Theile sind blaſs gelblich-grau.

Das *Gebiſs*, dessen *Azara* nur oberflächlich erwähnt, ist folgendes: Schn. $\frac{2}{2}$; Backenz. $\frac{4\ 4}{4\ 4}$; in jedem Kiefer stehen zwei groſse Nagezähne, mit nach hinten schräge ausgeschnittener Schneide; Backenzähne vier auf jeder Seite eines jeden Kiefers; sie sind schmelzfaltig gefurcht, mit platten Kronen, und ihre Mahlflächen geben die Figur von zwei neben einander gesetzten spitzwinkligen Dreiecken; die Wurzel ist einfach. —

Ein weibliches Thier maſs in der Länge neun Zoll acht Linien, das männliche Thier des *Azara* war etwas gröſser. — In dem weit ausgedehnten *uterus* des ersteren fand ich im Monat October ein schon völlig ausgebildetes der Mutter ganz ähnliches Junges. Die Lunge des Thiers ist in drei Lappen getheilt; die Leber ist groſs und hat vier Lappen auf jeder Seite. Der Magen ist weit und gewöhnlich mit grünem Futter angefüllt.

Dieses Thierchen scheint gleichförmig über einen groſsen Theil von Süd-America verbreitet zu seyn, man findet, es südlich von *Rio de Janeiro*, in Paraguay, und nach *Azara* selbst noch südlich vom *La Plata*-Strome. — Nördlich hinauf bewohnt es ganz Brasilien und vielleicht Guiana. — Dieses kleine muntere Geschöpf wird im östlichen Brasilien *Preyá* genannt, es lebt daselbst überall in Menge, besonders da wo dichtes Gras und andere niedere Pflanzen die Erde bedecken, ferner unter dichten Hecken an den Wegen, in den gedrängten Zuckerpflanzungen und Gebüschen. Es soll eins bis zwei Junge werfen, wie die Indier versichern. — Es ist ein schnelles Thierchen, indessen leicht zu schiefsen, besonders wenn man es auf dem Anstande erwartet. Wir haben es an dicht bewachsenen Waldbächen und an Flufsufern in der Nähe der Pflanzungen oft häufig angetroffen. — Die Eingebornen essen sein Fleisch, welches jedoch weichlich ist. — Man zähmt diese Thierchen und sie gewöhnen sich alsdann an alle Arten von Hauskost. Ihre Haut ist, wie die der *Cavia Cobaya*, äufserst dünn, weich und gebrechlich, kann daher durchaus nicht benutzt werden —

Das *Preyá* hat in der Gestalt und Lebensart so viel Aehnlichkeit mit unserem sogenannten Meerschweinchen (*Cavia Cobaya*, Linn.),

dafs man wohl glauben sollte, dieses stamme
von jenem ab. *Marcgrave* fand das *Cobaya*
in Pernambuco, doch sagte er nicht, dafs es
daselbst wild gefunden werde, welches auch
nie der Fall ist. Es scheint dieses also das in
dem gezähmten Zustande ausgeartete *Preyá* zu
seyn; denn dafs die weit mehr unförmliche,
plumpe, schwerfällige Gestalt in dem gezähmten Zustande bei vielen Thieren sich bald ein-
zustellen pflege, ist eine überall in der Natur
begründete Thatsache. — Eine genaue Vergleichung der inneren Theile beider Thiere, besonders ihres Knochengebäudes, wird hier viel
entscheiden, und es wird nicht schwer seyn,
eine solche anzustellen. — In der von mir
bereisten Gegend ist mir *Cavia Cobaya* nicht
zu Gesichte gekommen, dennoch kann ich nicht
behaupten, dafs man sie in den Städten nicht
wirklich vorfinden würde. —

Unter den wilden *Preyá's* findet man in
der von mir bereisten Gegend keine Spur von
Abarten in der Farbe. —

Pennant scheint in seiner Benennung
Rock-Cavy dieses Thier mit dem nachfolgenden verwechselt zu haben; denn man findet
das *Preyá* nicht in den Felsen, wohl aber die
nächstfolgende Art. —

2. C. rupestris.

Das Mokó oder die Felsen-Gavie.

C.: *Pelz aschgrau, schwärzlich und rothlich-gelb gemischt, auf dem Rücken am schwärzesten; Untertheile weißlich; After und Hintertheil der Schenkel rost-röthlich. —*

Abbildungen zur Naturgeschichte Brasilien's.

Isis Jahrgang 1820. Heft I. p. 43.

Schinz Thierreich u. s. w. B. I. p. 322.

Fr. Cuvier des dents des mammif. 5. livr. pag. 151. No. XLVIII.

Mocó im östlichen Brasilien und im Sertong von Bahia.

Hoké bei den Camacans.

Beschreibung eines männlichen Thieres: Gestalt in der Hauptsache völlig die des *Preyá*, allein größer, mehr gestreckt, schlank, Körper hinten gewölbt, Beine kurz; die Hinterfüße treten bis zur Ferse auf; der Schwanz fehlt gänzlich; der Kopf ist schmal, gestreckt, auf der Stirn stark abgeflächt. — Stirn und Vorderkopf bilden eine beinahe geradlinige Fläche und sind nur wenig gewölbt; Nase wenig schmäler als der Kopf; am Oberkiefer auf jeder Seite steht ein langer Büschel schwarzer Bartborsten; das Ohr ist gestaltet etwa wie am Aguti, am vorderen höheren Theile mit einer kleinen Spitze aufsteigend, dahinter ein wenig ausgerandet und nach hinten zu abgerundet; über dem Kopfe kaum acht und eine halbe Linie erhaben.

Die Zunge ist beinahe glatt, mit äußerst feinen kleinen Papillen besetzt.

Gebiß gleicht dem der *Cavia Cobaya* in der Hauptsache; die Mahlflächen der Backenzähne stellen zwei spitzwinklige, an einander geheftete Dreiecke dar, deren Grundlinie im Oberkiefer nach außen, im Unterkiefer aber nach innen gekehrt ist. — Diese Zähne haben rundum einen erhöhten Rand; Vorderzähne in jedem Kiefer zwei, mit scharf abgeschnittener von hinten ausgeschnittener Schneide; die oberen Nagezähne sind dicker und kürzer als die unteren, welche gerade vorgestreckt stehen.

Vorderfüße kurz und zierlich mit vier Zehen, mit etwas erhaben gekielten, mäßig zusammengedrückten kurzen Kuppennägeln, welche die zusammengedrückten, vorn rundlich verdickten Zehen nicht überlängen. — Von den vier Zehen des Vorderfußes ist die äußerste am kürzesten, dann folgt in der Länge die innerste oder der Daumen, nun der vierte Finger, und der Mittelfinger ist der längste. — Die längeren Hinterfüße treten bis zu der Fer-

se auf, wenn das Thier sitzt und in Steinhöh-
len rutscht; man bemerkt vor der Ferse einen
langen Ballen, und zwei kleinere hinter den
drei Zehen. — Die Zehen an den Hinterfüfsen sind länger als an den vorderen, schmal,
vorn scheibenförmig zugerundet und zusammengedrückt; die mittlere ist um drei Linien
länger als die beiden anderen, welche gleich-
lang sind. — Die Nägel der zwei äufseren
Zehen sind kurz wie an den Vorderfüfsen, nur
der innere ist ein wenig länger, aufgerichtet
und ausgehöhlt. — An der Vordersohle befinden sich fünf rundliche, nahe aneinander gestellte Ballen. — Die ganze innere Seite der
Vorderhandwurzel ist mit einem schmalen langen *callus* bedeckt, der dünn mit kurzen seidenartigen Härchen bedeckt ist; die drei Zehen der Hinterfüfse sind an der Wurzel mit
einem kurzen Spannhäutchen vereint, welches
auch an den Vorderfüfsen, aber in einem geringeren Grade bemerkbar ist. —

Die Testikel des männlichen Thieres liegen im Leibe verborgen, eben so die Ruthe,
welche aus einer kleinen Oeffnung zwischen
den Hinterschenkeln hervortritt. — Der After steht über sieben Linien weit von dieser
Oeffnung entfernt, und beide Oeffnungen sind

durch zwei erhöhte, harte Hautlängsfalten vereinigt." — Die Ruthe ist inwendig mit zwei harten glatten Knochenstacheln versehen, wie die des Aguti und Paca, die Eichel ist an der äußeren Seite mit kleinen, knörpelartigen, weißlichen Knöpfchen rauh bedeckt und an ihrer Seite befindet sich eine Knochenplatte mit mehreren Stacheln wie am Paca, jedoch in viel kleinerem Maaßstäbe. —

Das Haar des ganzen Thierchens ist kurz, dicht, glatt, weich und sanft wie an den Ratten und Mäusen, dabei etwas glänzend. — Alle oberen Theile haben ein schwärzlich und gelbröthlich gemischtes Aschgrau, beinahe haasenfarben; Gegend hinter der Nase, um die Augen, äußere Seite des unteren Vorderbeines, so wie der Hinterbeine etwas hell gelblich überlaufen; untere Seite des Kopfs bis zur Kehle weißlich; Unterseite des Halses gelbgrau gemischt, von da an aber sind alle unteren Theile und die innere Seite der vier Beine weiß; After, hintere Seite der Schenkel und der ganzen Hinterbeine bis zur Ferse hinab sind hell rostroth, oder röthlich-zimmtfarben; die Iris des Auges ist gelblich-braun gefärbt. —

Ausmessung:

Ganze Länge . . . . 11″ 8‴.

Länge des Kopfs . . . 3″ 1½‴.

Länge des Kopfs bis zu dem vorderen

    Winkel des Ohrrandes . . 2″ 5‴.

Länge von der Nase bis zu dem vor-

deren Augenwinkel . . . 1″ 6‴.

Höhe des äußeren Ohres . . 1″ 1½‴.

Länge des Vorderbeins bis zu dem

    Gelenke im Schulterblatte . 4″ 6‴.

Länge des Hinterbeins bis zum Hüft-

    gelenke . . . . . 5″ 10‴.

Länge des nackten Theiles der vor-

    deren Fußsohle . . . 1″ 2‴.

Länge des nackten Theiles der hin-

    teren Fußsohle bis zur Ferse . 2″ 4‴.

Ein weibliches Thier war etwas weniges
größer. — Die *Vulva* befindet sich am hinteren Theile zwischen den Schenkeln. — Ein
halb erwachsenes junges Thier hatte vollkommen die Farbe der Alten, vielleicht etwas weniger lebhaft an den rostrothen Stellen. —
Der Magen ist groß, weit, dünnhäutig und
zusammengekrümmt; die beiden Nieren sind
groß; Testikel groß und verlängert. —

Koster ist der einzige Reisende, welcher
bisjetzt noch dieses gänzlich unbekannten

Thierchens Erwähnung thàt, wir finden Seite
95 seiner Reisebeschreibung eine Stelle, wo
er sagt: das *Mocó* sey eine Art Kaninchen,
welche im *Sertam* von *Açú* lebe. — *Pennant* scheint dieses Thier, wie schon vorhin
bemerkt, mit dem *Preyá* zu verwechseln; denn
der Name *Rock-Cavy* deutet auf den Aufenthalt in felsigen und steinigen Gegenden, welcher dem hier beschriebenen Thiere zukommt. — In niederen, ebenen, von hohen
Wäldern beschatteten Gegenden fand ich das
Mocó nicht, sondern blofs wenn man den
Flüssen von ihrer Mündung in das Meer bis
zu einer gewissen Entfernung oder vielmehr
Höhe aufwärts folgte, wo es sich alsdann zu
zeigen anfing. Diese höhere Region kündiget
sich in Brasilien durch eine Menge von Fels-
trümmern und trocknere, mit Niederwald be-
wachsene Felsgebirge an, in welchen, besonders
in der Nähe des Wassers, diese Thierchen wohnen. — Hier scheint das *Mocó* etwa die Stelle für America auszufüllen, welche in Africa
der Klippdafs (*Hyrax*) einnimmt. — Ich finde übrigens das *Mocó* weder unter diesem,
noch einem anderen Namen von den Schriftstellern erwähnt, nur die *Corografia brasilica* giebt eine kurze Notiz davon. —

Von diesen Thierchen finden sich schon welche in den oberen Gegenden des Flusses *Belmonte,* über der *Cachoeira do Inferno,* wo sie von den *Mineiros* mit demselben Namen belegt werden. — Ob sie südlicher hinabgehen und vielleicht schon am oberen *Rio Doçe* gefunden werden, kann ich nicht beantworten, doch bezweifle ich es, und alsdann wäre ihre Verbreitung im östlichen Brasilien südlich bis zu 16½ oder 17 Graden südlicher Breite festzusetzen, es werden aber fernere Reisende uns über diesen Gegenstand, so wie über die nördliche Ausdehnung der Gränzen ihres Wohnortes belehren. —

Ich fand das *Mocó* mehr nördlich im Sertong der *Capitania da Bahia* am *Rio Pardo,* wo ich dasselbe zu *Barra de Vareda* zuerst durch einen geübten und gewandten Jäger von der *Camacan*-Nation erhielt. — Es lebt ferner in allen steinigen und felsigen Gegenden, besonders an Flußufern des inneren Brasilien's die mit Felsblöcken belagert sind, an den Ufern des *Rio S. Francisco* in den Salpeter erzeugenden Höhlen, und *Koster* erwähnt sein Vorkommen in der *Capitania* von *Pernambuco.*

Das *Mocó* ist ein schnelles Thierchen, das in den Felshöhlen und zwischen den Felsblok-

ken wohnt, an glatten sehr schräge geneigten
Felstafeln geschickt hin und her läuft, Abends
und Morgens besonders, an ruhigen Stellen
aber selbst am Tage zum Vorschein kommt
und seiner Nahrung nachgeht, welche in Vegetabilien besteht. —

Die *Camacan*-Indianer versicherten, daſs
es die kleinen abgefallenen Cocosnüsse mit seinen scharfen Meiſselzähnen benage, um den
Kern zu essen. — Während der Hitze des
Tages verbirgt es sich unter Gebüschen und
Steinen. — Es soll eins bis zwei Junge werfen, und zwar in Felsenhöhlen. — Ich fand
im Anfange des Monats Februar bei einem
solchen Thierchen ein kleines nacktes Junges,
mit groſsem rundem Kopfe. —

Um das *Mocó* zu erlegen, erwartet es der
Jäger Abends auf dem Anstande. — Die *Camacan*-Indianer erlegen sie sicher und geschickt mit ihren langen Pfeilen. Sie sowohl
als die portugiesischen Pflanzer lieben das
Fleisch dieser Thiere sehr, das Fell aber wird
nicht benutzt. Die *Corografia brasilica* erwähnt nur kurz dieser Thierart und sagt, es
lasse sich leicht zähmen, und fange alsdann
Mäuse trotz der besten Katze. —

Herr *Fr. Cuvier* hat das Preyá von dem
Mokó getrennt und aus diesen beiden Thieren
die Geschlechter *Anoema* und *Kerodon* gebildet. — Mir schienen ihre Abweichungen nicht
bedeutend genug, um zu einer Trennung zu
berechtigen Das Gebiſs beider Thiere zeigt
nur geringe Abweichungen, wie auch selbst
die Abbildungen des Herrn *Cuvier* darthun;
die Gestalt des Körpers stimmt bei beiden in
den Hauptzügen überein; beide sind ungeschwänzt, und haben gleiche Anzahl der Fuſs-
zehen, die auch in einerlei Verhältniſs der
Länge stehen. — Die Nägel an den Füſsen
des Preyá sind länger und mehr zugespitzt,
unten ausgehöhlt (an den Hinterzehen viel länger als an den vorderen), auch ist das vordere Glied der Zehen ein wenig abweichend gebildet, indem dieses bei dem Mocó mit einem
etwas verdickten, zusammengedrückten Ballen,
und kürzerem, etwas aufgerichtetem Nagel versehen ist. Beide Thiere haben übrigens die
Hintersohle gleichweit nackt, indem sie dieselbe häufig auf den Boden aufstützen. —

Gen. 30. *Hydrochoerus*, Erxl.

Capibára.

Der Capibára ist ein Thier, welches mit
Recht ein Geschlecht für sich zu bilden ver

dient, ob es gleich ehemals mit den Cavien
vereint war. — Man kennt bisjetzt nur eine
Species, die aber, höchst zahlreich an Individuen und über den gröfsten Theil von Süd-
America verbreitet ist. — Da dieses Thier von
Azara hinlänglich beschrieben worden, und
überhaupt den Naturforschern vollkommen bekannt ist, so werde ich nur einige Bemerkungen hier folgen lassen, welche auf die von
mir bereiste Gegend von Brasilien Bezug haben, und alles vermeiden, was Wiederholung
genannt werden könnte.

1. *H. Capibara.*
Der Capibára.

Capybara, Marcgr. p. 230.
Cavia Capybara, Linn.
Capiiguarà, Dobrizhofer Gesch. d. Abip. B. I. p. 406.
Capiygoua, Azara Essais etc. Vol. II. p. 12.
Capibára oder *Capivára* in der *Lingoa Geral* oder
    Tupi-Sprache.
Numpoon bei den Botocuden.

Azara's Nachrichten von diesem Thiere
sind sehr richtig. — Auch in Hinsicht der Geschlechtstheile unterscheidet sich der Capibára
von den übrigen Cavien, die männlichen liegen im Leibe verborgen und haben eine Oeffnung, durch welche man verleitet wird, das

Thier für ein weibliches zu halten. — Die
Ruthe ist gekrümmt, sie hat in ihrem vorderen Theile einen Knochen, der die Eichel unterstützt und an seinem vorderen Ende verdickt ist. — Die beiden weifsen Knochenstacheln des Aguti und Paca fehlen hier gänzlich, auch ist die Eichel glatt und ohne Häkchen oder Dornen. —

Der Capibára ist über ganz Süd-America
verbreitet; denn er lebt in Guiana, in allen
Gegenden von Brasilien, Paraguay und wird
südlich noch am *La Plata* gefunden. — Nach
Herrn *v. Humboldt* ist dieses Thier im spanischen Guiana am *Orenoco* und *Apure* unendlich viel häufiger, als in der von mir bereisten Gegend von Brasilien und dabei nicht
schüchtern. — Dieser ausgezeichnete Gelehrte und Reisende sah im *Canno del Ravanal*
bei *Uritucu* Gesellschaften von achtzig bis hundert Stück dieser Thiere, besonders waren sie
am *S. Domingo*, *Apure* und *Arauca* häufig *). —

Sie leben überall an den mit Wald bedeckten Flufsufern der Ostküste und werden

---

*) Ueber den Capibára oder *Chiguire* siehe *v. Humboldt Voy*
au nouv. cont. T. II. p. 217 und an vielen anderen Stellen

an bewohnten Stellen seltener, und gewöhnlich
nur Abends und Morgens gesehen, in men-
schenleeren, wenig besuchten Gegenden hingegen findet man sie am Tage an den Ufern
und auf den Sandbänken, wo sie bei Erblik-
kung der Menschen sogleich in's Wasser hin-
abtauchen. — Als wehrlose Thiere finden
sie eine Menge von Feinden; denn auf dem
Lande werden sie von mancherlei Raubthieren
beschlichen und im Wasser ist ihr Hauptfeind
die grofse Sucuriuba (*Boa*), welche manche
dieser Thiere fängt, wie ich selbst ein solches
Beispiel erlebt, wovon ich in dem ersten Theile meiner Reisebeschreibung (S. 358) Nachricht
gegeben habe. — Die Nahrung des Capibára
besteht, meinen Erfahrungen zufolge, einzig
und allein in Vegetabilien und nicht in Fischen,
wie mehrere Schriftsteller behauptet haben,
meine eigenen Untersuchungen, so wie die Aussagen aller indianischen und portugiesischen
Jäger haben mich hievon vollkommen überzeugt. —

An der Ostküste von Brasilien liebt man
das Fleisch dieser Thiere nicht, nur Neger und
Indianer pflegen dasselbe wohl zu essen. —
Nach *v. Humboldt* wird es im spanischen America von den Mönchen als eine Fastenspeise

genossen; sie rechnen das *Tatú,* den *Chiguire*
oder *Capibára* und den *Lamantin* mit den
Schildkröten in eine Classe, theils wegen der
harten Schaale des ersteren, theils weil die
letzteren im Wasser und auf dem Lande zugleich leben. — Die Botocuden schiefsen den
Capibára mit Pfeilen, wenn ein günstiger Zufall sie ein solches Thier beschleichen läfst, sie
stecken alsdann das Fleisch an einen Bratspiefs
von Holz, braten und essen dasselbe mit Wohl-
gefallen. Als wir einst am Flusse *Belmonte*
ein solches Thier einer Riesenschlange abnahmen, welches sie gefangen und erdrückt hatte,
übergab ich das Fleisch meinem botocudischen
Jäger *Ahó,* der einen grofsen Theil davon gebraten aufbewahrte und nach ein paar Tagen
bei seiner Rückkunft nach dem *Quartel Dos
Arcos* seiner Frau und Kindern mitbrachte,
welchen es viel Freude verursachte. —

Ord. V. *Bruta.*

Thiere ohne Vorderzahne.

Sie haben Backenzähne, aber weder Eck-
noch Vorderzähne, und eine höchst originelle

Organisation. Die einen sind für den Aufenthalt auf Bäumen geschaffen, die andern für das Leben in der Erde. Sie bilden zwei gänzlich originelle, blofs in Süd-America einheimische Familien, welche ich hier zusammenzubringen gewagt habe. —

Fam. I. Tardigrada.
Schleicher.

Diese Familie enthält die Faulthiere, welche durch ihren höchst merkwürdigen, sonderbaren Bau ausgezeichnet und nächst den Quadrumanen und mit Wickelschwänzen versehenen Thieren ganz für die grofsen Wälder dieses Welttheiles und für das Leben auf Bäumen geschaffen scheinen. —

Gen. 31. *Bradypus.*
Faulthier.

Die Faulthiere, höchst bekannt durch ihre ganz sonderbare, zum Theil sehr unvollkommene Organisation, sind Geschöpfe, welche nur in grofsen wenig bewohnten Wäldern leben können und deren Existenz daher mit der der

Wälder auf das engste, verknüpft ist. Sie sind
überall zu finden, wo die grofsen Urwaldungen,
durch Feuchtigkeit und die aufregenden Strah-
len der Sonne zum üppigsten Stande gebracht,
ihre mannichfaltig gedrängten Laubmassen entwickeln. — Die zunehmende Bevölkerung hat
diese hülflosen Wesen in vielen Gegenden
schon gänzlich ausgerottet; denn völlig harm-
los, wehrlos, blofs zum Steigen und Anheften
an ihr Element, die Bäume gebildet, werden
diese sonderbaren Geschöpfe gänzlich von unserer Erde verschwinden, sobald die Axt, dieses in Süd-America so wichtige Instrument,
ihr Reich weiter ausbreitet. Bisjetzt findet
man die Faulthiere in den grofsen einsamen
Wäldern von Brasilien überall, doch nirgends
sehr häufig, da sie sich nicht stark vermehren.
Sie würden übrigens noch immer mehr an Zahl
abnehmen, wenn die Natur sie nicht durch ein
unansehnliches, von der Rinde der Bäume
kaum zu unterscheidendes Fell geschützt hätte,
auch sind sie vor gröfseren Raubthieren ziemlich sicher, da sie selten auf die Erde kommen.
Kleinere Raubthiere halten sie mit ihren langen Klauen ab, welche übrigens die besten zum
Anhängen an die Zweige geeigneten Haken
sind. — Die langen starken Vorderglieder

und die kurzen Hinterbeine sind völlig zum Klettern eingerichtet, ja sie sind geeignet, das hängende Thier ohne Beschwerde ganze Tage und Nächte ohne Ermüdung in dieser Stellung zu tragen, auch ist der lange Hals und kleine Kopf völlig für die aufrechte Stellung an den Bäumen geeignet, daß er indessen auf die Brust aufgestützt werde, habe ich nie bemerkt und ist auch nicht gegründet.

So viel ausgezeichnete und sonderbare Züge die Faulthiere aber auch haben, so hat man ihre Langsamkeit dennoch ein wenig übertrieben. — Man kannte früher zwei Arten von ihnen, das zwei- und das dreizehige, ein drittes erwähnte *Illiger* in seinem *Prodromus Mammalium et Avium*, unter dem Namen *Bradypus torquatus*, welches er aber irriger Weise in sein *Genus Choloepus* setzte, da es wirklich drei Zehen an allen Füßen, und das Gebiß des Aï hat. Herr *Temminck* hat seitdem diese Unrichtigkeit in seiner Abhandlung über die Faulthiere in den *Annales générales des sciences physiques* (T. VI. pag. 206) berichtiget. Mehrere Irrthümer befanden sich bisher noch in den Naturbeschreibungen der Faulthiere, besonders war man von der Bildung ihrer Geschlechtstheile nicht gut unterrichtet. Die

Herren Quoy und *Gaimard* haben über diesen
Gegenstand nun schon das Nöthige bekannt
gemacht, so wie sie überhaupt in ihrem zoologischen Werke mehrere interessante Notizen,
als Berichtigung der Naturgeschichte dieser
sonderbaren Geschöpfe mittheilten, welche ich
sämmtlich bestätigen muſs.

1. *B. t r i d a c t y l u s*, Linn.

Das gemeine Faulthier, Aï.

Aï, Marcgr. p. 221.

Temminck in dem 6sten Bande *Ann. gen. d. sc. phys.*
pag. 211.

Abbildungen zur Naturgeschichte Brasilien's.

Preguiza portugiesisch.

Ihó kúdgi botocudisch.

Da das gemeine Faulthier in den meisten
zoologischen Cabinetten gefunden und häufig
zergliedert worden ist, so bedarf es keiner genauen Beschreibung von meiner Seite, es ist
indessen nöthig, eine gute Abbildung zu liefern, da die bekannten zu schlecht und unvollkommen sind. —

Das Gesicht dieses sonderbaren Thieres
ist nackt und schwärzlich, an Mund und Nase
mit einzelnen weiſslichen Härchen besetzt. —
Das Haar des Körpers ist von zweierlei Art;

zu unterst eine dichte Wolle, kurz und sehr
fein, an welcher man die wahre Zeichnung des
Thieres am besten wahrnehmen kann, und darüber ein langes, trockenes, hartes, etwas plat-
tes Haar. Die Farbe des Körpers ist ein blasses röthliches Aschgrau, am Bauche silbergrau,
die Haare sind aber stark mit weißer Farbe
gemischt, und oft mit blaßgelblichen Spitzen
versehen. — Auf jeder Seite des Rückens
zieht von den Schultern bis in die Schwanzgegend ein zuweilen sehr deutlicher, zuweilen
etwas mehr undeutlicher breiter Längsstreif
von weißlicher Farbe hinab, auch herrscht vorzüglich an den Oberarmen diese weißliche
Zeichnung. — Schneidet man das lange Haar
des Rückens bis auf die darunter befindliche
Wolle ab, so zeigt sich alsdann die wahre
Zeichnung des Thiers, indem man längs des
Rückgrates hinab einen dunkel schwarzbraunen Längsstreifen und jeder Seite desselben
einen ähnlichen weißlichen bemerkt; durch
das lange Haar verschwindet die Bestimmtheit
und genaue Absetzung dieser Farbenvertei-
lung. — Vor der Stirn hin über die Augen
weg zieht eine breite weißliche Binde, die Einfassung der Augen und ein Streifen von denselben vor den Schläfen hinab sind schwarz-

braun. — Die Klauen, sind gelblich oder bräunlich-gelb gefärbt. —

Die weiblichen Thiere scheinen gewöhnlich, weniger weiße Haare zu besitzen, sie sind
mehr ungefleckt schmutzig röthlich-grau, eben
so die jüngeren Thiere. Ich erhielt ein Weibchen im Monat Januar, welches sein Junges
noch auf dem Rücken trug, und beinahe gar
nichts Weißes in seiner Färbung zeigte. Das
Junge war noch völlig ungefleckt, und selbst
die weißliche und schwärzliche Zeichnung des
Gesichts war nur angedeutet. —

Gewöhnlich bemerkt man graugelbe anders, als das übrige Fell gefärbte Flecke auf
dem Rücken der Faulthiere, hier sind alsdann
die Haare abgenutzt. Besonders häufig findet
man dieses bei den weiblichen Thieren, an welchen gewöhnlich die Stelle, wo das Junge zu
sitzen pflegt, vom Urin desselben getränkt und
auf die oben bemerkte Art verändert wird, ja
man findet öfters Stellen, wo die Klauen des
jungen Thieres die langen Haare der Mutter
bis auf die darunter befindliche Wolle ausge-
rissen oder abgeschnitten haben. —

Das größeste von mir beobachtete männliche Thier hatte etwa folgende Ausmessung:

Ganze Länge . . . . . 19″ 6‴.
Länge des Schwanzes . . . 1″ 6‴.
Länge des Arms vom Ellenbogen bis
zu der Klauenspitze nicht völlig 11″
Länge der längsten Vorderklaue . 2″ 3‴.
Länge der längsten Hinterklaue . 1″ 8‴.

Herr *Temminck* giebt die gewöhnliche Länge dieser Thiere auf 17 Zoll an. — In den von mir bereisten Gegenden habe ich diese Species nicht weiter südlich gefunden, als bis zum Flusse *S. Matthaeus,* wo wir das erste Thier dieser Art erlegten, mehr nach Süden hinab fanden wir nur die nachfolgende Art mit dem schwarzen Nacken. — Da die Wälder am *Rio Doçe* durch die Botocuden unsicher gemacht werden, so haben wir daselbst nicht jagen können und es ist möglich, dafs diese Thierart selbst bis zu jenem Flusse hinab verbreitet ist. — Am *Espirito Santo* haben wir sie während der langen Zeit, in welcher unsere Jäger daselbst die Wälder durchstreiften, nie beobachtet, man kann also wahrscheinlich ihre südliche Gränze an der Ostküste bis etwa zu 19½ Grad südlicher Breite ausdehnen. — Hier leben diese Thiere auf hohen und niederen Bäumen und werden nur selten auf der Erde überrascht. Obgleich ihre

Langsamkeit grofs ist, so scheint sie dennoch
ein wenig übertrieben worden zu seyn *). Sie
klettern sehr geschickt und heften sich mit ihren starken Klauen sehr fest an' die Zweige
und Stämme an. — Dafs sie sich von den
Bäumen herabfallen lassen ist eine Fabel, auch
hört man ihre Stimmen nur höchst selten und
besonders nur wenn man sie beunruhigt. Sie
ist ein gerade hin ausgehaltener, feiner, kur
zer, schneidender Ton, aber nicht ein auf- und
absteigender Septen-Accord, wie *Kircher* sagt,
auch haben wir diese Stimme nie in der Nacht
vernommen, dem Worte Aï gleicht sie nicht;
denn sie ist nicht zweitönig, sondern nur einstimmig.

Die Nahrung der Faulthiere besteht in
Blättern von mancherlei Bäumen und Gewächsen, auch wie ich glaube Früchten, womit man
den Magen angefüllt findet. — Man hat gesagt, dafs sie das Laub der *Cecropia*-Stämme
besonders liebten, wir haben sie jedoch häufiger auf anderen hohen Waldbäumen gesehen. — Da sie hoch oben in dem dichtesten

_____

*) *Gaimard* erzählt, dafs ein Faulthier in Zeit von 20 Minu-
-ten über das Tauwerk bis zu der Spitze des grofsen Ma-
stes hinaufstieg. —

Theile der belaubten Baumkronen leben, so ist
es schwer, ihre Art zu fressen, so wie ihre
übrigen Manieren und Gewohnheiten zu beobachten, ohnehin ist es wohl einleuchtend,
daſs ihre Lebensart die einfachste unter allen
Säugthieren seyn muſs. Herr v. *Sack* sagt in
seiner Reise nach Surinam, dort fresse das
Faulthier hauptsächlich die Blätter des Sapadill-
baumes (*Achras Sapota*). — Einige Schriftsteller haben behauptet, das Faulthier fresse
auch Ameisen, wovon ich aber in ihren Mägen nie eine Spur entdeckt habe; nach Anderen soll es nie trinken, auch über diesen Punct
habe ich keine Gelegenheit gehabt, Beobachtungen zu machen *). Gegründet ist es, daſs
diese sonderbaren Geschöpfe lange hungern
können und ein sehr zähes Leben haben.

Oft ist man genöthiget, viele Flintenschüs-
se zu thun, um ein solches Thier von einem
hohen Baume herab zu schieſsen. — Lebensart und Eigenheiten haben die verschiedenen
Arten der Faulthiere mit einänder gemein.
Trifft man sie auf dem Boden zufällig an, so
känn man sich des Staunens über dieses sonderbare Gebilde der Natur nicht enthalten. —

---

*) Nach *Gaimard's* Zeugniſs schwimmen sie sehr gut.

Seine wahrhaft komischen, langsamen Bewegungen geschehen mit einem stupiden, kläglichen Ausdrucke; die matten, kleinen, feuchten Augen sind ohne Glanz und Leben, der lange Hals mit dem kleinen Kopfe wird hoch ausgestreckt, der Vorderkörper ist etwas aufgerichtet und einer der Arme bewegt sich sogleich langsam und gleichsam mechanisch mit den langen Klauen im Halbcirkel gegen die Brust hin, um den Feind zu umklammern, welches die einzige Vertheidigung dieser hülflosen Thiere ist. — Die Stärke ihrer Arme ist übrigens beträchtlich und nur mit Mühe kann man sich von ihnen befreien. —

Diese sonderbaren Geschöpfe werfen während der warmen Zeit des Jahres ein Junges, welches in der Gestalt und Farbe der Mutter gleicht, aber ohne Flecken und Streifen ist; dieses klammert sich mit seinen starken Klauen auf dem zottigen Rücken der Mutter fest an, und läfst sich auf diese Art von ihr herumtragen, bis es schon stark genug ist, sich selbst zu helfen; seine Stimme gleicht der der Mutter vollkommen, nur ist sie schwächer.

Zur Jagd der Faulthiere bedarf man langer scharfschiefsender Flinten, welche mit einem starken Schufs groben Schrotes geladen sind, ist aber dennoch oft genöthiget, viele Schüsse zu thun, wenn man zufällig ein solches Thier in den hohen Baumzweigen entdeckt hat. — Verwundet verändert das Faulthier seine Stellung nicht, klammert sich immer fester an, und nur der Tod oder die völlige Zerstörung der Beine machen es herabfallen. Die Wilden schiefsen sie mit Pfeilen und steigen oft auf den Baum, um das Thier herabzureifsen; sowohl sie, als auch die Weifsen und Neger in Brasilien essen diese Thiere, doch sollen sie, ihres unangenehmen Geruches wegen, von vielen nicht gegessen werden, wie auch *Dobrizhofer* sagt, dafs die Indier im spanischen America dieses Fleisch für ekelhaft halten. —

Die Botocuden nennen diese Art *Ihó-kudgi* (kleines Faulthier), weil das nachfolgende gröfser wird. — Das Fell der Faulthiere ist höchst zähe und stark.

2. *B. torquatus*, Illig.

Das Faulthier mit schwarzem Nacken.

Illiger Prodr. Mamm. etc. pag. 109.

Temminck in den *Ann. gén. d. sc. phys.* T. VI. p. 212. pl. 19.

Quoy et Gaimard Voy. de l'Uranie, part. Zool.

Abbildungen zur Naturgeschichte Brasilien's.
Preguiça bei den brasilianischen Portugiesen.
Ihó gipakiú bei den Botocuden.

Diese Art ist, wie schon früher bemerkt,
aus Versehen von *Illiger* zu seinen zweize-
higen Faulthieren (*Choloepus*) versetzt worden,
ob sie gleich alle Kennzeichen mit dem Aï gemein hat. — Da dieses Thier im Allgemeinen noch wenig bekannt ist, so will ich dasselbe etwas weitläuftiger beschreiben. —

Sein Körper ist dick, schwer, der Kopf
klein, die Arme fast so lang als der Körper, es
wird gröfser als der Aï, wefshalb es die Botocuden *Ihó-gipakiú* (grofses Faulthier) nennen,
zum Unterschiede von der vorhergehenden
Art. — Der specifische Character dieser Art
besteht in einem Fleck langer, sanfter, schlich-
ter, kohlschwarzer Haare, welche den Nacken,
die obere Seite des Halses und zuweilen selbst
den Oberrücken bedecken, dessen Ausdehnung
aber an verschiedenen Individuen etwas abän-
dert; auch der Kopf giebt ein Kennzeichen ab,
indem das Gesicht an den Backen, der Stirn
und dem Kinne mit einem dichten kurzen
Haare eingefafst ist, welches wie verbrannt aussieht. — Die nachfolgende Beschreibung wird

eine anschaulichere Vorstellung von, diesem
Thiere geben. —

§ d. *Beschreibung*: . Der Kopf ist klein und
rund, die Schnautze kurz und kaum vortretend,
die Augen klein, nur halb geöffnet und dabei
feucht; die schwärzliche Nase ist der einzige
von Haar entblöſste Theil des Körpers; die Ohren sind in dem dichten Pelze verborgen. —
Das Gebiſs ist das der vorhergehenden Art. —
Ein jeder Fuſs hat drei Klauen, von denen die
mittelste am längsten, die äuſsere aber die kürzeste ist; der Schwanz ist ein kurzer, Stumpf
oder Kegel, mit Haaren bedeckt, gleich denen
des Körpers. —. Die Geschlechtstheile sind
noch unlängst von *Gaimard* beschrieben worden. —

Das sonderbare klägliche Gesicht ist von
dichten, etwas krausen Haaren eingefaſst, welche wie verbrannt aussehen; sie fassen dasselbe rundum ein, selbst Kinn und Kehle sind damit bedeckt; ihre Farbe ist dunkel rothbraun,
schwärzlich gemischt, mit gelblich-weiſsen oder
rostgelben Spitzen. Der obere Theil des Kopfes, seine Seiten und der Hals sind mit längeren Haaren von gelblich-röstrother, graubraun
gemischter Farbe bedeckt, welches sich an der
unteren Seite des Halses in's schwärzlich-Rost-

rothe verwandelt. Auf dem oberen Theile des
Halses entspringen lange, schlichte und sehr
kohlschwarze Haare, welche den oberen Theil
des Rückens mit den Schultern bedecken, und
sich selbst bis gegen die Brust hinab erstrek-
ken. — Der übrige Körper ist mit langen etwas plattgedrückten Haaren, von einer graubraunen und gelblich-weissen Mischung bedeckt, unter welchen man ein kurzes wolliges,
dunkel graubraunes Grundhaar bemerkt. Die
Haare am Bauche sind kürzer als die des übrigen Körpers und von einer mehr in's Rothbraune fallenden Farbe, die man auch an den
Oberarmen und in einer blässeren Mischung
an der inneren Seite der Glieder, so wie an
den Füssen der Vorderbeine unmittelbar über
den grossen Klauen bemerkt, welche eine graugelbe Hornfarbe haben. —

Das Weibchen ist etwas verschieden gezeichnet: sein Kopf ist nicht roströthlich, sondern alle Theile des ganzen Thiers haben eine
graubräunlich-weissgraue Farbe, das schwarze
Haar im Nacken ist viel weiter ausgedehnt, indem es zuweilen auf dem Occiput anfängt und
bis auf den halben Rücken hinabreicht, auch
hat dieses schöne schwarze Haar oft die Länge von sechs Zollen. — Kopf und Arme ha-

ben. dieselbe Färbung als der Körper, nur bemerkt man zuweilen, dafs die Haare in der Umgebung des Gesichtes, eine etwas mehr in's Röthliche fallende Färbung haben. —

Diese Thiere ändern in den Farben etwas ab, und ich habe einige männliche gesehen, welche sich der hier angegebenen weiblichen sehr näherten, andere aber, welche ein schwarzes, den Hals rund umgebendes Halsband trugen. —

Jungen Thieren fehlt in der früheren Periode ihres Lebens die schwarze Zeichnung gänzlich, sie haben blofs die bräunlich weifsgraue Mischung der Mutter. —

Ausmessung eines erwachsenen Thieres, ob es gleich noch gröfsere Individuen giebt.

Länge von der Nase bis zum Ende des Schwanzes	22" 7'"
Länge des Vorderarms bis zu der Spitze der Klauen	15" 11'"
Länge des Hinterbeins	9" 5'"
Länge der mittelsten Vorderklaue	2" 4'"
Länge der längsten Hinterklaue	1" 11'"
Länge des Schwanzes	1" 10'"

Die Anatomie dieses Faulthiers bietet eine Eigenheit dar, die ich leider zu spät beobachtet habe, um sie an mehreren Individuen zu

untersuchen. Es scheint nämlich, daſs es 8
Halswirbel hat; denn *Quoy* und *Gaimard* fanden diese Anzahl bei einem von ihnen zergli-
derten *Br. torquatus*, und ein junges Thier
derselben Art, welches sich in meiner zoologischen Sammlung befindet, hat ebenfalls 8 Halswirbel. — Ueber die Abweichungen in dem
Baue der Schädel der beiden erwähnten Faul-
thierarten lese man in dem Anhange zu diesem
Genus nach, wo eine Vergleichung dieser beiden Köpfe, so wie die Anatomie eines *foetus*
gegeben ist, Aufsätze, welche ich der Güte eines ausgezeichneten Anatomen verdanke. Aus
dem Gesagten geht hervor, daſs *Desmarest* in
seiner *Mammalogie* (pag. 364) irrt, wenn er
das Faulthier mit dem schwarzen Nacken als
Varietät des gemeinen betrachtet, wovon man
in dem Anhange die Bestätigung findet.

Das schwarznackige Faulthier wird schon
in den südlichen Gegenden von Brasilien gefunden. In den *Rio de Janeiro* benachbarten
Wäldern der *Serra dos Orgàos* kommt es vor
und bei *Cabo Frio* erlegten unsere Jäger die
ersten dieser Thiere. — Es scheint über den
gröſsten Theil von Brasilien verbreitet; denn
Sieber hat es aus *Cametá* im nördlichen Brasilien für das Museum zu Berlin eingesandt. —

Aus Herrn *v. Sack* Beschreibung seiner Reise nach Surinam (pag. 130) scheint es wahrscheinlich zu werden, daſs dieses Faulthier auch in Surinam lebt. Wir haben es in den groſsen Wäldern an der ganzen Ostküste, an den Flüssen *Parahyba*, *Itabapuana*, *Itapemirim*, *Espirito Santo*, *Jucú*, *Mucurí*, in den Waldungen von *Araçatiba* und *Morro d'Arara* gefunden. — Von hier an nördlich lebt es überall mit der vorhin erwähnten Art gemeinschaftlich. —

In der Lebensart und seinen Manieren soll das Faulthier mit dem schwarzen Nacken dem Aï vollkommen gleichen. — Zu *Cabo Frio* erhielten wir im Monat September ein Weibchen mit seinem schon ziemlich groſsen Jungen, und im October in den groſsen Urwaldungen des *Itabapuana* ein anderes trächtiges Weibchen, mit einem starken völlig ausgebildeten Fötus. Diese Thiere werfen nur ein Junges, welches den Rücken der Mutter nicht verläſst, so lange es saugt.

Anhang.

I. Beschreibung und Zergliederung eines Fötus von *Bradypus torquatus*; vom Herrn Professor Oken.

Dieser Fötus hatte noch die Nabelschnur und war noch ganz nackt, übrigens vollständig ausgebildet und besonders die Klauen schon sehr grofs und hornig. Er mufs also fast ausgetragen gewesen seyn. Um die Armgefäfse zu untersuchen, wurden Versuche zum Einspritzen gemacht, die aber, da er bereits lange in Branntwein gelegen, nicht gelangen. — Uebrigens weifs man hinlänglich, dafs die Meinung von den vertheilten Armgefäfsen nur auf einer Verwechselung mit dem *Lemur tardigradus* beruhte. Auch hat *Gaimard* wirklich gezeigt, dafs bei'm Faulthier diese Vertheilung nicht stattfindet.

Zu beachten an diesem Fötus ist nur der *uterus*, welcher dem des Menschen ähnlich ist.

Ein Blinddarm, überhaupt eine Gränze zwischen Dünn- und Dickdarm war nicht zu finden.

Die Zunge ist lang, schmal und ganz, von Zahnen noch keine Spur.

Der vordere Theil des Oberkiefers, worin die kleinen vorderen Zähne stecken, ist durch keine Nath getrennt; mithin ist dieser Theil kein Zwischenkiefer, und es giebt also bei diesen Thieren wirklich keine Schneidezähne. —

Das Jochbein mit dem Oberkiefer schon verwachsen.

Auf der Brust, fast unter den Armen, sind zwei kleine Zitzen. —

Das Ohr ist mit einem dünnen, dreieckigen, fast lanzettförmigen Läppchen, von hinten nach vorn bedeckt, wie mit einem Deckel. —

Die mittlere Klaue ist an allen Füsen die längste, die äufserste ist die kürzeste. —

Ausmessung:

Länge von der Nase bis an das Schwanzende	$4'' \ 2'''$.
Länge des Schwanzes	$3'''$.
Länge des Kopfes	$1'' \ 1'''$.
Länge von der Nasenspitze bis zu dem Auge	$3'''$.

Länge des Oberarms . . . . 8½′′′.

Länge des Vorderarms . . . 10⅔′′′.

Länge des ganzen Vorderbeins bis zu

  der Klauenspitze . . . . 2′′ 4′′′.

Länge der größesten Vorderklaue . 4′′′.

Länge des Schenkels . . . . 8′′′.

Länge des Schienbeins . . . . 6⅔′′′.

Länge der längsten Hinterklaue . . 3½′′′.

Erklärung der Abbildung dieses Fötus auf Taf. III.

Fig. 1. Fötus von der Seite, in natürlicher Größe; hat überall drei Klauen, die allein aus der Haut vorragen. Die eigentlichen Zehen stecken ganz im Fleisch.

Fig. 2. Von vorn; der Bauch mitten durch den Nabel geöffnet.

a. Leber sehr groß, füllt fast beide Bauchhälften aus, wie bei allen Fötus; doch ist die linke Leberhälfte etwas kleiner;

b. Magen;

c. Därme, ziemlich gleich dick; kein Blinddarm, während doch die verwandten Ameisenbären deren zwei haben sollen;

d. Mastdarm;

e. Harnblase, bat die Harnschnur nicht mehr;

f. After.

Fig. 3. After, davor die *Vulva.*

Fig. 4. *a.* Rechte Vorderfufsklauen einge-
schlagen.

Fig. 4. *b.* Linker Hinterfufs von innen.

Fig. 5. Bauch geöffnet.

aaa. Leberlappen;

b. Magen;

c. Milz;

d. Stück vom Dünndarm;

e. Mastdarm;

f. Harnblase;

g. After;

h. Nieren;

i. Eierstöcke;

k. Muttertrompeten;

l. Uterus.

Fig 6. Magen von vorn.

a. Speiseröhre;

b. der eigentliche Magen, häutig;

c. Zwölffingerdarm ziemlich derb;

d. Dünndarm;

e. ein zipfelförmiger Blindsack an der rechten Seite des Magens;

f. Milz.

Fig. 7. Dasselbe von hinten, und der Magen-
zipfel ausgestreckt. Der Magen hat keine
Scheidewände.

**II. Vergleichung der Schädel von
Bradypus torquatus und *Bradypus
tridactylus* von Hrn. Prof. Oken.**

Der Schädel von *Bradypus torquatus* ist
von derselben Gröfse wie der von *Bradypus
tridactylus*; er mufs daher, obschon er noch
seine Näthe hat, für ausgewachsen betrachtet
werden und mithin für tauglich zur Vergleichung. Daraus ergiebt es sich, dafs beide Thiere wirklich von einander verschieden sind und
als zwei besondere Species betrachtet werden
müssen. Beide Schädel, von oben betrachtet,
zeigen schon hinlängliche Verschiedenheit auch
ohne Rücksicht auf die Näthe, welche bei *Bradypus tridactylus* gänzlich verschwunden sind,
ohne Zweifel, weil dieses Thier viel älter war
als das andere. Der von *Bradypus. tridactylus* nämlich erscheint mehr niedergedrückt
und vierschrötig, indem die beiden äufseren
Gränzen des Stirnbeins ziemlich parallel laufen;

bei *Bradypus torquatus* aber ist die Stirn mehr gewölbt und die Gränzen der beiden Stirnbeine' haben, in den Schläfen einen Ausschnitt. Der auffallendste Unterschied aber und der als specifisch angenommen werden muſs, liegt im Jochbein. — Bei *Bradypus tridactylus* hat es nämlich in der Mitte nach oben einen Fortsatz, welcher von hinten zum Theil das Auge umschlieſst; dieser Fortsatz fehlt gänzlich bei *Bradypus torquatus.* Bei jenem ist ferner der Winkel des Unterkiefers spitzig verlängert, bei *torquatus* dagegen stumpf; eben so ist bei jenem die Symphyse des Unterkiefers nach oben zungenförmig verlängert, bei *torquatus* dagegen nicht. Auch zeigt sich ein Unterschied in den Backenzähnen, worauf wir jedoch nicht viel Gewicht legen mögen, da er vielleicht durch das Alter hervorgebracht ist; bei *Bradypus tridactylus* nämlich sind sie schmäler und querstehend; bei *torquatus* aber mehr rundlich; übrigens bei beiden dreieckig. Im ersten Zahn unten dagegen, der den Schein eines Eckzahnes hat, ist ein bedeutender Unterschied, wovon nachher.

Bei *Bradypus tridactylus* sind alle Knochen ohne Unterschied so mit einander verwachsen, daſs keine Nath mehr zu unterschei-

den ist; bei *Bradypus torquatus* ist dagegen
nur die Verbindungsnath beider Stirnbeine verwachsen, doch noch erkennbar, und eben so
das Jochbein mit dem Oberkiefer, aber auch
hier erkennt man noch auf der Unterseite die
Nath. Das Warzenbein, Schuppenbein und die
Pauke sind gleichfalls dicht mit einander verwachsen, doch vom Hinterhauptsbein abgeson-
dert. Der Kronfortsatz ist bei *Brad. tridactylus* spitziger und höher als bei *Br. torquatus*; der Unterkieferwinkel ziemlich flach, bei
Br. torquatus aber inwendig ziemlich ausgehöhlt. Die anderen im Schädel befindlichen
Unterschiede sind nicht von solcher Bedeutung,
daſs sie verdienten herausgehoben zu werden. —

Beide Kiefer ruhen, auf eine Tafel gestellt,
hinten auf der Pauke, vorn auf dem nach unten gezogenen Fortsatz des Jochbeins, nicht auf
den Zähnen. Die *processi pterigoidei* reichen
fast ebenfalls bis auf den Boden.

Die oberen Zähne stehen alle im Oberkiefer, der Zwischenkiefer ist so klein, daſs er deren keine enthalten kann. Sie stehen in zwei
geraden, nach vorn auseinander laufenden Linien, also umgekehrt von dem, ʼwas fast bei
allen Thieren stattfindet, wo die Zähne nach

vorn sich näher kommen. Es sind jederseits
oben 5, wovon die 4 hinteren ziemlich gleichförmig, der vordere aber viel dünner ist. Unten sind jederseits nur 4, wovon die 3 hinteren gleichförmig, der vordere aber bedeutend
gröfser, von vorn nach hinten zusammengedrückt und' also quer gestellt ist. —

Was die Gegeneinanderstellung der Zähne
betrifft, so stofsen die 3 vorderen von oben
und unten gegen einander; die 2 hinteren
oben aber kaum allein gegen den hinteren unten, den sie zwischen sich nehmen. Uebrigens
ist hier die sonderbare Abweichung, welche
sich nur bei *Centetes* und *Chrysochloris* wie-
derfindet, dafs nämlich die oberen Zähne zum
Theil vor die unteren schlagen. — Da bei
allen Säugthieren der umgekehrte Fall ist, und
nach diesem Vorschlagen die Bedeutung der
Zähne bestimmt werden mufs; so gehören die
4 unteren Zähne nur den 4 hinteren oben an,
und es ist daher der vorderste oben überschüs-
sig oder ohne Gegenzahn. Nennt man nun die
4 hinteren Zähne Backenzähne wegen ihrer
Gleichförmigkeit; so müfste der vordere oben
ein Lückenzahn oder unächter Backenzahn
seyn. —

Das Gebiſs steht mithin so:

Schneidezähne $\frac{0}{0}$, Eckzähne $\frac{0}{0}$, Seitenz. $\frac{5}{4}$ oder wie sie aufeinander ſtoſsen:

$$\frac{\mathrm{I}}{\mathrm{I}}, \; \frac{1}{1}, \; \frac{\mathrm{I}}{\mathrm{I}}, \; \frac{2}{\mathrm{I}}. \; —$$

Der vordere Zahn oben ist eine etwas nach hinten gebogene Walze, kaum $\frac{1}{3}$ so groſs als die anderen. Unten ist er eine querstehende, gleichfalls nach hinten gebogene Schneide, etwas breiter als die anderen Zähne. Bei *Brad. tridactylus* hat dieser Zahn vorn eine Längsrinne, bei *torquatus* zwei, ist auch breiter, und hat nach hinten einen schwachen Winkel, wodurch er sich zum Dreieck neigt. Da nun dieses Thier offenbar jünger ist als *Br.' tridactylus*, und doch einen groſseren vorderen Zahn hat, überdieſs mit 2 Rinnen; so kann man nicht zweifeln, daſs der *torquatus* eine eigene von *Br. tridactylus* verschiedene Species ist.

Die anderen Zähne, $\frac{4}{3}$, ſind dreieckige Prismen nach der Quere etwas mehr gedehnt, und so, daſs der äuſsere Winkel oben der schärfere ist, und unten der innere. —

Die Kauflächen bilden sich so, daſs bei den oberen die vordere Linie vom äuſseren Winkel zum inneren eine Leiste wird, von der der äuſsere Winkel zipfelartig hervorragt; die

hintere Kauleiste wird nur vom hinteren Winkel gebildet und ist niedriger. Unten ist der
Bau gerade umgekehrt, wie es aus der Bedeutung des Gebisses nothwendig folgt, indem die
gleichnamigen Seitenflächen der Unterzähne
überall verkehrt liegen.

Der hinterste Zahn oben und unten weicht
etwas von der Dreieckgestalt ab und wird
mehr viereckig; oben ist er wenig, unten aber
bedeutend gröfser als seine Nachbarn, hier auch
mehr von vorn nach hinten gezogen. Oben
ist der erste Backenzahn (den vorderen Lük-
kenzahn ungerechnet) und der letzte Backenzahn der gröfste, jener selbst noch etwas mehr,
so dafs man ihn in dieser Hinsicht als einen
Eckzahn betrachten könnte. Unten ist der hinterste durchaus der gröfste. —

Die Zähne haben einen fast von allen Zähnen aufser der Zunft der *zahnarmen* Säugthiere abweichenden Bau. Es sind nämlich
ganz einfache, hohle Cylinder von Knochen-
masse, ohne wahren Schmelz, ausgefüllt mit einem unorganisirten Kern, der wie vertrockneter
Leim aussieht, und auch auf ähnliche Art zer-
klüftet. Diesen Bau hat übrigens *Cuvier* hinlänglich klar dargestellt.

Maaſse der Schädel, rheinländisch.

Von *Bradypus tridactylus.*

Länge	2″ 9‴.
Höhe, die Zipfel des Jochbeins unge-	
rechnet	1″ 4‴.
Breite der Hirnschaale, das Schuppen-	
bein mitgerechnet . . .	1″ 7‴.
Breite der Stirn	11‴.
Länge der Zahnlinie . . .	10‴.
Abstand der beiden vorderen groſsen	
Backenzähne, als welche am wei-	
testen auseinander stehen .	5‴.
Abstand der 2 vorletzten, als welche	
sich am nächsten stehen . .	$3\frac{1}{2}‴$.
Länge des Unterkiefers in gerader	
Linie	2″ 3‴.
Höhe desselben	1″ 4‴.
Höhe des Gelenkfortsatzes . .	1″ 2‴.
Hohe der Zahnlade . . .	6‴.
Unterer Zipfel des Jochbeins von der	
Augenhöhle an . . .	6‴.
Gesichtswinkel ungefähr 40°.	

Von *Bradypus torquatus:*

Länge	2″ 9‴.
Hohe, den Zipfel des Jochbeins un-	
gerechnet	1″ 5‴.

Breite der Hirnschaale, das Schuppen-
    bein mitgerechnet . . . 1″ 7‴.

Breite der Stirn . . . . 1″

Länge der Zahnlinie . . . 11‴.

Abstand der beiden vorderen grofsen
    Backenzähne, als welche am wei-
    testen auseinander stehen . . 4$\frac{1}{2}$‴.

Abstand der zwei vorletzten, als wel-
    che sich am nächsten stehen . 2$\frac{1}{2}$‴.

Länge des Unterkiefers in gerader
    Richtung . . . . 2″ 1‴.

Höhe desselben . . . . 1″ 3‴.

Höhe des Gelenkfortsatzes . . 11‴.

Höhe der Zahnlade . . . 7$\frac{1}{2}$‴.

Unterer Zipfel des Jochbeins von der
    Augenhöhle an . . . . 7‴.

Gesichtswinkel ungefähr 50°.

Erklärung der Abbildungen Taf. IV. und V.

Fig. 1. Beide Schädel von der Seite.

Fig 2. von oben.

Fig. 3. von unten. Bei *B. tridactylus* ist die
Basis cranii zerbrochen. Bei * zeigt die
Schattirung die aufgebrochene Höhle an,
welche wie die *Sinus frontales* sich hier

im Schläfenbein, grofsen Keilbeinflügel und im Stirnbein befindet.

A. Hinterhauptswirbel.

1. Körper (Keilbeinfortsatz des Hinterhauptsbeins).

2. Bogen (Gelenkfortsatz). Die eigentlichen Gelenkknöpfe sind aber beim Ablösen des Kopfes mit dem Messer weggeschnitten worden.

3. Stachelfortsatz (oberes Hinterhauptsbein), einfach, wahrscheinlich ein Zwickelbein damit verwachsen.

B. Scheitelwirbel.

1. Körper (hinterer Keilbeinskörper).

2. Bogen (grofser Flügelfortsatz), in der Nath vorn das runde, hinten das ovale Loch. —

3. Stachelfortsatz (Scheitelbeine).

C. Stirnwirbel.

1. Körper (vorderer Keilbeinkörper).

2. Bogen (kleiner Keilbeinflügel), das Sehloch ist darin; sie sind nicht viel gröfser als das Loch. Dicht am Sehloch, auswendig daran liegt die obere Augenhöhlspalte.

3. Stachelfortsatz (Stirnbeine).

D. Nasenwirbel.

1. Körper (Scharbein), nach hinten gespalten. Das Scharbein ist eine ganz dünne Platte,

hinten söhlig, vorn in der Nase senkrecht, bildet die ganze Scheidewand der Nase.

2. Bogen (Riechbein); nicht sichtbar, grofs und gewunden.

3. Stachelfortsatz (Nasenbein); abschüssig, daher der Gesichtswinkel bei *Bradypus torquatus* grölser.

a. Warzenbein.

b. Schläfenbein, *b.* * der Jochfortsatz desselben.

c. Pauke. Diese drei Knochen verwachsen. Durch das Ohrloch sieht man den Hammer. Ambos und Steigbügel sind auch da. Bei *Brad. tridactylus* fehlt die Pauke, so wie die Keilbeine; *c.* bezeichnet das Felsenbein, weil die Pauke weggebrochen ist. Beide Knochen sind nicht mit einander verwachsen. Bei *B. torquatus* ist die Grube gleich hinter der Pauke für den Griffelfortsatz; das grofse Loch in der Nath ist das *Foramen lacerum;* dahinter im Hinterhauptsbein ein kleines Loch für den Zungenfleisch - Nerven, der äufsere Fleck ist nur eine Grube.

d. Jochbein; reicht nicht bis an den Jochfortsatz des Schläfenbeins. Darunter geht

ein enger Canal durch, wie bei den Na-
gethieren.

ee. Oberkiefer. Obenan der Verbindung
mit dem Jochbein ist das Unter-Augenhöh-
lenrand-Loch.

f. Gaumenbeine; zwei dünne, entfernte,
senkrechte Platten hinter den Oberkiefer-
beinen, welche längs der Gaumennath *h*
fast zusammenstofsen

g. *Processus pterigoideus;* sehr grofs;
weggebrochen bei *Br. tridactylus.* — Ein
Thränenbein ist nicht zu unterscheiden.

i. Zwischenkiefer, besteht aus zwei verwachsenen Blättern, jedes mit einem Ausschnitt
in der Mitte des äufseren Randes. Diese
Ausschnitte bilden die Gaumenlöcher. Die
aufsteigenden Aeste der Zwischenkiefer fehlen. Ein Zahn ist nicht darin. Bei *Br.*
torquatus ist der Zwischenkiefer weggebrochen.

k. Unterkiefer.

l. Fig. 5. Dieser Zwischenkiefer vergröfsert,
a. von oben; *b.* von unten.

Fig. 4. Schädel von *Br. torquatus* von hinten
gesehen.

Fig. 5. *Br. torquatus* Obergebifs, Kaufläche,
schief von vorn gesehen. —

Fig. 5. zeigt den Oberkiefer des *Brad. tridactylus* von innen.

Fig. 6. Die Zähne jederseits ergeben sich von selbst.

Fig. 6. *b.* Oberkiefer des *Br. tridactylus* von innen.

Fig. 7. Unterkiefer, Kaufläche.

Fig. 8. Ober - und Unterkiefer von vorn. Im Oberkiefer sieht man die zwei vorderen Zähne jederseits, im unteren, nur den vordersten, welcher dem zweiten oben entspricht · Zwischen dem Nasenbeine 3 und dem Oberkiefer *e* zeigt sich die große Nasenöffnung. Bei *Br. tridactylus* sieht man den Zwischenkiefer *i*, welcher ganz horizontal zwischen den beiden Gaumenfortsätzen des Oberkiefers liegt. Hier steht der vorderste Zahn gerade vor dem zweiten; bei *Br. torquatus* aber mehr eingerückt. —

Fam. II. Effodientia.

Scharr - oder Gürtelthiere.

Sie bilden ein an Arten und Individuen zahlreiches süd-americanisches Geschlecht, dessen merkwürdiger mit Panzerfeldern überklei-

deter Körper mit starken Füfsen zum Graben
ausgerüstet ist.

Gen. 28. *D a s y p u s.*
Gürtelthier.

Die Gürtelthiere, deren allgemeiner brasilianischer Name *Tatú* ist, verdienen zwar eigentlich nicht die Benennung *Dasypus*, welche
ihnen *Linné* beilegte, dürfen aber dieselbe
wohl behalten, da sie einmal hergebracht ist.
Sie gehören zu den originellsten Geschöpfen
der neuen Welt und sind zahlreich über den
gröfsten Theil der südlichen Hälfte derselben
verbreitet. Sie geben daselbst zum Theil das
gemeinste und schmackhafteste Wildpret, und
werden sowohl in offenen, besonders sandigen
als in beholzten Gegenden mit Thonboden gefunden. Ueberall verbergen sich die meisten
Arten dieser Thiere in Hohlen, welche sie in
die Erde graben, und man trifft sie in bewohnten Gegenden am Tage selten über der Erde
an, in weniger besuchten Gegenden kommt
dieser Fall nicht selten vor, man kann defshalb
die Tatús nicht zu den nächtlichen Thieren
zählen. —

Sie scheinen besonders von Würmern, Maden, Mollusken, mancherlei Insecten, so wie

von Früchter, Blättern, Wurzeln u. s. w. zu leben, und da einige selbst todte thierische Körper verzehren, so kann man sie mit allem
Rechte Omnivoren nennen. — Ich habe ihre
Mägen oft leer, oder mit einem Gemische angefüllt gefunden, welches nicht leicht zu ent-
räthseln war, doch unterschied man darin Ueberreste von Insecten und grünen Pflanzenthei-
len. — Nach *Azara* sollen sie sich auch von
Ameisen und Termiten nähren, woran ich gar
nicht zweifle, indem der schmale zugespitzte
Bau ihrer Zunge, die ein oder ein Paar Zolle
aus dem Munde hervortritt, auf eine solche
Nahrung zu deuten scheint. —

Ueber die Art ihrer Fortpflanzung kann
ich mit Bestimmtheit keinen Bescheid geben;
denn ich habe kein trächtiges Weibchen erhalten, doch sollen sie in ihren Erdhöhlen oder
Bauen mehrere Junge zur Welt bringen. —

Die Gürtelthiere im Allgemeinen sind über
der Erde nicht besonders schnell, ein Hund
und selbst ein Mensch kann sie leicht einholen, sie fangen aber augenblicklich an zu graben, sobald sie Gefahr merken und machen bei
dieser Arbeit mit ihren starken Grabeklauen
sehr schnelle Fortschritte, so daſs sie oft schon
mit dem halben Körper in der Erde sind, be-

vor man sie aus geringer Entfernung erreichen
kann. — Ihre Muskelstärke ist sehr grofs und
wenn sie einmal ein wenig in die Erde ein-
gedrungen sind, so hält es sehr schwer, sie
wieder herauszuziehen.´ — Ein Theil von ihnen erhielt von der Natur die Fähigkeit, bei
herannahender Gefahr sich zusammenzukugeln, diese Arten hat *Illiger* in ein besonderes
Geschlecht, unter der Benennung *Tolypeutes*
vereinigt und sie von den Gürtelthieren, welchen diese Fähigkeit mangelt, *Dasypus*, getrennt. —

Ich habe von den ersteren keine Art in
dem von mir bereisten Striche von Brasilien zu
Gesicht bekommen, ob ich gleich wohl von
einer kleinen Art derselben, als dort zuweilen
vorkommend reden gehört habe. —

Azara zeigte zuerst, dafs die Zahl der beweglichen Gürtel kein sicheres Unterscheidungs-
zeichen der verschiedenen Arten sey, auch
mufs ich, meiner Erfahrung zufolge, seine Beobachtung bestätigen, da ich dieses eben so
befunden habe. — Es ist übrigens auch leicht,
durch eine Menge von anderen charakteristi-
schen Zügen diese Thiere hinlänglich von einander zu unterscheiden, ohne gerade die trügerische, öfters abändernde Zahl der Gürtel

zu Hülfe zu nehmen. — Die von *Buffon* u. a. Schriftstellern gegebenen halben und oberfläch- lichen Beschreibungen nach verstümmelten, zu- sammengetrockneten, ausgestopften Exempla- ren, begleitet von den barbarisch verdrehten Provinzialnamen, welche die Gürtelthiere in den Sprachen der brasilianischen Urvölker tra- gen, schaden freilich der wahren Kenntnifs die- ser Thiere mehr, als sie Nutzen bringen. — *Azara's* Beschreibungen sind in dieser Hin- sicht die einzigen bisjetzt bekannten, welche Werth haben. — Er zählt acht Arten von Gürtelthieren auf, da ich hingegen im östlichen Brasilien nur vier selbst kennen gelernt habe, indessen wohl weifs, dafs deren mehrere da- selbst vorkommen. Die in den französischen Werken über die Naturgeschichte der Gürtel- thiere vorkommenden sonderbar verdrehten Provinzialbenennungen dieser Geschöpfe sollte man gänzlich verabschieden, so z. B. *Encou- bert, Apar, Peba, Tatouay* u. s. w.; denn ab- gesehen davon, dafs sie gewöhnlich verdreht sind und im Lande selbst ganz verschieden klingen, so gelten sie auch nur auf einem ganz kleinen Raume und werden in verschiedenen Gegenden oft sehr verschiedenen Thierarten beigelegt. —

*A. Gürtelthiere mit fünf Zehen an allen Füſsen,
und einem gepanzerten Schwanze.*

---

1. *Das. Gigas*, Cuv.

Das groſse Gürtelthier.

Tatou premier ou grand Tatou, Azara etc. Vol. II.
    pag. 132.
Tatoú-açú oder *assú* in der *Lingoa Geral.*
Tatú-canastra in manchen Gegenden von Brasilien,
    besonders in *Minas* und dem Sertong von *Bahia.*
Kuntschung-gipakú bei den Botocuden.

Es ist ein schwieriges Geschäft, die verschiedenen Arten der Gürtelthiere aufzuklären,
wenn man die bisjetzt in den zahlreichen Werken der Naturforscher gegebenen Beschreibungen berücksichtigen will. — Sie sind in der
Regel zu mangelhaft und oft völlig ohne Angabe der Hauptzüge. *Marcgrave's Tatú-Peba*
z. B. scheint, wie auch Herr Prefessor *Lichtenstein* in seiner Abhandlung über die *Menzel*'schen Gemälde sehr richtig bemerkt, ein
junges Thier des hier aufgeführten *Tatú-açú*
oder *guassú* zu seyn, welches schon die in
Pernambuco ihm beigelegte Benennung zeigt.

Ich habe dieses Thier nie zu Gesichte bekommen, erhielt aber in den von mir bereisten Gegenden überall Nachricht davon, besonders am *Mucuri*, *Alcobaça* und *Prado*, so wie

in der Gegend von *Caravellas;* es lebt also
dieses Thier nicht blofs in Paraguay, sondern
auch über den gröfsten Theil von Brasilien
verbreitet, ja es ist über die ganze Breite von
Süd - America ausgedehnt. In den grofsen inneren Wäldern des Sertong der *Capitahia da
Bahia* und von *Ilhéos* haben wir die Höhlen
oder Baue gefunden, welche diese Thiere in
die Erde gräben, besonders unter den Wurzeln
alter Bäume, von ihrer Weite konnte man einen Schlufs auf die Gröfse des Thieres fällen.
Ich fand am *Rio Grande de Belmonte* unter
den Botocuden Sprachröhre, welche sie selbst
Kuntschung - kokann (Tatú - Schwanz) nennen,
deren Gröfse beweist, dafs diese Schwanzhäu-
te von dem grofsen Gürtelthiere herrühren! —
Der gröfste dieser Tatúschwänze, welche
ich besitze, mifst in der Länge 14 Zoll und
hat an der Wurzel einen Durchmesser von
beinahe 3 Zoll, bei einer Peripherie von 9½
Zoll, auch fehlt die Spitze, welche das Ganze
bedeutend verlängert haben würde. — In der
Beschreibung meiner Reise ist dieses Instrument auf der 14ten Tafel (Fig. 1) abgebildet.
Der Schwanz des grofsen Gürtelthiers ist,
wie man aus jener Abbildung wahrnehmen
kann, geschuppt, d. h. mit kleinen abgerunde-

ten, grofsentheils aber etwas viereckigen Schuppen oder Hornschildchen bedeckt, welche
nicht in regelmäfsigen Ringen, wie am gemeinen Tatú (*Tatou noir Azara*), gestellt, sondern etwa in sich kreuzende Reihen etwas unregelmäfsig vertheilt sind. — An der Wurzel
des Schwanzes sind sie sehr abgerundet, in der
Mitte desselben aber ist ihre Gestalt mehr viereckig. — Die Abbildung, welche sich in der
Beschreibung meiner Reise befindet, wird das
Gesagte am deutlichsten erläutern. Aus den
weiter oben angegebenen Maafsen dieses
Schwanzes wird man ersehen, dafs dieses Thier
eine bedeutende Gröfse erreichen müsse, doch
kann ich übrigens keine genaue Nachricht davon geben. — Die Jäger versichern einstimmig, dafs es bei Nacht seine Hohle verlasse,
ein menschenscheues starkes Thier sey, welches selten gesehen und erlegt werde, die
Gröfse eines starken Schweines erreiche und
ein ungesundes widerliches Fleisch habe, indem
es Aas und mancherlei andere unsaubere Gegenstände verzehre. —

Azara beschreibt den Schwanz seines *Tatou premier ou grand Tatou* auf folgende Art:

„*Celles (les écailles) qui couvrent la queue
sont arrondies, un peu plus faibles que dans*

mes Tatous second, quatrième et cinquième et ne sont pas en anneaux, si ce n'est à la racine de la queue; parce que dans le reste, elles forment une espèce de quadrille, dont les interstices font à leur tour des spirales pour la queue. — Celle-ci est aigue, et a dix pouces un quart de circonférence à sa naissance."

Man ersieht aus dieser Beschreibung, daſs *Azara* höchst wahrscheinlich von demselben Thiere redet; denn selbst sein hier angegebenes Maaſs für die colossale Dicke dieses Schwanzes an seiner Wurzel ist sehr übereinstimmend mit dem von mir angegebenen. Bei dem von mir beschriebenen Schwanzstücke fehlt die äuſsere Spitze und der dickere Wurzeltheil, wo sich nach *Azara* mehr regelmäſsige Schuppenringe zeigen; es ist übrigens gewiſs, daſs die Bildung des Schwanzes als ein wichtiges Kennzeichen bei der Bestimmung der verschiedenen Gürtelthier-Arten angesehen werden muſs. —

Der von *Marcgrave* (S. 231) in der Beschreibung seines *Tatú-Peba* angegebene Holzschnitt, stellt übrigens ganz deutlich, wie auch Herr Professor *Lichtenstein* sehr richtig bemerkt, *Azara's Tatou noir* (meinen *Dasypus longicaudus*) vor. —

2. D. setosus.

Das borstige Tatú.

Tatou ,second, Tatou Poyou ou Tatou à main jaune,
   Azara Vol. II. pag. 142.
Dasypus gilvipes, Illig..
Abbildungen zur Naturgeschichte Brasilien's.
Tatú-Peba im Sertong von *Bahia.*

Da ich vermuthe, daſs *Azara* bei der Beschreibung seines zweiten Tatú, das von mir hier aufgeführte vor sich hatte, daſs er aber ein älteres Thier besaſs, als das meinige ist, so will ich dasselbe etwas genauer beschreiben.

Die Gestalt des Thiers ist plump, dick und gedrungen; Hals sehr kurz, Kopf dick, breit, Ohren und Füſse kurz; der Schwanz ist kürzer als der Körper und gepanzert; sechs bewegliche Gürtel am Oberpanzer, zwischen dessen Schilderreihen weiſsliche Borsten stehen; im Nacken ein isolirter Querpanzer, der aus neun kleineren Tafeln zusammengesetzt ist.

Beschreibung: Der Kopf ist sehr dick, plump, groſs, schweineartig, mit sehr breiter, flacher Stirn und Vorderfläche, nach dem stumpfen Rüssel hin sich verschmälernd; der Stirnpanzer ist zwischen den Ohren stumpf, beinahe geradlinig abgeschnitten und an den beiden Ecken gegen die Ohren hin -etwas abgestutzt, er ist aus vielen Stücken zusammengesetzt, welche grofsentheils unregelmäfsig sechseckig und auch unregelmäfsig gestellt sind, den oberen Stirnrand des Panzers ausgenommen, welcher zwischen den Ohren etwa sieben, beinahe viereckige, etwas gefurchte Tafeln zählt; auf der Stirn selbst befinden sich einige sehr kleine Felder zwischen den übrigen; fünf bis sechs Linien hoch über der Nasenspitze hört der Stirnpanzer auf und über dem Auge hat er einen Ausschnitt. Die 'Ohren stehen etwas seitwärts hinaus wie am Ochsen, sind etwas breit eiförmig und oben stark abgerundet, sie bestehen aus dicker lederartiger Haut und sind chagrinartig mit kleinen Knöpfchen besetzt. — Das Auge ist klein und länglich gestaltet, wie am Schweine, unter demselben stehen auf der nackten Seitenhaut des Kopfes einige Reihen kleiner Schildchen zu einer Masse von elf Linien Länge vereint, und unter diesen eine Warze mit einem Büschel langer schwarzer Borsten; die Nasenkuppe ist abgestumpft wie am Schweine, aber ohne ausgebreiteten hervortretenden Rand, die rundlichen Nasenlöcher sind nach vorne geöffnet. Die Zunge ist lang, schmal, fleischig und zugespitzt. — Das Gebiſs ist von *Azara* beschrieben. — Der Gaumen ist mit erhöhten Querleisten bezeichnet.

Im Nacken unmittelbar an der hinteren Gränze der Ohren steht ein zwei Zoll zwei Linien breiter und acht Linien langer Panzer, der aus acht viereckigen Tafeln zusammengesetzt ist, deren äuſserste an der linken Seite noch ein kleines Stückchen trägt, welches später wahrscheinlich die neunte Tafel gebildet haben würde; diese Schildchen sind sämmtlich in ihrer Mitte mit zwei Längsfurchen bezeichnet, so wie überhaupt sämmtliche Panzerstücke des Thiers. — Der eben genannte Nakkenpanzer ist rundum von Haut umgeben, welche nach den Ohren und der Kehle hinab ein breites, nacktes, ungepanzertes Feld bildet; der Schulterpanzer steht nahe hinter dem Nackenpanzer und ist an den Seiten des Kopfes mit seiner unteren Ecke vor dem Ohre befestiget; sein hinterer Rand ist glatt abgeschnitten, auch der untere Seitenrand ganz und nicht gezähnt; er besteht auf seiner Höhe aus fünf etwas unregelmäſsigen Querreihen von Schildchen, die hintere Randreihe ausgenommen, welche aus fünf und dreiſsig groſsentheils regelmäſsigen,

länglichen Vierecken besteht, die an ihrem Vordertheile noch eine fünfte kleine Spitze zeigen, mit welcher sie immer zwischen zwei
Schildchen der Vorderreihe eindringen; an den
Seiten des Schulterpanzers stehen die Reihen
nicht regelmäfsig, indem, wie *Azara* sich ausdrückt, ein Paar der obern Reihen auseinander
weichen, und andere Schilde dazwischen ein-
geschoben sind. Alle diese Schildchen sind
auf ihrer Mitte durch ein Paar Längsfurchen
bezeichnet, von welchen senkrecht auf den
Rand wieder andere solcher Furchen laufen,
wodurch mehrere undeutliche kleine Rand-
schildchen entstehen. Die Schilde der hinteren Randreihe haben zwei deutliche regelmä-
fsige Längsreifen und an ihrem vorderen, dem
Kopfe zugewandten Ende noch ein kleines rund-
liches Plättchen. — Auf den Schulter- oder
Brustpanzer folgen sechs breite, völlig getrennte Gürtel, der siebente oder hinterste ist nur
an den Seiten getrennt, oben aber mit dem
Hüftpanzer verwachsen, daher ich ihn auch zu
dem letzteren Theile zähle. — Die beweglichen Gürtel sind aus Rectangelstücken zusammengesetzt, die zum Theil an der hinteren und
vorderen schmalen Seite etwas buchtig irregu-
lär gebildet sind; alle haben in ihrer Mitte

zwei Längsfurchen und ein jedes Schildchen ferner am hinteren Ende in der Mitte seines Randes zwei etwa zwölf bis vierzehn Linien lange weißliche Borstenhaare, die in eben dieser Vertheilung auch am hinteren Rande des Schulterpanzers gefunden werden. — Der Hüftenpanzer ist über dem Schwanze in der Mitte ausgeschnitten, an seinem Rande treten die Schildchen sägenförmig vor; eben so erscheint der Rand der beweglichen Gürtel abwechselnd vortretend oder gezackt. Der Hüftenpanzer besteht aus zehn regelmäßigen Querreihen, von welchen die letzte durch den Schwanzausschnitt unterbrochen wird. — Die Schildchen sind länglich, beinahe sechseckig, oder abgerundet vieleckig, bloß die Randschuppen deutlich viereckig. — Die ersten beiden Querreihen hinter den Gürteln haben an der Hinterseite eines jeden Schildchens zwei weißliche lange Borsten, die übrigen Schüppchen aber sämmtlich nur eine. — Auch am hinteren Rande des Stirnpanzers, so wie am Nacken- und Schulterpanzer stehen ebenfalls an der Hinterseite der Schildchen zwei gepaarte Borsten, sind aber an diesen Theilen sehr klein und nutzen sich nach und nach immer mehr ab. Die Feldchen des Hüftenpanzers haben in ihrer Mitte ein et-

was längliches, und rund darum her einen Rand
von kleinen Plättchen. Der Schwanz hat ein-
und zwanzig bis zwei und zwanzig Panzerbin-
den; die vier ersteren sind stark, beweglich
und haben nur eine Reihe von beinahe vierek-
kigen Schildchen; die acht folgenden Querbinden habe jede zwei Querreihen, deren Schildchen etwas fünfeckig geformt sind; die folgenden bis zum Ende des Schwanzes sind weniger regelmäfsig und bestehen aus viereckigen
kleinen Schildchen, meistens ebenfalls aus zwei
irregulären Querreihen; alle diese Schwanz-
schilde haben an ihrem hinteren Ende eine,
zwei, oder drei abgenutzte Borsten. —

Der Bauch des Thiers ist etwas hängend,
am Männchen mit einer elf Linien lang herabhängenden Ruthe, welche vor dem After steht
und etwas zugespitzt ist; Testikel äufserlich
nicht sichtbar. — Die vier Beine sind sehr
dick und plump, mit fünf Zehen; die drei äufseren Zehen der Vorderfüfse haben lange Grabeklauen, die dritte ist die längste, sie tritt einen Zoll lang aus der Haut hervor; nach ihr
folgt in der Länge die zweite von aufsen, der
Zeigefinger ist kürzer, und die innerste oder
der Daumen ist die kürzeste; die beiden inner-
sten Zehen haben, wie *Azara* richtig bemerkt,

ihre scharfe Grabeschneide nach innen, die
drei anderen aber nach aufsen gerichtet. —
Die Hinterfüfse treten bis zur Ferse auf, Zehen
und Nägel sind hier kleiner als an den Vorderfüfsen; die äufserste steht am weitesten zurück,
nach ihr die innerste, dann die zweite von aufsen, die beiden übrigen sind einander gleich
und am längsten. — Die Unterseite des Kopfs,
Füfse und Bauch sind mit starker Haut bedeckt,
welche mit Querreihen von flachen, glatten,
rundlichen Warzen besetzt ist; alle diese Warzen sind an ihrem unteren Rande mit elf Linien langen, schwärzlichen Borstenhaaren besetzt, gewöhnlich vier an jeder Erhöhung. —
An der Unterseite des Kopfs sind die Borsten
kleiner und seltener, am Bauche sind sie weifslich; Vorderseite der Vorderbeine nach oben
mit Querreihen von gelblichen Hornplättchen
besetzt, die Warzen sind hier von der Masse
der Panzer; weiter an dem Beine hinab stehen
sie vereint und sind vier-, fünf- oder sechsek-
kig, eben so ist es auf der Oberseite des Vorderfufses, hier sind indessen die Schildchen kleiner und in geringerer Anzahl. — Farbe der
Panzer braunlich-gelb, auf den oberen Theilen
graubräunlich-schmutzig, am Rande der Panzer mehr rein gelb; untere Theile des Thiers

blaſs bräunlich-gelb, Beine mehr graubraun;
Schwanz und Stirnschild sind mehr abgeschliffen, daher mehr gelblich gefärbt. —

Ausmessung:

Ganze Länge	21″	9‴.
Länge des Körpers . . .	13″	7‴.
Länge des Schwanzes . .	8″	2‴.
Länge des Stirnpanzers . .	4″	
Breite des Stirnpanzers . .	2″	5‴.
Länge des Schulterpanzers . .	2″	
Länge von der Nasenspitze bis zu dem vorderen Augenwinkel . .	2″	1‴.
Länge von dem vorderen Augenwin- kel bis zu der vorderen Ohrbasis	1″	6‴.
Höhe des äuſseren Ohres . .	1″	4‴.

Der Magen dieses Thiers war häutig, und
von länglich nierenförmiger Gestalt.

Um die verschiedenen Arten der Gürtelthiere richtig unterscheiden zu lernen, wird
man genöthigt seyn, alle diese Thiere genau
zu beschreiben; man wird alsdann besonders
die Bildung ihrer einzelnen Schildchen bemerken müssen, gerade wie dieses auch bei den
Schildkröten nöthig ist, und die Verhältnisse
ihrer einzelnen Korpertheile zu einander bemerken.

Das hier beschriebene Thier schien nicht ganz vollkommen ausgewachsen, woher wohl die Abweichungen von *Azara's* Exemplaren entstanden seyn können, welche mich übrigens nicht abhalten, beide Thiere für ein und dieselbe Species anzusehen. — *Azara* thut nicht wohl, wie es mir scheint, die Gürtelthiere nach der Farbe zu benennen; denn diese gleicht sich bei allen diesen Thieren mehr oder weniger, und der gelbe Fuſs ist gewiſs kein Hauptkennzeichen, daher scheint mir auch die Benennung *gilvipes* nicht recht wohl gewählt. —

Wir fanden diese Art in den groſsen *Campos Geraës* und den angränzenden Gegenden des Sertong, sie lebt auch in *Minas Geraës* und wenn sie, wie ich bestimmt glaube, *Azara's* zweites *Tatú* ist, auch in Paraguay, scheint also über die ganze Breite von Süd-America ausgedehnt zu seyn. —

Ich erhielt nur ein Individuum dieser Species, welches ziemlich schnell war und wie diese Thiere überhaupt, am Tage umherging, zufällig in den niederen Gebüschen einem meiner Jäger begegnete und von diesem geschossen wurde. — Sein Magen enthielt Ueberreste von Käfern und grünen Blättern. — Der

Geruch des Thiers war unangenehm süßlich, daher wird es im östlichen Brasilien selten gegessen. —

B. *Gürtelthiere mit fünf Zehen an allen Füßen, und einem beinahe völlig nackten, d. h. ungepanzerten Schwanze.*

---

3. D. *gymnurus*, Illig.

Das Gürtelthier mit nacktem Schwanze.

> Tatou troisième ou Tatou Tatouay, *Azara Essais etc.* Vol. II. pag. 155.
>
> Abbildungen zur Naturgeschichte Brasilien's.
>
> Tatú de rabo molle, *auch* Tatú-Chima *im östlichen Brasilien.*

Azara hat ein großes Thier dieser Art beschrieben, meine Exemplare waren kleiner. — Mit seinem plumpen, ungeschickten Körper gleicht dieses Tatú dem Rhinoceros im Kleinen. — Der Kopf ist kurz, breit und plump, die Augen klein, die Nase stumpf, die Ohren sind breit, etwas rundlich, schlotternd und chagrinartig gekörnt. — Die Zunge ist länglich zugespitzt, fleischig und kann einen Zoll lang aus dem Munde treten. Stirn und Vorderkopf sind mit großen sechseckigen irregulären Tafeln belegt; unter dem Auge sind

keine Panzerstücke; im Nacken stehen drei bewegliche Querbinden von Schilden, wovon die
hintere etwas weniger getrennt vom Rücken-
panzer ist, als die vorderen. — Der Bauch
ist mit Reihen von runden Hornwärzchen besetzt, welche eine gewisse Anzahl von Borsten
tragen. — An den Schildchen der Panzer stehen am Hinterrande zwei weißliche Borsten;
sie sind stets einzeln so in die Ecken gerückt,
daß sie dicht neben der einen Borste des folgenden Schildchens zu stehen kommen, und
auf diese Art überall zwei dicht beisammen-
stehende Borsten zum Vorschein kommen; der
Gürtel sind dreizehn an der Zahl; die Nägel
der Vorderfüße sind besonders groß, der längste maß an dem einen meiner Exemplare einen Zoll acht Linien in der Länge; der
Schwanz ist mit einer nackten, runzlichen,
rauhen, harten Haut bedeckt und nur unter
der Spitze mit rundlichen, gelblichen Schildchen belegt, welche am hinteren Rande mit einer weißlichen Borste versehen sind, sie gleichen denen des Bauches. — Die Ruthe des
Männchens hing bei meinen Exemplaren fünf
Linien lang herab; die Testikel sind verborgen. —

Die Farbe des Thiers ist ein blasses Graubräunlich, alle Panzerstücke sind gelblich-weiss,
gefärbt. — Dieses Tatú ist ein häfsliches, langsames, aber äufserst stark grabendes Thier,
welches an der Ostküste nie gegessen wird, da
es einen unangenehmen Geruch hat. Es frifst
Aas und soll selbst Leichen ausgraben, wird
übrigens im Inneren wie an der Küste gefunden und ist daher wahrscheinlich über den
gröfsten Theil von Südamerika verbreitet.

Schreber's Tafel LXXV. hat einige Aehnlichkeit mit diesem Thiere, doch ist sie sehr
unrichtig, wenn sie auf diese Species bezogen
werden mufs. —

C. *Gürtelthiere mit vier Zehen an den Vorder- und
fünf an den Hinterfüfsen, dabei mit gepanzertem
Schwanze.*

4. D. longicaudus.
Das gemeine Gürtelthier.

Tatu-été, Marcgr. p. 231.
Dasypus novemcinctus, Linn.
Tatou cinquième ou Tatoú noir, *Azara Essais etc.*
    Vol II. pag. 175.
Abbildungen zur Naturgeschichte Brasilien's.
Tatú-Peba am *Parahyba do Sul.*
Tatú-verdadeiro an der Ostküste und im Sertong von
    Bahia.

Diese Art ist in den von mir bereisten Gegenden die gemeinste, auch hat sie in jeder Hinsicht die empfehlendsten Eigenschaften; denn sie verbindet mit einer schlanken zierlichen Gestalt ein sehr schmackhaftes angenehmes Fleisch. · Das gemeine Tatú ist hinlänglich bekannt und beschrieben, ich werde daher nur noch einige wenige Bemerkungen hinzufügen. —

Ich habe die Anzahl der Gürtel bei diesen Thieren abwechselnd gefunden, oft hatten sie deren neun, zuweilen zehn, und ein ganz besonders grofses Thier zeigte nur acht Gürtel. — Das sicherste Kennzeichen giebt der Schwanz, der unter den acht von *Azara* beschriebenen Arten der Gürtelthiere an dieser bei weitem am längsten ist, da er nur zwei Zoll weniger mifst, als der Körper. —

Die Farbe ist, wie *Azara* richtig bemerkt, mehr schwärzlich als an den übrigen Arten, allein an vielen Stellen vom Einkriechen in die Erde weifslich abgeschliffen. — Die Zunge ist lang und schmal, da der Bau des Unterkiefers keine andere Gestalt zuläfst, sie läfst sich zwei Zoll lang aus dem Munde hervorziehen. —

Die Leber ist in vier ganzrandige Lappen getheilt, der Magen ein grofser, häutiger, nach dem Darmende verdünnter und gekrümmter Sack.

Marcgrave giebt S. 231 einen Holzschnitt von diesem Tatu und auch Schreber hat es Tab. LXXIV schlecht abgebildet, doch ist es nicht zu verkennen. —

Dieses Thier scheint über ganz Südamerica verbreitet zu seyn; denn es lebt in Guiana, Brasilien und Paraguay, sowohl in zusammenhängenden Wäldern, als in offenen Heiden oder Campos und besonders gern in sandigem Boden. — In manchen Gegenden sind diese Thiere äufserst zahlreich; ihre Höhlen oder Baue findet der Jäger leicht, auch ist die Spur des Thieres im Sande leicht zu erkennen, indem es mit dem Schwanze eine kleine Rinne zieht. — Ihre Nahrung besteht in vegetabilischen und animalischen Substanzen, doch soll diese Art nichts Faulendes verzehren, welshalb man ihr weifses fettes Fleisch allgemein liebt. Man bratet oder röstet es in dem Panzer des Thiers selbst, nachdem es zerstückt worden ist, auch ist es alsdann wirklich sehr wohlschmeckend. —

Ueber die Zahl ihrer Jungen habe ich keine Erfahrungen gemacht, sie werfen dieselben in ihren Erdhöhlen. —. Die jungen Thierchen sind allerliebst, ihre Farbe ist mehr weißlich als die der alten. Diese Gürtelthiere sind ziemlich schnell, doch kann sie ein Mensch im freien Felde einholen; ist aber Gebüsch in der Nähe, so verliert man sie leicht, wenn man keinen Hund hat; denn sie graben sich zu schnell in die Erde ein, eine Fertigkeit, worin indessen die beiden vorher erwähnten Arten, wegen der Größe ihrer Klauen noch gewandter sind. Die vier von mir hier erwähnten Specien haben nicht das Vermögen sich zusammenzukugeln, können sie daher gar nicht mehr ausweichen, so fangen sie an mit großer Schnelligkeit zu graben, oder drücken sich etwas zusammengezogen unter einen dichten Strauch nieder. —

Um das gemeine Tatú zu fangen, sucht man zum Theil seine Baue (Höhlen) auf, und gräbt es aus, auch fängt man es häufig in den Schlagfallen oder Mundeos. — In den Wäldern am *Mucuri* erhielten wir auf diese Art in drei Wochen dreißig Gürtelthiere von dieser Art, welche sämmtlich der Mannschaft zur Speise dienten. — Oft fanden wir diese Thiere unter den schweren Schlagbäumen nach zehn bis zwölf Stunden noch lebend, indem der Sei-

tenpanzer, das Gewicht des Fallholzes etwas
bricht, ja man hat selbst Beispiele, daſs sich
diese Thiere unter dem Schlagbaume herausge-
graben haben. —

Man kann diese Gürtelthiere leicht lebend
erhalten, auch hat man in Europa schon manche von ihnen gesehen, sie müssen jedoch in
sehr feste Behältnisse gebracht werden, damit
sie sich nicht durchgraben; ich besaſs mehrere dieser Thiere, die mir auf eine solche Art
entkamen. — Eine Stimme habe ich nie von
ihnen gehört, auch haben sie als Hausthiere
keine andere empfehlende Eigenschaften, als
ihre sonderbare Gestalt. —

Anmerkung. Es giebt auſser den hier aufgezählten Gürtelthieren noch mehrere Arten
im östlichen Brasilien, u. a. eine kleine, sich
zusammenrollende, *Tatú-Bola* genannt, wahrscheinlich *Azara's Tatou-Mataco*, und eine andere sehr kleine Art, welche die Jäger unter
der Benennung *Tatuí* kennen; jedoch der das
Land flüchtig durcheilende Reisende findet nicht
Gelegenheit, alle diese Gegenstände zu erschöpfen.

Ord. VI. *Edentata.*

Zahnlose Säugethiere.

Höchst merkwürdige, meist völlig zahnlose Geschöpfe, deren in der alten und neuen Welt vorkommen. Sie sind den warmen Ländern unserer Erde eigen, und Südamerika zählt ein Geschlecht von ihnen. —

Gen. 33. *Myrmecophaga.*

Ameisenbär oder Ameisenfresser.

Das Geschlecht der Ameisenfresser ist wohl die seltsamste und originellste Säugthierbildung, welche die neue Welt, und zwar der südliche Theil dieses Continents, ausschliefslich hervorbringt; in den andern Welttheilen giebt es wohl ähnliche, aber keinesweges eben so gebildete Geschöpfe. —

Auch diese Thiere sind wieder gänzlich der Localität auf eine bewundernswürdige Art angepafst. Ihr starker Greifschwanz, verbunden mit den grofsen hakenförmigen Klauen und der überaus merkwürdigen, wutmartigen, lang ausdehnbaren, klebrigen Zunge, eignen diese an sich hülflosen Thiere ganz vorzüglich für die Vertilgung der unendlich zahlreichen

Termiten und Ameisen in jenen grofsen, ausgedehnten, aber von Menschen noch nicht beherrschten Wäldern; denn sobald der Mensch sein Reich dorthin auszudehnen beginnt, sobald jene Urwaldstämme vom Schlage der Axt fallen, verschwindet immer mehr von der Erde das hülflose Thiergeschlecht, von welchem hier die Rede ist. —

Die höchst abweichende Organisation der Ameisenbären ist bekannt. — Ihr Mund ist gänzlich von Zähnen entblöfst, sie schlürfen ihre Nahrung ein; denn der Unterkiefer besteht blofs aus zwei langen, schmalen, gänzlich kraftlosen Knochenplatten, ist also gar nicht zum Kauen geeignet, und der Mund ist so klein, dals ihn das Thier nur höchst wenig öffnen kann.

Drei oder vier Arten sind bisjetzt den Naturforschern bekannt; zwei davon habe ich in Brasilien gefunden; die eine lebt auf Bäumen und hat einen Greifschwanz, die andere, gröfsere bewohnt den Boden und trägt einen schlaffen Schwanz.

1. *M. iubata*, Linn.

Der grofse Ameisenfresser.

Tamandua-guaçu, Marcgr. pag. 225, mit einem ziemlich deutlichen Holzschnitte.

Gnouroumi ou Yogoui, Azara Essais etc., Vol. I, p. 89.

Tamandua Cavallo oder *Tamandua Bandeira* bei den Portugiesen in Brasilien.

Tamandua-guaçu oder *Tamandua-açu* in der *Lingoa Geral.*

Kuiann-gipakiu bei den Botocuden.

Poioignang bei den Maconis.

Perd bei den Camacans.

Azara hat dieses merkwürdige Thier weitläuftig beschrieben, und ich kann seine Nachrichten über die Lebensart desselben nicht anders als bestätigen. — In den bewohnten Gegenden des östlichen Brasilien's ist dieses harmlose Geschöpf jetzt völlig ausgerottet, in den grofsen Wäldern lebt es jedoch noch und ist überall nicht gar selten, wird aber besonders häufig in den grofsen inneren *Campos Geraës*, oder den höheren, waldlosen Gegenden des Inneren angetroffen, wo es auf die Eröffnung der unzähligen Termitengebäude angewiesen ist, von deren Bewohnern es sich ernährt. Es besteigt nie die Bäume, sondern lebt blofs an der Erde. Wenn die Einwohner in jenen inneren offenen Gegenden der *Capitanias* von *Bahia*, *Pernambuco*, *Goyaz* und *Minas Geraës* Abends am Saume der Gebüsche umherschleichen, so erblicken sie nicht selten diese Thiere und erschlagen sie leicht mit einem Stocke. Sie erreichen. daselbst eine bedeutende Gröfse; ich habe colossale Felle dieser Art gesehen, welche ohne den Schwanz an fünf Fufs in der Länge hielten. — Neger und Indier essen den grofsen Tamandua; die Portugiesen aber nicht, und obgleich diese Thiere für die Vertilgung der Ameisen von grofsem Nutzen sind, so werden sie von den Bewohnern des Landes dennoch getödtet, so oft sie ihnen begegnen. — Das Fell wird zuweilen gebraucht. — Ich selbst habe nie das Glück gehabt, ein solches Thier im vollkommenen Zustande zu erhalten, dagegen haben wir Skelette und Felle gefunden. —

2. *M. tetradactyla*, Linn.

Der mittlere Ameisenfresser.

Tamandua-i, *Marcgr.* pag. 225.

Cagouaré, *Azara Essais etc.* Vol. I. p. 103.

Abbildungen zur Naturgeschichte Brasilien's.

Tamandua-collete an der Ostküste von Brasilien südlich von Pernambuco.

Tamandua-miri in der *Lingoa Geral.*

Kujann-kudgi botocudisch.

Fedara bei den Camacans.

Azara beschreibt dieses Thier gerade wie ich dasselbe in Brasilien beobachtet habe. — Er giebt einige Abänderungen in der Farbe an, die mir nicht **vorgekommen** sind; ich kann deſshalb nicht bestimmen, ob diese letzteren wirklich nur Abarten oder ob sie vielleicht verschiedene Species bilden, welches ich indessen sehr bezweifle. — Alle mir vorgekommenen Individuen dieser Art trugen in der Hauptsache einerlei Zeichnung; den schwarzen Hinterkörper, hellgelben Kopf, Hals und Vorderrücken mit einem schwarzen Streifen über die Schultern, und dieses Vorhandenseyn eines abgesetzten Schulterstreifen kommt bei beiden hier erwähnten Arten der Ameisenfresser vor. — Wenn gleich *Azára* eine gute Beschreibung des mittleren Ameisenfressers gegeben hat, so will ich dennoch der Vollständigkeit halben ein männliches in den Wäldern des *Mucuri* erhaltenes Thier dieser Art beschreiben. —

Diese Species unterscheidet sich von der vorhergehenden auf den ersten Anblick durch die weit geringere Gröſse, das kürzere Haar, die Farbe, die längeren Ohren, und den glatten Rollschwanz. —

Beschreibung: Der Kopf ist länglich, walzenförmig, dabei sanft gekrümmt und nach dem Munde hin sich verdünnend. — Oberlippe etwas länger als die untere, der Mund sehr klein. — Die Nasenlöcher sind nach den

Seiten geöffnet, sie bilden schräge längliche Ritzen. — Das Auge ist klein und schwarz; der Rand des Augenliedes ist nackt; das Ohr ist länglich, oben abgerundet, beinahe nackt, nur mit wenigen Haaren dünne besetzt, nach den Seiten horizontal hinausstehend und ungefähr in der Mitte der Kopfhöhe befestiget.

Die Zunge ist walzenförmig, glatt, fleischig, rund, allmälig in eine stumpfe Spitze auslaufend und zieht sich acht Zoll elf Linien weit aus dem Munde hervor. Der Hals ist kurz und so dick als der Kopf in der Ohrgegend; der Leib ist dick, die Beine plump, stark, sehr dick und muskulös; Vorderfuſs mit vier Zehen; der zweite Nagel von auſsen ist sehr groſs, einen Zoll neun und eine halbe Linie lang, zum Scharren und Klettern eingerichtet, wie am Faulthier gebildet, gekrümmt und zugespitzt; die äuſsere Zehe ist kurz, der Nagel nur sieben Linien lang, die dritte eben so, aber der Nagel etwas über neun Linien lang; die innerste Zehe ist klein und der Nagel nur drei Linien lang; der Ballen des Fuſses ist dick, weich, mit einer lederartigen Chagrinhaut bedeckt. — Der Hinterfuſs hat fünf Zehen; die innerste ist am kürzesten, der Nagel miſst sechs Linien; die zweite ist länger, der Nagel

sechs und zwei Drittheil Linien lang; die dritte und vierte Zehe sind einander ungefähr
gleich, die fünfte so lang als die zweite. —
Der Schwanz ist am Leibe stark, er hält daselbst zwei Zoll im Durchmesser, wird allmälig dünner und endet mit einer etwa vier Linien dicken, abgerundeten Spitze, er ist greifend, fast seiner ganzen Länge nach nackt,
mit geschuppter Haut bedeckt und nur mit einzelnen steifen Borsten ziemlich dünne besetzt. —

Die Geschlechtstheile liegen nahe vor dem
After; man bemerkt einen nach vorn geneigten, kegelförmigen Sack, auf dessen Spitze die
Oeffnung sich zeigt, aus welcher die Ruthe
hervortritt; die Testikel liegen im Leibe verborgen; der genannte Beutel ist nackt, nur mit
einzelnen Borsten dünne besetzt. — An der
Brust befinden sich zwei Zitzen. —

Das Haar des ganzen Thieres ist etwas
borstenartig hart, darunter befindet sich eine
harte Wolle; an der hinteren Hälfte des Körpers ist es lang, an manchen Individuen selbst
bis auf die Mitte des Schwanzes, doch ist dessen Unterseite immer kurz behaart. — An
manchen dieser Thiere hat das Haar über der
Schwanzwurzel eine Länge von drei und einem

halben Zoll, auf der Oberseite des Schwanzes selbst von drei Zoll, nimmt aber nach der Spitze hin allmälig an Länge ab, so daß diese an ihrer Oberseite nur einen Streif von etwa zehn Linien langen Borsten zeigt. — Bei anderen, wahrscheinlich älteren Thieren, fand ich alle diese Theile nur kurz behaart, wozu indessen auch die warme Jahrszeit beigetragen haben mag. — Ueber den Schulterblättern befindet sich ein Haarwirbel, die Haarscheide; denn von hier an liegen sie vorwärts bis nach dem Scheitel, die des Körpers aber sämmtlich rückwärts. —

Nase und Lippen sind nackt und schwärzlich gefärbt; die Schnautze von den Augen an vorwärts ist dünn mit weißlichen Borsten besetzt; Stirn und oberer Nasenrücken bis zur Nasenkuppe sind länger und dichter gelblichweiß behaart. — Oberkopf, Hals, Vorderbeine und Vorderrücken sind hellgelb, und diese Zeichnung verschmälert sich spitzzulaufend allmälig in einen schmalen Streifen, der über die Schulterblätter und den Rücken läuft und über den Hüften endiget; die Hinterbeine sind von unten auf bis zum Knie hell gelblich, oder schmutzig gelblich-weiß; die Hinterschenkel, Schwanzwurzel vier bis fünf Zoll lang, und der

ganze Rumpf sind glänzend schwarz, mit langen, starken, harten Haaren; von dieser Farbe
läuft auf jeder Seite über das Schulterblatt ein
Streifen, etwa anderthalb bis zwei Zoll
breit bis gegen den Hals vor. — Unterhals,
Brust, Vorderfüſse und Oberarme bis etwa zu
der zweiten Rippe haben wieder die blaſs gelbliche Farbe. — Der Schwanz ist in seiner
Mitte weiſslich, die Spitze dunkel aschgrau gefärbt; einige Flecke von dieser letzteren Farbe
bezeichnen den weiſslichen Theil. — Die
Klauen sind schwärzlich-hornbraun. —

Ich habe unter diesen Thieren in der
Zeichnung keine bedeutende Abweichung gefunden, doch muſs ich bemerken, daſs ich nicht
viele von ihnen gesehen habe. — Die Alten
haben mit ihrem netten schwarzen und hellgelben Felle ein hübsches Ansehen, an jüngeren Thieren habe ich die hellgelb gefärbten
Theile mehr in's schmutzig Röthliche fallend
gefunden, welches auch *Azara* bemerkt, übrigens aber scheint die Vertheilung der Farben
immer dieselbe zu seyn. —

Ausmessung dieses männlichen Thieres:

Ganze Länge . . . . 38″ 7‴.
Länge des Körpers . . . 21″ 11‴.

Länge des Schwanzes . . . . 16" 8"'.

Länge von der Nase bis zu dem vor-

deren Augenwinkel . . . . 2" 9½"'.

Länge von dem vorderen Augenwin-

kel bis zu der vorderen Ohrbasis 1" 10"'.

Höhe des äußeren Ohres . . . . 11"'.

Länge des Halses vom hinteren Ohr-

rande an gemessen . . . . 1" 10½"'.

Breite des Vorderbeins unter der

Schulter . . . . 3" 3"'.

Länge der nackten Sohle des Vorder-

fußes mit dem Ballen gemessen . 2" 9½"'.

Länge der Hintersohle etwa . . . . 2" 9½"'.

Innere Theile: Die Zunge theilt sich im
Anfange des Halses in ihre langen Schenkel,
die, wie Herr *v. Humboldt* bemerkt, am Brust-
bein und den Rippen, nahe über dem Magen
entspringen und daselbst befestiget sind.
Diese beiden Schenkel sind muskulöse hohle
Gänge. Merkwürdig ist das aus ein paar Ge-
lenken bestehende Zungenbein, welches an dem
höchst einfachen, aus vier knochigten, mit
Haut verbundenen, beweglichen und gleich
Schuppen über einander liegenden Stücken be-
stehenden *larynx* befestiget ist. — Jeder
Lungenflügel ist in drei Lappen getheilt; der
Magen ist ein dünner, eiförmig häutiger Sack

Der Darmcanal vom Magen abwärts mißt etwa zehn Fuß drei Zoll in der Länge; das *rectum* ist von außen mit Längsfurchen und Streifen bezeichnet; da wo dieser Darm beginnt oder die Reifen sich zeigen, befindet sich eine sackförmige Erweiterung des *colon*. — Die Leber war mit vielen weißlichen Flecken und Oeffnungen bedeckt, wahrscheinlich krankhaft. Zwei große, dunkel violette bohnenförmige Nieren von der Größe eines Taubeneies. Zwei starke Testikel im Leibe; die Ruthe ist ein rundlicher, häutiger, weicher Körper, sie tritt aus dem weiter oben beschriebenen äußerlichen, häutigen Beutel hervor. — Die Herren *Quoy* und *Gaimard* geben in ihren zoologischen Bemerkungen der Reise um die Welt (S. 22 in der Note) einige Notizen über die Anatomie dieses Ameisenfressers. Auch sie haben den Magen mit Ameisen angefüllt gefunden. Sie nennen das *colon* gestreift, einen Bau, den ich nur an dem letzten Theile des Darmcanals bis zum After wahrnahm. —

Dieses sonderbare Thier lebt überall in Brasilien, in einsamen bewaldeten Gegenden und unterscheidet sich von der vorhergehenden Art besonders dadurch; daß es die Bäume geschickt besteigt; man findet es jedoch auch in

den Gebüschen und wir haben selbst ein sol=
ches Thier am Seestrande nahe bei einer be=
wohnten Gegend getödtet, wohin es vielleicht
gekommen war, um Wasser zu suchen. — Sein
Hauptaufenthalt ist in hohen geschlossenen Ur=
wäldern, wo es langsam die Bäume besteigt. —
In seinem Magen fand ich nur Termiten,
Ameisen und deren Puppen, die es mit seiner
merkwürdigen Zunge aufzunehmen weiſs, viel=
leicht friſst es auch Honig? Es ist ein träges
stupides Thier, von dem man keine Stimme
hören soll.

Das Weibchen wirft ein Junges, welches
es, wie man mir versicherte, überall auf dem
Rücken mit umher trägt. — Diese Thiere ha=
ben einen sehr starken eigenthümlichen Ge=
ruch; dennoch aſsen unsere Neger und Indier
diejenigen, die wir in den Wäldern des *Mucu=
ri* in den Schlagfallen gefangen. — Die Bo=
tocuden essen ebenfalls dieses Fleisch, so wie
uns dieses Herr *v. Humboldt* für das spanische
America bestätiget. Die portugiesisch - brasilia=
nischen Jäger machen aus der starken Haut
Regenkappen für ihre Gewehrschlösser.

Koster erwähnt in seiner Reise nach Bra=
silien (S. 313 der englischen Ausgabe) einer
kleinen Art der Ameisenfresser, sechs Zoll lang,

Schwanz zwölf Zoll, mit sanftem Haare, ohne
Zweifel ein junges Thier; denn die beiden in
Brasilien bisjetzt bekannten Arten haben im er-
wachsenen Zustande ein hartes Haar. — Der
Engländer *J. Luccock* verwechselt in seiner
Reisebeschreibung (deutsche Uebers. B. I. S.
360) den *Tamandua* mit dem Armadil oder
Tatú. —

Ord. VII. *Multungula.*
Vielhufer.

Die neue Welt ist viel ärmer in dieser
Ordnung, als die alte; denn America zählt nur
wenige Geschlechter dieser Thiere, da hinge-
gegen in Indien und Africa die colossalesten,
seltsamsten Gebilde der Natur in diese Ordnung gehören. —

Fam. I. Nasuta.
Langnasigte Vielhufer.

Diese von *Illiger* aufgestellte Familie enthielt bloſs Thiere der neuen Welt, bis man jetzt

auch in Indien eine hierher gehörige Species entdeckte. — Bisjetzt gehört nur ein Geschlecht hieher. —

Gen. 34. *Tapirus*.
Tapir.

Man kannte, wie eben gesagt, bis auf unsere neueste Zeit nur eine noch lebende Species des Geschlechts *Tapirus*, welche ganz Süd-America bewohnt, und daselbst das gröfste Landthier ist; reisende Naturforscher haben uns aber jetzt mit dem *Maiba*, einer neuen in Sumatra entdeckten Art, dieses Geschlechts bekannt gemacht, wodurch dasselbe nun der alten und neuen Welt zugleich angehört. —

1. *T. americanus*, Linn.
Der Tapir.

Tapiirete, Marcgr. p. 229.
Mborébı, Azara Essais etc. Vol. I. p. 1.
Tapırété in der *Lingoa Geral.*
Anta portugiesisch.
Hochmereng botoeudisch.
Tschad bei den Maschacarís.
Amachy (ch deutsch mit der Zungenspitze) bei den Pataschós.
Amajó bei den Malalís.
Tıa bei den Macomı's.
Herá bei den Camacans *).

---

*) Herr *v. Humboldt* giebt in dem zweiten Theile seiner *Voy. au nouv. cont.* (pag. 371) die Namen des Tapır aus

Der Tapir, jenes längst bekannte und beschriebene Thier, ist über den gröfsten Theil von Süd-America verbreitet. An der Ostküste ist er häufig und ein gemeines Wildpret, in jenen weiten, flufsreichen Wäldern, wo der Mensch noch nicht zahlreich sich ausgebreitet hat. Wenn man dort am frühen Morgen oder am Abend leise und ohne Geräusch die Flüsse beschifft, so bekommt man häufig diese Thiere zu sehen, wie sie sich baden, um sich zu kühlen, oder vor den Stechfliegen zu sichern. — Wirklich weifs kein Thier sich besser gegen diese lästigen Gäste zu schützen, als der Tapir; denn eine jede Schlammpfütze, ein jeder Bach oder Teich wird von ihm aus dieser Ursache aufgesucht und benutzt, daher findet man auch oft seine Haut mit Erde und Schlamm bedeckt, wenn er erlegt wird. — Es ist auffallend, wenn ein neuerer Reisender sagt, dafs der Tapir nur selten und zwar blofs auf der Flucht in's Wasser gehe; denn diese Aeufserung zeigt, dafs sie aus einer mit der Natur

---

einigen Sprachen des spanischen America; so heifst er z. B. bei den Spaniern *Danta;* tamanackisch: *Uariari;* maypurisch: *Kiema;* in der Mbaya-Sprache: *Apolicanagi-guaga;* in der Moxo-Sprache (an den Ufern des *Mamore*): *Samo;* in der Chiquito-Sprache: *Oquitopaquis* etc.

tur dieses Thieres völlig unbekannten Quelle
floſs. —

Wie in der Gestalt, so hat auch der Tapir vieles in seinen Manieren mit den Schweinen gemein. Sein Körper ist plump und schwer,
er geht mit etwas gewölbtem Rücken und ziemlich horizontal vorgestrecktem Kopfe, einzeln
oder paarweise und folgt auf diese Weise seinen durch die Dickung der hohen alten Wälder schon gebahnten Pfädchen, die man recht
wohl erkennt, so wie auch unser europäisches
Rothwildpret gewöhnlich solche Pfade einzu-
halten pflegt, welche der deutsche Jäger Wechsel nennt. Auf eine kurze Entfernung ist der
Tapir ziemlich flüchtig, doch kann er einem
raschen Hunde nicht entgehen, und pflegt sich
vor diesem bald zu stellen. — Begegnet man
zufällig einem solchen Thiere im Walde, so
pflegt es heftig zu erschrecken und schnell mit
groſsem Geräusche durch die dichteste Ver-
flechtung des Waldes zu entfliehen. — In bewohnteren Gegenden, d. h. da, wo die Pflanzungen der Bewohner an den Aufenthalt dieser Thiere gränzen, sieht man sie nicht bei
Tage, in ruhigen einsamen Gegenden aber, besonders in den inneren groſsen Urwäldern haben wir sie zu allen Zeiten des Tages gese-

hen, doch ruhen sie während der Mittagshitze
aus. — · Ihre Nahrung besteht in Vegetabilien,
wefshalb sie den Pflanzungen, besonders dem
Zuckerrohre grofsen Schaden zufügen. — Gewöhnlich brechen in solchen Fällen mehrere
dieser Thiere aus ihrem Schlupfwinkel hervor,
wenigstens eine Familie vereint; denn das Junge, welches anfänglich wie unser wildes Schwein
gelblich gestreift ist, folgt der Mutter lange
nach. — Sie pflegt es bei herannahender Gefahr zu vertheidigen, so lange dasselbe noch
jung ist, wie mir die brasilianischen Jäger versicherten, und in solchen Fällen werden diese
harmlosen Thiere oft so zornig und kühn, dafs
sie den Feind mit ihren Zähnen fassen und ihn
tüchtig herumzerren, indem sie den Fufs auf-
zusetzen suchen, um besser reifsen zu können. — Angeschossen pflegen sie die verfolgenden Hunde oft auf diese Art zurück zu
schlagen, wenn diese nicht sehr brav sind. —
Ich habe einen bei einer solchen Gelegenheit
von einem Tapir schwer verwundeten Knaben
vom Stamme der Maschacaris gesehen, dessen
eines Schulterblatt und die ganze Seite von
dem zornigen Thiere aufgerissen worden war. —
Die Jagd des Tapir wird von den Brasilianern auf eine unzweckmäfsige Art betrieben. —

Um ein so schweres grofses Thier *) zu erlegen, bedienen sie sich nicht der Kugeln, sondern schiefsen es mit Schrot, gewöhnlich wenn
sie es schwimmend in den Flüssen am frühen
Morgen oder gegen Abend überraschen. —
Der Tapir sucht gewöhnlich durch dieses Hülfs-
mittel seinen Verfolgern zu entgehen, da ihm
das Schwimmen sehr leicht ist; allein die Brasilianer pflegen mit ihren Canoen äufserst
schnell heran zu rudern und das Thier einzu-
schliefsen. — Dieses taucht alsdann sehr geschickt und häufig unter, selbst oft unter den
Canoen hindurch, bleibt lange unter Wasser
und kommt nur zuweilen mit dem Kopfe an
die Oberfläche um Luft zu schöpfen, wo als-
denn sogleich alle Röhre nach diesem Theile
zielen, und besonders die Ohrgegend zu fassen
suchen. Oft erhält ein Tapir auf diese Art
zwölf bis zwanzig Schüsse, bevor er getödtet
wird und häufig entkommt er dennoch, wenn
nicht ein Jagdhund bei der Hand ist. — Mit
einer Kugel würde man das ermüdete Thier
in geringer Entfernung sehr sicher erlegen können, allein die Brasilianer bedienen sich nie

---

*) Ein grofser Tapir, welchen ich mafs, hielt in der Länge
sechs Pufs einen Zoll, wovon der nackte, dicke Schwanz-
kegel vier Zoll eine Linie wegnahm.

der Kugeln, damit sie im vorkommenden Falle
mit ihren groben schweren Schroten sowohl
einen Tapir als eine Jacutinga oder Jacupemba
(*Penelope leucoptera* und *Penelope Marail*)
erlegen können. —

Die Wilden pflegen gewöhnlich diese Thiere zu beschleichen, doch umstellen sie sie zuweilen förmlich und treiben sie den Schützen
zu, wenn ihr Aufenthalt erspäht worden ist,
wozu ihre genaue Kenntnifs der Spur (Fährte)
ihnen behülflich ist. —

Der Nutzen, welchen die Bewohner jener Länder von dem Tapir ziehen, besteht in
der Benutzung des Fleisches, welches etwa dem
Rindfleische zu vergleichen ist und von allen
Bewohnern der Ostküste gegessen wird, auch
sollen diese Thiere innerlich und äufserlich
viel weifses Fett oder Speck ansetzen, wonach
die Wilden besonders lecker sind. Diese letzteren benutzen alle Theile des Thiers, selbst
die schon übelriechenden Füfse fand ich in ihren Hütten und auch die Haut wird von ihnen gebraten und verzehrt. — Die Camacans
machen ihre musikalischen Instrumente aus den
Hufen des Tapirs, welche ihnen bei'm Tanze
den Tact angeben, und aus der dicken harten
Haut bereiten die Brasilianer Peitschen, sie ist

leichter zu gerben, wenn das Thier mager gewesen ist. —

Gezähmt wird der Tapir sehr zutraulich,
besonders so lange er jung ist, und begleitet
alsdann seinen Herrn in den Wald, folgt ihm
überall, ja wenn er ihn einige Augenblicke ver-
mifst, so wird er unruhig und sucht ihn überall, eine Sache, welche *Azara* unrichtiger Weise abläugnet. — Nach ihm scheint der Tapir
in Paraguay nicht besonders häufig zu seyn,
in Brasilien hingegen ist er nichts weniger als
selten und in den Gegenden des *Mucuri* habe
ich gewöhnlich bei meinen Jagdschifffahrten
auf den Flüssen und Landseen, wenn wir frühe ausfuhren, von diesen Thieren zu sehen bekommen. — *Azara* glaubt bei beiden Geschlechtern einen Unterschied in der Farbe
wahrgenommen zu haben, doch glaube ich dieses für blofse Spielart in der Farbe halten zu
müssen, da man einige findet, die mehr fahl,
andere, die mehr graulich und noch andere,
die mehr gelblich oder bräunlich gefärbt sind,
gerade wie wir dieses auch bei uns an allen
wilden Thieren, Hirschen, Rehen, Füchsen,
Wölfen u. s. w. beobachten, dieses bestätiget
selbst die *Corografia brasilica* (T. I. p. 62). —
Azara hat übrigens eine sehr richtige gute

Beschreibung dieser sonderbaren Thierart geliefert und alle die mannichfaltigen Erdichtun-
gen und ungegründeten Sagen widerlegt und
berichtiget, womit Reisende ihre Bücher anfüll-
ten, welche nicht Kenner und Beobachter der
Natur waren, und alle die vielen von den Eingebornen ihnen aufgebürdeten Wunderdinge für
Wahrheit nahmen. —

Fam. II. Setigera.

Borstenthiere.

Thiere aus dieser Familie giebt es in den
meisten Ländern der gemäßigten und heißen
Zonen unserer Erde, nur die große Kälte
scheint ihrer Natur nicht angemessen zu
seyn. — Europa besitzt nur eine Art, Asien,
Africa und America mehrere, die man ihres
Fleisches wegen jagt und welche der Zäh-
mung fähig sind. —

Gen. 35. Dicotyles, Cuv.

Nabelschwein.

Die Unterscheidung der beiden Arten von
wilden Schweinen, welche man bisjetzt in America gefunden hat, verdanken wir *Azara*, der

von ihnen die erste genaue Nachricht gab. —
Beide verdienen in ein Geschlecht vereinigt,
und von den Schweinen der alten Welt getrennt
zu werden, da sie mehrere auffallende. Characterzüge mit einander gemein haben, wefshalb
auch *Cuvier* sie unter der Benennung *Dicoty-*
les absonderte. —

"In der Gestalt gleichen diese Thiere unseren wilden Schweinen, auch haben sie dieselben Schneide - und Backenzähne, allein ihre
Eckzähne sind gestellt wie bei den Raubthieren; der Schwanz ist ein sehr kurzer Ansatz;
an den Hinterfüfsen fehlt die innere hintere Zehe und auf dem Kreuze nach hinten befindet
sich eine Oeffnung, unter welcher eine Drüse
liegt, die eine fettige Flüssigkeit absondert." —

Beide Arten dieses *Genus* sind gewöhnlich
mit einander verwechselt worden, ob man sie
gleich in ganz Brasilien und Paraguay überall
sehr wohl von einander unterscheidet. — Ich
will es versuchen, einige Bemerkungen über
diesen Gegenstand mitzutheilen. —

1. *D. torquatus,* Cuv.

Das Káytetu, Táytetu oder das kleinere Nabelschwein.

Taiaçú - Caáigoara, *Marcgr.* pag. 229.
Le. Pecari, *Buff.*

Cuvier Règne-Animal, Vol. I. pag. 237.

Taytétu, Azara, Vol. I. pag. 81.

Káytetu an der Ostkuste von Brasilien oder in der *Lingoa Geral.*

Ho-kuang bei den Botocuden.

Der Kaytetu oder Taytetu ist die schon längst aus Guiana bekannte Art der beiden süd-americanischen Schweine, welche dort in jenen nördlichern, dem Aequator näher gelegenen Ländern die gemeinere zu seyn scheint, da hingegen die nächstfolgende weniger bekannte, in den grofsen Wäldern von Brasilien bei weitem die zahlreichere ist. — Er scheint über den gröfsten Theil von Süd-America verbreitet. — Eine Beschreibung von diesem Thiere zu geben, würde Wiederholung seyn, ich will daher nur einige Bemerkungen mittheilen. —

Der Kaytetu, oder wie ihn *Azara* nennt, der Taytetu ist die kleinere Art der beiden brasilianischen Schweine, welche sich, besonders in der Jugend, durch eine weifse Linie auszeichnet, welche bogenförmig nach dem Schulterblatte läuft und die im Alter öfters zu verschwinden pflegt; alsdann auch tritt für dieses Thier eine mehr schwärzliche gemischte Farbe ein. — In der frühen Jugend soll der Kaytetu völlig röthlich-braun gefärbt seyn und später ist er durch seine Zeichnung leicht von der folgenden Art, *Azara's Tagnicati* zu unterscheiden, wo hingegen im Alter dieser letztere wieder mehr kenntlich durch seinen weifs gefärbten Unterkiefer ist. — Aus dem Gesagten geht hervor, dafs beide Thiere nie zu verwechseln sind. —

Wenn gleich *Marcgrave's* Beschreibung zu unvollkommen ist, um gewifs über dieselbe entscheiden zu können, so scheint er doch von dem Kaytetu zu reden, obgleich der Name *Taiaçu,* welchen die Völker der *Lingoa Geral* in den von mir besuchten Gegenden dem *Tagnicati* (*Dicotyles labiatus*) beilegen, hier irre führen könnte. Das Wort *Taiaçu* war in der *Lingoa Geral* zugleich der allgemeine Name der wilden Schweine, es kann daher in diesem Puncte zwischen der Gegend von *Pernambuco* und den mehr südlich gelegenen Provinzen leicht eine kleine Verschiedenheit der Benennungen vorkommen, welches bei der weiten Ausdehnung ein und derselben Küstensprache selbst sehr natürlich ist und einen neuen Grund für die Verbannung aller Provinzialbenennungen aus den Systemen abgiebt. —

Ein schätzbarer Naturforscher und berühmter Reisender, Herr Professor *Lichtenstein,* hat in seiner Abhandlung, Erläuterung der Werke

des *Marcgrave* und *Piso*, an der Richtigkeit von
Azara's Aufstellung beider Arten der americanischen Schweine gezweifelt; allein ich kann,
meinen Erfahrungen zufolge, dieselben nur bestätigen. Er hat vollkommen richtig die Irrthümer der verschiedenen Schriftsteller beleuch-
tet, welche den Kaytetu oder Taytetu und den
Tagnicati unter dem gemeinschaftlichen Namen
des Pecari begriffen haben, und alles was er
über diesen Gegenstand sagt, halte ich für vollkommen richtige Ansicht und Beobachtung dieses Gegenstandes. Eine schwarze und eine
braune Raçe von diesen Thieren braucht man
nicht anzunehmen; denn in der Jugend ist das
Thier bräunlich, im Alter mehr schwärzlich.
Den Namen *torquatus* glaube ich demselben
wohl beibehalten zu dürfen, da die weiſse Linie doch ein beständiges Kennzeichen bei jüngeren Thieren, und oft im Alter selbst vorhanden ist. — Die Benennung *Dicotyles Taias-*
su würde ich nicht wählen, da dieses eine Pro-
vinzialbenennung und dabei der allgemeine Name aller Schweine in der brasilianischen Küstensprache ist. — Endlich glaube ich kaum
die *Corografıa brasilica* und den Pater *Do-*
brizhofer widerlegen zu müssen; denn erste-
res Buch kann, was seinen geographischen und

geschichtlichen Werth anbetrifft, sehr gut seyn, in naturhistorischer Hinsicht aber giebt es durchaus keine brauchbare Nachrichten. Hier redet der Verfasser von drei Arten von wilden Schweinen, wovon ich indessen nirgends die dritte kennen gelernt habe, welche unbezweifelt nur eine Farbenvarietät ist; denn diejenige Art, welche er gänzlich schwarz nennt, ist unbezweifelt der *Tagnicati,* bei welchem einzelne Ausnahmen vorkommen, wo der weiße Unterkiefer fehlt, oder doch nur sehr wenig weiß gezeichnet ist. — Auch *v. Humboldt* sagt *), daß es nach einigen Aussagen auch am *Orenoco* drei Arten wilder Schweine geben solle, allein diese dritte Art ist wahrscheinlich nur Varietät, wenigstens kennen wir sie noch nicht. — Am *Orenoco* (*Atures* und *Maypuris*) nennt man das Kaytetu *Chacharo,* tamanackisch *Paquira,* den Tagnicati aber *Apida.* —

Dobrizhofer nennt vier Arten wilder Schweine für Paraguay, daß er sich aber geirrt habe, beweist *Azara,* welcher die ganze Provinz vielfältig durchreiste und nur zwei Arten kennen lernte. — Die Spanier geben, nach Er-

_____

*) *Voy. au nouv. cont.* T. II. pag. 330.

sterem, den Abiponern Schuld, dafs sie von
den Juden abstammten, weil sie das Fleisch
der zahmen Schweine nicht essen; demnach
würden. die wilden Völker der Ostküste von
Brasilien nicht von den Israeliten abstammen
können, da. sie das Schweinefleisch sehr lieben. — Alle brasilianischen Jäger, so wie alle
der Wälder vollkommen kundige Indianer bestätigen einstimmig. *Azara's* beide Schweinear-
ten, und auch ich habe mich in den von mir
bereisten Gegenden von dem Vorhandenseyn
derselben überzeugt; denn nirgends fand ich
eine dritte Art, auch stimmen hiermit alle andere Nachrichten überein, die ich über ganz
Süd-America zu vergleichen im Stande war. —
Selbst der Missionär *Eckart* *) bestätigt dieses
vom *Maranhâo.* Dort kennt man nach ihm
zwei Arten wilder Schweine, wovon das kleinere *Taytétu,* das grofsere (*Dicotyles labiatus*) aber *Taiaçú* genannt wird. In anderen
Gegenden der Provinzen des spanischen America belegt man, dem Missionär *Weigl* zufolge,
die wilden Schweine mit dem allgemeinen Namen *Guangana*, und nennt die kleinere Art

---

*) Siehe *v. Murr,* Reisen einiger Missionäre der Gesellschaft
Jesu, pag. 512 und 199.

Çahucúma. Herr *v. Sack* sagt in seiner Reise
nach Surinam (pag. 196), daſs man daselbst
zwei Arten wilder Schweine kenne, den *Bak-
kire* und den *Pingo.* Auch die Botocuden unterscheiden beide Arten, indem sie den Kaytetu — *Hokuäng,* und die nachfolgende Art —
Kuräck nennen.

Nicht blofs durch sein Aeuſseres unterscheidet sich der Kaytetu von dem Tagnicati,
sondern auch durch die Lebensart, wie *Azara*
sehr richtig bemerkt. Der erstere lebt nicht
in grofsen Heerden wie der letztere, sondern
einzeln oder in kleinen Gesellschaften und soll
am Tage gewöhnlich in dichten Gebüschen,
zwischen umgefallenen Baumstämmen, ja selbst
in den an der Erde befindlichen Höhlungen
alter, fauler Urwaldstämme sich verbergen, wo
er oft von den Jägern gefunden wird. — Er
ist schwächer und furchtsamer als die nachfolgende Art, dabei auch an der Ostküste überall
die am wenigsten zahlreiche. — Sein Fleiſch
liebt man sehr und jagt ihn daher wo nur
möglich, wobei Hunde vom gröfsten Nutzen
sind. — Seine Nahrung und Lebensart ist übrigens vollkommen die der anderen Schweine;
denn wie diese wühlt er in der Erde (ein dem
Jäger willkommenes Zeichen seines Vorhanden-

seyns), um alle Arten von Wurzeln, Schwäm-
men, Würmern, Maden und Früchten zu suchen. — Man jagt ihn wie die nachfolgende
Art, da er jedoch mehr in versteckten Schlupfwinkeln sich verbirgt, so wird er weniger häufig geschossen. — Aus der vortrefflichen Beschreibung der Herren *Geoffroy* und *Fr. Cuvier* ersehen wir in welchem hohen Grade
diese Thierart der Zähmung fähig ist. —

2. *D. labiatus*, Cuv.

Das.Nabelschwein mit weifsem Unterkiefer.

> *Tagnicati*, *Azara Essais etc.* Vol. I. p. 25.
> *Cuvier Règne Animal*, Vol. I. pag. 238, wo aber die
> Namen verwechselt sind.
> Abbildungen zur Naturgeschichte Brasilien's.
> *Porco de queixada branca* oder *Porco do mato verda-
> deiro* an der Ostküste von Brasilien.
> *Kurack* bei den Botocuden.
> *Ká-hiá* bei den Camacans.

Das Schwein mit weifsem Unterkiefer ist,
wie bekannt, die gröfsere der beiden brasilianischen Arten und bei weitem die gemeinere und
zahlreichste in den Wäldern des östlichen von
mir bereisten Theiles. — *Illiger* nannte diese
Art *Sus albirostris*, doch würde diese Benennung mehr passen, wenn der Oberkiefer weifs
wäre; da aber nur der untere mit dieser Farbe
bekleidet ist, so ziehe ich *Cuvier's* Benennung,

labiatus vor. — *Azara's* Beschreibung dieses Schweins ist richtig, auch finde, ich alles gegründet, was er von der Lebensart desselben sagt. — Er maſs ein solches Thier, welches vierzig Zoll sechs Linien in der Länge hielt, da das gröſseste von mir beobachtete zwei und vierzig Zoll gab; ich werde dasselbe in den nachfolgenden Zeilen kürzlich beschreiben. —

Die Gestalt ist gedrungen, dickleibig, aber höher von Beinen als unser europäisches wildes Schwein; der Kopf ist etwas kleiner, dabei dick; der Rüssel ist an der Spitze breit, das Auge etwas gröſser als an unserem Schweine; Ohren etwas kurz abgerundet, auſsen und innen dünn mit langen Borsten besetzt. Der obere Eckzahn ist von oben gerade abwärts gerichtet, und tritt selbst bei geschlossenem Munde unter der Oberlippe hervor; er ist kegelförmig, gerade und dreieckig. — Die vier Beine sind schlank, höher als am europäischen wilden Schweine; die vorderen mit zwei langen Hinterzehen (Afterklauen, *ungulae succenturiatae, Illig.*), die hinteren nur mit einer solchen an der inneren Seite; sie ist kürzer als die beiden des Vorderfuſses. An der Stelle der fehlenden Hinterzehe befindet sich nackte Haut. — Auf dem Hinterrücken trägt das Thier seine Drüsenöffnung, aus welcher eine riechende Feuchtigkeit ausschwitzt, die mir aber öfters geruchlos geschienen hat. — Der Schwanz ist ein sehr kurzer, unten nackter, oben borstiger Stumpf. —

Die Oeffnung der Ruthe des Männchens befindet sich unter der Mitte des Leibes und ist mit einem kleinen Haarpinsel versehen; die Testikel sind grofs und eben so gebildet wie an unserem europäischen wilden Schweine, sitzen aber scheinbar etwas tiefer. —

Das ganze Thier ist dünne mit starken, dicken, eckigen, harten Borsten besetzt, zwischen welchen man überall die Haut bemerkt, auf dem Hinterkopfe sind sie am längsten, über den ganzen Rücken hin ebenfalls lang und stark, jedoch weit weniger als an unserem wilden Schweine, sie messen da, wo sie am längsten sind, etwa zwei Zoll neun Linien in der Länge; Haar auf der Stirn mäfsig lang und dicht; Ober- und Unterkiefer mit langen Bartborsten besetzt, auch befindet sich eine Reihe derselben über den Augen. — Die steifsten Borsten bedecken den Körper, in den Seiten sind sie sparsamer und unter dem Bauche noch seltener. — Die vier Beine sind an

ihrer inneren Seite beinahe nackt, eben so der
Bauch zwischen den Schenkeln. — Alle Borsten des Thiers sind graulich-
schwarz gefärbt und haben in ihrer Mitte eine
röthlich-gelbe Binde; am Mundwinkel und Ende des Unterkiefers steht an der Seite ein grofser weifser Fleck, daher die Benennung *de
queixada branca.* — Jüngeren Thieren fehlt
der weifse Fleck am Unterkiefer öfters noch,
und ganz junge, welche noch an der Mutter
saugen, haben eine ganz verschiedene Zeichnung, wie folgt:

Sie sind sehr niedlich, mit hoher Stirn,
noch ohne Zähne, doch bemerkt man schon
den oberen und unteren Eckzahn, welche etwa drei Linien lang sind; das Haar ist dichter, weicher und kürzer als an dem erwachsenen Thiere, von röthlich-gelber, etwas schwärzlich gemischter Farbe; denn die Haare haben
schwärzliche Wurzeln und lange röthlich gelbbraune Spitzen, so dafs diese letztere Farbe die
herrschende ist; ein völlig schwarzbrauner Streif
läuft über den Rücken hinab; die Beine sind
rein und ungemischt hellgelb, so wie die Seiten des Kopfs; Stirn schwärzlich und gelblich
gemischt; Augenlieder nackt und aschgrau;
Ohren von aufsen hellgelblich behaart; Hufe

röthlich-grau. — Ein solches junges Thierchen, welches Ende Februar gefangen wurde,
hielt fünfzehn Zoll in der Länge, ich habe
dasselbe abbilden lassen.

Ausmessung des weiter oben beschriebenen,
alten, männlichen Thieres:

Ganze Länge	42″
Der kleine Schwanzansatz nimmt da-	
von	1″ 10‴.
Länge des Kopfs bis zum vorderen	
Ohrrande	12″ 2‴.
Länge von der Spitze des Rüssels bis	
zu dem vorderen Augenwinkel	7″
Höhe des äußeren Ohres . .	2″ 7‴.
Höhe des Vorderbeins bis an den	
Leib	12″ 2″.
Länge des Hinterbeins, wenn es aus-	
gestreckt worden, bis zu dem	
Schwanze	19″ 2‴.
Länge der Vorder-Afterklaue . .	1″ 5‴.
Länge der Hinter-Afterklaue .	11‴.
Länge des oberen Eckzahnes . .	1″ 1‴.
Länge des unteren Eckzahnes .	1″ 4‴.
Breite des Rüssels . . .	2″ 9½‴.
Höhe des Vorderhufes in der Mitte	1″ 8‴.
Höhe des Hinterhufes in der Mitte	1″ 5½‴.

Das Schwein mit weiſsem Unterkiefer lebt überall in den von mir bereisten Gegenden. — Dort wo der Mensch die Ruhe der groſsen Waldungen selten unterbricht, findet man diese Thiere in Gesellschaften (Rudeln) von fünfzig, sechzig und darüber, auch haben wir in einem Tage vierzehn und mehrere dergleichen Heerden angetroffen, woraus man auf die Menge dieser Thiere schlieſsen kann; daſs einige Reisende hingegen von Rudeln dieser Schweine von 1000 Stück reden, ist wohl eine etwas starke Uebertreibung. Sie sind auf diese Art über den gröſsten Theil von Süd-America verbreitet; denn in Guiana leben höchst wahrscheinlich beide hier aufgeführte Arten. Ueber Brasilien sind sie verbreitet und in Paraguay unterscheidet sie *Azara* zuerst richtig. — Ihre Nahrung ist mannichfaltig, wie die unserer europäischen Schweine, auch findet man in ihrem Magen groſse, etwas abgeplattete *aegagropilae* von elliptischer Gestalt, die aus Wurzeln, Haaren und unverdaulichen Pflanzenfasern bestehen *). — Die Heerden dieser

---

*) Ich besitze eine solche Magenkugel von vier Zoll Länge, und zwei und einem halben Zoll Breite, bei anderthalb Zoll Dicke, mit einer bräunlich-grauen festen Rinde überzogen, welche ich habe abbilden lassen.

Schweine ziehen ihrer Nahrung·nach in den
Urwäldern umher, wo die Jäger an den aufge-
wühlten Stellen ihr Daseyn und ihre Richtung
erkennen, auch hört man ihre Stimmen oft
weit in jener stillen schauerlichen Einsamkeit.
Irrig ist es, wenn *Azara* behauptet, man dür-
fe sich ohne Gefahr jenen Rudeln nicht nähern; denn meine Jäger schossen ihre mit
Schrot geladenen Doppelflinten häufig auf dieselben ab, erlegten von einer Gesellschaft oft
vier, fünf und mehrere Thiere, ohne daſs sie
sich zu widersetzen wagten. Wir würden weit
mehrere von ihnen erlegt haben, wenn wir
gute Hunde besessen hätten, da sie sich vor
diesen gewöhnlich sogleich zu stellen pflegen,
wodurch der Jäger Zeit erhält öfters zu schieſsen. — Dennoch aber soll sich der Fall zuweilen ereignen, daſs Jäger, welche zu unvor-
sichtig zwischen diese Thiere hineingingen,
nachdem sie mehrere von ihnen angeschossen
hatten, von ihnen angefallen würden und Hunde, welche zu brav sind, sollen sie zuweilen
zerreiſsen, gerade wie unsere zahmen Mast-
schweine thun. — Die brasilianischen Jäger
sind äuſserst geübt in Beschleichung dieser
Thiere, besonders aber die Wilden, welche sie
mit ihren langen Pfeilen erlegen. — Man fängt

sie häufig in Fallgruben (*Fojos*), welche einen Deckel von Flechtwerk bekommen. — Gegen die Hunde pflegen sich diese wilden Schweine zu wehren, indem sie von oben herab mit ihren Gewehren (Eckzähnen) schlagen oder stofsen. Unter allen Thieren der brasilianischen Urwälder sind nach den Affen die wilden Schweine diejenigen, welche von den Wilden am meisten gejagt werden. — Sie ziehen ihnen förmlich nach und viele vereinigen sich oft zu einer solchen Jagd. — Am Flufs *Belmonte* suchten einige Botocuden schon Hunde zu dieser Jagd zu gebrauchen. — Sie sengen das erlegte Schwein am Feuer, lassen aber weder Kopf, Haut noch Eingeweide verloren gehen, sondern essen alle Theile, und nur die härtesten Knochen bleiben übrig. — Zähmen lassen sich diese Nabelschweine recht leicht, die Wilden binden sie oft zu ihrer Sicherheit in der Nähe der Hütten an, wenn sie mit anderen Völkern im Kriege sind; denn sie sollen gewaltig schnauben und toben, wenn sie etwas Fremdartiges bemerken. —

Die Benennungen, welche dieses Schwein in den verschiedenen Gegenden von Brasilien trägt, sind mannichfaltig. In der *Lingoa Géral* ward es ursprünglich *Taiaçu* genannt, die

Portugiesen nennen es schlechtweg Waldschwein (*Porco do mato*) oder ächtes wahres Wald-schwein (*Porco do mato verdadeiro*), aber ge-wöhnlich auch *Queixada branca*, die Botocu-den kennen es unter der Benennung *Kuräck*, und die Camacan-Indianer in der *Capitanía da Bahía* nennen es *Kuá-Hyä*, zum Unterschiede von dem europäischen zahmen Schweine, wel-ches bei ihnen den Namen *Kuá-Hirochdá* (deutsch auszusprechen) trägt. —

Ord. VIII. *Bisulca.*

Zweihufer.

Die Thiere mit gespaltenem Hufe oder die Wiederkäuer bilden eine völlig in der Na-tur begründete Ordnung, gegen welche selbst die kühnste Neuerungssucht der Naturforscher bisjetzt noch nichts vermochte. — Angeneh-me Gestalt mit schlanken zierlichen Gliedern und damit verbundene Schnelligkeit in ihren Bewegungen, eine gehörnte Stirn, ein nutzba-res Fell, angenehm geniefsbares Fleisch und ihre Milch, so wie die Naturgabe, der Zäh-mung bis zu einem hohen Grade fähig zu seyn, machen diese Thiere zu den angenehmsten und nützlichsten für den Menschen, dem manche Arten von ihnen nun schon unentbehrlich geworden sind. — Aber auch durch die merkwürdige Organisation des Magens und die daraus entspringende Eigenheit des Wiederkauens sind diese Thiere dem Naturforscher höchst interessant und bilden in dieser Hinsicht eine eigene getrennte, ganz für sich bestehende Abtheilung in der Reihe der Säugthiere. — Mit ihren empfehlenden Eigenschaften vereinigen die Wiederkäuer ein Naturell, welches die gröfste Verbreitung erträgt; denn diese Thiere gedeihen unter allen Zonen, wohin sie der Mensch verpflanzte. In allen Welttheilen findet man Thiere mit gespaltenem Hufe, wenn wir Australien etwa ausnehmen; dennoch besitzt die alte Welt eine bei weitem gröfsere Menge dieser nützlichsten und schönsten der Säugthiere, America oder die neue Welt hingegen eine weit geringere Anzahl. —

Augenscheinlich ist die Organisation der wiederkauenden Thiere weniger für die grofsen Wälder von America, als für die Steppen und ausgedehnten ebenen Triften von Africa und Asien, für die Savannen des südlichen Nord-America eingerichtet, daher finden wir im süd-

lichen America aus dieser Ordnung nur Hirsche, weil diese unter allen wiederkauenden
Thieren, einzelne Ausnahmen abgerechnet, beinahe die einzigen für das Dickicht der Wälder
geschaffenen sind.

So gering im Allgemeinen in Süd-America die Zahl der wilden, ursprünglich daselbst
einheimischen Wiederkäuer ist, so bedeutend
haben sich jetzt in allen von Europäern bewohnten Provinzen dieses Continents die von
Europa mit herüber gebrachten Hausthiere vermehrt. Sie gedeihen selbst in den heißen Gegenden und sind zahlreich, vermehrten sich
aber ungeheuer in den großen Ebenen des
schon mehr südlichen und gemäßigteren Theiles, worüber wir in den Werken *v. Humboldt's*
und anderer Schriftsteller, welche über das spanische America geschrieben haben, nachlesen
können. Bekannt ist es, wie das so nützliche
Rindvieh, z. B. selbst in der brasilianischen Provinz *Rio Grande* sich so außerordentlich vermehrt hatte, daß man ihm große Niederlagen
beibrachte, bloß um die Felle der getödteten
Thiere zu benutzen, das Fleisch ließ man un-
genutzt verfaulen. Seitdem aber hat man
angefangen, auch dieses zu benutzen, dasselbe
einzusalzen und unter der Benennung von *car-*

ne' seca, oder *carne do sertão* in die verschiedenen Provinzen zu verschiffen. —

Das brasilianische Rindvieh ist stark, wohl -gebaut, die Stiere, mit starken Hörnern versehen, seine Farbe ist meistens „dunkel oder schwärzlich braun, auch fahl graugelblich, zuweilen, jedoch seltener, weiß, gefleckt. Die Ziegen und Schaafe gedeihen in Brasilien ebenfalls recht gut. In der Gegend von *Rio de Janeiro* sind die ersteren nicht groß, auch fand ich sie nicht stark behörnt; allein ihr Haar ist hart, sehr glatt und meistens schön glänzend gelbroth mit schwarzen Abzeichen an Kopf und Beinen und einem ähnlichen Längsstreifen über den Rücken hinab. Den Nachrichten der Reisenden zufolge, gedeihen diese Thiere auch in Surinam sehr gut, die Schaafe bekommen daselbst hartes Haar, wie die Ziegen, die europäischen werden mager und sollen kränkeln. Das Rindvieh ist daselbst klein, ein Ochse wiegt vier bis fünfhundert Pfunde, selten sechshundert und soll selten über vier Fuß lang seyn.

Gen. 36. *C e r v u s.*
H i r s c h.

Eine vollständige Kenntniß der verschiedenen Arten des Hirschgeschlechtes ist bisjetzt

von den Zoologen vergebens gewünscht worden.
In den neueren Zeiten hat jedoch die Kenntnifs dieser schönen angenehmen Thiere wahre
Riesenschritte zu ihrer Vervollkommnung gemacht, so dafs man am Schlusse eines jeden
Jahres über die neu hinzugekommenen Ver-
mehrungen und Verbesserungen erstaunen
mufs. — Die französischen Naturforscher haben sich in diesem Felde besonders verdient
gemacht, und zwar ganz besonders für Ost-In-
dien. — Schon konnten *Cuvier* und *Desma-*
rest in ihren neuesten Werken *) vortreffliche
Uebersichten der bekannten Hirscharten liefern,
die jetzt die vollständigsten in dieser Hinsicht
sind, es bleibt aber auch in diesen Abhandlungen noch vieles dunkel und unaufgeklärt, und
dieses gilt ganz besonders für Süd - America.
Buffon und *Pennant* beschrieben einige dortige Hirsche sehr oberflächlich und unvollständig, man wufste also beinahe gar nichts über
jene Thiere, bis uns *Azara* vier Arten genauer
unterscheiden lehrte.

Diese vier von *Azara* beobachteten Hirsche sind es, welche, wie es mir scheint, über

---

*) *Cuvier* recherches sur les ossemens fossiles, nouvelle édition; und *Desmarest* Mammalogie. —

ganz Süd-America verbreitet sind und von den meisten Reisebeschreibern erwähnt werden. Welche Arten dieses Geschlechts in *Guiana* vorkommen, ist zwar noch unbestimmt, allein wenn ich alle Nachrichten über diesen Gegenstand vergleiche, so glaube ich die genannten Thiere doch immer wieder zu erkennen, und diefs gilt auch für die Uebersicht der lebenden Hirscharten in *Cuvier recherches sur les ossemens fossiles.* — Das in jenem vortrefflichen Werke (Tom. IV.) Tab. III. Fig 46. abgebildete Gehörn ist unläugbar das des *Guazuti,* Tab. V. Fig. 23. könnte wohl das des *Guazupucu* seyn, die *Biche des bois* ist wahrscheinlich der *Guazupita* und der *Cariacou* der *Guazubira,* womit auch die Farbe des Thiers zusammentrifft — Ueber Brasilien sind diese Hirsche des *Azara* verbreitet; denn dafs er den Aufenthalt derselben blofs auf ein gewisses Local, z. B. Sumpf oder die Dickungen der Wälder eingeschränkt glaubt, scheint mir ungegründet. Da ich den *Guazupita* und *Guazubira* beide in einem jeden Local, also den letzteren nicht blofs in Niederwald angetroffen habe, so glaube ich zu dem Schlusse berechtigt zu seyn, dafs auch der *Guazupucu* in den inneren hohen Waldgebirgen leben kön-

ne, und es ist gewifs, dafs daselbst ein grofser
Hirsch vorkommt, welcher seines mehr been-
deten oder zackigen Geweihes wegen von den
Brasilianern *Veado Galiero* oder *Çuçuapara* genannt wird. —

Dieses ist meine Ansicht der vier Hirsche
des *Azara*, und soviel ich auch über diesen
Gegenstand in den Berichten der Reisenden
nachlas, so glaubte ich doch nie mehr als vier
wohl unterschiedene Hirscharten in allen Provinzen von Süd-America zu erkennen. — Die
Matacanis in den Ebenen von *Calabozo* schienen mir zu dem *Guazuti* des *Azara* zu gehören, nur passen hier freilich die weifsen
Fleckchen nicht recht, ich glaubte aber, dafs
v. Humboldt vielleicht nur junge Thiere sah. —

In den nachfolgenden Blättern habe ich
aus eigener Ansicht blofs von den drei kleineren Hirscharten des *Azara* zu reden, von dem
Guazuti auch nur theilweise, aber den grofsen Hirsch *Guazupucu* habe ich in der von
mir bereisten Gegend gar nicht angetroffen, ich
werde indessen in den nachfolgenden Zeilen
meine Ansichten näher entwickeln.

Da die Zahl der uns bisjetzt bekannten
Hirscharten schon beträchtlich ist, so könnte

man sie vielleicht unter folgende Unterabtheilungen bringen:

A. Hirsche mit breitem schaufelförmigem
Gehörn ohne Augensprossen.

Z. B. *Cervus Alces*, Linn.

B. Hirsche mit breitem halbschauflichtem
Gehörn mit schaufelförmigen Augensprossen. Diese beiden ersten Familien haben
behaarte Nasenkuppe.

Z. B. *Cervus Tarandus*, Linn.

C. Hirsche mit schauflichtem Gehörn und
runden Augensprossen.

Z. B. *Cervus Dama*, Linn.

D. Hirsche mit rundem astigem Gehörn,
und einem Schwanze.

Z. B. *Cervus Elaphus*, Linn.

E. Hirsche mit rundem astigem Gehörn
dabei ungeschwänzt.

Z. B. *Cervus Capreolus*, Linn.

F. Hirsche mit einfachem ungetheiltem Gehörn und einem Schwanze.

Z. B. *Cervus rufus*, Illig. *).

---

*) Sollte es sich bestätigen, daſs gewisse indische Hirsche
nur drei Enden oder Spitzen an ihrem Gehörne ausbilden,
so würden diese noch eine siebente Familie bilden können, mit rundem, astigem, dreiendigem Gehörn und einem

37 *

A. *Hirsche mit rundem astigem Gehörn und einem*
Schwanze.

1. *C. paludosus*, Desm.

Der Guasupucu.

Cervus dichotomus, Illig.
Guasupucu d'Azara essais etc. Vol. I. p. 70.
? *Çuçuapara* oder *Veado Galheiro* in Brasilien.

Es ist ausgemacht, daſs in dem inneren
Brasilien ein groſser Hirsch lebt und es scheint
mir, daſs die *Corografia brasilica* irrt, wenn
sie (T. I. pag. 71) sagt, daſs dieser *Çuçuapara*
und das *Veado Galheiro* (auszusprechen *Viado Galiero*) zweierlei seyen; denn sowohl *Mineiros* als andere Bewohner des inneren Bra-

---

Schwanze; allein ich bezweifle sehr die Beständigkeit dieser Abtheilung. Die Natur durfte bei ihnen wohl nicht
immer bei drei Enden stehen bleiben Wer als Jager die
Arten der Hirsche beobachtet, der wird auf die geringe
Beständigkeit der Endenzahl bei diesen Thieren sehr bald
aufmerksam, deſshalb mussen die Naturforscher bei Beobachtung der fremden, in Menagerien auferzogenen, Hirsche besonders vorsichtig seyn; denn im gezahmten Zustande, wo noch dazu gewohnlich diesen Thieren die Be-
friedigung des Geschlechtstriebes abgeht, weichen sie in
dieser Hinsicht noch weit mehr ab, als in der freien Natur — Gewohnlich werden ihre Geweihe im Alter mon-
struös, und ich habe bei solchen zahmen Hirschen bemerkt, daſs ihr Gehorn alljahrlich um ein Pfund an Gewicht zunahm.

silien's haben mir versichert, beide Benennungen
würden in verschiedenen Gegenden ein und
derselben Thierart beigelegt. In der *Lingoa
Geral* benannte man im Allgemeinen alle
Hirscharten *Çuçuaçú* oder *Çuguaçú*, auch *Çeu-
açú*, hatte aber für jede derselben noch eine
besondere Benennung, daher kam es, daſs das
Thier, welches von jenen Stämmen der *Lingoa Geral Çuçuapara* genannt wurde, von den
Portugiesen die Benennung *Veado Galheiro*
oder des Hirsches mit astigem Gehörn erhielt. —

Ich habe nie selbst Gelegenheit gehabt,
diese Hirschart zu sehen, wohl aber hat man
mir gesagt, daſs sie die inneren hochgelegenen
Waldungen von *Minas, Goyaz, Cuiaba, Mat-
to Grosso* bewohne, man findet sie z. B. in
der *Serra da Canastra.* — Sie soll sich vorzugsweise in den unbewohnten menschenlee-
ren Gegenden aufhalten. Da nun *Azara* für
seinen *Guazubira* den Aufenthalt nicht ganz
richtig angab, so könnte dieses auch für seinen *Guazupucu* der Fall seyn und alsdann wäre
es möglich, daſs das *Veado Galheiro* und der
Guazupucu ein und dieselbe Species bildeten.
Da dieses indessen blofs eine als Frage aufgestellte Vermuthung von mir ist, so bleibt es

anderen Reisenden aufbehalten, das *Veado Galheiro* näher kennen zu lernen

Das Gehörn dieses Hirsches soll nicht immer blofs zweitheilig seyn, wie es *Illiger* nannte, sondern zuweilen, wie an unserem Hirsche,
oben eine Krone von drei Enden oder Spitzen
ausbilden, dabei hoch und astig mit vielen Enden seyn, doch kann ich die Wahrheit dieser
Aussage nicht verbürgen. Die *Mineiros* behaupten übrigens von diesem grofsen americanischen Hirsche, dafs er angeschossen öfters auf
den Jäger und den verfolgenden Hund los-
gehe. —

Ich nehme bis zu weiteren und genaueren Nachrichten über diesen Gegenstand den
Çuçuapara für *Azara's Guazupucu* an, obgleich gegen die Vereinigung wieder der Ein-
wurf zu machen ist, dafs *Azara* sehr streng
auf den Aufenthalt seines grofsen Hirsches in
sumpfigen Brüchern (*Esteres*) hält. — So viel
scheint mir höchst wahrscheinlich, dafs der
grofse Hirsch der Anden, von welchem *La Con-
damine* und *v. Humboldt* reden, und welchen
letzterer bis zu einer Höhe von 2000 Fufsen
in jenen Gebirgen beobachtete, dabei aber nicht
von dem europäischen Hirsche zu unterscheiden vermochte, das *Veado Galheiro* des inne-

ren Brasilien's ist. — Sollte indessen der *Gua-zupucu* von dem eben genannten Hirsche spe-cifisch verschieden seyn, welches ich nicht glaube, so würde ihm vorzugsweise eine Be-nennung zukommen, welche sich auf seinen Aufenthalt in Sümpfen bezöge, und die von *Desmarest* gegebene wäre alsdann beizubehal-ten. —

2. *C. campestris*, Fr. Cuv.
Der Hirsch der offenen Ebenen.

Guazuti, *Az. essais etc.* Vol. I. pag 77.
Abbildungen zur Naturgesch. Bras. — Das Gehörn.
G. Cuvier Recherches sur les ossem. foss. Vol. IV.
Tab III. Fig. 46. Das Gehörn.
Veado Campeiro der Portugiesen in Brasilien.
Çuguaçu-apara, *Marcgr.* pag. 235.
Cervus leucogaster, *Goldf.*

Azara's Guazuti ist eine sehr kenntliche Hirschart, die durchaus nicht zu verwechseln ist. —, *Cuvier* hat in' der neuesten Ausgabe seines vortrefflichen Werkes über die fossilen Thiere das Gehörn des *Guazuti* deutlich abge-bildet, wovon man sich sogleich überzeugen kann, wenn man die 46ste Figur der 3ten Ta-fel des 4ten Bandes, mit der von mir in der Isis und in meinen Abbildungen zur Naturge-schichte Brasilien's bekannt gemachten Zeichnung eines solchen Gehörns vergleicht. Es ist ausgemacht, dafs dieser *Guazuti* oder Hirsch der offenen, waldlosen Gegenden über einen grofsen Theil von Süd-America verbreitet ist; denn er lebt im Inneren der Provinzen *Bahia, Minas Geraës* u. s. w. und geht bis *Paraguay* hinab; ob er in *Guiana* vorkommt, ist mir nicht bekannt, doch ist es mir wahrschein- lich. — Die Hirsche, welche *v. Humboldt* truppweise in den Steppen von *Calabozo* fand, und die man dort *Matacani* nennt, würde ich unbedingt hieher rechnen, wenn sie im erwach- senen Zustande ungefleckt wären, worüber ich nicht genau unterrichtet bin. Dieser ausge- zeichnete Gelehrte und Reisende könnte viel- leicht junge Thiere gesehen haben, da er auch weifser Individuen erwähnt, wie *Azara*. —

Der Hirsch der offenen Ebenen oder der *Guazuti* des *Azara* ist seines Aufenthaltes so wie der Bildung seines Gehörnes wegen mit den übrigen americanischen Hirschen nicht zu verwechseln. — Er wählt zu seinem Aufent- halte offene, öde, mit hohem Grase bewachse- ne, weit ausgedehnte Gegenden, die *Campos Geraës*, welche nicht mit Wald, sondern nur abwechselnd mit einzelnen Gesträuchen bewach- sen sind, auch soll diese Hirschart nie in die

Wälder treten. — Man findet diese Thiere in kleinen Gesellschaften oder Rudeln, doch sollen sie sich zuweilen auch zahlreich beisammen finden. — Sie sind scheu und sehr flüchtig, wittern den Jäger weit, entfliehen alsdann mit grofsen Sprüngen, ja sie sollen die flüchtigste der brasilianischen Hirscharten seyn. Sie werden zu Pferd und mit Hunden gejagt, umringt oder beschlichen und geschossen, in anderen Gegenden auch mit dem *Laço* (Schlinge) und den *Bolas* (Kugeln) erlegt. —

In der Gestalt, Gröfse und Farbe haben diese Thiere viel Aehnlichkeit mit dem europäischen Rehbocke (*Cervus capreolus*, Linn.); denn das Gehörn weicht sehr wenig von dem des Rehbocks ab, wird auch etwa eben so hoch, allein das Vorhandenseyn eines Schwanzes ist schon hinlänglicher Unterschied für beide Thierarten. — Unter den von *Cuvier* erwähnten americanischen Hirschen und jungen Thieren dieses Geschlechts, welche das Museum zu Paris aus America erhielt, befindet sich auch dieser Hirsch, der in der Färbung dem *Guazubira* des *Azara* ähnelt. —

Da ich das Reh des *Campo* nicht selbst gesehen habe, obman es gleich an den Gränzen der Provinz *Bahia*, unfern von *Minas Geraës* schon findet, wo ich mich einige Zeit aufhielt, so kann ich nur die Abbildung des Gehörnes geben, deren ich mehrere von den dortigen Jägern und Pflanzern erhielt. Sie kamen alle in der Gestalt und Größe vollkommen überein, so wie auch alle jene Jäger auf das vollkommenste in ihren Nachrichten übereinstimmten. —

Alles, was *Azara* von dieser Hirschart sagt, scheint gegründet, wenn ich damit die Nachrichten vergleiche, welche mir über diesen Gegenstand mitgetheilt wurden. Von einem unangenehmen Geruche indessen, welchen ihr *Azara* beilegt, wollten die brasilianischen Jäger nichts wissen; wahrscheinlich ist er eine Art von Brunftgeruch gewesen, wie bei unserem Hirsche, den man indessen bei unserem Rehbocke nicht wahrnimmt. Die Brasilianer essen das Fleisch gern, nennen es aber sehr trocken.

Das Leder dieser Hirschart ist dünner als das der folgenden Art, wird aber zu den Anzügen der *Vaqueiros* sehr gesucht. —

Das Gehörn dieses Hirsches habe ich sehr genau abbilden lassen. Einige derselben haben den unteren Theil der Stange mehr rauh und mit kleinen Knöpfchen oder Perlen besetzt, bei anderen ist er mehr glatt, gerade wie diefs bei unseren europäischen und allen übrigen Arten dieses Geschlechtes der Fall ist. — Das höchste dieser Gehörne hielt in der Länge sieben Zoll zehn Linien, von der Rose oder dem unteren rauhen Rande bis zu der oberen Spitze des längsten Endes gemessen, deren jede Stange gewöhnlich drei trägt, wie bei unserem europäischen Rehbocke. Eine gröfsere Ausdehnung soll dieses Gehörn selten erlangen, —

B. Hirsche mit einfachem Gehörn ohne Enden, und einem an seiner unteren Flache dicht behaartem Schwanze.

3. *C. rufus,* Illig.

Der rothe Spiefshirsch, Guasupita.

Çuguaçu-été, *Marcgr.* pag. 235.

Gouazoupita, *Azara Essais etc.* Vol. I. pag. 82.

Cervus rufus, *Goldf. Forts. d. Schreb. Saugth.* p. 1130.

Abbildungen zur Naturgeschichte Brasilien's.

Veado-mateiro der Brasilianer.

Bocling-Niack bei den Botocuden.

Der rothbraune Hirsch mit einfachem Gehörne ist die gemeinste Art dieses Geschlechtes in Brasilien und überall über Süd-America verbreitet, wo nur Wald den Boden überzieht.

Er ist an der Ostküste unter dem Namen des Waldhirsches oder Viado - Matero (*Veado - Mateiro*) bekannt, so wie in *Minas Geraes*, der *Capitania da Bahia* und vielen anderen Gegenden. — Seine Beschreibung hat *Azara* geliefert und ich bemerke nur, daſs er in den einzelnen Theilen von unseren Hirschen etwas abweicht, im Allgemeinen aber die Gestalt und Gröſse unseres Rehes hat. Sein Kopf ist mehr gestreckt, das Auge und Ohr kleiner, die Schnautze breiter und dicker als an unserem Rehbocke, dabei hat er einen unten stark behaarten Schwanz, der unserem Rehe gänzlich fehlt. — Das Gehörn des männlichen Thieres hat keine Nebenspitzen oder Enden, ob man gleich auch zuweilen kleine Ausnahmen von dieser Regel findet; denn wie bekannt zeigt die Natur an den Gehörnen der Hirscharten aller Welttheile mancherlei Abweichungen des Bildungstriebes. — Unter sehr vielen dieser Gehörne, so versicherten mir erfahrene Jäger, hat man nur einmal ein etwas gabelförmiges gefunden; ich selbst sah ein anderes mit einem kleinen Nebenauswuchse, welches ich sammt dem Schädel habe abbilden lassen, doch sind diesel Ausnahmen von der Regel selten. — Im Monate September erlegte einer meiner Jäger einen solchen Rehbock am Flusse *Belmonte*, der eben sein Gehörn zur Hälfte abgeworfen hatte; daſs aber, wie *Azara* behauptet, die Zeit des Abwerfens für diese Thiere nicht regelmäſsig an eine gewisse Periode gebunden sey, bezweifle ich. — In den Monaten Juni, Juli, August und September habe ich das Gehörn dieser Thiere in seinem vollkommenen Zustande gefunden, nie aber dasselbe in der Epoche erhalten, wenn es mit Haut (Bast in der deutschen Jägersprache) überzogen, oder noch unreif war. Ich werde nun die Beschreibung eines männlichen und eines weiblichen Thieres folgen lassen:

Beschreibung eines Schmalthiers im Frühjahre, welches noch die Winterhaare hatte:

Der Kopf ist schmal und verlängert, etwa wie am weiblichen Edelhirsche, jedoch im Allgemeinen nicht so knochig und eckig, mehr fleischig und die Schnautze im Verhältniſs etwas dicker; das Auge ist ziemlich klein, die Thränenhöhle (*Sinus lacrimalis*) auf etwa sechs und eine halbe Linie vom Auge endigend, und nur eine kleine Oeffnung. — Das Ohr ist kurz und ziemlich abgerundet. — Die Verhältnisse des übrigen Körpers sind etwa wie an unserem Reh, der Vorderkörper ist jedoch niedriger, der Schwanz war an diesem Thiere unten nackt (an anderen nicht), eben so die Gegend um den After und das Feigblatt, doch zeigen sich hier, wie an der Zusammenfügung der Schenkel einzelne lange Haare, auch sind die genannten scheinbar nackten Theile genauer besehen mit sehr kleinen, feinen Haaren bedeckt, die wahrscheinlich nach und nach mehr hervorwachsen. —

Das Haar an Kopf und Hals ist aschgraubraun, besonders über den Angen und an der Stirn, wo es schon stark rothbraun gemischt ist, an den Backen aber etwas gelbröthlich, auch befinden sich an der Stelle, wo das männliche Thier sein Gehorn trägt, zwei kleine niederliegende Haarbüschel. — Am Munde bemerkt man keine bunte Zeichnung. — Die obere Seite des Halses und das äußere Ohr sind dunkel aschgraubraun, am unteren Winkel weißlich; inneres Ohr weiß, bloß am unteren Rande ein breiter gelblich - graubrauner Randstreif; untere Seite des Kopfs und Kehle weißlich; die untere Seite des Halses ist blaß gelblich - grau; der ganze Körper röthlich - braun, nach dem Rücken hin dunkler, am Bauche aber und an allen unteren Theilen blässer;

Schenkel und Beine sind dunkler rothbraun, die
äuſsere Seite des Schienbeins und die Ferse der
Hinterbeine sind etwas schwärzlich angelaufen,
die Bürsten oder Haarbüschel an den Fersen
fehlen. — Innere Seite der Vorderschenkel
nach hinten zu weiſs; innere Seite der ganzen
Hinterschenkel, der Euter mit den vier Inguinalzitzen, After, nackter Theil der Schenkel
und untere Seite des Schwanzes mit dessen
Seitenhaaren sind milchweiſs; Schwanz auf der
Oberseite rothbraun wie der Rücken, die Spitze aber erscheint durch die langen Endhaare
weiſs, so wie der untere Rand rundum, wenn
man den Schwanz von oben besieht. — Das
untere oder Fuſsgelenke der vier Beine ist
röthlich braun, die Hufe schwärzlich braun mit
blässeren Rändern. — Stellung der Afterklauen
wie an unseren europäischen Rehen:

Ausmessung dieses weiblichen Thieres:

Ganze Länge bis zum Ende der Schwanzhaare . . .	42'' 4'''.
Länge des Schwanzes ohne das am Ende übertretende Haar . .	4'' 3'''.
Länge des Schwanzes mit den End-haaren	6'' 4'''.
Länge des Kopfs bis zum unteren Winkel der Ohröffnung . .	7'' 1½'''.

Länge des Kopfs bis zum vorderen
Augenwinkel . . . 3″ 10‴.
Höhe des Ohrs auf der oberen Seite
am Scheitel gemessen . . 3″ 7½‴.
Länge des Vorderbeins bis zu dem
oberen hinteren Gelenkwinkel des
Vorderschenkels oder der Speiche 13″ 9‴.
Länge des Hinterbeins ausgestreckt
bis zu dem Schwanzwinkel hin-
auf . . . . . 23″ 1‴.

Kurze Beschreibung eines starken männ-
lichen Thieres: Der Unterschied des Bockes
von dem weiblichen Thiere war schon im September ziemlich bedeutend. — Der ganze
Leib hatte eine recht lebhaft rothbraune Farbe, die unteren Theile aber waren mehr hell
rothgelblich; der Oberhals ist rothbraun wie
der Korper, der Unterhals hat eine starke Beimischung von Grau; Unterseite des Kopfs und
Kehle sind weiß; Gegend um die Geschlechtstheile, After und innere Schenkel bis zum
Schwanze hinauf sind weiß; innere Seite der
Vorderschenkel hell gelbroth; die vier Beine
sind rothbraun, nur am Fersengelenke der Hinterbeine etwas schwärzlich; Stirn und Nasenrücken etwas schwärzlich gemischt, und über
den Augen ein rothbrauner Streif; Ohren an ih-

rer äußeren Seite beinahe nackt und graubraun
gefärbt, inwendig weißlich behaart. — Die
innere Seite der Hinterschenkel ist nicht so
nackt als an dem beschriebenen Schmalthiere,
Kopf und Hals aber sind dicker und stärker. —

Ausmessung des Bockes:

Länge von der Schnautzenspitze bis
    zu dem Schwanzende mit den
    Haaren . . . . . . 46" 10"'.

Länge des Schwanzes mit den Haaren 6" 1½"'.

Länge von der Schnautzenspitze bis
    zu dem Anfange der Thränen-
    höhle . . . . 3" 7"'.

Länge von der Schnautzenspitze bis
    zu dem vorderen Rande der un-
    teren Ohröffnung . . . . 8" 1"'.

Höhe des Ohres auf der oberen dem
    Scheitel zugewandten Seite (ge-
    messen, etwa . . . . . 3" 5"'.

Höhe des einen noch vorhandenen
    Spießes oder Gehörns . . 2" 8"'.

Länge des Vorderbeins bis zu dem
    oberen hintern Gelenkwinkel des
    Vorderschenkels oder der Speiche 14"

Länge des Hinterbeins (bis zu dem
    Schwanze gemessen) etwa . 27" 5"'.

Ein andrer Bock, der zu *S. Pedro dos Indios* in den die *Lagoa de Araruama* umgebenden Urwäldern erlegt wurde, hatte, ob er gleich viel jünger war, dennoch ein längeres Gehörn; seine Spiefse betrugen von der Rose bis zu der Spitze zwei Zoll neun Linien in der Länge, und ich habe ein drittes Gehörn gesehen, das wohl vier Zoll lang seyn mochte, man kann also drei bis vier Zoll für die wahre Länge desselben festsetzen. — Dieser zuletzt genannte Bock hatte auch über der Thränenhöhle am Anfange des rostrothen Augenbraunstreifen einen kleinen, runden, röthlich-weifsen Fleck; Eckzähne, oder wie der deutsche Jäger sich ausdrückt, Haken, habe ich an dieser Hirschart so wenig gefunden als *Azara* *). *Der Kopf des zuletzt genannten Bockes hatte folgende Ausmessung:*
Von der Nase zu dem unteren Win-

kel der Ohröffnung . . . 7″

Höhe des Ohrs . . . . . 4″

Breite der Stirn über den Augen . 2″ 4‴

Diese und die nachfolgende Art der brasilianischen Hirsche scheinen am weitesten verbreitet zu seyn, da man sie beinahe überall in Süd-

---

*) Auch das Vorhandenseyn der Eckzähne könnte zu einer Unterabtheilung im Geschlecht der Hirsche benutzt werden.

America's Waldungen findet. Ueberall lebt der rothe Waldhirsch einzeln oder familienweise, aber nie haben wir ihn in grofsen Rudeln angetroffen. An ruhigen Orten sucht er Morgens und Abends die freien Stellen, als Wiesen und Blöfsen im Dickicht auf, in der Hitze des Tages im Dickicht und in der Nähe des Wassers der Kühlung geniefsend und im Nothfalle gegen die Stechfliegen (*Mutucas*) sich bis an den Hals darin verbergend. Diese Thiere quälen die Hirscharten auf das heftigste und die Häute derselben sollen zu gewissen Zeiten mit Engerlingen angefüllt seyn. — Das weibliche Thier führt sein Junges mit sich umher, nach Art unserer europäischen Hirsche, auch ist dasselbe weifs gefleckt und hat über das Kreuz einen dunklen Längsstreifen. *Azara* sagt, die männlichen Thiere seyen viel seltener als die weiblichen, welches ich gerade umgekehrt gefunden habe, die Natur wird also auch hier das richtigste Verhältnifs beobachtet haben, und ich glaube, dafs dasselbe etwa auf dieselbe Art stattfindet, als bei *Cervus Capreolus.* — Gezähmt gewöhnen sich diese Thiere sehr an den Menschen. —

Man jagt diese Hirsche mit Hunden und sie gehen gerne in's Wasser, wo man sie alsdann schiefst, gewöhnlich aber stellen sich die Schützen auf den Wechseln an, wenn die Hunde jagen, und erwarten auf diese Art das flüchtige Reh. — Das Wildpret ist im Vergleich mit dem unserer europäischen Hirsche, äufserst schlecht, fade, von sehr groben dicken Fäsern, gleich denen einer alten Kuh. — Die Haut benutzt man mit Vortheil, die *Vaqueiros* bereiten daraus zum Theil ihre Anzüge von Leder. —

Die Botocuden, welche alle Hirscharten im Allgemeinen mit dem Namen *Bocling* bezeichnen, nennen diese Art *Bocling-Niack* und die Camacans die Hirscharten im Allgemeinen *Herá.* —

In meinen Abbildungen zur Naturgeschichte Brasilien's findet man die Zeichnung eines Bockes, der im September erlegt wurde, den Umrifs des Kopfs und den Schädel eines anderen starken alten Bockes in natürlicher Grofse. —

4. *C. simplicicornis*, Illig.

Das Catinga-Reh, das Reh der Niederwaldungen, Guasubira.

Gouazoubira, *Azara Essais etc.* Vol. I. pag. 86.
Cervus nemorivagus, Fr. Cuv.

Veado-Catingeiro oder *Corçe* im östlichen und mitt. leren Brasilien.

Bocling-Niomm bei den Botocuden.

Einige Bemerkungen über ein weibliches Thier. Ein niedliches, zartes, zierliches Geschöpf. — Gestalt im Allgemeinen die unseres Hirsches, nur schlanker und kleiner von Kopf; Schwanz stark und lang behaart wie an der vorhin erwähnten Art; Kopf schmäler und länger als am europäischen Reh, übrigens giebt demselben das Catinga-Reh an Zierlichkeit der Gestalt nichts nach. — Das Ohr ist beinahe völlig unbehaart; an der Stelle, wo das männliche Thier sein Gehörn trägt, hat das Weibchen zwei kleine Erhöhungen, welche mit etwas verlängerten Haaren bewachsen sind, sie sind aber nur für das Gefühl kenntlich. — Die Beine sind äußerst zart und schlank, mit niedlichen Hufen versehen. — Weder am Munde noch an der Nase zeigen sich Flecke; vier Inguinalzitzen; das Thier hatte noch unlängst gesäugt, es war im Anfange des Monats April, wo man dasselbe in einer Fallgrube gefangen hatte. —

Die Färbung dieser Hirschart variirt etwas. Das hier erwähnte, in der kalten Zeit des Jahres gefangene Thier hatte folgende

Zeichnung. — Alle oberen Theile, Seiten und
die Schenkel waren dunkel graubraun, glänzend, auf dem Rücken mehr in's Graue als in's
Braune fallend; an allen unteren Theilen fahl
weifslich; Oberseite des Schwanzes graubraun,
die untere mit langen, völlig weifsen Haaren
besetzt, aber die nackte Stelle, welche unser
Hirsch in der Nähe des Afters hat, fehlt bei
diesen beiden zuletzt erwähnten brasilianischen
Hirschen gänzlich. — Besieht man die oberen
Theile des Thiers genau, so findet man, dafs
jedes einzelne Haar dunkel gefärbt ist und unter seiner Spitze eine gelbröthliche Binde trägt,
dieses Kennzeichen ist untrüglich; denn es fehlt
allen übrigen brasilianischen Hirschen. — Das
hier beschriebene Thier trug einen grofsen weifsen Fleck an der inneren Seite des Fersenge-
lenkes des einen Hinterbeines, auch soll man
öfters ganz weifse Individuen unter diesen Hirschen finden. — Die unteren Theile sind weifslich gefärbt, an der inneren Seite der Beine
fällt die weifse Farbe etwas in's Gelbliche; die
inneren Hinterschenkel und der Bauch sind am
reinsten weifs, eben so die Unterseite des
Schwanzes; die innere Seite der Schienbein-
röhre ist graubraun gefärbt; die Unterseite des
Halses ist hell graubräunlich weifs gemischt. —

Es variiren diese Thiere übrigens etwas in der Farbe, besonders nach den verschiedenen Jahrszeiten; denn im Winter fand ich sie mit etwas mehr röthlich-braunen, aber stets bunt gemischten Haaren, Stirn und Vorderfläche des Kopfs, so wie die Schienbeine und Kniee waren mehr schwärzlichbraun gefärbt. —

Ausmessung des eben erwähnten weiblichen Thieres:

Ganze Länge über die Stirn gemessen 36" 10"'.

Länge des Kopfs bis zu der vorderen Ohrbasis . . . . 6" 7"'.

Länge des Halses vom hinteren Ohrrande an . . . . . 6" 7"'.

Höhe des Ohrs an der äußeren Seite gemessen . . . . . 3" 5$\frac{1}{2}$"'.

Breite des Ohrs in der Mitte . 1" 10$\frac{1}{3}$"'.

Länge des Körpers bis zu der unteren Schwanzwurzel . . 19" 10"'.

Länge des Schwanzes ohne das Spitzenhaar . . . . . . 2" 9$\frac{2}{3}$"'.

Länge des Schwanzes mit dem Spitzenhaare . . . . 4" 8$\frac{1}{3}$"'.

Länge des Vorderbeins bis zu dem Ellenbogen . . . . . 12"

Länge des Hinterbeines bis zu dem Schwanze hinauf . . . . 22" 3"'.

Der Bock oder männliche Hirsch trägt ein kurzes, gerades, einspitziges Gehörn, welches vollkommen die Bildung von dem der vorhergehenden Art zeigt.

Auch diese zierliche Hirschart scheint über den gröfsten Theil von Süd-America verbreitet zu seyn; denn da sie in Guiana lebt, so wird sie alle von da an südwärts gelegenen Länder bis nach Paraguay hinab bewohnen, von wo sie uns *Azara* zuerst beschrieb. In den niederen, ebenen Gegenden an der Ostküste von Brasilien lebt diese angenehme Thierart in den hohen Urwäldern, in den höheren inneren Gegenden aber soll man sie mehr in den Niederwaldungen oder *Catingas* finden, daher die Benennung. —

In den Wäldern von *Morro d'Arara* am *Mucuri* fing man ein Paar dieser Thiere in einer Fallgrube, als ich mich daselbst aufhielt. Ich bekam jedoch den Bock durch einen Zufall nicht vollständig zu sehen, er hatte im Monat Februar sein Gehörn abgeworfen. In *Minas Geraés,* wo man die Waldungen weniger an einander hängend findet, lebt diese Hirschart in mehr isolirten Gebüschen von Niederwald, sie soll aber nirgends so zahlreich und auch nicht so allgemein verbreitet seyn,

als das rothe Waldreh der vorhergehenden Beschreibung, findet sich also auch nicht blofs
in den sumpfigen Gebüschen an der Seeküste,
sondern unausgesetzt in allen Arten von Waldungen.

Auch diese zuletzt erwähnte Hirschart soll
nur ein Junges werfen, welches anfänglich
weifs gefleckt ist. Das Fleisch soll wohl-
schmeckender seyn, als das der vorhergehenden Art, besonders schätzt man die Leber. —
Das Leder ist dünn, auch die Haut nur klein. —

***

ORD. IX. *Natantia.*
Schwimmende Säugthiere.

***

Fam. I. Sirenia.
Sirenen.

***

Gen. 37. *Manatus.*
Manati.

Süd-America ernährt, wie bekannt, nur ein
Thier aus diesem Geschlechte, welches ich im
frischen Zustande nicht zu sehen bekommen
habe, ich werde indessen mittheilen, was ich

über diesen Gegenstand in Erfahrung habe bringen können.

1. *M. americanus*, Desm.

Der americanische Manati, Seekuh.

Pexe-Boi der Brasilianer.

Der americanische Manati lebt in den brasilianischen Flüssen, dennoch habe ich, aller angewandten Bemühungen ungeachtet, kein solches Thier im vollkommenen Zustande zu Gesicht bekommen.

Er lebt in der von mir bereisten Gegend zwischen *Rio de Janeiro* und *Bahia* nur noch in den Umgebungen des Flusses *S. Matthaeus*, und geht zuweilen aus diesem durch die See längs der Küste hin in den Fluſs *Alcobaça* *). Bei *S. Matthaeus* lebt er in dem Flusse und in einer groſsen, mit demselben in Verbindung stehenden grasreichen *Lagoa*, welche sich weit

---

*) Nach *v. Humboldt* (*Voy. au nouv. cont.* T. II. p. 606) giebt es an einigen Stellen der americanischen Meere suſse Quellen, und hier halten sich die Manatis auf. Die Bewohner von *Alcobaça* versichern, der Manati scheue das Salzwasser nicht, um von einem Flusse in den anderen zu gelangen.

südlich nach dem *Quartel de Juparanán* hinab ausdehnen soll. Sie ist mit mancherlei
Pflanzen und Grasarten durchwachsen, welche
die Nahrung dieser unförmlichen Thiere ausmachen. — Hier schiebt der Jäger leise sein
Canoe umher, spähet das grasende Thier aus
und harpunirt es. — Zu *S. Matthaeus* lebte
zu der Zeit meiner Anwesenheit ein Mann,
der in dieser Art von Jagd sehr geübt war,
und alljährlich mehrere Manatis fieng. — Im
Jahre 1815 hatte er sieben Thiere dieser Art
erlegt und unter diesen ein weibliches, welches 14 Mann kaum fortzuziehen vermochten.
Der unförmliche Körper des Manati, der beinahe so dick als lang ist, da er die Gestalt einer Blase haben soll, verdünnt sich gegen den
Schwanz schnell. Der Kopf ist klein, ganz besonders aber das Auge. — Die Haut ist aschgrau und nur mit wenigen Borsten besetzt, dabei sehr stark. Solche Thiere geben sehr viel
Thran, auch hebt der Landmann in Brasilien
den massiven ausgehöhlten Knochen als offici-
nell häufig auf, den man unter der Benennung
des *Lapis manati* kennt *) und oft theuer
bezahlt. —

---

*) Siehe *Blumenbach* Handb. der vergl. Anatomie, pag. 384.

Herr *von Humboldt* theilt uns in seinen herrlichen Schilderungen der von ihm bereis-ten Theile von Süd-America sehr interessante Nachrichten über diese im *Orenoco* und an-deren Flüssen häufig vorkommende Thierart mit *).

---

*) *Humb. Voy. au nouv. cont.* VI. pag. 236. 226 u. a. a. O.

Zusätze, Berichtigungen und Nachträge

zu dem

ersten Bande dieser Beiträge.

Zu Seite 20. Die Indier am *Orenoco* haben Hrn. v. *Humboldt* erzahlt, die Schildkröte befeuchte den Sand mit ihrem Urin, wenn sie beschäftigt sey, die Grube für ihre Eier zu graben; allein ob ich gleich der arbeitende Schildkröte unmittelbar lange zugesehen, und alle ihre Bewegungen genau beobachtet habe, so ist doch an dem Sande nicht die geringste Nässe zu bemerken gewesen. In der Nähe der Seeküste hat übrigens der Sand, in einer gewissen Tiefe ohnehin hinlänglich Feuchtigkeit, um stehen zu bleiben.

Zu Seite 125. Herr Dr. *Boie* hat das Geschlecht *Agama* zerspalten. Diejenigen Arten, welche Gaumenzähne haben, nennt er *Ophryessa* und hierhin soll *Agama picta* und vielleicht *catenata* gehoren. *Caup* (s. Isis Jahrg. 1826 1tes Heft S. 89.) will, meine *Agama picta* sey *Azara's Caméléon second*, und also *Merrem's Pneustes prehensilis*. Allein *Merrem* dachte ganz anders über diesen Gegenstand, indem er mein Thier verglich und für eine neue Species hielt; auch muſs ich bekennen, daſs ich bei genauer Durchlesung der Beschreibung des *Azara* mit meiner *Agama* nur sehr wenig Aehnlich-

keit auffinden kann, ohnehin sind ja *Azara's* Amphi-
bien-Beschreibungen viel zu oberflächlich, um sie in die
Systeme aufnehmen zu konnen. Es ist auch ganz uber-
flufsig, dafs Herr *Caup Azara's Caméléon premier* in
meiner *Agama catenata* wiederzufinden glaubt. Herr
Caup bemerkt ferner, dafs die jungen Agamen lebhafter
gezeichnet seyen, als die Alten; ich mufs aber bemerken, dafs man dieses nicht allgemein sagen konne; denn
sie sind wohl,mehr gestreift und geffeckt, allein ihre
Farbe ist nicht so lebhaft und schon, als die der alten
Thiere. Nach *Azara* sollen die Agamen sich mit ihrem
Schwanze festhalten; ich habe dieses nie bemerkt, auch
kann man nach den Beschreibungen jenes Schriftstellers
durchaus nicht wissen, was fur Eidechsen er vor sich
hatte.

Nach *Boie* soll *Lophyrus rhombifer* meine *Agama
catenata* im ausgewachsenen Zustande seyn. Dieses kann
ich nicht glauben, da ich viele Exemplare der von mir
beschriebenen Eidechse gesehen, und sie immer gleichartig gezeichnet gefunden habe. Herr Dr. *Boie* (Isis
Jahrg. 1826. 1tes Heft S. 120.) nennt die Querbinden in
den Seiten des *Teius Ameiva* weifs, allein sie sind in der
Natur schon gelb. Es halt ferner Hr. *Boie* meinen *Teius
cyanomelas* fur das junge Thier des *Ameiva*; allein er
irrt hierin, indem beide Species sehr verschieden gebildet sind.

Edw. James in seiner Beschreibung. *Account of
an expedition from Pittsburgh to the Rocky-Moun-
tains etc.* (Isis 1824. Bd. II. S. 290.) beschreibt eine *Agama*, die mit meiner *picta* sehr viel Aehnlichkeit zu haben scheint

'Zu Seite 139. In der Synonymie des *Tropidurus torquatus* streiche man die *Lacerta Quetz-paleo* des
Seba aus. Beide Thiere haben gewisse sehr characteristische Züge mit einander gemein, gehören aber dennoch

nicht einmal in ein und dasselbe *Genus.* Ich habe seitdem den ächten *Quetz-paleo* kennen gelernt, und werde ihn nächstens in dem 13ten Bande der *Nova Acta Phys. Med.* beschreiben. Die Charactere des *Genus Tropidurus* müssen berichtigt, und etwa auf folgende Art gestellt werden:

Tropidurus: Kopf geschildet; Zähne an jeder Seite mit einem Ausschnitte; Ohr an seinem vordern Rande mit verlängert zugespitzten Schuppen (Stachelschuppen) besetzt; Kehle schuppig, ohne Kehlsack; Schwanz mit mäfsig grofsen, stacheliggekielten Schuppen bedeckt, welche mehrere Längskiele bilden; Schenkelöffnungen fehlen; Rücken und Bauch schuppig.

Zu Seite 209. Die Geschichte, welche *Henderson (History of the Brazils p. 506.)* von einer colossalen Schlange erzählt, die 21 Fufs in der Lange hielt, ist gewifs unrichtiger Weise auf den Surukuku gedeutet, und gehört, wenn sie gegründet ist, für eine *Boa.* Es sind auch alle von jenem Schriftsteller über die Thiere gegebenen Notizen ohne wissenschaftlichen Werth, da sie auf Verwechslungen und zum Theil oberflachliche, zum Theil unwahre Nachrichten der Landesbewohner gegründet sind. Sie scheinen grofstentheils aus der *Corografia brasilica* entlehnt. Ueber die Art, wie die Schlinger (*Boa*) ihren Raub verzehren siehe *Ferussac Bull. d. sc. 1825. Nro. 12. p. 429.*

Zu Seite 265. *Coluber liocercus* hat sehr viel Aehnlichkeit mit *C. ahaetulla*, sie konnte vielleicht die letztere seyn, welche ihre Oberhaut verloren hat. Genauere Vergleichung wird entscheiden.

Zu Seite 277. Man hat mir bemerkt, dafs *Coluber Nattereri* von *punctatissima Spixi* verschieden sey, weil die letztere glatte Schuppen habe; allein ich kann noch nicht unbedingt widerrufen, da ich meine Natter auch schon mit beinahe glatten Schuppen gesehen habe, und in dieser Hinsicht leicht Abänderungen vorkommen können.

Zu Seite 371. Nach *Langsdorf* soll *Coluber poecilogyrus* eine Geschlechts-Verschiedenheit von *Coluber Merremii* seyen; allein ich bin vollkommen überzeugt, daſs beide Arten verschieden sind.

Zu Seite 428. Es ist nun erwiesen, daſs das Gift der von mir erwähnten todten *Jararaca* noch schaden konnte; denn *Desmoulins* (s. dessen nachfolgend citirte Abhandl. im *Journal de Physiol.*) sah an dem Gifte einer schon seit 4 Tagen getödteten Viper die damit verwundeten Vogel schnell sterben.

Zu Seite 429. Ueber die Backenöffnung der Giftschlangen besitzen wir nun einige Arbeiten. *Desmoulins (Journal de Physiologie Vol.* IV. *p.* 264.) fand, daſs der Nerve des fünften Paares besonders ausgebildet ist und sich zum Theil in der Backenhöhle verbreitet, die also wahrscheinlich zum Geruche dient. Nach seinen Untersuchungen befindet sich keine andere Giftdruse in dem Kopfe der Schlangen, als die groſse, das Auge ringförmig umgebende Thranendruse, sie giebt in ein und derselben Flussigkeit zugleich die Thranen, den Speichel und das Gift.

Man liest in *Froriep's* Notizen aus dem Gebiet der Natur und Heilkunde (B. II. S. 302.) von zwei von einer Viper in das Euter gebissenen Stuten, und hier wird die Frage aufgeworfen, ob die Schlangen die Milch liebten und etwa durch ihren Geruch angelockt wurden? Ich kann diese Frage durch ein zuverlaſsiges Beispiel beantworten. Auf einem einsamen, in der Nähe des Rheins in gebirgiger waldiger Gegend gelegenen Pachthofe trieb man das Vieh täglich in den Wald und die benachbarten Wiesen und Abends wieder zu Hause. Eine starke Kuh kehrte jeden Abend mit gänzlich leerem Euter nach Hause, wovon man durchaus den Grund nicht einsehen konnte

Der Hirte beobachtete nun genau und bemerkte bald, daſs diese Kuh sich von der Heerde trennte und heftig zu brüllen begann, worauf eine groſse Ringelnatter (*Coluber Natrix* Linn.) erschien, die sich an dem Hinterbeine des Thiers· hinauf schlang und auf diese Art das Euter leerte. —

Zu Seite 433. Eben so wenig als ich an das Bezaubern der Giftschlangen glaube, kann ich auch die Nachrichten fur wahr halten, wo man der gelben Viper (*Trigonocephale fer-de-lance*) den wilden Instinct zuschreibt, sich unangegriffen auf die Vorubergehenden zu stürzen (s. *Férussae Bull. d. sc natur.* 1826. *Nro.* 12. *p.* 433.); auch wurde diese Schlange durch die an der angefuhrten Stelle ihr zugeschriebene groſse Schnelligkeit, eine Ausnahme von den meisten süd-americanischen Giftschlangen machen.

Der Chirurg *Johnson* sagt (*Indian Fieldsports p.* 213.), der Zahn der Giftschlangen dringe auf den vierten Theil‘ der Lange eines Zolles in das Fleisch; allein ich bin über_ zeugt, daſs er zuweilen $\frac{1}{2}$ bis $\frac{3}{4}$ Zoll tief hineingedruckt wird.

. Zu Seite 446. *Desmoulins* zeigt im *Journal de Physiologie* (*Vol.* IV. *p.* 279.) die Unvollkommenheit des Auges bei den Amphisbänen. Er glaubt ubrigens, daſs diese Schlangen eben so gut rückwarts als vorwärts kriechen, wovon mir indessen kein Beispiel vorgekommen ist.

Nachträge, Berichtigungen und Zusätze

zu dem

zweiten Bande dieser Beiträge.

Zu Seite 63. Neuere Schriftsteller wiederholen, daſs der Guariba (*Mycetes ursinus*) ein wildes zorniges Thier sey. Man hat also eine ganz falsche Idee von seinem Naturell; denn er ist höchst sanft, furchtsam und phlegmatisch.

Zu Seite 90. Hr. Dr. *Schinz* hält (siehe dessen Werk: das Thierreich u. s. w. Bd. IV. S. 264) den *Cebus macrocephalus* (*Sajou à grosse tête* der Hrn. *Fr. Cuvier* und *Geoffroy*) für meinen *Cebus robustus*; allein er scheint mir unbezweifelt mein *xanthosternos* zu seyn.

Zu Seite 177. *Waterton* will die Wampyre (*Phyllostoma*) bei Nacht Bananen fressen und die Bluthen des Savaribaums abbeiſsen gesehen haben (s Notizen aus dem Gebiete der Natur- und Heilk. 12. S. 275.).

Zu Seite 200. Die Unterabtheilung (*b.*) der unbestimmten Blattnasen, wohin einzig und allein *Phyllostoma superciliatum* gehört, ist aus Versehen des Setzers zwischen die Blattnasen mit eingekerbten Schneidezähnen gesetzt worden, sie sollte am Ende des *Genus* stehen.

Zu Seite 223. Die Benennung *Noctilio rufus*, welche Dr. *v. Spix* einer seiner Fledermause beilegte, scheint nicht ganz wohl bestehen zu können, weil sie auch vollkommen auf *Geoffroy's Noctilio unicolor* paſst.

Zu Seite 233. *Spix's Diphylla ecaudata* hat einige Aehnlichkeit mit meinem *Desmodus rufus*, allein das Gebiſs ist zu verschieden; mehrerer anderer Abweichungen nicht zu gedenken.

Zu Seite 274. Hr. Dr. *v. Spix* beschreibt zwei Arten langnasiger Fledermäuse, und vereinigt sie in seinem *Genus Proboscidea. Schinz* (s. das Thierreich u. s. w. Bd. IV. S. 302.) halt die von mir beschriebene, mit den obigen verwandte Fledermaus für *Proboscidea rivalis Spixii*, welches ich indessen bezweifeln muſs, die Abbildung müſste denn sehr fehlerhaft seyn. *Vespertilio Naso* hat an den unteren Eckzahnen sowohl nach vorn als nach hinten eine Nebenspitze, da hingegen *Spix* an den oberen Eckzähnen nur einen Nebenzahn anmerkt. Ferner heiſst es bei *Spix*: „*membrana interfemoralis pedibus brevior, caudam usque dimidium longitüdinis involvens, extus marginata.*‟ Dieses ist bei meiner Fledermaus gänzlich verschieden; denn man braucht bei ihr die Schwanzflughaut bloſs aufzurollen oder auszuspannen, um zu bemerken, daſs dieselbe weit uber den sehr kurzen Schwanz hinausreicht. Hat also Hr. Dr. *v. Spix* die Schwanzflughaut seiner Fledermaus gehorig ausgedehnt, so ist bestimmt das von mir beschriebene Thier eine von den seinigen verschiedene Species. Er sagt ferner: „*cauda membrana interfemoralis longior ad dimidium involuta, reliqua libera exserta*‟, welches durchaus nicht auf *Vespertilio Naso* paſst. Von seiner *Proboscidea saxatilis* sagt er „*membrana interfémoralis plicata*‟, welches ich ebenfalls an meinem Thiere nicht beobachtet habe. Was übrigens *Spix's* beide Species anbetrifft, so ist ihre Beschreibung nicht umstandlich genug, um eine zuverläſsige Vergleichung anstellen zu konnen. Er erwähnt z. B. durchaus nicht der an meiner Fledermaus so sehr ausgezeichneten Behaarung, welche an den Armen und andern Theilen büschelformig ist u. s. w. Will man übrigens das stärkere oder geringere Vortreten der Nasenkuppe für hinreichend zur Bildung eines neuen Geschlechtes annehmen, so muſs doch wenigstens in dem *Character essentialis* die Stelle abgeändert werden, wo es heifst „Schwanzflughaut den Schwanz zur Halfte einschliefsend"; denn an meiner Species ist sie dreimal so lang, als der Schwanz.

Zu Seite 289. Das Coati soll sich nach *Azara* von einem Baum herabfallen lassen, sobald es erschreckt wird, diefs ist ungegrundet.

Henderson in seiner *History of the Brazils* verwechselt die Eigenschaften und die Benennung der Coatis geradezu; denn er sagt, die kleine Art gehe in Gesellschaft und werde *Cuati mondé* genannt.

Zu Seite 310. *Henderson* sagt, die Hyrare habe, in der Entfernung gesehen, das Ansehen eines Affen, es dürfte jedoch viel Einbildungskraft dazu gehoren, um einen Marder fur einen Affen zu halten.

Zu Seite 325. Nach *Harlan (Fauna Americana)* soll die brasilianische Fischotter in Nord-America vorkommen, allein ich mufs dieses sehr bezweifeln, da dieser Naturforscher in der Characteristik seiner Species des plattgedruckten Schwanzes nicht erwahnt.

Zu Seite 334. Von dem *Guard (Canis campestris)* sagt *Henderson*, er sey ein grofser Feind der jungen Kalber (S. 502.), welches gerade den von mir allgemein eingezogenen Nachrichten widerspricht. Dieser Schriftsteller redet (S. 512) von einer grofsen wilden Hundeart, die er *Guaracão* nennt, und die durchaus nichts anders seyn kann, als der *Guard* selbst. S. 502 redet er von dem *Cão silvestre* oder *Cachorro do mato*, der in den südlichen Gegenden des *Rio das Contas* vorkommen solle; allein diese Nachricht ist fabelhaft.

Zu Seite 338. *Canis cancrivorus (The Crabwolf, Griffith* Uebers. von *Cuv. Règne Animal part. VI. Nr.* 375) ist bestimmt nichts anderes, als der *Aguarachay* des *Azara*. Er scheint mir der *Koupara* des *Barrère* und *Pennant's Surinam-Dog* zu seyn.

Zu Seite 344. Der Yaguar soll nach *Harlan* (*Fauna Americana p.* 96.) auch im südlichen Nord-America vorkommen.

Was *Henderson* (*Hist. of the Brazils*) von der Jagd des Yaguar sagt, ist weit übertrieben.

Zu Seite 354. Eben die Bewandniſs, als mit dem schwarzen Yaguar dürfte es auch wohl mit den in Spanien und Frankreich vorkommenden schwarzen Wolfen haben. Es entstand einst in den Wäldern des rechten Rheinufers eine Abart von Wolfen, welche meistens schwarz mit weiſser Blasse und vier weiſsen Füſsen waren. Ein schwarzer Fleischerhund hatte sich mit einer Wölfin belaufen, man erlegte beide Eltern, und in ein Paar darauf folgenden Jahren 13 jener Bastardwolfe, welche dem Rothwildstande bedeutenden Schaden zugefügt hatten.

Zu Seite 358. *Azara* sagt, der Cuguar (*Guazuara*) liebe mehr offene als waldige Gegenden, und der Yaguar könne nicht auf Baume steigen, beides ist ungegründet.

Zu Seite 369. Hr. *Temmink*, welcher Gelegenheit gehabt hat, *Felis mitis* genauer kennen zu lernen, sagt (*Monogr. de Mammal.* p. 149.), daſs diese Katzenart von dem *Mbaracaya* (*Felis pardalis*) verschieden sey. Daſs sie von *Felis macroura* verschieden ist, zeigt ihre ganze Gestalt, so wie ihre Färbung und Korperverhaltnisse. *Felis mitis* gehort ihrer Gestalt nach zu der Familie der Mbaracaya's oder schlank gebauten Katzen von Mittelgroſse, *Felis macroura* hingegen zu den schlanken kleineren Arten, wovon etwa unsere Hauskatze ein Beispiel abgeben kann.

Nach *Harlan* soll auch der Mbaracaya im südwestlichen Nord-America vorkommen (*F. Amer. p.* 98.).

Zu Seite 371. *Griffith* gab in seiner Uebersetzung des *Règne Animal* eine Figur dieser Katze. Sie
ist in der Gestalt ziemlich gut, allein die Flecken scheinen nicht völlig genau nachgebildet, und ich muſs in
dieser Hinsicht die Figur empfehlen, welche ich in
meinen Abbildungen zur Naturgeschichte Brasilien's gegeben habe.

Zu Seite 394. In einem neueren Werke über
Brasilien wird das Beutelthier zu den köstlichen Braten gezählt, welches indessen einen ganz eigenen Ge-
schmack zu verrathen scheint (s. Major *Schaffer* Brasilien, als unabhängiges Reich u. s. w. S. 15). —

Zu Seite 430. Von diesem Eichhorne sagt *Henderson*, es sey viel größer als unser europaisches, und
sein Schwanz sey wenig behaart (S. 502.), welches ungegründet ist.

Zu Seite 471. *Henderson* erwähnt des *Mocó*
(S. 364.) auch für die Provinz *Pernambuco*. Nach ihm
soll man (S. 397.) eine Art von Frettchen (*Ferret*) gebrauchen, um das *Mocó* und *Preyd* aus ihren Hohlen
zu treiben, wovon ich indessen nie etwas gehört habe.

Zu Seite 486. Einige Reisende vergleichen die
Stimme des Faulthiers ziemlich unrichtig. So lies't
man z. B von dem „gleichsam um Hulfe rufenden Faulthier," da doch dieser Vergleich sehr wenig paſst.

Waterton (s. *Froriep's* Notizen aus dem Gebiete
der Natur- und Heilkunde Bd. 12. p. 212.) macht das
Faulthier gar zu einem Schiffe, indem er es mit dem
Winde sich bewegen laſst, eine wirklich überaus ko-
mische Idee' denn fur's erste ist es in den geschlossenen tropischen Urwaldern gewöhnlich windstill,
zweitens ist hier auch kein Wind nöthig, damit sich
die Baumaste beruhren, und drittens ist die ganze Ge-

schichte eine sehr alberne Fabel. Eben dieser Reisende (ebendaselbst S. 274.) nennt das Fleisch des Faulthiers wohlschmeckend, welches doch hochstens für Botocuden- oder Negermägen erträglich seyn kann.

Zu Seite 489. Im 6ten Bande von *Griffith's* Uebersetzung des *Règne Animal* ist eine Abbildung des Faulthiers mit schwarzem Nacken gegeben, die mit der Natur gar keine Aehnlichkeit hat. Der Kopf ist gänzlich unahnlich und gleicht dem eines Schaafes, der lange Hals des Faulthiers fehlt hier gänzlich, welchen dasselbe nie einziehen kann, das Gesicht scheint glatt, das Haar bildet eine Perrüque, auch ist die ganze Stellung des Thiers sehr unrichtig, und kommt auf diese Art in der Natur nicht vor, kurz diese Abbildung muſs sogleich verbannt werden, wenn sie nicht eine vollig unrichtige Idee dieser Thierart verbreiten soll.

Zu Seite 549. *Henderson* sagt (S. 501.), man finde den Tapir von allen Farben, welches unrichtig ist.

Man sagt, daſs die Portugiesen dem Genusse des Tapirfleisches Augenentzündungen zuschrieben, ich habe aber nie etwas hiervon gehort (S. 382.).

Zu Seite 556. *Henderson* (S. 501.) schreibt der *Corografia brasilica* nach, es gebe drei Arten von wilden Schweinen in Brasilien; auch führt *Schinz* in dem 4ten Bande seiner Uebersetzung des *Règne Animal* (*p.* 511.) eine dritte Art von Nabelschweinen unter der Behennung des *Dicotyles minor* auf, die aber höchst wahrscheinlich nur ein junges Thier der von mir erwähnten längst bekannten Arten ist.

Zu Seite 557. *Dicotyles torquatus* findet sich, neueren Nachrichten zufolge, auch in den südlichen vereinigten Staaten und soll am *Red River* nach *Nuttall*

gemein seyn (*s. Fauna Americana p.* 220.). Von der
Tapferkeit dieses Schweines, das in Menge vereint den
Yaguar tödten soll, hat man mir in Brasilien nie etwas
gesagt, auch ist diefs gewifs ungegrundet, da *D. torquatus* weit schwacher ist, als *D. labiatus*, dem man
eher eine Vertheidigung zutrauen könnte.

Verzeichnifs

der

diesem Bände beigefügten Abbildungen.

Tab. I.

Schädel des *Diclidurus*, des Maulwurfs (*Talpa*) und
der Spitzmaus (*Sorex*). Die Erklarung der
Figuren siehe im Texte pag. 254.

Tab. II.

Fig. 12. Knochen aus der Ruthe des männlichen
Coati-Mundéo, von der Seite gesehen.

Fig. 13. Die Spitze desselben, von unten gesehen.

Fig. 17. Knochen aus der Ruthe des männlichen
Guassini (*Procyon cancrivorus*).

Fig. 20. Knochen aus der Ruthe der männlichen
Hyrare (*Mustela barbara*), von der Seite.

Fig. 21. Derselbe, von oben gesehen.

Fig. 14. Ruthe der männlichen brasilian. Fischotter (*Lutra brasiliensis*), von der Seite. a. Die
Eichel.

Fig. 15. Der Knochen aus dieser Ruthe. b. Die
Hohlung am unteren Theile der Spitze.

Fig. 16. Die Hohlung in dem vorderen Theile dieses Knochens, von unten gesehen.

Fig. 18. Eckzahn der brasilianischen Fischotter
von aufsen. a. bis b. Die blasenartige Wurzel
des Zahnes. b. Die kreisformige Wurzeloffnung
desselben.

Fig. 19. Durch Eintrocknen gespaltener Eckzahn.
b. Die Wurzeloffnung.

Fig. 5. Schadel des *Didelphys myosuros* in natürlicher Grofse.

Fig. 6. Schadel des *Didelphys cinerea* in natürlicher Grofse.

Fig. 3. a. Obere Reihe der Backenzähne (der linken Seite) des *Mus pyrrhorhinus*, um ihre Mahlflächen zu zeigen.

Fig. 3. b. Rechter Schenkel des Unterkiefers derselben Maus, ebenfalls um die Mahlflächen der
drei Backenzähne zu zeigen. Beide Abbildungen
sind etwas über sechsmal vergrofsert.

Fig. 4. a. Obere Backenzähne derselben Maus, von
der Seite gesehen. b. Der Unterkiefer von der
Seite, etwas über sechsmal vergrofsert.

Fig. 22. Die entblofste Eichel des Paca (*Coelogenys Paca*), von unten gesehen.

Fig. 23. Derselbe Theil, entblöfst, von der Seite
gesehen.

Fig. 7. Die Eichel des männlichen Paca, gänzlich
umgekehrt.

Fig. 8. Knochen aus der Ruthe des männlichen
Paca, von der Seite gesehen.

Fig. 9. Derselbe, von unten gesehen.

Fig. 10. Knochen aus der Ruthe des Capibara, von
unten gesehen.

Fig. 11. Derselbe, von der Seite.

Fig. 1. Schadel des Moco (*Cavia rupestris*), von
der Seite, in natürlicher Grofse.

Fig. 2. Derselbe, auf seiner Oberfläche betrachtet.

Tab. III.

Fig. 8. Unterkiefer des Moco, von oben gesehen.

Fig. 9. Der Oberkiefer desselben Thiers, von unten
gesehen, beides in natürlicher Grófse.

Fig. 1, 2, 3, 4 a, 4 b, 5, 6, 7, zur Anatomie des
Fötus von *Bradypus torquatus*, siehe pag. 498.

Tab. IV.

Fig. 1, 2, 3, 4, 5, 6, 7, 8, zur Beschreibung des
Schädels von *Bradypus torquatus*, s. pag. 507.

Tab. V.

Fig. 1, k, 2, 3, 5 a, 5 b, 6, 6 b, 7, 8, zur Beschreibung des Schädels von *Bradypus tridactylus*, siehe pag. 507.

Register

der in diesem Bande aufgeführten Säugthiere.

Verzeichnifs der Druckfehler

in dem

zweiten Bande meiner Beiträge.

S. 3. Zeile 6. (Einleitung) setze statt „Säugthiere, welcher in den" — „Säugthiere, welchen die"

— 4. — 3. ist hinter „dem spanischen" — das Wort „Naturforscher" ausgelassen.

— 4. — 11. setze statt „schon abgebildet" — schon abgebildet;

— 4. — 4. von unten setze statt „Beobachtungen, diese" — „Beobachtungen. Diese"

— 8. obere Zeile setze statt „welches" — welche"

— 12. Zeile 3. von unten setze statt „Tise" — „Tijé"

— 15. — 6. von unten setze statt „Wohnungen; — „Wohnungen;

— 16. — 12. setze statt „unglaublicher Menge, — „unglaublicher Menge;

— 25. — 20 setze statt „Pompo — „Póngo"

— 23. in der Note setze statt „Satyrus ult — „Satyrus alt"

— 26. Zeile 5. setze statt „Benennungen allen Welttheilen — Benennungen in allen Welttheilen"

— 38. oben setze statt „chens sind nackt, selbst die Testikel, — „chens, selbst die Testikel"

— 56. — 21. setze statt „etwas von des Aluaten — etwas von der des Aluaten

— 60. — 11. — — „hoch erhaben, wie ihr — „hoch erhaben, wo ihr

— 64. — 4. zwischen die Worte „knarrend röchelnd".

— 65. — 10. setze statt „Taguaris — „Taquaris

— 66. — 14 — — „Stento — „Stentor

— 135. — 10. — — „Tite — „Titi

— 136. — 8. — „chen Thierchens: — „lichen Thierchens:

— 136. — 5. von unten setze statt „scharfen — „scharfem

— 141. — 12. setze statt „zu halten — „zu halten;

— 165 — 16. — — „interressante — „interessante

— 172. vorletzte Zeile schreibe das Wort „Niemand — klein.

— 173. Zeile 4 von unten setze statt „Linnéschen — Linneischen

— 185. — 11. setze statt , ein ;

— 201. — 2. von unten lese man statt „Sago - — „Sagoa- (es ist hier falsch abgebrochen.)

— 212. — 6 setze man statt „Se — „Seof (auch hier ist falsch abgebrochen)

— 212. Zeile 11. von unten setze man „Blattnasen — statt — Blattnassen

— 269. — 7. setze statt „Sporn — „Sporne

— 281. — 6. von unten setze statt „canicero — „carnicero

— 337. — 3. setze statt „Vagueiros — „Vaqueiros

— 344. — 6. von unten setze statt „Katze — „Unze

— 405. — 3. — — — — „d'Azara — „D'Azara

S. 415. — 1 und 2. von unten setze statt „Haasen — „Hasen
— 416. — 5. setze statt „Haasen — „Hasen .
— 450. 4 und 14. derselbe Fehler.
— 452. lies an verschiedenen Stellen statt „Haase — „Hase
— 454. Zeile 14. streiche das Wort „Ha
— 469. — 14 setze statt „Haa — „Ha
— 511. — 12. fehlt der Punct hinter dem Worte: spricht.
— 516. — 6. setze statt „Tatou-açú — „Tatú-açú
— 519. — 3. von unten setze statt „angegebene — gegebene
— 525. — 5. setze statt „vierek- — viereck-
— — — 7. — — „habe — „haben
— — — 11. — — ; Schildchen.
— 535· vorletzte Zeile setze statt „erschö- — „erschöpf.
— — letzte Zeile — — „pfen — „en
— 551. oberste Zeile streiche das erste Wort: tur
— — Zeile 9. von unten setze statt „erschrecken — „schrecken
— 554. letzte Zeile setze ein ; hinter das Wort: Peitschen.
— 561. Zeile 18. setze statt „puris — „pures
— 564. — 19. lies: Kuá-hia
— 580. — 7. in der Note streiche das , hinter dem Worte:
        , auferzogenen
— 587. — 12. setze statt: „behaartem — „behaarten.

Lightning Source UK Ltd.
Milton Keynes UK
UKHW020809201218
334296UK00008B/998/P